高等学校土木工程专业规划教材
高等学校交通运输与工程类专业规划教材

# Social Infrastructure Planning
# 土木规划学

## （第2版）

石　京　编　著

人民交通出版社股份有限公司
China Communications Press Co.,Ltd.

# 内 容 提 要

本书为高等学校土木工程专业规划教材、高等学校交通运输与工程类专业规划教材,共分八讲,内容包括:土木工程与土木规划学,基础设施建设与经济发展,土木规划流程与规划目标建立,信息收集与现状分析,现状分析的内容与量化分析方法,未来预测方法,规划方案的制订、评价与调整,规划政策与规划环境。

本书可以作为土木工程相关专业的本科、研究生教材,也可以作为相关专业人员的参考读物。

**图书在版编目(CIP)数据**

土木规划学 / 石京编著. —2 版. —北京:人民
交通出版社股份有限公司, 2018.12
    ISBN 978-7-114-15105-7

Ⅰ.①土… Ⅱ.①石… Ⅲ.①土木工程—规划—高等
学校—教材 Ⅳ.①TU981

中国版本图书馆 CIP 数据核字(2018)第 253065 号

高等学校土木工程专业规划教材
高等学校交通运输与工程类专业规划教材

书　　名:**土木规划学(第 2 版)**
著 作 者:石　京
责任编辑:李　晴
责任校对:张　贺
责任印制:张　凯
出版发行:人民交通出版社股份有限公司
地　　址:(100011)北京市朝阳区安定门外外馆斜街 3 号
网　　址:http://www.ccpress.com.cn
销售电话:(010)59757973
总 经 销:人民交通出版社股份有限公司发行部
经　　销:各地新华书店
印　　刷:北京印匠彩色印刷有限公司
开　　本:787×1092　1/16
印　　张:18
字　　数:428 千
版　　次:2009 年 4 月　第 1 版　2018 年 12 月　第 2 版
印　　次:2018 年 12 月　第 2 版　第 1 次印刷
书　　号:ISBN 978-7-114-15105-7
定　　价:45.00 元
(有印刷、装订质量问题的图书由本公司负责调换)

# 第2版前言

近年来,我国在土木规划领域取得了很大的成就,同时在经济高速发展的过程中,也留下了或多或少的遗憾。在这样的背景下,人们越来越认识到了土木规划学的重要性。

党的十九大明确了一个最基本的问题,即发展是为了让人民生活得更幸福,明确了现阶段我国社会的主要矛盾是人民日益增长的美好生活需要和不平衡不充分的发展之间的矛盾。明确了这些基本点,无疑为今后我国的土木规划领域指明了发展的方向。

规划需有一个明确的指导方向,当我们把"发展是为了让人民生活得更幸福"这个目标明确后,相关技术问题就好解决了。

《土木规划学》已在教学实践中使用了8年多的时间,得到了学生及有关同仁的认可。在新的时期、新的发展阶段,随着规划的对象发生变化,规划的理论、方法也在发生变化。这次应人民交通出版社股份有限公司要求出版第2版,主要更新或增加了如下内容:在第一讲中,对土木规划学的位置与发展方向做了修订;在第二讲中,修改并更新了我国社会基础设施的现状相关的数据与内容,增加了党的十九大关于社会发展、基础设施发展的相关论述;介绍了我国国民经济和社会发展"十三五"发展纲要,删除了"十一五"相关内容;在第五讲中,增加了大数据在规划中的应用和问题;在第七讲中,增加了环境影响评价的最新进展;在第八讲中,增加了智能交通系统、智慧城市的规划思路与方法,另外对其他一些细节也做了调整。

在本书修编过程中,我的学生龙昱茜帮助我查找和整理了大量的文献和数据资料,在此表示感谢。同时,感谢人民交通出版社股份有限公司李晴编辑积极、热情、耐心、细致的辛勤工作。

由于作者水平有限,书中难免有一些错误或是不足之处,恳请广大读者批评指正,希望再版的《土木规划学》教材在教学实践中对大家能有所帮助。

清华大学土木工程系

石京

2018 年 6 月于清华园

# 第1版前言

  《土木规划学》，这本教材的名称一定会让很多读者感到陌生。笔者在留学期间所学专业虽然是交通规划，但是所在的研究室名称却是"土木规划学"研究室。五年前我回国后准备开设"土木规划学"课程时，找遍北京所有的书店，也没有发现任何一本有关"土木规划"的专业书籍。那时起，我就着手准备在开课的同时，编写一本相关的教材，系统地介绍土木规划学的基础知识。

  土木规划是以社会公共基础设施为对象，本着统筹、系统的思想，利用土木工程的技术与系统科学的方法进行的规划。社会基础设施是一国经济发展的基础，我国目前正处于经济起飞的阶段，也是基础设施大规模发展的时期。但就我国目前土木规划领域的现状来看，无论是在规划环境、规划政策方面，还是规划的理念与技术等方面都存在着一定的问题。在这种背景下，土木规划学的知识体系显得十分重要。

  土木规划在英文中为 Social Infrastructure Planning，直译为"社会基础设施规划"，但土木规划的内涵远远广于单纯的"基础设施规划"。土木规划具体指规划主体(决策者)把社会公共基础设施作为对象，根据国家或地区经济的发展需要，发现和整理建设项目中产生的问题及其内容，进行规划目的的分析，在充分考虑和权衡效率、公平和环保的基础上，建立具体目标，对基础设施的发展进行数量、结构和项目选择的设计和计划,并根据目的的要求而在提出的众多手段(比选方案)中系统地选择、提取合理的方案,并将规划实现的过程。

过去土木工程学科的各类知识都是分别讲授的,其结果是各类知识之间缺乏关联性和完整性。国外,特别是日本的一些学者改变了原有的分别传授土木技术的体系,建立了一种具有普遍性的,相互联系的教学体系。于是,以土木工程学的内容为基础科目,讲授调查、规划、设计、施工、管理的技术和理论的教育方式出现了,这也就是土木规划学科的源起。可以说,这种土木工程学的转变是为了应对社会对土木技术需求多样化而进行的技术革新。

土木规划学是土木工程学的发展中形成的一个新的学科。它总结了土木设施规划制订的各种方法,并使这种可以适用于任何对象的具有普遍性的理论体系化。为了推进土木规划领域的研究和社会普及化,1966 年,日本土木学会设立了土木规划学研究委员会,致力于学科的体系化研究。这个委员会在最初的五六年里,针对能否使土木规划学这一学科体系化进行了多次讨论。十年过去后,尽管还没有完成土木规划学的体系化,但大多数学者相信体系化是可行的。

在发展的初期阶段,土木规划学主要应用规划论中的数学方法来进行操作。其原因是日本经济高度增长,需要建设、整合大规模的土木设施,所以有必要处理规划问题。第二次世界大战以后,英国在作战研究中产生的运筹学方法受到关注。因此,一些日本学者开始把这种方法应用到土木工程上,产生了一系列的土木规划理论。之后又出现了比运筹学应用更广泛的系统分析和包含系统设计的系统工程学,并分别建立了各自的理论体系。于是,土木工程又把这些领域里的一些分析方法引入到自己的学科里。另外,也引入了以计量经济学、公共经济学为主的经济学、数理统计学和计量心理学等,这样一来,土木规划理论逐渐完善起来。之后,随着可以称作土木规划哲学的规划理念的建立以及对规划论的研究的逐步深入,土木规划学的学科体系建立起来了。

土木规划的概念对我国传统的"基础设施规划"提出了挑战。在我国,一般认为基础设施规划是针对某一种具体的基础设施,如铁路、公路、管道等,利用现有的土木工程技术进行的网络规划。这种类型的规划以最终方案(Plan)为目的,往往停留在单一基础设施的技术层面,缺乏统筹的、系统的考虑,更谈不上对整个社会经济及人民生活的考虑。土木规划则综合了系统科学和社会科学的部分成果,把"社会公共基础设施"作为一个完整的整体来进行运筹,在规划的同时考虑其建设与运行对于整个社会产生的影响,是以规划的实现造福社会各个层面为目的的。另一方面,土木规划对于"规划"的流程(Planning)也做了饶有意义的拓展,传统的基础设施规划往往从规划目的开始,终结于从各个方案中优选出最终的方案。例如,过去对于资金的考虑仅仅停留于工程造价的粗估,但显而易见的是,资金来源对于规划能否实现的影响是巨大的,传统的基础设施规划并不把资金来源作为约束条件,而是在规划方案出台以后再具体考虑资金问题,往往使规划的整个过程失去控制(如可能与当地经济发展水平极不适应)。

土木规划的重要性在于:一是把社会基础设施作为一个系统来统筹考虑,既避免了重复建设等所造成的资源浪费,又能够为整个社会提供最优化的基础设施解决方案。二是为基础设施的发展(筹资、建设和运营)提供科学的指导和约束,减少以至于消除基础设施中发展中的盲目性,使基础设施的发展既不会因为供给不足而导致需求受限,又不会因发展过多而造成资源浪费,既保证了效率,又保证了公平,且没有对环境造成较大损害。三是由于基础设施一般而言投资巨大,如果对没有建立在科学论证的基础上的规划做指导,一旦决策失误,将造成巨大的资源浪费。正因如此,基础设施的发展能否成功首先取决于是否有统筹兼顾、切实可行的科学规划。

土木规划学是研究土木设施(社会基础设施)的功能特性、社会对土木设施的需求、两者间最理想的关系方式的基本理念以及调查、分析、规划制订、预测、评价理论与方法、规划实现方法的学科。本书全面系统地介绍了土木规划学的知识,此外,本书还聚焦于我国的交通基础设施,一方面,系统地整理了我国土木规划的历史与现状(包括政府与市场的角色定位、规划体制、法律法规的情况),同时介绍了国外的经验,揭示了这些问题;另一方面,提出我国要走科学的"土木规划"道路,在规划环境上应改革规划体制,完善立法,建立多层次的基础设施体系;在规划政策上应努力拓宽资金渠道,加强综合规划等。

本书作为教材编写,在编写过程中参考了大量文献。其中,樗木武先生的《土木計画学》(日本森北出版株式会社出版,2001),川北米良、榛沢芳雄先生的《土木計画学》(日本コロナ社出版,1994),以及我的恩师河上省吾先生编著的《土木計画学》(日本鹿島出版社出版,1991)给了我很大启示,在此基础上形成了本书的结构。

考虑到本书的对象主要是在校学生,对于国家的政策、规划等了解不多,在第二讲中专门针对我国的土木工程发展现状做了大量介绍,主要参考或引用了国家以及各部委的文件。第四讲针对数据的获取方法,介绍了国家统计部门发行的统计资料的内容。还有,针对土木规划在我国的实际状况,在第八讲中对于我国土木规划的"规划环境"与"规划政策"做了专题讨论。另外,本书中也加入了我们最新的研究成果。例如,在第七讲评价方法中,用大量篇幅讨论了公平性问题;第八讲则是以我的学生的研究为基础编写的。总之,本书受到日本土木规划学研究的启发开始写作,同时也结合了我国的实际情况做了拓展。

本书可以作为土木工程相关专业专科、本科、研究生的教材,也可以作为专业人员的参考读物。本书共设置了八讲的内容,授课课时可以视需要,设为 16 学时或 32 学时。本书中没有加入规划案例。想要学习案例的读者可以参考相关书籍,例如,参考我与陆化普教授、李瑞敏博士合编的《城市交通规划案例集》(清华大学出版社出版,2007)。

本书在编写过程中得到了我的学生白云、卞伟、吴照章、陈天琦、徐晓飞等的帮助,特别是白云帮助我查找资料,并对书稿提出了修改意见。书中还引用了我的学生于润泽、杨朗等在我指导下做过的研究内容。在此表示谢意。

清华大学土木工程系
清华大学交通研究所
石京
2008 年 12 月于清华园

# 目录

# 第一讲

# 土木工程与土木规划学

## 第一节  土木工程的历史

### 一、"土木"的由来

人类在共同的社会活动中,需要共同地利用很多必要的设施,比如道路、铁路、水库等。同时,这些设施作为人类的生存基础设施,支撑着社会的发展,为人类社会发展作出了巨大贡献。这些支撑人类生产、生活的设施称为社会基础设施,或称为土木设施。造就这些土木设施的创意、方法等叫作土木技术。驱使土木技术进行建造,从广义上讲叫作土木工程。把土木技术体系化、普遍化了的就是土木工程学。

土木工程学是建造各类基础设施的科学技术的总称。土木工程领域既包含工程建设的对象,即建在地上、地下、水中的各种工程设施,也包含所应用的材料、设备和所进行的规划、勘测设计、施工、养护、维修等技术。土木工程的外延非常广泛,包括房屋建筑工程,公路与城市道路工程,铁路工程,桥梁工程,隧道工程,地下工程,给水排水工程,港口、码头工程等。

公元前2世纪,中国西汉时的《淮南子》一书中,有圣人筑土构木,建造房屋的说法。实际上这是指建造城市,从此有了"土木"一词。土、木表示自然,因而有加工自然之意。西方的研究者认为,到16世纪为止,所有的科学技术都是以军用工程(Military Engineering)为中心的发展的。18世纪以后，把为人民生活服务的科学技术逐渐分离，称为土木工程（Civil Engineering），实质上，Military Engineering与Civil Engineering是一致的。

## 二、古代土木工程

土木工程是一门历史悠久的学科。人们生活的衣食住行无法脱离土木技术而独立存在。无论是古埃及的金字塔，还是中国的万里长城，这些都是凝聚着古代先人的智慧与土木技术的宏伟结晶。纵观历史可以发现，土木的发展历史跨度很长，它大致开始于旧石器时代（约公元前5000年起）[1]。

### （一）古代城市

古代城市的形成，是古代土木工程的重要成果。公元前2500年，Moenjo Daro（巴基斯坦，音译为摩亨约达路）中已有了9m宽的南北主路，且有完整的上下水道。摩亨约达路位于巴基斯坦信德省境内，拉尔卡纳县城南20km处，距卡拉奇约500km，是世界上已发现的最古老的城市遗址之一。这座遗址的发现，使得印度河河谷文明被公认为古代世界主要文明之一，并与埃及和美索不达米亚文明相提并论。1980年，联合国教科文组织将其作为人类文化遗产，列入《世界遗产名录》。

在我国历史上，曾出现过不少宏伟壮丽的伟大城市，充分体现了古代经济、文化、科学、技术等多方面的成就，在城市选址、城市规划、城市给排水、城市道路、防火、城市绿化和景观等方面，都有过卓越的成就和经验。中国古代的城市，特别是都城和地方行政中心，往往是按照一定的制度进行规划和建设的。《考工记》中对周代（公元前11世纪—公元前476年）的城市建设制度有明确的记载。城的大小因受封者的等级而异，城内道路的宽度、城墙的高度和建筑物的颜色都有等级区分。

据考古发现，最早的中国城市有城而无市。中国最早筑的城，实际上是有围墙的村落。1994年，在湖南澧县城头山发现屈家岭文化中期古城遗址，距今已有4800余年。之后，又在河南省郑州市北面发现了距今5300年前的古城，把中国古城的历史推向了距今近6000年左右。尽管中国古城出现的很早，但仍然是防御工程，不具备城市的基本形态。这也印证了古代土木技术是以军事目的为核心的。人口众多和有市场是城市的基本标志，所以最早的城市被认为是出现于西周，其都城丰镐设有市场。

"城市"这个词的产生相对要晚得多。古时的说法多称"城""邑"。直到战国后期，才有了城市的概念。日本学者认为"城市"一词的语源，出自中国。当时有"商贾集中之地""市""都"的意思。

我国首都北京是一个有着悠久历史、八百多年建都历史的古代名城。北京城，是我国历史上最后两代封建王朝"明"和"清"的都城，其规划设计体现了我国古代城市规划的最高成就，被称为"地球表面上，人类最伟大的个体工程"（E. N. Bacon）[2]。明清北京城的前身为1264年营建的元大都城。大都城设计时曾参照《周礼·考工记》中"九经九轨""前朝后市""左祖右社"的记载，规模宏伟，规划严整，设施完善。自公元888年以来，北京先后成为辽陪都、金上都、元大都、明清国都。北京有世界上最大的皇城——紫禁城，世界上最大的四合院——恭王府。此外，北京还有八达岭、慕田峪等多处长城。长城在古代是作为一种防御工事建立起来的，由此可见，北京作为城市在古代的重要性。

## (二)古代道路

古代道路是土木工程最为成功的具体的表现。人类建造道路的历史至少有几十个世纪了,恐怕没有人能够确切地说出世界上第一条道路是在何时、何地建成的。据说公元前4000年前后,古埃及已经有了道路,因为金字塔建设中石材的运输需要道路。公元前2000—公元前300年时,在中欧、东欧建设了被称为"琥珀之路"的四条商业道路。公元前300年时,罗马帝国建成了主要用于军事的总延长8万km的道路网[3]。古罗马时代,道路得到惊人的发展,建成了以罗马为中心,四通八达的道路网。为尽量缩短村镇之间的距离,道路直穿山冈或森林,以形成用道路将首都罗马和意大利、英国、法国、西班牙、德国、小亚细亚部分地区、阿拉伯以及非洲北部联成整体。这些区域分成13个省、322条联络干道,总长度达78000km。在我国,公元前3世纪,秦朝统一中国后,以咸阳为中心修建了通往全国各郡县的通道,主要干道宽50步(古代长度单位,一步等于5尺),形成了包括驿站在内的道路交通网络。

广州市妥善保存的千年古道遗址的照片如图1-1所示,显示了不同朝代的道路铺装情况。

a)                 b)

图1-1 广州千年古道遗址

近代,道路工程在欧洲发展迅速。1555年,英国设立了道路法规。1747年,巴黎创立了道路桥梁学校,培养了大量土木工程师,提高了土木技术的水平。在20世纪,德国率先建成了被称为 Auto Bahn 的高水平道路网,美国则经过半个多世纪的努力,建成了美国州际公路。

## (三)古代桥梁[4]

古代桥梁在土木工程的历史中也占有重要的地位。我国古代对于桥梁早就有记载。汉许慎在《说文解字》中的解释是:"桥,水梁也。从木,乔声,高而曲也。桥之为言趫也(善缘木走),矫然也。"而梁的解释是:"用木跨水,即今之桥也。"

早在远古时代,自然界便有不少天生的桥梁形式,如天然形成的石梁,天然侵蚀成的石拱;树木横架便成为木梁桥;藤萝跨悬则为悬索桥。从自然倒下的树木而形成的桥梁,到有意识地推倒,砍伐树木架作桥梁,人类从自然界天生的桥梁得到启发,在生存的过程中,不断仿效自然,以解决出行的问题。

我国古代的桥梁，历史悠久，成就卓越。据考证，中国真正意义上的桥梁诞生于氏族公社时代，距今 4000 ~ 6000 年前。经过数千年的发展，在东汉时期，基本形成了梁桥、拱桥、吊桥、浮桥四种桥梁基本体系。进入隋、唐、宋时期，古代桥梁建筑技术达到了巅峰，随后的元、明、清三代，将前代的造桥技术进行了全面总结，初步形成了各种桥型的设计、施工规范。19 世纪后期，随着工业革命成果的传播，以砖、木为主要材料的古代桥梁渐渐淡出历史舞台。

数千年来，劳动人民因地制宜，就地取材，用土、木、石、砖、藤、铁等建筑材料，建造了数以百万计的、类型众多、构造新颖的桥梁。我国地域广阔，地理千差万别，物产也各具特色，因此，我国不同地区的桥梁有着不同的形式。黄河两岸古都首府众多，物资运输多依靠骡马大车、手推板车，因此以平坦宏伟的石拱桥和石梁桥居多；东南水乡，河流纵横，湖沼棋布，运输以舟船为主，所以遍布驼峰隆起的石拱桥；西北、西南，峰峦层叠，谷深崖陡，难以砌筑桥墩，因而多用藤、竹、木等材料建造索吊桥和伸臂木梁桥；闽中南、粤东等地，质地坚硬的花岗岩漫山遍野，历代所建石梁桥比比皆是；云南傣族等地区，竹材丰富，独具一格的竹芭桥、竹梁桥、竹吊桥随处可见，至今尚存。

我国古桥不仅艺术上有高度的成就，表现出鲜明的民族风格，而且在建桥理论、构造处理、平面布局以及施工方法上都有不少独特创造，已经形成了具有自己特色的体系，到宋元时期更是达到一个高峰，在很多方面曾居于世界领先地位。

中国古代有四大名桥，为赵州桥、卢沟桥、洛阳桥、广济桥，这四座桥均属于全国重点保护文物，是中国桥梁建筑中的一份宝贵遗产。

**赵州桥**又名安济桥，位于河北省赵县城洨河上，是世界现存最古老最雄伟的石拱桥，被誉为"华北四宝之一"。它是世界上现存最早、保存最好的大型石拱桥，总重约 2800t，距今已有 1400 多年历史，建于隋大业（605—618 年）年间，是著名匠师李春负责建造。桥长 64.40m，跨径 37.02m，券高（我国古代把弧形的桥洞、门洞之类的建筑叫作"券"）7.23m，是当今世界上跨径最大、建造最早的单孔敞肩型石拱桥。因桥两端肩部各有两个小孔，不是实的，故称敞肩型，这是世界造桥史的一个创造。

赵州桥前后经历了 10 余次水灾、8 次战乱和多次地震，但没有损坏。新中国成立后，赵州桥经过多次修缮仍然保持原貌。1991 年赵州桥被美国土木工程师学会选定取为第十二个"国际土木工程里程碑"，并在桥北端东侧建造了"国际土木工程历史古迹"铜像纪念碑。现在的赵州桥已经不再通车，而是作为一处景观，作为一种象征。

**卢沟桥**位于北京西南郊的永定河上，为联拱石桥。此桥始建于金大定二十九年（1189 年），成于明昌三年（1192 年）。元、明两代曾经修缮，清康熙三十七年（1698 年）重修建。现桥全长 266.5m，有 11 孔。卢沟桥以其精美的石刻艺术享誉于世。卢沟桥久已闻名中外，意大利人马可·波罗的《马可·波罗行纪》一书，对这座桥有详细的记载。1937 年"七七事变"在此发生，是日本帝国主义侵略中国本土的开始，卢沟桥因此成为有历史意义的纪念性建筑物。

**洛阳桥**原名万安桥，位于福建省泉州东郊的洛阳江上，是我国现存年代最早的跨海梁式大石桥。宋代泉州太守蔡襄主持建桥工程，从北宋皇佑四年（1053 年）至嘉祐四年（1059 年），前后历时 7 年之久，建成了这座跨江接海的大石桥。桥全系花岗岩石砌筑，初建时桥长 360 丈，宽 1.5 丈。建桥九百余年以来，先后修复 17 次。现桥全长 731.29m、宽 4.5m、高 7.3m，有 44 座船形桥墩、1 座石亭、7 座石塔。洛阳桥是世界桥梁筏形基础的开端，为全国重点文物保护单位。

**广济桥** 又称湘子桥,位于广东省潮安县潮州镇东,横跨韩江。此桥始建于南宋乾道七年(1171 年),全桥历时 57 年建成,全长 515m,分东西两段 18 墩,中间一段宽约百米,因水流湍急,未能架桥,只用小船摆渡,当时称济州桥。明宣德十年(1435 年)重修,并增建 5 墩,称广济桥。正德年间,又增建一墩,总共 24 墩。桥墩用花岗石块砌成,中段用 18 艘梭船连成浮桥,能开能合,当大船、木排通过时,可以将浮桥中的浮船解开,让船只、木排通过。然后再将浮船归回原处。此桥是中国也是世界上最早的一座开关活动式大石桥。广济桥上有望楼,为我国桥梁史上所仅见。

### (四)古代建筑

古代建筑更是成果丰硕,无论是在东方还是在西方,都留下了许多宝贵遗产。

从世界范围来看,古代建筑文化大约可以分为七个主要的独立体系[5]。但诸如古代埃及、两河流域、古代印度和古代美洲等建筑体系,有的早已中断,有的流传不广,影响有限。只有中国建筑、欧洲建筑和伊斯兰建筑被认为是世界三大建筑体系。其中,流传最广、延续时间最长、成就最为辉煌的要数中国古代建筑和欧洲古代建筑。建筑是文化、艺术与科学技术结合的产物,因此,典型建筑形象可以作为一个国家或民族文化的代表。

中国是一个文明古国,有着悠久的建筑历史。秦砖汉瓦、私家园林、牌坊陵墓、城池庙宇等展示了丰富的建筑形式;尤其是古建筑中数量最多、分布最广的民居建筑形式,更是展示了中国民众旧时的生活方式、喜好信仰、民俗文化和聪明才智。可以说,古代建筑是中国文化的重要组成部分。

中华民族的建筑除了内容丰富以外,外观形式也极富特点。天坛、故宫等建筑形象,都早已成为中国文化的象征。

我国的故宫,又名紫禁城,是明朝和清朝两代的皇宫,有 600 多年的历史。故宫是世界上现存规模最大、最完整的古代木结构建筑群,也是我国现存最大、最完整的古建筑群。它始建于明永乐四年(1406 年),历时 14 年才完工,共有 24 位皇帝先后在此登基。故宫可以说是无与伦比的古代建筑杰作。紫禁城整个宫城呈长方形,占地 72 万多平方米,有大小宫殿 70 多座、房屋 8700 多间,都是木结构、黄琉璃瓦顶、青白石底座,饰以金碧辉煌的彩画。这些宫殿沿着一条南北向中轴线排列,并向两旁展开,南北取直,左右对称。这条中轴线不仅贯穿在紫禁城内,而且南达永定门,北到鼓楼、钟楼,贯穿了整个城市,气魄宏伟,规划严整,极为壮观。故宫周围环绕着 10 多米高的城墙,墙外是 50 多米宽的护城河,城墙南北长为 961m,东西长为 753m。建筑学家们都认为故宫的设计与建筑,实在是一个无与伦比的杰作,它的平面布局,立体效果,以及形式上的雄伟、堂皇、庄严、和谐,都可以说是人类文明史上罕见的。故宫标志着我国悠久的文化传统,显示着 500 多年前匠师们在建筑上的卓越成就,它是我国古代劳动人民血汗和智慧的结晶。

西方的古建筑中,古罗马的建筑无疑是最为经典的建筑系列之一。首先,古罗马建筑当时的功能要求很多,有罗马万神殿、维纳斯和罗马神庙以及巴尔贝克太阳神庙寺宗教建筑,也有皇宫、剧场角斗场、浴场以及广场和长方形会堂等公共建筑。居住建筑有内庭式住宅、内庭式与围柱式院相结合的住宅,还有四五层的公寓式住宅。而水平很高的拱券技术使得建筑物内部有很大的宽阔的空间,这样,就使得很多的建筑功能要求得以满足。拱券结构得到推广,是因为使用了强度高、施工方便、价格便宜的火山灰混凝土。约在公元前 2 世纪,这种混凝土成为独立的建筑材料,到公元前 1 世纪,几乎完全取代石材,既用于建筑拱券,也用于筑墙。古罗马建筑艺术成就很高。大型建筑物风格雄浑凝重,构图和谐统一,形式多样。

罗马万神殿是古代罗马城中心供奉众神的神殿,建于公元 120—124 年间。罗马万神殿最大的特色是它的圆形穹顶,这是古代世界最大的穹顶,穹顶直径达 43.3m,正中有一个直径 8.92m 的圆洞,这是除大门外的唯一采光洞。万神殿的基础、墙和穹顶都是用火山灰制成的混凝土浇筑而成,非常牢固。穹顶顶部的矢高和直径一样,也是 43.3m,使得内部空间非常完整、紧凑。这样,万神殿的剖面恰好可以容得下一个整圆,而它的内部墙面两层分割也接近于黄金分割,因此,它常被作为通过几何形式达到构图和谐的古代实例。

古罗马斗兽场现在仅存遗址。斗兽场的真实名称叫作"佛拉维欧圆形剧场",由韦斯马列西亚诸皇帝始建于公元 72 年,完成于公元 80 年。斗兽场的整体结构有点像今天的体育场,或许现代体育场的设计思想就是源于古罗马的斗兽场。斗兽场呈椭圆形,长直径 187m,短直径 155m。在斗兽场的内部复原图上,可以看出这个工程的浩大和壮观。但今天人们所能见到的已无完整看台的形象,只是原来支撑看台的隔墙,尽管破败不堪,但其高、大、巧,仍让人为其往日的辉煌叹为观止。

### (五)古代构筑物

古代还有很多被称为奇迹的构筑物,如中国的万里长城、埃及的金字塔等就是很好的例子。

万里长城,东起山海关,穿过高山,越过深谷,蜿蜒于沙漠和草原,一直到达终点嘉峪关。全长 1.2 万余里,故称万里长城。长城的修筑是在漫长的岁月中逐步完成的。从修筑伊始到最后完成,历时 2000 多年,若把历代修筑的长城连接起来,总长超过 50000km。长城以其气势磅礴而成为世界上最伟大的工程之一。

在公元前 7—公元前 5 世纪的春秋战国时期,中原大地诸侯争霸,战争频繁。为了防御北方草原强悍的游牧部落袭扰中原,位于北部的燕、赵、秦等国于要冲之地高筑城墙。秦始皇统一中国,将列国长城连成一线,从而形成西起甘肃临洮、东至辽东,延绵万里的军事屏障,创造了举世闻名的古代工程奇迹。

自秦以后直至明朝等各代都规模不等地新筑和增筑过长城。汉代继续对长城进行修建。从文帝到宣帝,修成了一条西起大宛贰师城,东至黑龙江北岸,全长近 10000km,古丝绸之路有一半的路程就沿着这条长城,是历史上最长的长城。到了明代,为了防御鞑靼、瓦剌族的侵扰,从没间断过长城的修建,从洪武至万历,其间经过 20 次大规模的修建,筑起了一条西起甘肃的嘉峪关,东到辽东虎山,全长 6350km 的边墙。我们今天所指的万里长城多指明代修建的长城。

埃及金字塔是法老(古埃及的国王)的陵墓。大型的金字塔一般建于古王国时期的三至六王朝(约公元前 2664—公元前 2180 年),在古埃及之都孟菲斯之北不远的吉萨、塞加拉、拉苏尔、梅杜姆以及阿布西尔等地都有遗址。由于金字塔是一种方锥形的建筑物,古埃及文称它为"庇里穆斯",意思是"高";而其底座呈四方形,愈上愈窄,直至塔顶,从四面看都像汉字的"金"字,所以中国历来译称"金字塔"。在众多金字塔中,最为著名的是吉萨金字塔,它位于开罗西南约 13km 的吉萨地区。这组金字塔共有 3 座,分别为古埃及第四王朝的胡夫(第二代法老)、卡夫勒(第四代法老)和孟考勒(第六代法老)所建。其中,胡夫金字塔又称齐阿普斯金字塔,兴建于公元前 2760 年,是历史上最大的一座金字塔,也是世界上的人造奇迹之一,被列为世界 7 大奇观之首。该塔原高 146.5m,由于几千年的风雨侵蚀,现高 138m。原四周底边各长 230m,现长 220m。锥形建筑的四个斜面正对东、南、西、北四方,倾角为 51° 52′。整个金字塔建在一块巨大的凸形岩石上,占地约 5.29 万 m²,体积约 260 万 m³,是由约 230 万块石块砌成。外层石块约 11.5 万块,平均每块约 2.5t,最大的一块约 16t,全部石块总质量为 684.8 万 t。令人惊奇的是,这些石块之间没有任何黏着物,而是一块石头直接叠在另一块石头上,完全靠石头自身的重量堆砌在一起的,表面接缝处严密精确,连一个薄刀片都插不进去。而塔的东南角与西北角的高度误差仅 1.27cm。这是当时征召了 10 万劳动力、前后历时 30 年才建成的。

### (六)古代水利工程

水利工程是关系到国计民生的大事,我国自古就有兴修水利工程的传统,传说中的大禹治水就是一个最好的例子。四川的都江堰水利工程,为秦昭王(公元前 306 年—公元前 251 年)时由蜀郡太守李冰父子主持设计和兴建,它建在四川都江堰市城西,是全世界迄今为止年代最久、唯一留存、以无坝引水为特征的宏大水利工程。2200 多年来,至今仍然连续使用,仍发挥巨大效益,不愧为世界文明的伟大杰作,造福人民的伟大水利工程。建成后使成都平原成为"沃野千里"的天府之乡。在今天看来,这一水利设施的设计也非常合理,十分巧妙,许多国际水利工程专家参观后,均十分叹服。

举世闻名的京杭大运河,是世界上开凿最早、最长的一条人工河道,它的长度是苏伊士运河的 16 倍,是巴拿马运河的 33 倍。大运河北起北京,南达杭州,流经北京、河北、天津、山东、江苏、浙江 6 个省市,沟通了海河、黄河、淮河、长江、钱塘江 5 大水系,全长 1794km。大约 2500年前,吴王夫差挖邗沟,开通了连接长江和淮河的运河,并修筑了邗城,运河及运河文化由此衍生。我们今天所说的大运河开掘于春秋时期。春秋末年夫差(公元前 495—公元前 476 年)开凿"邗沟"(公元前 486 年);战国魏惠王(公元前 369—公元前 318 年)开凿"鸿沟",贯通黄河与淮河。"邗沟"与"鸿沟"是现今南北大运河的最早河段。隋代"发民工百万"大修运河,历时数十年,才有了今天大运河的雏形。大运河完成于隋代,繁荣于唐宋,取直于元代,疏通于明清(从公元前 486 年始凿,至公元 1293 年全线通航),前后共持续了 1779 年。在漫长的岁月里,主要经历了三次较大的兴修过程。京杭大运河是由人工河道和部分河流、湖泊共同组成的,全程可分为 7 段:①通惠河;②北运河;③南运河;④鲁运河;⑤中运河;⑥里运河;⑦江南运河。京杭大运河作为南北的交通大动脉,历史上曾起过重大作用。运河的通航,促进了沿岸城市的迅速发展。

大运河正是以人工沟渠连通天然水系,结合自然环境与人工修凿的一条南北向的巨大输运航道,有灌溉、航运两大作用。至今该运河的江苏、浙江段仍是重要的水运通道。隋代运河大多利用秦汉故渠、自然河川或干枯河道贯通而成,大运河不仅促成了隋代的霸业,还开启了中国唐代的盛世,对中国古代的发展有积极的贡献。

大运河在隋代就有了很大的规模,唐、宋时期又加以修整,至元代时变成了今天的面貌。元代大运河的兴建,主要为"南粮北运""贡赋通漕"。这不仅解决了中国北方人民的生活问题,还巩固了北方的边防,"粮储充裕,所向克捷",大运河除航运、灌溉功能外,还具有国防上的重大意义。

### 三、现代土木工程[1,6,7]

土木工程学是建造各类工程设施的科学技术的统称。它既指所应用的材料、设备和所进行的勘测、规划、设计、施工、养护维修等技术活动；也指工程建设的对象，即建造在地上或地下、陆上或水中，直接或间接为人类生活、生产、军事、科研服务的各种工程设施，例如房屋、道路、铁路、运输管道、隧道、桥梁、运河、堤坝、港口、电站、飞机场、海洋平台、给水和排水以及防护工程等。

建造土木设施的物质基础是土地、建筑材料、建筑设备和施工机具。借助于这些物质条件，经济而便捷地建成既能满足人们使用要求和审美要求，又能安全承受各种荷载的工程设施，是现代土木工程学科的出发点和归宿。

#### （一）土木工程的发展历史

作为工程物质基础的土木建筑材料，以及随之发展起来的设计理论和施工技术对土木工程的发展起着关键作用。每当出现新的优良的建筑材料时，土木工程就会有飞跃式的发展。

人们在古代只能依靠泥土、木料及其他天然材料从事营造活动，后来出现了砖和瓦这种人工建筑材料，使人类第一次冲破了天然建筑材料的束缚。砖和瓦具有比土更优越的力学性能，既可以就地取材，又易于加工制作。

砖和瓦的出现使得人们开始广泛、大量地修建房屋和城防工程等。土木工程技术因此得到了飞速发展。直至 18—19 世纪，在长达两千多年的时间里，砖和瓦一直是土木工程的重要建筑材料，为人类文明作出了伟大的贡献，甚至在目前还被广泛采用。

钢材的大量使用是土木工程的第二次飞跃。17 世纪 70 年代开始使用生铁，19 世纪初开始使用熟铁建造桥梁和房屋，这是钢结构出现的前奏。从 19 世纪中叶开始，冶金业冶炼并轧制出抗拉和抗压强度都很高、延性好、质量均匀的建筑钢材，随后又生产出高强度钢丝、钢索，于是适于大跨度、轻型结构的钢结构得到蓬勃发展。除应用原有的梁、拱结构外，新兴的桁架、框架、网架结构、悬索结构逐渐推广，出现了结构形式百花争妍的局面。建筑物跨径从砖结构、石结构、木结构的几米、几十米发展到钢结构的百米、几百米，直到现今的千米以上。

为适应钢结构工程发展的需要，在牛顿力学的基础上，材料力学、结构力学、工程结构设计理论等应运而生。施工机械、施工技术和施工组织设计的理论也随之发展，土木工程从经验上升成为科学，在工程实践和基础理论方面都面貌一新，从而促成了土木工程更迅速的发展。

19 世纪 20 年代，波特兰水泥制成后，混凝土问世了。混凝土骨料可以就地取材，混凝土构件易于成型，但混凝土的抗拉强度很小，用途受到限制。19 世纪中叶以后，钢铁产量激增，随之出现了钢筋混凝土这种新型的复合建筑材料，其中钢筋承担拉力，混凝土承担压力，均发挥了各自的优点。20 世纪初以来，钢筋混凝土广泛应用于土木工程的各个领域。

20 世纪 30 年代，出现了预应力混凝土。预应力混凝土结构的抗裂性能、刚度和承载能力大大高于钢筋混凝土结构，因而用途更广。土木工程进入了钢筋混凝土和预应力混凝土占统治地位的历史时期。混凝土的出现给建筑物带来了新的经济、美观的工程结构形式，土木工程因而产生了新的施工技术和工程结构设计理论。这是土木工程的又一次飞跃发展。

21 世纪以来，随着钢材产量增加，成本下降，以及对于大跨径结构、异型结构的需求大量增加，钢结构的使用越来越普及。新的设计理论、结构分析手段、设计方法都得到了快速的发展。北京奥运会主场馆,号称鸟巢的国家体育场就是一个钢结构的代表作品。

### (二)土木工程的基本特性

现代土木工程具有综合性、社会性、实践性和统一性等基本特性。

#### 1. 综合性

建造一项工程设施一般要经过勘察、规划、设计和施工四个阶段,需要运用工程地质勘查、水文地质勘查、工程测量、土力学、工程力学、工程设计、建筑材料、建筑设备、工程机械、建筑经济等学科和施工技术、施工组织等领域的知识以及电子计算机和力学测试等技术,因而土木工程是一门范围广阔的综合性学科。

随着科学技术的进步和工程实践的发展,土木工程这个学科也已发展成为内涵广泛、门类众多、结构复杂的综合体系。土木工程所建造的工程设施所具有的使用功能多种多样,这就要求土木工程综合运用各种物质条件,以满足多种多样的需求。土木工程已发展出许多分支,如房屋工程、铁路工程、道路工程、飞机场工程、桥梁工程、隧道及地下工程、特种工程结构、给水和排水工程、城市供热供燃气工程、港口工程、水利工程等学科。其中有些分支,例如水利工程,由于自身工程对象的不断增多以及专门科学技术的发展,业已从土木工程中分化出来,成为独立的学科体系,但是它们在很大程度上仍具有土木工程的共性。

#### 2. 社会性

土木工程是伴随着人类社会的发展而发展起来的。它所建造的工程设施能反映出各个历史时期社会经济、文化、科学、技术发展的面貌,因而土木工程也就成为社会历史发展的见证之一。远古时代,人们就开始修筑简陋的房舍、道路、桥梁和沟渠,以满足简单的生活和生产需要。后来,人们为了适应战争、生产和生活以及宗教传播的需要,兴建了城池、运河、宫殿、寺庙以及其他各种建筑物。许多著名的工程设施显现出人类在这个历史时期伟大的创造力。

产业革命以后,特别是到了 20 世纪,一方面是社会向土木工程提出了新的需求;另一方面是社会各个领域为土木工程的发展创造了良好的条件。例如,建筑材料(钢材、水泥)工业化生产的实现,机械和能源技术以及设计理论的进展,都为土木工程提供了材料和技术上的保证。这个时期的土木工程得到了突飞猛进的发展,在世界各地出现了现代化规模宏大的工业厂房、摩天大厦、核电站、高速公路和铁路、大跨桥梁、大直径运输管道、长隧道、大运河、大堤坝、大飞机场、大海港以及海洋工程等。现代土木工程不断地为人类社会创造崭新的物质环境,成为人类社会现代文明的重要组成部分。

#### 3. 实践性

土木工程是具有很强的实践性的学科。在早期,土木工程是通过工程实践,总结成功的经验,尤其是吸取失败的教训发展起来的。从 17 世纪开始,以伽利略和牛顿为先导的近代力学同土木工程实践结合起来,逐渐形成材料力学、结构力学、流体力学、岩体力学,作为土木工程的基础理论的学科。这样土木工程才逐渐从经验发展成为科学。在土木工程的发展过程中,工程实践经验常先行于理论,工程事故常显示出未能预见的新因素,触发新理论的研究和发展。至今不少工程问题的处理,在很大程度上仍然依靠实践经验。

土木工程技术的发展之所以主要凭借工程实践而不是凭借科学试验和理论研究,有两个原因:一是有些客观情况过于复杂,难以如实地进行室内试验或现场测试和理论分析。例如,地基基础、隧道及地下工程的受力和变形的状态及其随时间的变化,至今还需要参考工程经验进行分析判断。二是只有进行新的工程实践,才能揭示新的问题。例如,建造了高层建筑、大跨桥梁等,工程的抗风和抗震问题突出了,才能发展出这方面的新理论和技术。

4. 统一性

统一性是指技术上、经济上、景观、生态、环境以及建筑艺术上的统一。人们力求最经济地建造一项工程设施,用以满足使用者的预定需要,其中包括审美要求。而一项工程的经济性又是和各项技术活动密切相关的。工程的经济性不仅表现在工程选址、总体规划上,而且表现在设计和施工技术上。工程建设的总投资,工程建成后的经济效益和使用期间的维修费用等,都是衡量工程经济性的重要方面。这些技术问题联系密切,需要综合考虑。

符合功能要求的土木工程设施作为一种空间艺术,首先是通过总体布局、本身的体形、各部分的尺寸比例、线条、色彩、明暗阴影与周围环境,包括它同自然景物的协调和谐表现出来的;其次是通过附加于工程设施的局部装饰反映出来的。工程设施的造型和装饰还能够表现出地方风格、民族风格以及时代风格。一个成功的、优美的工程设施,能够为周围的景物、城镇的容貌增美,给人以美的享受;反之,会使环境受到破坏。

在土木工程的长期实践中,人们不仅对房屋建筑艺术给予关注,取得了卓越的成就;而且对其他工程设施,也通过选用不同的建筑材料,例如采用石料、钢材和钢筋混凝土等,配合自然环境建造了许多在艺术上十分优美、功能上又颇为良好的工程。中国古代的万里长城,现代世界上的许多电视塔和斜拉桥,都是这方面的例子。

### (三)土木工程的发展趋势

随着科学技术的进步和经济的不断发展,现代土木工程取得了更多的成绩。内容涉及道路、铁路、水利、城市、建筑、空港等多个方面。现代土木工程的特点是:适应各类工程建设高速发展的要求,人们需要建造大规模、大跨度、超高、轻型、大型、精密、设备现代化的建筑物,既要求高质量和快速施工,又要求高经济效益。这就向土木工程提出新的课题,并推动土木工程这门学科前进。

高强轻质的新材料不断出现,一些比钢轻的铝合金、镁合金和玻璃纤维增强塑料(玻璃钢)已开始应用。在提高钢材和混凝土的强度和耐久性方面,已取得显著成果,并且持续进展。

建设地区的工程地质和地基的构造,及其在天然状态下的应力情况和力学性能,不仅直接决定基础的设计和施工,还常常关系到工程设施的选址、结构体系和建筑材料的选择,对于地下工程影响就更大了。工程地质和地基的勘察技术,目前主要仍是现场钻探取样、室内分析试验,这是具有一定局限性的,为适应现代化大型建筑的需要,急待利用现代科学技术来创造新的勘察方法。

随着土木工程规模的扩大和由此产生的施工工具、设备、机械向多品种、自动化、大型化发展,施工日益走向机械化和自动化。同时组织管理开始应用系统工程的理论和方法,日益走向科学化;有些工程设施的建设继续趋向结构和构件标准化以及生产工业化。这样,不仅可以降低造价、缩短工期、提高劳动生产率,而且可以解决特殊条件下的施工作业问题,以建造过去难以施工的工程。土木工程学是一门运用数学、物理、化学、计算机信息科学等基础科学知识,力学、材料等技术科学知识以及相应的工程技术知识来研究、设计和建造工业与民用建筑、隧道与地下建筑、公路与城市道路以及桥梁等工程设施的学科。

土木工程需要规划。以往的总体规划常是凭借工程经验提出若干方案,从中选优。由于土木工程设施的规模日益扩大,现在已有必要也有可能运用系统工程的理论和方法以提高规划水平。特大的土木工程,例如高大水坝会引起自然环境的改变,影响生态平衡和农业生产等,这类工程的社会效果是有利也有弊。在规划中,对于趋利避害要作全面考虑。这一点更加说明开展"土木规划学"研究具有十分重要的意义。

## 四、土木工程的研究领域[1,8]

土木工程需要能在房屋建筑、隧道与地下建筑、公路与城市道路、桥梁等领域的设计、施工、管理、咨询、监理、研究、教育、投资和开发部门从事技术或管理工作的各类工程技术人才,研究领域十分广泛。土木工程教育涉及工程数学、土木工程测量、土木工程材料、画法几何及工程制图、材料力学、结构力学、弹性力学、流体力学、土力学、混凝土结构设计原理、钢结构设计原理、桥梁工程、道路勘测设计、路基路面工程、土木工程施工与组织及土木工程专业英语等。

### (一)土木工程的范围(Scope of Civil Engineering)

按照现行的划分,土木工程涉及的主要专业(the Major Specializations of Civil Engineering)包括:结构工程,岩土工程,流体力学、水力学和水利机械工程,交通工程,环境工程和给排水工程,灌溉工程,测量学、水准测量与遥感。

1. 结构工程(Structure Engineering)

结构工程是研究土木工程中具有共性的结构选型、力学分析、设计理论、建造技术和管理的学科。结构工程包含下列内容:

(1)以确切形式定位安装结构各部分,使其得到充分利用。

(2)确定各种作用于结构的力的大小、方向和性质。

(3)分析在上述力的作用下结构各个单元的行为。

(4)进行结构设计使结构在任意荷载下保证其稳定性。

(5)选择建筑材料和有经验的工人进行施工。

2. 岩土工程(Geotechnical Engineering)

岩土工程是土木工程的分支,是运用工程地质学、土力学、岩石力学解决各类工程中关于岩石、土壤的工程技术问题的科学。其内容包括:

(1)土力学中以土壤为研究对象来研究其特性和行为。

(2)各种结构基础、机械底座及其适配性等。

(3)分析、设计与施工。

3. 流体力学、水力学和水利机械工程(Fluid Mechanics,Hydraulics and Hydraulic Machines)

流体力学是力学的一个分支,它主要研究流体本身的静止状态和运动状态,以及流体和固体界壁间有相对运动时的相互作用和流动的规律。

水力学是研究以水为代表的液体的宏观机械运动规律及其在工程技术中的应用。水力学包括水静力学和水动力学。

水利机械工程,从广义上讲,凡属水利工程建设中应用的各种机械都应称为水利机械。从狭义上讲,在水利工程建设所应用的各类机械中,凡属以水利工程施工的使用、维护、管理为主

要功用的各类通用机械和专用机械,均应称为水利机械。水利机械工程主要是对水利机械进行的研发工作。其内容包括:

(1)静态或动态下的流体的不同特性和行为特征。

(2)水利结构设计,如水坝、调节闸等。

(3)水利工程中应用的机械。

#### 4. 交通工程(Transportation Engineering)

交通工程最初是研究道路交通发生、构成和运动规律的理论及其应用的学科。其内容包括交通线路设计、施工和管理执行。随着综合交通系统概念的不断形成,现在的交通工程已经不单纯是研究道路交通,而是涉及多种交通方式。

交通工程的不同分支包括:

(1)道路(公路与城市道路)工程。

(2)铁路工程。

(3)港口工程。

(4)空港工程。

#### 5. 环境工程和给排水工程(Environmental Engineering,Water Supply and Sanitary Engineering)

环境工程是一门研究人类活动与环境的关系,以及研究改善环境质量的途径及技术的学科。环境工程主要研究:对应于人类活动产生的负面环境影响的环境保护措施,为人类的健康发展提供更好的环境质量。

给排水工程是关于水供给、废水排放和水质改善的工程,分为给水工程和排水工程。给水工程主要研究:水源的地理位置和水资源的收集、水处理方法、标准限度测试以及高效供水。排水工程主要研究:排水收集、排水处理措施方法和高效处理污水(世界用水安全保障)。

#### 6. 灌溉工程(Irrigation Engineering)

灌溉工程是借助工程设施,从水源(如河流、水库或井泉)取水通过渠道(管道)输送水到田间。灌溉工程主要研究:通过建设水坝、贮水池、水渠、压头结构以及支渠来控制各种水源灌溉耕地。

#### 7. 测量学(Surveying)

测量学是研究地球的形状和大小以及确定地面点位的科学。测量的内容包括水准测量(Leveling)与遥感(Remote Sensing)。水准测量又名"几何水准测量",是指用水准仪和水准尺测定地面上两点间高差的方法;遥感是利用遥感器从空中来探测地面物体性质的,它根据不同物体对波谱产生不同响应的原理,识别地面上各类地物,具有遥远感知事物的特性。也就是利用地面上空的飞机、飞船、卫星等飞行物上的遥感器收集地面数据资料,并从中获取信息,经记录、传送、分析和判读来识别地物。

测绘的主要工作是形成测绘目标物的平面图。水准测量主要用来绘制地球表面垂直面上物体的相对高度。而遥感则是应用航拍图片得到区域相关数据技术来实现的。

### (二)土木工程师的职责(Functions of Civil Engineer)

土木工程师的工作可以归纳为下列几项。

1. 调查(Investigation)

通过调查收集计划工程的相关必要数据。

2. 测绘(Surveying)

测绘的目的是形成地图或平面图来确定工程各种结构在地球表面的方位。

3. 规划(Planning)

在勘探和测绘成果的基础上,土木工程师要为工程的容量、规模、各组成部分定位绘制图纸。在此基础上进行初步估算。

4. 设计(Design)

勾勒出轮廓图以后,部件的安全维数就可以获得。在此基础上绘制整个结构和部件图纸,并进行详尽的估算。

5. 实施(Execution)

在实施过程中,要制订建设时序表、撰写标书、确定合同、监督施工、制备账目、设施维护等。

6. 研究开发(Research and Development)

除了上述工作,作为土木工程师还须投身于研究和开发工作,以期达到更高的经济性和效率来适应现在以及未来的发展需要。

土木工程技术人员须具有较扎实的数学、物理、化学和计算机技术等自然科学基础知识,掌握工程力学、流体力学、岩土力学的基本理论和基本知识,掌握工程规划与选型、工程材料、工程测量、画法几何及工程制图、结构分析与设计、基础工程与地基处理、土木工程现代施工技术、工程检测与试验等方面的基本知识和基本方法,了解工程防灾与减灾的基本原理与方法以及建筑设备、土木工程机械等基本知识;具有综合应用各种手段查询资料、获取信息的能力,具有经济合理、安全可靠地进行土木工程勘测与设计的能力,具有解决施工技术问题、编制施工组织设计和进行工程项目管理、工程经济分析的初步能力,具有进行工程检测、工程质量可靠性评价的初步能力,具有应用计算机进行辅助设计与辅助管理的初步能力,具有在土木工程领域从事科学研究、技术革新与科技开发的初步能力。

# 第二节 土木工程与社会基础设施●[9]

## 一、土木工程与社会资本

资本是生产的要素,由于投资获得再生产和积累。社会资本是通过土木工程而得到生产和积累的土木设施。这样的土木设施绝大多数属于社会共同利用,因此称为社会资本(Social Overhead Capital)。社会资本几乎都是由政府或公共团体投资(公共投资)兴建,运营,成为国土或是城市、农村等的基础的交通设施,给排水处理设施,能源供给储备设施,信息通信设施,废弃物处理设施,保护和维持国土完整性的设施等,公共空间设施,教育、文化设施,公共设施,住宅设施都称为社会资本。

---

● 根据参考文献[9]于润泽的清华大学综合论文训练内容编写。

社会资本具有如下特征：

（1）外部经济性：对于个人与企业的生产活动，间接地产生影响。

（2）公共性、共同利用性、非选择性：服务提供的对象为不特定多数，非排他性的，原则上公平地提供给所有的利用主体。

（3）输入的不可能性：限定于该地区，其服务不可输入。

（4）大规模、不可分性：一般为大规模，需要巨额的投资，达不到一定的水平则无法发挥出其功能。

（5）建设周期长、服务年限长：从规划到建设的酝酿期间长，使用年限长，因此，其服务容易陈旧落后。

（6）主体的多样性：利用者、地区居民、地方政府、建设业者等多样的主体，产生多样的视点，因此其政治性很强。因此，有必要对于相关主体之间的评价进行调整。

（7）独占性、安全性：为了追求公共性，其独占性更加强烈，对于安全性的要求也越高。依据社会资本对社会、经济的效果，可以将其分类如下：

①生产性设施：工业用水、流通设施、能源设施、农林道路、渔港等。

②交通通信设施：铁道、道路、机场、港口、信息通信设施等。

③生活环境设施：上下水道、住宅、城市公园、停车场、学校、文化设施、保健医疗设施等。

④国土保持维护设施：治山治水、海岸保护、灾害复兴等。

上述这些支撑人类生活的设施称为土木设施或称为社会基础设施。造就这些土木设施的创意、方法等叫作土木技术。驱使土木技术进行建造，广义上叫作土木工程。换言之，土木工程就是指驱使土木技术创造、建设支持人类生活基础的事情。从技术上支撑土木工程的是土木工程学。土木工程学，是构成社会的人类为了防止或是利用自然的力量，在创造生活环境的过程中，建设必需的土木设施所需要的技术的有关学说。

## 二、社会基础设施

### （一）对于基础设施概念的界定

一些学者把基础设施（Infrastructure）划分为狭义与广义两部分。狭义的基础设施主要是指经济性基础设施，包括交通运输、通信、电力、给排水等公共设施和公共工程等。广义的基础设施除此之外，还包括教育、法律、卫生以及行政管理等部门，但一般不包括能源、原材料等基础工业。国内的大部分研究倾向于使用狭义的基础设施概念。

清华大学建筑学院毛其智[10]针对城市基础设施作了界定，他认为：城市基础设施，又称城市基础结构，一般指城市中在地上或地下提供服务、通道或便利的实体结构，如道路、供排水管道、电力与通信线路等。

上海财经大学邓淑莲[11]把基础设施的含义限定为具有经济性的物质基础设施，包括道路、铁路、机场、港口、桥梁、通信、水利工程、城市供排水、供气、供电、废弃物的处理等。

1994年，世界银行在以基础设施为主题的发展报告中，将社会基础设施定义为永久性的成套的工程构筑、设备、设施和它们所提供的为所有企业生产和居民生活共同需要的服务。报告指出，基础设施种类繁多，其中经济基础设施主要包括三个部分：①公共设施：电力、电信、自来水、卫生设备和排污、固体废弃物的收集和处理、管道煤气等；②公共工程：公路、大坝和排灌渠道等水利设施;③其他交通部门:铁路、市内交通、港口和航道、机场等。

本书以下的讨论中提及的"基础设施",指的都是狭义的基础设施。特别需要指出的是,本文涉及的基础设施概念是从"土木规划"的理念出发,针对的是"土木设施",即具有社会公共属性的,运用土木工程技术建设的基础设施。因此,本书使用了"社会基础设施"一词,以强调土木设施所具有的社会性。一般来说,社会基础设施具有以下特征:

(1)基础性。社会基础设施的基础性体现在两方面:一方面,基础设施所提供的产品和服务是其他生产部门进行活动的基础性条件。如第一、第二、第三产业的活动不可能不利用一定的交通、通信、电力等;另一方面,基础设施所提供的产品和服务的价格构成了其他部门产品和服务的成本。正因如此,基础设施又被称为社会先行资本,它所提供的产品服务性能和价格的变化,必然会对其他部门产生连锁反应。

(2)投资具有不可分性。从资本规模和技术工程的角度看,社会基础设施必须一次性进行大规模的投资,这种投资具有不可分性。因为基础设施项目的规模宏大,且各部分相互联系,互为依存条件,缺一不可,必须同时建成才能发挥作用,因而一开始就需要有最低限度的大量资本作为创始资本,少量分散的投资不起作用。正因如此,基础设施所需要的投资规模大,建设周期长,且有大量的沉淀成本,因而,其资本收益率低,个人不愿或无力涉足其中。

(3)社会基础设施不能通过贸易取得。基础设施所提供的服务和产品不能通过进口获得,也不能将一国的基础设施服务输出到国外。

(4)有些社会基础设施对消费的作用是直接的,但大部分基础设施对生产和家庭福利的作用是间接的,既方便市场交易,又能提高其他生产要素的生产力。

(5)社会基础设施具有生产上的规模经济性、消费上的效益外溢性和非排他性,这一特点使得政府在基础设施的提供和融资方面发挥着重要作用。

## (二)基础设施理论

基础设施理论最早始于早期经济学家的著作中。在之后的理论发展历史中,人们对于基础设施的理解越来越深刻,但值得注意的是,这些理论都提及或重点阐述了政府对于基础设施提供的重要意义。这些理论基本都认为政府有义务为社会提供基础设施,这些理论实际上为世界各国政府在经济发展早期垄断经营基础设施领域提供了理论依据,对政府大规模供应基础设施提供了理论上的支持,但同时我们也应看到这些理论对社会经济发展到一定程度时的情况估计不足,忽视了市场机制对于基础设施提供的巨大帮助。这些理论的优势与缺陷对后来各国土木规划环境与土木规划政策都产生了不可磨灭的影响。

### 1.早期经济学家对基础设施的观点

亚当·斯密的观点可以总结为:①交通运输对国家的经济发展非常重要;②基础设施的发展应与经济发展相适应,交通运输"这类公共工程的建造和维持费用,显然,在社会各个不同发达时期极不相同";③公共工程的建设和运营是国家的重要职能之一,但这些公共工程的费用应由使用者支付,对其征收使用税(费)是非常公平的做法;④应根据不同种类基础设施的不同特点决定基础设施日常维修管理的主体;⑤地方性基础设施应由地方政府负责建设和维护,因为这些设施的受益人群是地方人民,从国家的一般收入项开支,不符合公平原则。由地方政府在一般收入项开支,既符合公平原则,又比由中央政府负责更有效率[11]。

## 2. 凯恩斯对基础设施的观点

20世纪30年代，以反古典经济学面目出现的适应"大萧条"时期需求的凯恩斯主义，则将公共工程支出作为政府反经济危机的手段。凯恩斯认为，失业是经济危机的典型现象，经济危机发生的根源在于有效需求不足，私人的消费需求和投资需求由于边际效应递减、流动偏好和资本的边际收益递减这三大心理规律的存在而总是小于总供给，要消除危机，实现总供给与总需求的均衡，只有借助政府的干预，通过政府支出弥补个人需求的不足。政府支出包括消费支出和投资支出，其中投资支出很重要的一部分是建设公共工程。

## 3. 马克思主义对基础设施的观点

马克思主义对基础设施的论述主要包括两方面的内容：一是肯定了交通、仓储等基础设施对生产发展的重要性；二是将公共工程的提供视为国家的职能。

## 4. 发展经济学的观点

发展经济学最先使用基础设施概念，并提出了一系列富有价值的理论观点，对基础设施的理论作出了重要贡献。他们的主要观点有：①基础设施是社会经济发展的基础，在一般产业投资之前，一个社会应具备基础设施方面的积累，基础设施的发展是一国经济腾飞的必备条件，是工业化不可逾越的阶段；②政府必须担负起基础设施发展的重要职责。罗森斯坦·罗丹认为，基础设施必须通过政府干预，实行计划发展。罗斯托认为政府干预基础设施发展的理由有三个：一是基础设施从投资到形成生产力，再到投资回收需要的时间很久；二是基础设施投资巨大，且投资具有不可分性，无法以不断扩大的利润再投资的办法来形成；三是基础设施的利润常常通过许多间接的因果关系回到了整个社会，而不是直接回到创办的企业家手中。罗斯托认为，这三个条件合在一起，使得政府一般必须在创造经济起飞前提条件的时期担负起发展基础设施这一极为重要的任务。由于基础设施初始规模配置上的局限和投资的不可分性，各国政府，特别是发展中国家政府应充分认识这一问题，并大力促进基础设施的发展。赫希曼也曾主张发展基础设施要实行国家干预和经济计划。

发展经济学从经济发展的阶段出发，深刻地认识到了基础设施与一国经济发展的关系，强调基础设施是经济发展的前提条件，并根据基础设施的投资特点提出了政府和计划在基础设施发展中的作用，这些观点为以后的基础设施研究提供了重要的理论参考。

## 5. 世界银行的观点

1994年，世界银行发表了年度发展报告，报告以"为发展提供基础设施"为主题，首先，肯定了基础设施对经济发展的重要性，指出"基础设施如果不是经济发展的引擎，那也是经济活动的车轮"。报告在对发展中国家1990年的数据研究的基础上提出，基础设施每增长1%，就导致GDP增长1%。其次，通过对发展中国家基础设施提供情况的考察指出，发展中国家基础设施发展落后的原因在于基础设施提供中缺乏有效的激励机制，即基础设施的投入、产出得不到全面有效的衡量和管理，提供者的报酬与使用者的满意度没有任何联系。报告提出，基础设施的发展依赖于建立有效的激励机制：一是按商业原则发展基础设施，将基础设施视为一个"服务行业"，按消费者的需求提供服务；二是引进竞争机制，竞争可以提高效率，为使用者提供更多的选择，从而使提供者更加努力地提供令使用者满意的服务；三是对那些提供者无法通过市场了解使用者信息的基础设施的发展，使用者和其他有关人员应该进入基础设施发展的整个过程。

# 第三节　土木规划的概念与意义<sup>[12-15]</sup>

### 一、土木规划的概念

"土木规划"的英文中为"Social Infrastructure Planning",直译为"社会基础设施规划",但土木规划的内涵远远广于单纯的"基础设施规划"。国内的一些文献把"土木规划"翻译成"社会公共建设规划"是有道理的。土木规划具体指规划主体(决策者)把社会公共基础设施作为对象,根据国家或地区经济的发展需要,发现和整理建设项目中产生的问题及其内容,进行规划目的的分析,在充分考虑和权衡效率、公平和环保的基础上,对基础设施的发展进行数量、结构和项目选择的设计和计划,并根据目的的要求而在提出的众多手段(比选方案)中系统地选择、提取合理的方案,并将规划实现的过程。

土木规划的概念对我国传统的"基础设施规划"提出了挑战。在我国,一般认为基础设施规划是针对某一种具体的基础设施,如铁路、公路、管道等,利用现有的土木工程技术进行的网络规划。这种类型的规划以最终方案(Plan)为目的,往往停留在单一基础设施的技术层面,缺乏统筹的、系统的考虑,更谈不上对整个社会经济、人民生活的考虑。土木规划则综合了系统科学和社会科学的部分成果,把"社会公共基础设施"作为一个完整的整体来进行运筹,在规划的同时考虑其建设与运行对于整个社会产生的影响,是以规划的整个过程(Planning)造福社会各个层面为目的的。此外,土木规划对于"规划"的流程也作了饶有意义的拓展,传统的基础设施规划往往从规划目的开始,终结于从各个方案中优选出最终的方案,但是对于资金的考虑仅仅停留于工程造价的粗估,但显而易见的是,资金来源对于规划能否实现的影响是巨大的,传统的基础设施规划并不把资金来源作为约束条件,而是在规划方案出台以后再来具体考虑资金问题,往往使规划的整个过程失去控制(如可能与当地经济发展水平极不适应)。作为 Plan 和 Planning 的规划概念如图 1-2、图 1-3 所示。

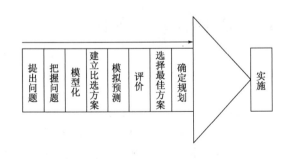

图 1-2　作为 Plan 的规划概念

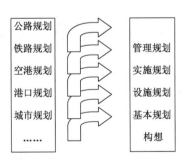

图 1-3　作为 Planning 的规划概念

值得注意的是,土木规划终结于规划方案的实施,而不是传统意义上的"确立规划",即方案的确定并不意味着规划过程的结束,只有在规划方案转化为实际为人民服务的社会公共基础设施以后,规划才能够成立。而在方案到实施的过程中,离不开资金、政策等社会、经济因素的影响,因此,有时候已经形成的方案可能需要进一步的调整。

## 二、土木规划的意义与必要性

由于经济发展的滞后，我国的基础设施建设一直处于落后的局面。为了缩小与发达国家的差距，以及从最低保证（Civil Minimum）的视点，我国进行了大规模的社会基础设施建设。在这个阶段物质缺乏，为了缓解物质的不足，满足社会需求，有选择地进行了大量的社会基础设施建设。换句话说，就是进行了大量的需求追随型的基础设施建设。这样的建设由于有强烈的对于基础设施的渴望，因此很容易获得相关者的赞成。

随着经济的日益发展，物质不足得到缓解，加上能源日益紧张，生态保护意识日益高涨，人们追求的是更加方便、更有价值的东西，市民的意识也从最低保障逐渐转向地域福利效用的最大化（Civil Maximum）。我国的经济持续快速发展，民众的价值观也在向多种价值观方向发展，在这样的背景下对于社会基础设施的建设需要进行彻底的探讨，还需要对社会经济以及自然环境的影响进行综合的把握，对于基于多种价值观的相互对立的意见进行调整，需要努力造就高质量的土木工程。这一切都需要科学化、体系化的土木规划的学说来支持。

由于土木工程的问题的多样性、复杂性、特殊性，土木规划的问题的解决需要慎重、合理与综合处理。对于土木事业的规划以及规划结果的解释需要有适当的方法。也就是说对于各种所发生问题对应的手段、解决方案不一定是单独的，从综合的视角来看，通常会有多个比选方案，需要从中选出最佳方案。

土木规划的重要性在于：一是把社会基础设施作为一个系统来统筹考虑，既避免了重复建设等所造成的资源浪费，又能够为整个社会提供最优化的基础设施解决方案；二是为基础设施的发展（筹资、建设和运营）提供科学的指导和约束，减少乃至消除基础设施发展中的盲目性，使基础设施的发展既不会因为供给不足而导致需求受限，又没有因发展过多而造成资源浪费，既保证了效率，又保证了公平，且没有对生态与环境造成较大损害；三是由于基础设施一般而言投资巨大，如果没有建立在科学论证的基础上的规划作指导，一旦决策失误，将造成巨大的资源浪费。正因如此，基础设施的发展能否成功首先取决于是否有统筹兼顾、切实可行的科学规划。

# 第四节　土木规划的基本要素与分类

## 一、土木规划的基本要素

从土木规划的定义中，我们可以得到若干个关键词，包括决策者（主体）、对象、目的、手段（方案）等4个基本要素。除此之外，还有与规划的内容相关联的排列，或称实施过程，即构成，就成为土木规划的第5个基本要素。在此将对土木规划的5个基本要素，即"决策者""对象""目的""手段"和"构成"分别进行简单介绍。

### （一）决策者

决策者（Decision Maker）可以分为非公共决策者与公共决策者。非公共决策者又可以进一步划分为个人与集团,所谓集团是指企业、经济团体等。非公共决策者在规划的制订过程中当然是以追求利润为目的的。公共决策者是指地方公共团体、国家、区域社会、国家群等具有公共的性质的组织实体。公共决策者具有以下3个基本特征:

第一,公共决策者是不同性格不同思考方式的不同个人以及团体聚集于空间的,或是机能的复合体。地方政府或是国家是空间的聚集,从组织构成上看各个部门是机能的团块。公共决策者作为机能的团块更多地参与规划。

第二,公共决策者随着时代的变化,会发生质变。从古至今历史上公共决策者发生变化,随之决策的视点也发生变化。

第三,公共决策者作为强有力的制度,具有权威性。由于公共决策者实际上是具有各种各样观点的构成成员的复合体,因此规划的决策需要某种规则。当把规划付诸实施时,也需要对于构成成员有一些约束。所谓约束就是公共的社会权力或是法律制度,具有这样的权力是公共决策者非常大的特色。

土木规划是以社会基础设施为对象的,土木规划的决策者或是政府部门,或是受政府部门委托的机关。社会基础设施是社会共同需要的,通常是民间无法提供的社会经济活动所需的基本的设施或系统,因此,公共决策者在规划的过程中更加重视其公共性。

近年来,社会基础设施的建设、运营盛行由政府部门与民间共同进行,或者是完全交由民间进行(PFI方式)。这种情况下,公私合为决策者,需要在考虑公共性和追求利润(成本核算)两者兼顾的情况下进行规划的决策。

## (二)对象

土木规划的对象涉及面很广,主要包括:社会基础设施中以土木技术为对象的设施以及系统为中心,设施、系统本身,伴随着利用与运营管理的制度等软件,以及使用方法与需求。还有,包含了社会基础设施以及与此相关的环境。当今的复杂的社会系统,需要认真研讨具有多样的价值观的人类的活动和思想意识,在此基础上进行规划,由此可以看到,宽裕以及文化,直至心理的问题都会成为规划的对象。

社会基础设施进一步可以细分为生活设施、产业设施、自然设施(国土保护)等各种设施。在空间的分布中,如何容纳与布置各种设施是一个课题,这时,地区、城市、农村、区域、地方与国家等空间都会成为对象。

环境包括社会环境、经济环境和自然环境3种。社会环境是指人类作为集团进行社会活动的全体;经济环境是指产业经济活动;自然环境是自然的地物以及生态系统相关的物质。

土木规划中的对象可以是狭义范围的东西,也可以是广义范畴的东西,这些与规划的目的有着必然的关系。例如,当其目的为实现富裕的生活时,规划的对象就是与生活相关的各种设施。富裕就意味着经济的发展,因此会涉及产业基础设施,在保证生活安全的意义上,对象则扩展到国土保护。与此相对应,当以建设跨河桥梁为目的时,规划的对象就是桥及其相关的设施了。

## (三)目的

土木规划的目的(Purpose)是根据决策者的需求,指引规划工作方向。想使生活更加充实、更加丰富多彩,想彻底消除交通拥堵,以实现这些愿望为目的,我们制订城市规划、区域开发规划、交通规划、设施建设规划。

如前所述,公共决策者通常是一个复合体,其构成成员的愿望各不相同,因此规划中的目的也不止一个,可以有多样的内容。例如,进行交通规划时,会有很多要求,如缓解交通拥堵、高效、经济地运送人和物,减少交通事故,改善自然环境,实现舒适的生活环境等多方面要求,哪个需要侧重则取决于构成成员的立场和价值观。而且,这些目的并非能够同时达到,为了达到某个目的,有时不得不牺牲一些其他的目的。在道路规划中,为了实现良好的生活环境,需要尽可能把机动车排除出生活空间。但是这种情况下,被排除的机动车就会集中在一些特定的道路上,可能会加剧这些道路的交通拥堵。相反,为了缓解交通拥堵,需要有效利用代替路径,车流进入生活空间,产生噪声、振动及交通事故,可能会使生活环境恶化。正如这样,目的与目的之间存在着满足一方必须牺牲其他方面的这样一种此消彼长的关系(Trade-off)。

在公共决策者的规划当中,有着此消彼长关系的多数的目的是可以通过调整,最终形成一个包含了各个目的的综合目的。这个综合的目的可以概括为"增进公共的福利事业"。也就是目的在于实现"最大多数人的最大的幸福"。但是,公共的福利以及幸福等终极的目的往往多半停留于理念,缺乏具体性。土木规划中,应该以这些终极的目的为方向,以建设生活基础设施来创造和实现舒适的生活环境等作为更加具体的目的。

目的的内容有多种多样,有接近于终极目的理念性的东西,也有很具体的东西。这就是其阶段性的连锁的性质。通常上级的目的侧重于理念,下级的规划目的更加具体。因此,在规划当中,根据对象以及规划的决策者的意向,在考虑实施规划的时间、空间以及预算等的制约条件下,设定何种级别的规划目的非常重要。

## (四)手段(比选方案)

为了达到规划目的的手段(比选方案)不一定是一个,可能是多数,这些都是要对应于目的来设定的。因此,目的位于上级,与之相结合的手段在下级与之相对应。因此,设定的目的如果明确,接下来集中精力于其下级的方案集合,使参选方案具体化就是规划,根据对于集合中哪一个方案的重视程度,或是详细考察到什么程度,可以进行各种内容的规划。

需要注意的是,对于上级的目的来说,下级目的以及手段是其必要条件,但是并非其充分条件。例如,为了提高公共福利,可以期待于发展经济,但是经济发展是否就能带来社会福利的提高,也存在疑问。比如说,发展经济的过程中会带来自然环境的破坏,随着开发区域与未开发区域之间经济发展水平差距的加大,会加剧社会的不公平感。对此,不能只关注于对应于设定的目的的下级的目的与手段,需要对照目的综合考虑手段之间或是目的间的此消彼长的关系,仔细加以斟酌。在这个意义上,任何规划结果上都是与提高公共福利这样的终极目的相一致的,需要综合考虑手段全体的相互关联,可以说综合考虑的程度决定了规划内容上的差异。

## (五)构成

规划的内容与决策者、对象、目的、手段这4个基本要素相关联,被具体化。还有,同样的规划从初步探讨阶段到实施阶段经过多个阶段进行探讨才被具体化,这些阶段的内容、手续、步骤等各个方面都是相互关联的。进一步,上级规划与下级规划、全国的规划与区域的规划、城市规划与交通规划等,从全体与局部的意义上,需要各个规划相互紧密关联。在多个意义上,规划紧密关联,整合起来就称为构成(Composition)。如果独立地考虑规划的内容,就有可能无法使全体整合,可能会形成相互矛盾的规划。因此,需要探讨规划的不同的构成,明确规划流程的全体的框架以及各个规划的关联性。

## 二、土木规划的分类

土木规划的分类方法有多种多样,随着出发点和侧重点的不同,会有许多分类的方法。综合来看,按照规划的 5 个基本要素来划分,比较明确也比较易于理解。长尾翼三[12] 对此进行了研究。他将土木规划划分为规划结果(Plan)和规划过程(Planning)。Plan 就是指规划自身侧重于结果,是指思想统一、思想决定的结果。Planning 则是指得到结果的过程,也就是指为了达到目的需要采用什么方法,什么思考过程会导致结果。其区分见表 1-1。

Plan 与 Planning

表 1-1

| 概　　要 | 分　　类 | 事　　例 |
|---|---|---|
| 作为 Plan 的规划 | 主体(立场) | 国家、地方公共团体、管理者、企业等 |
| | 目的 | 公共、营利等 |
| | 对象 | 空间(全域、特定区域等)、时间(长期、中期、短期等)、资源(组织、资财、资金等) |
| | 手段 | 部门(河川、道路、港湾等)、方法(建设、新设、改良、维修、复旧等) |
| 作为 Planning 的规划 | 形成阶段 | 构想、基本规划、整备规划、实施规划、管理规划等 |
| | 思考过程 | 动机、发现问题、框架、规划目标的设定、现象分析、问题的方式确定、备案的选择、评价、决定、实施、管理 |

作为 Plan 的规划可以有以下的分类。

(1)根据主体(决策者)的分类

根据主体(决策者)分类有公共规划与民间规划。按照行政主体划分为国家规划和地方政府规划。

(2)根据目的的分类

社会规划、经济规划、综合开发规划、旅游规划、建设规划、改良规划、维修规划、灾害复兴规划、防灾减灾规划等。

(3)根据对象的分类

国家级综合规划(如国家综合运输网规划),区域规划,省、自治区、直辖市级规划,地市县规划,城市规划和乡村规划等。

(4)根据手段的分类

河川规划、道路规划、铁道规划、港湾规划、水资源规划、下水道规划、建设规划、新设规划、改良规划、维修规划和复旧规划等。

(5)根据形成阶段的分类

构想、基本规划、建设规划和实施规划。

(6)根据规划的目标时点与期间分类

超长期规划(大约 20 年以上)、长期规划(10～20 年程度)、中期规划(3～7 年程度)和短期规划(1~2 年程度)。

　　土木规划是为人类与社会,形成功能空间系统的工作。从土木工程的观点也可以对土木规划进行分类。土木工程关注的视点可以包括:

　　(1)构造物:需要对某个构造物的规划。

　　(2)把构造物作为有力的构成要素的功能设施。需要对具有这种功能的设施进行规划。

　　(3)地域问题当中的构造物与功能设施极为相关的部分。相应地可以把规划分为:

　　①设施规划:利用资源,创造出设施这种有形物的规划。

　　②功能规划:利用设施,创造出功能服务的规划。

　　③地球环境开发规划:以上述①②两点为要素,在水面、土地上创造出环境的规划。

# 第五节　土木规划学的形成

## 一、土木规划学的历史

　　日本学者对土木规划的研究开始得比较早,土木规划的相关理论也发展得比较完善。人类社会在共同的活动中,必须要共同地利用必要的设施,比如交通设施,给排水系统,能源相关设施,农林渔业基础设施,公园,住宅区,教育、文化等社会福利设施,河川、海岸基础设施等。另一方面,这些设施作为人类的生存基础设施,支撑着社会的发展,为人类社会发展作出了巨大贡献。这些支撑人类生活的设施称为社会基础设施,或称为土木设施。造就这些土木设施的创意、方法等叫作土木技术。驱使土木技术进行建造,从广义上讲叫作土木事业。把土木技术体系化、普遍化了的就是土木工程学。日本的土木工程学发展较早,20 世纪初,实施各种土木事业的方法和制度就被确立了。1955 年之前,日本土木工程学的教育手段除了传授结构力学、土力学、水利学、测量学、材料学的基础科目之外,还分别传授桥梁、铁道、道路、城市规划、港湾、机场、河川、水力发电、水坝、隧道、给排水等土木设施的技术。可是,随着不同土木设施的内容丰富和技术进步,这种分别传授土木设施的建筑技术和理论的教学方法使得大学本科生在有限的大学期间,无法学到有关全部土木设施的技术。

　　另外,人们对土木设施的需求也随着时代的发展而变化,尤其是像公共基础设施这一类建设,常常会随着社会经济的发展而有不同的侧重。土木工程学发展早期,人们一直都把土木工程学作为一门自然科学进行研究,完全忽略了土木工程学应该汲取人文科学和社会科学的一些思想。我们对于如何建造土木设施,特别是技术上如何建造研究得比较透彻,但对使用这些设施对人类社会产生的影响和效果却研究得不够深入。1955 年以后,日本经济进入了高速的发展成长阶段,对土木技术的需求发生了巨大的变化,为了解决土木工程领域出现的新问题,要求有新的土木技术出现。

　　在这种背景下,日本的一些学者改变了原有的分别传授土木技术的体系,建立了一种具有普遍性的、相互联系的教学体系。于是,以土木工程学的内容为基础科目,讲授调查规划、设计、施工、管理的技术和理论的教育方式出现了,这也就是土木规划学科的源起。这种土木工程学教育在 1958 年开始于京都大学,之后,慢慢在全国普及。从日本的整体状况来看,土木工程学教育正处于从旧体制向新体制的转变中。这种学术体系是需要经常改良和修正的,所以可以说这种转变是向好的一方发展的。可以说,这种土木工程学的转变是为了应对社会对土木技术需求多样化而进行的一种技术革新。

土木规划学是土木工程学的改革中形成的一个新的学科。它总结了土木设施规划制订的各种方法,并使这种可以适用于任何对象的具有普遍性的理论体系化。为了推进土木规划领域的研究和社会普及化,1966 年,日本土木学会设立了土木规划学研究委员会,致力于学科的体系化研究。这个委员会在最初的五六年里,针对能否体系化土木规划学这一学科进行了多次讨论。10 年过去后,尽管还没有完成土木规划学的体系化,但大多数学者相信体系化是可行的。

在发展的初期阶段,土木规划学主要应用规划论中的数学方法来进行操作。原因是日本经济高度增长,需要建设、整合大规模的土木设施,所以有必要处理规划问题,而此时(第二次世界大战以后),英国在作战研究中产生的运筹学方法受到关注。因此,一些日本学者开始把这种方法应用到土木工程上,产生了一系列的土木规划理论。之后又出现了比运筹学应用更广泛的系统分析和包含系统设计的系统工程学,并分别建立了各自的理论体系。于是,土木工程又把这些领域里的一些分析方法引入到自己的学科里。与此同时,还引入了以计量经济学、公共经济学为主的经济学和数理统计学以及计量心理学等,这样一来,土木规划理论逐渐完善起来。再之后,随着可以称作土木规划哲学的规划理念的建立以及对规划论的研究的逐步深入,土木规划学的学科体系建立起来了。

总而言之,土木规划学是研究土木设施(社会基础设施)的功能特性、社会对土木设施的需求、两者间最理想的关系方式的基本理念以及调查、分析、规划、评价理论、规划实现方法的学科。

## 二、研究领域和方向

1958 年,日本京都大学成立"土木规划学"研究室;1966 年,土木学会下设土木规划学研究委员会,加速了土木规划学体系化的进程;但是体系化过程中,关于土木规划学的规划理念、规划论,以及规划原则等基本研究还是滞后的,后来才得到发展。经过 40 年来的发展,目前日本的土木规划学科已经体系化,很多其他学科的分析方法被引进并结合土木工程学的实际情况与学科要求进行了整合。在美国,有一些学者在做 Infrastructure Planning 研究,但还没有形成学科。

在我国,有 Urban Infrastructure Planning,属于建筑学科,笔者所在的清华大学土木工程系交通研究所率先开设"土木规划学"课程,把土木规划的理念引入中国。但国内的土木规划学科才刚刚起步,其不成熟性主要体现如下:

(1)对于规划目的的分析不够完善。规划目的的提出与确定应建立在调查研究与预测分析的基础上,但在我国一些基础设施项目的规划是以政策为指向的,并没有建立一些指标化的规划体系,这是国内土木规划领域的一块空白。

(2)分析方法定性的多,定量的少。与国外(主要是日本)的土木规划相比,国外的土木规划一直被作为数学问题来处理。决策问题的分析工具有运筹学;有把系统科学概念应用于决策的系统分析,以及考虑组织全体的系统工程学的分析方法;有经济学的分支(计量经济学),和数理统计学、计量心理学以及行为科学等。国内的规划分析常常停留在定性分析,缺乏定量分析。

（3）就土木规划学科来讲，一些基本的方法论问题尚未得到解决或推广。土木规划起源于土木工程学的范畴，现在规划中的一些分析方法（如公路网规划中的交通流量分析与预测）偏重于工程技术层面的分析，对于人文社科领域的一些研究成果的介绍与应用非常少，学科之间的交叉尚未实现，一些用于定量分析的数学方法也没有得到很好的应用。

（4）随着社会经济的快速发展，科学技术的不断进步，土木规划学也面临着新的课题，新的挑战。社会基础设施对于社会、对于人类、对于生态环境的影响分析需求越来越强烈，飞跃发展的人工智能等技术给我们人类社会带来的影响，不仅要从技术层面，也需要从伦理道德的角度予以考量。可以预见，今后土木规划学将面临更为复杂的问题，需要更多的综合知识去应对。

### 三、土木规划学的位置与发展方向

土木规划学是土木工程学科体系中新的学科，它在土木工程学科体系中处在一个重要的位置，起着联系与协调其他学科专业的作用，如图1-4所示。

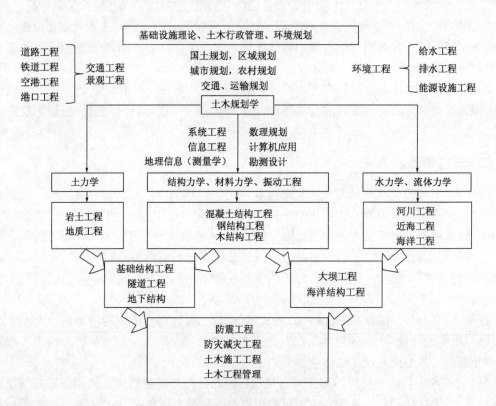

图1-4 土木工程学科体系与土木规划学所处位置

注：本图基于本讲参考文献[14]前言绘制。

土木规划学自诞生以来，随着社会经济形势的不断变化，也在不断变化更新。在经济高速发展阶段和经济平稳发展阶段，分别有其侧重点和研究领域。如图1-5所示，土木规划学从对于硬件的重视，逐渐转向对于软件的重视，更加人文化和人性化，更加注重人的需求，以及对于环境的考虑。如图1-6所示，土木规划学从一开始追求信息的质量（手段），逐渐发展到追求规划自身的质量(对象),然后演变为追求生活的质量(目的),现在正在向着追求综合质量的方向发展。

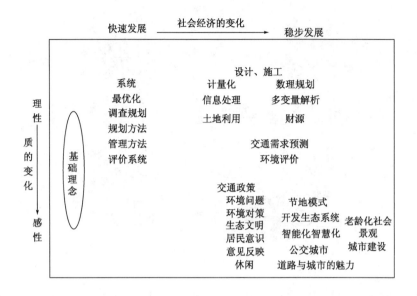

图 1-5　从相关研究论文题目的变化看土木规划学的发展

注:本图参照本讲参考文献[12]第 4 页绘制。

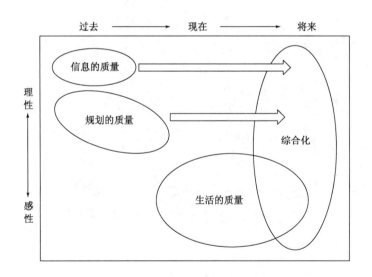

图 1-6　土木规划学所追求的质量的变迁

注:本图参照本讲参考文献[12]第 5 页绘制。

　　从我国的实际情况出发,今后在经济方面应该要注意考虑基础设施建设中的土地节约问题;在机能方面应该要注意考虑基础设施的智能化、智慧化;在环境方面,应该要注意考虑生态文明建设;在城市领域,应该要考虑城市的集约化发展以及公交城市的建设。另外,还需要考虑对于日益增长的老龄人口出行、休闲出行等需求方面的对应。

　　如图 1-7 所示,随着土木规划学的变迁,土木规划的领域也会随之发生变化。

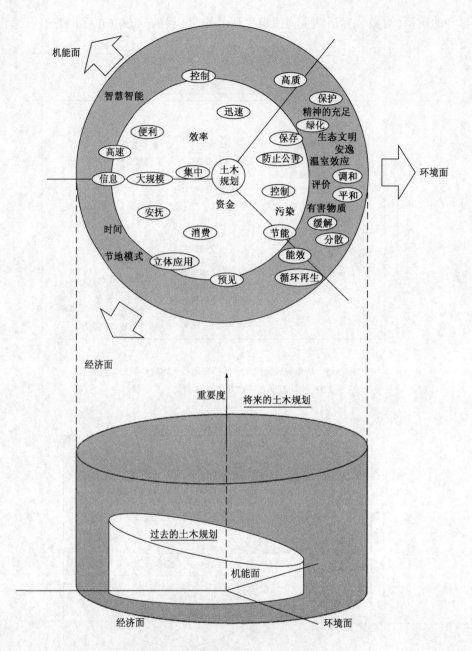

图 1-7　土木规划的领域与重要程度的概要

注:本图参照本讲参考文献[12]第6页绘制。

# 本讲参考文献

[1]　项海帆,沈祖炎,范立础.土木工程概论[M].北京:人民交通出版社,2007.

[2]　尹丽川,等.在北京生存的100个理由[M].沈阳:辽宁教育出版社,2006.

[3] 伊吹山四郎,多田宏行,栗本典彦.道路(わかり易い土木講座12、土木学会編集)[M].東京:彰国社刊,2002.

[4] 茅以升.中国古桥技术史[M].北京:北京出版社,1986.

[5] 百度知道.中国建筑的文化精神[J/OL].http://zhidao.baidu.com/question/29353276.html.

[6] 叶列平.土木工程科学前沿[M].北京:清华大学出版社,2006.

[7] 百度百科.土木工程[J/OL].http://baike.baidu.com/view/20031.htm.

[8] M S Palanichary.土木工程概论(Basic Civil Engineering)[M].北京:机械工业出版社,2005.

[9] 于润泽.土木规划的规划环境与规划政策研究[D].北京:清华大学,2007.

[10] 毛其智.城市基础设施与规划[J].国外城市规划,2001(7):6-7.

[11] 邓淑莲.中国基础设施的公共政策[M].上海:上海财经大学出版社,2003.

[12] 川北米良,榛沢芳雄.東京:土木計画学[M].コロナ社,1994.

[13] 河上省吾.土木計画学[M].東京:鹿島出版社,1991.

[14] 樗木武.土木計画学[M].東京:森北出版株式会社,2001.

[15] 五十嵐日出夫,等.計画論[M].東京:彰国社刊,1976.

## 第二讲
# 基础设施建设与经济发展

## 第一节　基础设施建设与经济发展的关系[1]

### 一、基础设施与经济发展关系的宏观考察

基础设施的完善程度深刻影响着一个国家的工业化发展,而工业化水平对一个国家的经济发展又十分重要。有关学者认为,从国际经验看,按照人均 GNP 水平划分,工业化过程一般要经历 4 个阶段[2]:

第一阶段(人均 GNP 在 300 美元以下),这是工业化的起步阶段。由于这一阶段人均收入较低,需求处于满足生理需要的阶段,恩格尔系数较高,加之资金积累有限,生产技术水平较低,因而这一阶段的产业结构以轻型结构为特征,重点是食品工业和轻纺工业,战略目标是实现轻工业化。

第二阶段(人均 GNP 为 300~1500 美元)。在此阶段,恩格尔系数开始迅速下降,产业结构问题成为经济发展的主要矛盾。这一阶段资本积累量已达一定程度,发展基础设施和重化工业所需巨额资金逐步完备,经济增长中各要素的贡献率依次是:资本投入、规模经济、技术进步、劳动投入。经济中的主导产业逐渐演化成电力、钢铁、能源、石油化工等基础工业部门。随着工业经济的发展,生产要素的流动更趋频繁,社会具备了相当的投资能力,对社会基础设施也提出了更高的要求,要求交通、邮电等适应工业部门结构转换和发展的需要。

第三阶段(人均 GNP 为 1500 ~ 10000 美元)。在这一阶段,人们的需求进入了追求人性和时尚的阶段。对住宅、汽车、家用电器的需求急剧增加,与之相适应,工业的加工程度不断深化,加工组装工业的发展大大快于原材料工业的发展速度,产业结构以加工、组装工业为中心。

第四阶段(人均 GNP 在 10000 美元以上)。在这一阶段,随着人均收入的不断提高,人们的需求进入追求享受和发展的阶段,需求结构中用于精神和文化生活的支出比例不断上升。适应需求结构的这一变化,产业结构转向以高新技术产业、高附加价值产业和服务业为主。

几乎所有当今的发达国家都经历了工业化演进的 4 个阶段,基础设施的发展主要发生在第二阶段,即当社会基本解决了温饱问题,社会资本有了一定的积累,经济进入为起飞或快速发展做准备的阶段。通过这一时期基础设施的集中大规模的快速发展,工业化的进程就有了坚实的基础。如果经济发展中缺少基础设施的集中发展时期,这种结构的缺陷必然成为今后发展的瓶颈。据 2018 年有关统计数字显示,2017 年我国人均 GDP 为 59660 元,远远超过 1500美元,目前处于第三阶段。但是,从我国目前的经济水平分布来看,沿海地区已经总体上进入了第四阶段,但还有一些地区处于第二阶段,科学地规划和建设社会公共基础设施,对于国家经济稳健增长有着至关重要的意义。

## 二、基础设施与经济发展关系的微观考察

基础设施从微观上影响经济的发展主要是通过对经济活动的主体——企业的获利水平和家庭的福利水平来实现的。

企业的生产活动不可能孤立进行,而必须要依靠一部分社会基础设施,如水电是生产过程的基本投放;交通、通信增加货物和服务的流动性;卫生设施用于处理废弃物。

对发展中国家的资料分析表明,公共基础设施投资中能够挤进私人投资,因为基础设施的改善能够降低一定产量的成本,或者在其他投入一定的情况下增加产量,从而提高企业的利润率,对企业投资形成激励。

不管是大公司还是小企业,购买基础设施服务的支出在企业支出中都占相当大的比例。而基础设施的不足,尤其是政府提供的基础设施不足,会给企业造成损失,如供电不足会给企业生产造成严重影响。不仅如此,公共基础设施不足还会从另一方面加重企业负担。世界银行的一项研究报告指出,当提供的公共基础设施不足时,企业为了满足自身需要,不得不自己提供基础设施。这一报告选择了尼日利亚、印度尼西亚和泰国 3 个发展中国家来进行分析比较。在报告所做的抽样调查中,42% 的泰国样本企业反映由于电力不足而导致生产时间减少,减少份额占全年总生产时间的 5.8%,而在印度尼西亚,这一数字为 6.9%,表明尼日利亚的缺乏情况更严重一些。电力提供的不足导致企业自身配备发电机。在尼日利亚,自配发电机为生产提供电力的企业数量高达 92.2%,而在印度尼西亚,这一比例为 65.5%,泰国为 6%。在尼日利亚和印度尼西亚,制造业主私人提供基础设施占主导地位。

在基础设施企业自提供、自使用的情况下,由于基础设施的规模经济性特征,企业提供的基础设施的服务成本比较高。同样根据上述报告,在规模经济得以发挥的情况下,尼日利亚企业自身供电系统生产电力的平均成本由每千瓦小时 8.19 美元下降到 8 美分,而印度尼西亚则由 4.05 美元下降到 8 美分,这种成本已非常接近于国际竞争水平的每千瓦 7 美分。但由于在上述两个国家中,能够发挥规模效益的企业自有供电设施还很少,就整体上看,企业自有供电系统的生产能力大量闲置(因为自有供电系统只是作为公共电力提供不足的补充),因而电力

生产的成本都维持在高水平上。在尼日利亚,1987 年所有使用自供电系统的企业,平均成本是 69 美分/（kW·h）,高于效率成本 10 倍,而在印度尼西亚,则为 2.14 美元/（kW·h）,高于效率成本 30 倍。在印度尼西亚,企业自有供电系统的资本份额占拥有自供电系统企业机械设备总价值的 13%,尼日利亚为 10%。在这 3 个国家中,相当大数量的企业备有摩托车传递信息以弥补电话通信服务的不足:样本企业中,尼日利亚为 30%,印度尼西亚为 22%,泰国为 21%。企业提供自用基础设施不仅加重了企业的成本负担,而且造成资源重复配置和规模经济损失,从而增加社会成本。

在公共基础设施提供不足的情况下,小企业遭受的损失更大。在上述 3 个国家中,小企业投资于供水系统的成本是大企业的 2 倍。与大企业相比,小企业更依赖于基础设施的公共提供,因而更容易成为基础设施提供不足的受害者。在这 3 个国家中,拥有自身供电或供水系统的小企业比较少,这并不是因为这些基础设施对小企业不重要,而是由于供电、供水的规模经济特征使得小企业无力承担生产单位电和水的成本。根据世界银行的另一份有关波哥大和首尔的工业区位问题的研究报告提出的"孵化器假说",小企业在发展之初,倾向于将厂址选择在大城市中心或老工业区附近,因为这样可以较容易地利用到良好的基础设施和其他基本的服务,而当小企业成长起来后,它们则倾向于离开这些地方以寻求更大的发展空间。基础设施的缺乏足可以构成小企业的进入障碍。由此推论,基础设施不足的城市不能成为小企业的"孵化器"。小企业的诞生和成长会受到阻碍,严重影响一国的就业和收入水平,缓解贫困的目标也会落空。根据世界银行的研究报告,在亚洲和拉丁美洲地区,小企业在大城市里创造了 60%～80% 的新工作机会。

基础设施的好坏不仅影响企业的经济行为和活动结果,而且影响经济的另一微观主体——家庭。

一个国家基础设施的发展程度直接决定社会福利水平的高低。良好的饮用水及环境卫生基础设施不仅能为所有居民提供清洁的饮用水和健康的生存环境,降低发病率和死亡率,从而提高人口,特别是穷人的生产效率,而且能够减轻妇女的家务负担,促进妇女就业;发展交通和灌溉系统不仅能增加和稳定穷人的收入,而且能够降低食物这种在穷人消费支出中占很大比重的生活必需品的价格,使城乡的穷人共同受益;改善城市边缘穷人聚居区的交通运输和通信条件,有助于穷人获得就业机会和培训机会;以工代赈建设的基础设施项目,能够直接为穷人提供就业机会,增加收入,解决温饱。不仅如此,良好的基础设施有利于提高公司的利润水平,从而吸引更多的公司和企业创立,从总体上增加了就业机会,为贫困者提供了更多赚钱的机会。

# 第二节　我国社会基础设施的现状

## 一、我国社会基础设施的成就❶

### （一）经济发展历程与基础设施投资

新中国成立后,我国在经济建设、社会基础设施建设方面取得了很大成就。改革开放以

---

❶ 本部分根据国家统计局公布的相关统计数据编写。

后,特别是近年来,国内生产总值以年增长率 10% 左右的速度持续快速增长,如图 2-1 所示。近年虽然增速放缓,经济发展从高速增长期进入了稳定增长期,但依然保持较高的增长率。2017 年全年国内生产总值(GDP)为 827122 亿元,如图 2-2 所示,按可比价格计算,比上年增长了 6.9%。这也是 2010 年以来经济增速的首次回升。目前经济总量排名美国之后,列世界第二位。强大的经济实力带动了社会基础设施的投资,同时,社会基础设施的不断完善也促进了我国国民经济的快速持久发展。

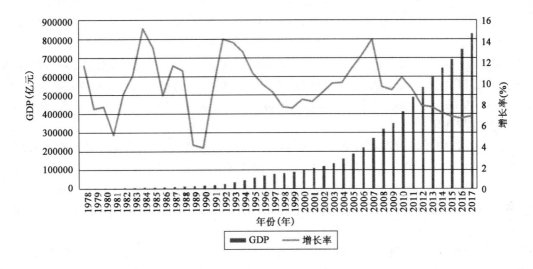

图 2-1　改革开放以来国民经济的增长趋势

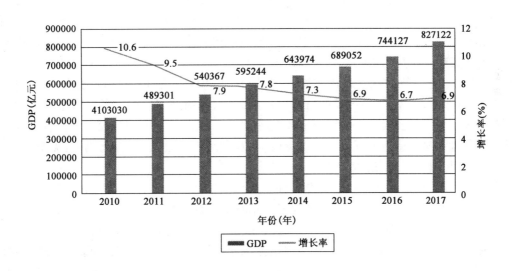

图 2-2　近年来国民经济稳定持续增长

随着我国国民经济的平稳、持续、快速发展,交通固定资产投资达到了空前的水平,成为基础设施投资中的佼佼者。进入 21 世纪以来交通基础设施建设投资平稳较快增长。

(1)交通固定资产投资持续高位运行。《2016 年交通运输行业发展统计公报》显示,2016 年全国交通固定资产完成投资 2.85 万亿元。其中,铁路完成投资 8015 亿元,顺利完成 8000

亿元年度投资目标;公路建设完成投资 1.78 万亿元,完成全年投资目标的 108%,同比增长 7.7%;新改建农村公路 29.3 万 km,完成全年任务目标的 146%。水运及其他建设完成投资 1894 亿元,民航完成投资 770 亿元,均与上年基本持平。2016 年全面完成了各领域的年度目标任务,公路建设投资和新改建农村公路里程等一些主要指标超额完成任务,为"十三五"规划的顺利实施奠定了良好基础。

2016 年的统计数据显示,全国完成铁路、公路、水路固定资产投资 2.79 万亿元,投资规模较上年增长4.7%。全年铁路、公路、水路固定资产投资共拉动 GDP 约 2.7 万亿元,提供就业岗位约 3460 万个,即 1 亿元交通运输投资拉动 GDP 约 0.98 亿元、提供就业岗位约 1240 个。通过与国民经济重点关联产业分析,全年交通运输投资对建筑业、金属冶炼业、非金属矿物制品业 GDP 的拉动效应较为明显,分别拉动约 6180 亿元、1550 亿元和 1540 亿元;对建筑业、农林牧渔产品和服务业、交通运输业就业的拉动效应较为明显,为这些行业分别提供就业岗位约 1080 万个、490 万个和 160 万个。交通运输投资为服务经济稳增长作出了积极贡献,发挥着重要的"稳定器"作用。

(2)基础设施技术状况持续改善。据《2017 年交通运输行业发展统计公报》数据显示,2017 年年末全国高铁营业里程超过 2.5 万 km,铁路复线率和电气化率比上年分别增长 5.4% 和 7.8%。高速公路里程达13.65万 km,二级及以上公路里程比重增长 0.3%,建制村通畅率提高 1.66%。三级及以上内河航道通航里程比重增长 0.3%,港口万吨级及以上泊位增加 96 个,年旅客吞吐量达到百万人次的通航机场增加 11 个。

(3)投资结构进一步优化。进一步发挥车购税等中央资金的引导作用,加大对普通公路、内河水运、西部地区的支持力度。全年安排用于国省道改造、农村公路建设的车购税占比超过 70%,较"十二五"之初大幅增长 25% 以上;用于内河建设的港建费占比近年来首次超过 60%;用于西部地区的车购税占比较 2015 年增长 5% 以上。全年普通国省道、农村公路、西部地区公路建设投资分别增长 14%、13.4% 和 17.3%,内河建设投资实现增长,交通运输投资结构优化有力地推动了交通运输结构调整和转型升级。

(4)交通运输科技创新能力显著提升。数据显示,2017 年交通科技研发投入快速增长,用于新材料、新技术、新工艺、新产品的研发投入占比较上年增长近 15%,科技成果获得专利数和科技奖项有较大幅度提升。高铁与重载铁路技术、特殊条件下公路建设、特大型桥梁施工、支线客机与大飞机制造等关键技术取得突破。"互联网 + 交通运输"发展迅速,无车承运、网络约车、分时租赁等新业态蓬勃兴起。

(5)绿色交通建设稳步推进。道路运输企业积极推广车辆节能技改,加快新能源车辆更新,并建立油耗奖惩机制,城市公交、班线客车监测企业百车公里单耗比上年同比下降 5.5% 和 1.3%。海洋货运企业提高航行率、实行经济航速,千吨海里单耗下降 11.1%。港口推进生产用机械设备"油改电",提高电力、热力清洁能源比重,万吨吞吐量单耗下降 4.7%。积极应对气候变化,行业继续加大环境保护投入,强化基础设施生态保护和污染综合防治,建立船舶排放控制区,推进靠港船舶使用岸电,使主要污染物排放强度得到有效消减。

我国近年来资本形成与上一年 GDP 的比例见表 2-1。结果显示,基础设施投资基本上处于一个比较稳定的比例。东中西部地区交通投资占社会投资比重见表 2-2。由表 2-2 中可以看到西部在交通基础设施方面所占比例较大。

**GDP 与资本形成关系**　　　　　　　　　　　　　　表 2-1

| 年份 $t$(年) | 全国 GDP(亿元) | 年份 $t+1$(年) | 全国资本形成 $K$(亿元) | $K$/GDP |
|---|---|---|---|---|
| 1991 | 19555 | 1992 | 7626 | 0.390 |
| 1992 | 23953 | 1993 | 15568 | 0.650 |
| 1993 | 34228 | 1994 | 20544 | 0.600 |
| 1994 | 45384 | 1995 | 26078 | 0.575 |
| 1995 | 58228 | 1996 | 29386 | 0.505 |
| 1996 | 68584 | 1997 | 33123 | 0.483 |
| 1997 | 76957 | 1998 | 36780 | 0.478 |
| 1998 | 82780 | 1999 | 37965 | 0.459 |
| 1999 | 87671 | 2000 | 41211 | 0.470 |
| 2000 | 97209 | 2001 | 45379 | 0.467 |
| 2001 | 106766 | 2002 | 50607 | 0.474 |
| 2002 | 118237 | 2003 | 61565 | 0.521 |
| 2003 | 135539 | 2004 | 78153 | 0.577 |
| 2004 | 163240 | 2005 | 94543 | 0.579 |
| 2005 | 197789 | 2006 | 112934 | 0.571 |
| 2006 | 219439 | 2007 | 136856 | 0.624 |
| 2007 | 270232 | 2008 | 172649 | 0.639 |
| 2008 | 319516 | 2009 | 200190 | 0.627 |
| 2009 | 349081 | 2010 | 243857 | 0.699 |
| 2010 | 413030 | 2011 | 292723 | 0.709 |
| 2011 | 489301 | 2012 | 329712 | 0.674 |
| 2012 | 540367 | 2013 | 366195 | 0.678 |
| 2013 | 595244 | 2014 | 393168 | 0.661 |
| 2014 | 643974 | 2015 | 404355 | 0.628 |
| 2015 | 689052 | 2016 | 426989 | 0.620 |
| 2016 | 744127 | 2017 | | |
| 2017 | 827122 | | | |

**东中西部地区交通投资占社会投资比重**　　　　　　表 2-2

| 年份(年) | 东　部 | 中　部 | 西　部 |
|---|---|---|---|
| 1990 | 0.0367 | 0.0281 | 0.0283 |
| 1991 | 0.0393 | 0.0324 | 0.0365 |
| 1992 | 0.0520 | 0.0369 | 0.0496 |
| 1993 | 0.0348 | 0.0339 | 0.0371 |
| 1994 | 0.0435 | 0.0470 | 0.0437 |
| 1995 | 0.0424 | 0.0415 | 0.0437 |
| 1996 | 0.0464 | 0.0404 | 0.0530 |

| 年份(年) | 东 部 | 中 部 | 西 部 |
|---|---|---|---|
| 1997 | 0.0505 | 0.0418 | 0.0696 |
| 1998 | 0.0621 | 0.0647 | 0.1136 |
| 1999 | 0.0630 | 0.0697 | 0.1143 |
| 2000 | 0.0569 | 0.0776 | 0.1285 |
| 2001 | 0.0563 | 0.0868 | 0.1275 |
| 2002 | 0.0499 | 0.0823 | 0.1233 |
| 2003 | 0.0521 | 0.0869 | 0.1031 |
| 2004 | 0.0562 | 0.0829 | 0.0958 |
| 2005 | 0.0590 | 0.0815 | 0.0966 |
| 2006 | 0.0931 | 0.1057 | 0.1230 |
| 2007 | 0.0892 | 0.0810 | 0.1091 |
| 2008 | 0.0829 | 0.0672 | 0.1022 |
| 2009 | 0.0890 | 0.0794 | 0.1135 |
| 2010 | 0.0862 | 0.0758 | 0.1187 |
| 2011 | 0.0720 | 0.0688 | 0.1049 |
| 2012 | 0.0691 | 0.0626 | 0.0972 |
| 2013 | 0.0721 | 0.0605 | 0.0943 |
| 2014 | 0.0730 | 0.0604 | 0.1029 |
| 2015 | 0.0771 | 0.0639 | 0.1089 |
| 2016 | 0.0769 | 0.0647 | 0.1164 |

### （二）基础设施的现状[1]

社会基础设施种类繁多,本节仅介绍投资比例较高的交通基础设施的情况,并以北京市为例简单介绍城市的基础设施现状。我国在国家层面上,将综合交通体系划分为 5 种主要的方式,即公路、铁路、航空、水运和管道。本节介绍主要的几种方式的基础设施发展现状。

#### 1. 公路

我国的道路体系大致可以分为公路和城市道路。城市化地区(含城市规划区)以外的道路均属于公路。按照技术等级,公路分为高速、一级、二级、三级、四级公路,此外由于发展水平因素决定,目前还有一些等级外公路。

公路是近年来在我国发展最快的交通基础设施。公路需要形成路网才能发挥出其规模效应。路网是由不同功能、等级、区位的道路,以一定的密度和适当的形式组成的网络结构。截至 2017 年底,我国有各种公路总里程477.35 万 km,形成了具有规模效应的路网。

改革开放以来,特别是 20 世纪 90 年代以来,我国公路总量保持了持续增长的势头。截至 2017 年底的公路里程与高速公路里程如图 2-3 所示。我国在 1949 年新中国成立初期仅有

---

[1] 交通基础设施数据引自国家统计局网站及《2017 年交通运输行业发展统计公报》。

8 万km 的道路,20 世纪 80 年代才开始了高速公路的建设。纵横通衢的高速公路是经济运行的大动脉。1999 年,我国高速公路总里程突破 1 万 km;2003 年底超过 2.9 万 km,位居世界第二;2014 年底超过 11 万 km,位居世界第一;而到了 2017 年底,全国高速公路总里程 13.65 万 km。

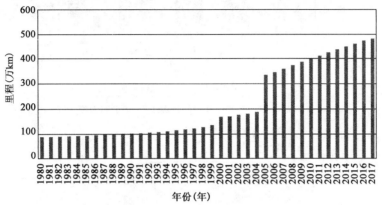

a)1980—2017年全国公路总里程

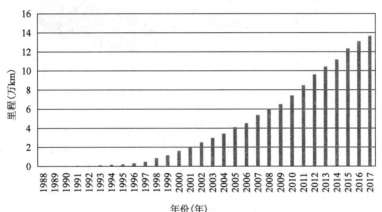

b)1988—2017年全国高速公路里程

图 2-3 我国高速公路里程

如图 2-4 所示的数据显示了近年我国公路密度也在稳步增长。2017 年末全国公路总里程 477.35 万 km,比上年增加 7.82 万 km。公路密度 49.72km/100km²,增加 0.81km/100km²。公路养护里程 467.46 万 km,占公路总里程 97.9%。

近年等级公路比例大幅提高,高等级公路增长明显。等级公路的百分比如图 2-5 所示。2017 年末,全国四级及以上等级公路里程 433.86 万 km,比上年增加 11.31 万 km,占公路总里程 90.9%,同比增长了 0.9%。二级及以上等级公路里程 62.22 万 km,增加 2.28 万 km,占公路总里程 13.0%,同比增长了 0.3%。高速公路里程 13.65 万 km,增加 0.65 万 km;高速公路车道里程 60.44 万 km,增加 2.90 万 km。国家高速公路 10.23 万 km,增加 0.39 万 km。

据相关数据显示,2017 年末国道里程为 35.84 万 km,省道里程为 33.38 万 km。农村公路里程 400.93 万 km,其中县道 55.07 万 km,乡道 115.77 万 km,村道 230.08 万 km。

图 2-4　2013—2017 年全国公路总里程及公路密度

图 2-5　2017 年全国公路里程分技术等级构成

2017 年末，全国通公路的乡（镇）占全国乡（镇）总数 99.99%，其中通硬化路面的乡（镇）占全国乡（镇）总数 99.39%、比上年增长了 0.38%；通公路的建制村占全国建制村总数的 99.98%，其中通硬化路面的建制村占全国建制村总数 98.35%，同比增长了 1.66%。

2017 年末，全国有公路桥梁 83.25 万座、5225.62 万 m，比上年增加 2.72 万座、308.66 万 m，其中特大桥梁 4646 座、826.72 万 m，大桥 91777 座、2424.37 万 m。全国公路隧道 16229 处、1528.51 万 m，增加 1048 处、124.54 万 m，其中特长隧道 902 处、401.32 万 m，长隧道 3841 处、659.93 万 m。

2. 铁路

我国国土广阔，人口众多，铁路多年来无论是在客运还是货运方面，都一直发挥着主要的作用。铁路一直是我国中长距离客运的主体，同时铁路长期以来也承担着繁重的货运运输任务。铁路是国家的重要基础设施，在综合运输体系中起着骨干作用。

新中国成立以来，铁路一直担负着客货运运输的重要职责。中华人民共和国成立之前，中国平均每年只修建铁路 300 余 km，到 1949 年可以通车的铁路为 21989km。中华人民共和国成立以后，国家对铁路的修建有了统筹规划，修建铁路的速度达到平均每年 800 余 km。到 1981 年底，中国大陆铁路营业里程为 50181km，其中双线铁路为 8263km，电气化铁路为 1667km。在有限的铁路里程上，既要运人，又要运货，铁路的压力十分巨大。2005 年底，全国铁路总营业里程达到 7.5 万 km。改革开放以来，我国铁路得到迅速发展，以仅占世界铁路 7.2% 的营业里程，完成约占世界铁路 24% 的换算周转量。但是我国铁路仍然不能适应国民经济和社会发展的需要,特别在大中城市间的客运能力严重不足。

近年来高速铁路在我国发展极为迅速,在一定程度上缓解了出行难的问题。我国在2003年建成并运营了秦皇客运专线,全线设计时速达到200～250km,超过了既有线的工程限制和承受范围。在2004年,国务院通过《中长期铁路网规划》,实现了铁路第6次大提速。2008年,国务院对《中长期铁路网规划》进行调整,提出加大高速铁路新线建设规模和速度的政策规划,同时提出了"四纵四横"为骨架的高铁产业区域布局架构。2012年,国务院正式发布《"十二五"综合交通运输体系规划》,主要任务之一是"发展高速铁路,基本建成国家快速铁路网"。"十二五"期间,我国铁路完成固定资产投资3.58万亿元、新线投产3.05万km,较"十一五"分别增长47%、109%,投资规模和投产规模达到历史高位。截至2015年底,我国铁路营业里程达到12.1万km,其中高铁1.9万km。

如图2-6所示,2017年末,全国铁路营业里程达到12.7万km,同比增长2.4%,其中高铁营业里程2.5万km。全国铁路路网密度132.2km/万km²,增加3.0km/万km²。铁路营业里程中,复线里程7.2万km,同比增长5.4%;电气化里程8.7万km,同比增长7.8%。

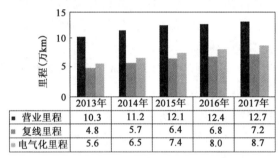

| | 2013年 | 2014年 | 2015年 | 2016年 | 2017年 |
|---|---|---|---|---|---|
| ■ 营业里程 | 10.3 | 11.2 | 12.1 | 12.4 | 12.7 |
| ■ 复线里程 | 4.8 | 5.7 | 6.4 | 6.8 | 7.2 |
| ■ 电气化里程 | 5.6 | 6.5 | 7.4 | 8.0 | 8.7 |

图2-6 2013—2017年全国铁路里程增长

3.航空

机场是航空这种交通方式中的最为基础的基础设施。改革开放以来,特别是近年来我国的航空事业发展极为显著,机场建设得到了快速发展。机场,亦称飞机场、空港,较正式的名称是航空站,为专供飞机起降活动之飞行场。除了跑道之外,机场通常还设有塔台、停机坪、航空客运站、维修厂等设施,并提供机场管制服务、空中交通管制等其他服务。

机场必须要具备以下的功能:

(1)让飞机安全、确实、迅速起飞的能力。

(2)安全确实地载运旅客、货物的能力,同时对于旅客的照顾也要求要有舒适性。

(3)对飞机维护和补给的能力。

(4)让旅客、货物顺利抵达附近城市中心(或是由都市中心抵达机场)的能力。

(5)国际机场的话,则必须要有出入境管理、通关和检疫(CIQ)相关的业务。

我国的机场按照飞行区划分级别。跑道的性能及相应的设施决定了什么等级的飞机可以使用这个机场,机场按这种能力分类,称为飞行区等级。

机场飞行区等级用两个部分组成的编码来表示:第一部分是数字,表示飞机性能所相应的跑道性能和障碍物的限制;第二部分是字母,表示飞机的尺寸所要求的跑道和滑行道的宽度。对于跑道来说飞行区等级的第一个数字表示所需的飞行场地长度,第二位的字母表示相应飞机的最大翼展和最大轮距宽度,它们相应数据见表2-3。

**我国机场飞行区等级编码**  表2-3

| 第一位数字表示飞行场地长度 | | 第二位字母表示相应飞机的最大翼展和最大轮距宽度 | | |
|---|---|---|---|---|
| 字母 | 飞行场地长度(m) | 字母 | 翼展(m) | 轮距(m) |
| 1 | <800 | A | <5 | <4.5 |
| 2 | 800~1200 | B | 5~24 | 4.5~6 |
| 3 | 1200~1800 | C | 24~36 | 6~9 |
| 4 | >1800 | D | 36~52 | 9~14 |
| | | E | 52~60 | 9~14 |

目前我国大部分开放机场飞行区等级均在 4D 以上，厦门高崎、福州长乐、北京首都、沈阳桃仙、大连周水子、上海虹桥、上海浦东、南京禄口、杭州萧山、广州白云、深圳宝安、武汉天河、三亚凤凰、重庆江北、成都双流、贵阳龙洞堡、拉萨贡嘎、西安咸阳、乌鲁木齐地窝堡等机场拥有目前最高飞行区等级 4E。

我国航空事业的发展有目共睹。截至 2017 年末，我国共有颁证民用航空机场 229 个，比上年增加 11 个，其中定期航班通航机场 228 个，定期航班通航城市 224 个。年旅客吞吐量达到 100 万人次以上的通航机场有 84 个，比上年增加 7 个；年旅客吞吐量达到 1000 万人次以上的有 32 个，比上年增加 4 个。年货邮吞吐量达到 10000t 以上的有 52 个，比上年增加 2 个。

4. 水运

水运是使用船舶运送客货的一种运输方式。在我国可以分为海运和内河航运。内河航运是使用船舶在陆地内的江、河、湖、川等水道进行运输的一种方式，主要使用中、小型船舶。

水运主要承担大数量、长距离的运输，是在干线运输中起主力作用的运输形式。在内河及沿海，水运也常作为小型运输工具使用，担任补充及衔接大批量干线运输的任务。

水运的主要优点是成本低，能进行低成本、大批量、远距离的运输。但是水运也有显而易见的缺点，主要是运输速度慢，受港口、水位、季节、气候影响较大，因而一年中中断运输的时间较长。

(1) 内河航道

近年全国内河航道通航里程如图 2-7 所示。其中，2017 年末全国内河航道通航里程 12.70 万 km，比上年减少 80km。等级航道 6.62 万 km，占总里程 52.1%，比上年下降了 0.2%。其中，三级及三级以上航道 1.25 万 km，占总里程 9.8%，比上年增长了 0.3%。

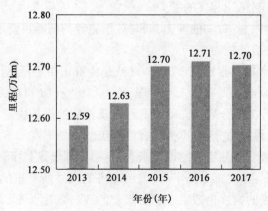

图 2-7  2013—2017 年全国内河航道通航里程

各等级内河航道通航里程分别为:一级航道 1546km,二级航道 3999km,三级航道 6913km,四级航道 10781km,五级航道 7566km,六级航道 18007km,七级航道 17348km,等外级航道 6.09 万 km。

各水系内河航道通航里程分别为:长江水系 64857km,珠江水系 16463km,黄河水系 3533km,黑龙江水系 8211km,京杭运河 1438km,闽江水系 1973km,淮河水系 17507km。

(2)港口

2017 年末全国港口拥有生产用码头泊位 27578 个,比上年减少 2810 个。其中,沿海港口生产用码头泊位 5830 个,比上年减少 57 个;内河港口生产用码头泊位 21748 个,比上年减少 2753 个。

2017 年末全国港口拥有万吨级及以上泊位 2366 个,比上年增加 49 个。其中,沿海港口万吨级及以上泊位 1948 个,比上年增加 54 个;内河港口万吨级及以上泊位 418 个,比上年减少 5 个。2017 年全国港口万吨级及以上泊位数量见表 2-4。

**2017 年全国港口万吨级及以上泊位数量**(单位:个)　　　　表 2-4

| 泊位吨级 | 全国港口 | 比上年末增加 | 沿海港口 | 比上年末增加 | 内河港口 | 比上年末增加 |
|---|---|---|---|---|---|---|
| 合计 | 2366 | 46 | 1948 | 54 | 418 | −5 |
| 1 万~3 万 t 级(不含 3 万) | 834 | 20 | 651 | 14 | 183 | 6 |
| 3 万~5 万 t 级(不含 5 万) | 399 | 15 | 285 | 6 | 114 | 9 |
| 5 万~10 万 t 级(不含 10 万) | 762 | 5 | 653 | 25 | 109 | −20 |
| 10 万 t 级及以上 | 371 | 9 | 359 | 9 | 12 | 0 |

全国万吨级及以上泊位中,专业化泊位 1254 个,比上年增加 31 个;通用散货泊位 513 个,增加 7 个;通用件杂货泊位 388 个,增加 7 个。2017 年全国万吨级及以上泊位构成见表 2-5。

**全国万吨级及以上泊位构成**(按主要用途分)(单位:个)　　　　表 2-5

| 泊位用途 | 2017 年 | 2016 年 | 比上年增加 |
|---|---|---|---|
| 专业化泊位 | 1254 | 1223 | 31 |
| 集装箱泊位 | 328 | 329 | −1 |
| 煤炭泊位 | 246 | 246 | 0 |
| 金属矿石泊位 | 84 | 83 | 1 |
| 原油泊位 | 77 | 74 | 3 |
| 成品油泊位 | 140 | 132 | 8 |
| 液体化工泊位 | 205 | 200 | 5 |
| 散装粮食泊位 | 41 | 39 | 2 |
| 通用散货泊位 | 513 | 506 | 7 |
| 通用件杂货泊位 | 388 | 381 | 7 |

**5. 管道**

管道运输是一种专门由生产地向市场输送石油、煤和化学产品的运输方式。管道运输石油产品比水运费用高，但仍然比铁路运输便宜。大部分管道都是被其所有者用来运输自有产品。

优点：①运量大；②占地少；③管道运输建设周期短、费用低；④管道运输安全可靠、连续性强；⑤管道运输耗能少、成本低、效益好。

缺点：灵活性差。管道运输不如其他运输方式（比如汽车运输）灵活，除承运的货物比较单一外，它也不容许随便扩展管线。实现"门到门"的运输服务，对于一般用户来说，管道运输常常要与铁路运输或汽车运输、水路运输配合才能完成全程输送。另外，当运输量明显不足时，运输成本会显著增大。

**6. 城市基础设施现状**

我国正在面临着一个城市化快速发展的阶段。改革开放以来城市化发展水平得到很大提高。城市基础设施中，交通基础设施、给排水设施、环境基础设施对城市的发展均有重要的作用。城市化是社会发展的历史过程，是工业革命的伴生现象，一般是指工业化过程中社会生产力的发展引起的地域空间上城镇数量的增加和城镇规模的扩大；农村人口向城镇的转移流动和集聚；城镇经济在国民经济中居主导地位，成为社会前进的主要基地；以及城市的经济关系和生活方式广泛地渗透到农村的一种持续发展的过程。随着城市化程度的提高，城市在社会经济发展中的作用会不断增大。城市化程度也是一个国家经济发达程度，特别是工业化水平高低的一个重要标志。

就目前来说，国内外学者对城市化的概念分别从人口学、地理学、社会学、经济学等角度予以阐述。

（1）人口学

人口学把城市化定义为农村人口转化为城镇人口的过程。人口学所说的城市化就是人口的城市化，指的是"人口向城市地区集中或农业人口变为非农业人口的过程"。中国的人口中占比最大的是农民，国家统计局最新发布的数据显示，2017年末，我国城镇常住人口81347万人，比上年末增加2049万人；城镇人口占总人口比重（城镇化率）为58.52%（2007年为44.9%），比上年提高1.17%。我国常住人口城镇化率距离发达国家80%的平均水平还有很大差距，也意味着巨大的城镇化潜力，将为经济发展持续释放动能。加快我国人口城市化的步伐对促进农村剩余劳动力的转移、实现农村经济的增长有着重要的战略意义。

（2）社会学

从社会学的角度来说，城市化就是农村生活方式转化为城市生活方式的过程。发展不是目的，只是一种手段，其根本目的还是为了提高人民的生活水平，改善人们的生活质量，促进人的技能和素质的提高，提高人类社会的整体发展水平，使人与人、人与自然之间的关系达到和谐发展。

（3）经济学

在经济学上从工业化的角度来定义城市化，既认为城市化就是农村经济转化为城市化大生产的过程。在现在看来城市化是工业化的必然结果。一方面，工业化会加快农业生产的机械化水平、提高农业生产率，同时工业扩张为农村剩余劳动力提供了大量的就业机会；另一方面,农村的落后也会不利于城市地区的发展,从而影响整个国民经济的发展。而加快农村地区工业化大生产,对于农村区域经济和整个国民经济的发展都具有积极的意义。

根据不同的学科从不同的角度对城市化的含义做出了解释。通过比较,我们可以发现对城市化的规定其内涵是一致的:城市化就是一个国家或地区的人口由农村向城市转移、农村地区逐步演变成城市地区、城市人口不断增长的过程;在此过程中,城市基础设施和公共服务设施不断提高,同时城市文化和城市价值观念成为主体,并且不断地向农村扩散。城市化就是生产力进步所引起的人们的生产方式、生活方式以及价值观念的转变的过程。

我国现阶段采用城镇化水平这一概念。城镇化水平是衡量一个国家和一个地区社会经济发展水平的重要标志,通常以城镇常住人口占该地区常住总人口的比重来衡量,即城镇化率。城镇人口的实质内涵是居住在城市或集镇地域范围之内,享受城镇服务设施,以从事二、三产业为主的特定人群,它既包括城镇中的非农业人口,又包括在城镇从事非农产业或城郊农业的农业人口,其中有一部分属于长期居住在城镇,但人户分离的流动人口。据有关资料表明,城镇人口每提高 1%,GDP 增长 1.5%;城镇化率每递增 1%,经济增长 1.2%。城镇人口包括设区市的城市人口、镇区及镇政府所在地村委会(居委会)的人口、通过道路建筑物与镇区连接的村委会的人口。常住人口 = 当地户籍人口 + 外来半年以上的人口 − 外出半年以上的人口。2017 年末,我国城镇常住人口 81347 万人,城镇化率为 58.52%。

(4)城市基础设施发展(以北京市为例)

近年来,我国城镇化得到了快速的发展。通过北京市的发展也可以看到我国城市发展的概貌[3]。

从新中国成立到 2001 年北京市全市基础设施投资累计 2480 亿元。20 世纪 80 年代开始,北京市在交通基础设施建设中开始大量投资,修建和完善了道路交通系统,直至今天轨道交通投资金额依然巨大。自 1990 年以来,北京市更是把基础设施建设放在城市建设的首位,一大批城市供水、供气、供热、供电、交通园林、市政、环卫设施相继建成使用大大增强了首都城市的承载能力。1998 年开始,基础设施建设以交通和环境为重点先后对公用事业价格进行了大幅度调整,为基础设施和公用事业进入市场创造有利条件。

"十二五"时期,北京市基础设施紧扣经济社会发展需求,直面城市发展难题和挑战,实现了跨越式发展。五年来,全市基础设施累计投入约 9168 亿元,同比增长 50%,集中推进北京新机场、高速铁路、城市轨道、南水北调、污水处理、热电中心、森林公园等重大基础设施建设。到"十二五"期末,基础设施骨架基本成型,供给能力大幅提升,管理水平持续提高,改革创新不断深化,为破解城市发展难题储备了雄厚基础和动力源泉,推进首都发展和城市建设迈入新阶段❶。

①北京市区域交通网络逐步构建。全面启动北京新机场建设;实施首都国际机场、南苑机场挖潜扩能,北京航空旅客年吞吐量达到 9500 万人次。建成京沪高铁、京石客专,开工建设京沈客专、京张铁路,建成北京站—北京西站地下直径线,铁路旅客出行更加便捷高效。建成京新(五环—六环)、京密(京承高速—开放环岛)、京昆(六环—市界)等高速公路,高速公路总里程达到 982km,不停车收费系统(ETC)实现所有高速公路出入口全覆盖。

---

❶ 数据摘自北京市发改委网站:北京市"十三五"时期重大基础设施发展规划。

②北京市公共交通体系加快发展。建成轨道交通6号线二期、7号线、8号线二期、9号线、14号线东段及中段等线路，轨道交通运营线路达到18条554km，工作日客运量超千万已成常态。公交专用道里程达到741km，开通定制班车等多样化公交线路。公共交通出行比例由40%提升到50%。

③北京市道路承载能力大幅提升。建成广渠路（四环—五环）、南马连道、万寿路南延等城市干道，改造西直门南小街、大玉胡同等次支道路，城市道路总里程达到6423km。建设西城区等自行车出行示范工程，优化公共自行车租赁网点布局，基本实现中心城全覆盖。建成交通运行监测调度平台和智能化分析平台。

④北京市水资源保障形成新格局。南水北调中线全线贯通，年增调水能力10亿 $m^3$，首都供水实现本地水与外调水"双源"保障。中心城新增自来水供水能力122万 $m^3/d$，安全系数超过1.25。实现每座新城建设一座主力水厂目标。再生水利用总量达到9.5亿 $m^3/$年，接近全市用水总量的1/4。单位地区生产总值用水量累计降低33%。

⑤北京市生态环境品质持续提升。建成永定河园博湖等"五湖"相连的生态景观，加快整治北运河流域污水，生态治理潮白河密怀顺段。全市生态环境用水量达到10亿 $m^3$，中心城污水处理率达到97.5%，重要水功能区水质达标率超过50%。建成11座新城滨河森林公园、88处中心城休闲森林公园，完成百万亩平原造林，全市森林覆盖率达到41.6%。

⑥北京市能源保障能力显著提高。初步形成"外围成环、分区供电"的电力主网架，建成天然气陕京三线等外部气源工程，基本建成四大燃气热电中心。单位地区生产总值能耗累计下降24.8%。压减燃煤约1400万t，煤炭消费比重由2010年的29.3%下降至约14%。清洁能源比重大幅提高，优质能源占比由71%提高至86%。

⑦北京市重点区域发展基础不断夯实。北京城市副中心基础设施加快建设，建成东关大道、北环环隧等骨干道路，完成通惠河生态治理。顺利实施两阶段城南行动计划，南部地区基础设施综合承载能力显著提升。不断完善雁栖湖生态示范区、未来科技城、园博园等重点功能区和新城基础设施体系，区域发展基础不断夯实。

⑧北京市城市运行更加安全可靠。建成西郊砂石坑、雨洪蓄滞工程，治理中心城77处下凹式立交桥区积水点和全市1460km中小河道。建成突发地质灾害监测预警系统一期工程，监测和预警能力大幅提升。完善空气重污染应急保障机制，构建覆盖主要行业和市区两级的防汛指挥调度体系，应急调度机制更加完善。

总的来讲，"十二五"时期是北京市基础设施建设加快推进、承载能力不断增强、管理水平不断提高、体制机制改革持续深化的五年，基础设施建设取得了巨大成就，总体适应了经济社会发展需求。同时，城市发展难题依然存在，大气污染、交通拥堵等"大城市病害"没有得到根本解决，基础设施领域规划、建设、管理的统筹力度还有待加强，管理智能化、精细化程度还有待提高，城乡基础设施水平还存在较大差距，需要在"十三五"时期加大改革创新力度，进一步推进基础设施实现新的跨越。

数据显示，2017年北京市完成全社会固定资产投资8948.1亿元，比上年同期增长5.7%❶。从主要领域及区域投资情况看：

①产业投资：第一产业完成投资95.9亿元，同比下降3.9%。第二产业完成投资893.8亿

---

❶ 数据摘自北京市统计局网站。

元,增长 23.6%,其中,工业投资完成 895.2 亿元,增长 24.6%。第三产业完成投资 7958.4 亿元,增长 4.2%,其中,租赁和商务服务业增长 1.2 倍,信息服务业增长 42.8%,交通运输、仓储和邮政业增长 35.6%,水利、环境和公共设施管理业增长 5.1%。

②基础设施投资:基础设施投资完成 2984.2 亿元,同比增长 24.4%,占全市投资的比重为 33.4%,同比增长 5%。其中,交通运输领域完成投资 1327 亿元,增长 36.4%;公共服务领域完成投资 694.5 亿元,增长 7.9%;能源领域完成投资 502.5 亿元,增长 51.4%。

③各功能区投资:首都功能核心区完成投资 581.5 亿元,同比增长 12.4%;城市功能拓展区完成投资 3616.2 亿元,增长 9%;城市发展新区完成投资 3842.2 亿元,增长 1.9%;生态涵养发展区完成投资 908.2 亿元,增长 5.9%。

④道路建设:年末全市公路里程 22026km,比上年末增加 141km。其中,高速公路里程 1013km,比上年末增加 31km。年末城市道路里程 6374km,比上年末减少 50km。

⑤公共交通:年末公共电汽车运营线路 876 条,与上年持平;运营线路长度 19818km,比上年末减少 368km;运营车辆 22688 辆,比上年末减少 599 辆;全年客运总量 36.9 亿人次,比上年下降 9.1%。

⑥轨道交通年末运营线路 19 条,比上年末增加 1 条;运营线路长度 574km,比上年末增加 20km;运营车辆 5204 辆,比上年末增加 180 辆;全年客运总量 36.6 亿人次,比上年增长 10.2%。

⑦公用事业:全年自来水销售量 11.4 亿 $m^3$,比上年增长 9.5%。其中,工业和建筑业用水 1.4 亿 $m^3$,增长 9.4%;服务业用水 4 亿 $m^3$,增长 8.6%;居民家庭用水 5.9 亿 $m^3$,增长 14.9%。

全年北京地区用电量达到 1020.3 亿 kW·h,比上年增长 7.1%。其中,生产用电 824.8 亿 kW·h,增长 6.0%;城乡居民生活用电 195.4 亿 kW·h,增长 11.8%。

全年液化石油气供应总量 47.5 万 t,比上年下降 17.5%;天然气供应总量 166 亿 $m^3$,增长 17.1%。年末共有燃气家庭用户 907 万户,增长 2.4%,其中天然气家庭用户 600 万户,增长 2.0%。年末燃气管线长度达到 22370km,比上年增长 2.5%。

## 二、我国社会基础设施的问题[4]

全面认识和理解基础设施与经济发展的关系对我国当前十分必要。新中国成立后,我国基础设施经过 70 年来的发展,仍然没有摆脱落后于经济发展需要的局面,城市交通等各种问题表明我们的基础设施建设还未达到可持续发展的要求。

### (一)交通系统

与"十三五"经济社会发展要求相比,综合交通运输发展水平仍然存在一定差距,主要体现如下:网络布局不完善,跨区域通道、国际通道连通不足,中西部地区、贫困地区和城市群交通发展短板明显;综合交通枢纽建设相对滞后,城市内外交通衔接不畅,信息开放共享水平不高,一体化运输服务水平亟待提升,交通运输安全形势依然严峻;适应现代综合交通运输体系发展的体制机制尚不健全,铁路市场化、空域管理、油气管网运营体制、交通投融资等方面改革仍需深化。"十二五"末交通基础设施完成情况见表 2-6。

"十二五"末期交通基础设施完成情况　　　　　　表2-6

| 指　标 | 2010年 | 2015年 | 2015年规划目标 |
|---|---|---|---|
| 铁路营业里程(万km) | 9.1 | 12.1 | 12.0 |
| 其中:高速铁路(万km) | 0.51 | 1.90 | — |
| 铁路复线率(%) | 41 | 53 | 50 |
| 铁路电气化率(%) | 47 | 61 | 60 |
| 公路通车里程(万km) | 400.8 | 458.0 | 450.0 |
| 其中:国家高速公路(万km) | 5.8 | 8.0 | 8.3 |
| 普通国道二级及以上比重(%) | 60.0 | 69.4 | 70.0 |
| 乡镇通沥青(水泥)路率(%) | 96.6 | 98.6 | 98.0 |
| 建制村通沥青(水泥)路率(%) | 81.7 | 94.5 | 90.0 |
| 内河高等级航道里程(万km) | 1.02 | 1.36 | 1.30 |
| 油气管网里程(万km) | 7.9 | 11.2 | 15.0 |
| 城市轨道交通运营里程(km) | 1400 | 3300 | 3000 |
| 沿海港口万吨级及以上泊位数(个) | 1774 | 2207 | 2214 |
| 民用运输机场数(个) | 175 | 207 | 230 |

注:国家高速公路里程统计口径为原"7918"国家高速公路网。

城市交通系统普遍存在的问题是导致"城市病"的根本原因。城市路网级配不合理,截至"十二五"末期,路网密度普遍低于7km/km²,尤其是作为城市"毛细血管"的支路网,密度不足国家标准要求的1/2。在"十三五"规划中,要求在2020年我国城市建成路网密度达到8km/km²以上,逐步缓解交通拥堵及停车难题。

农村交通系统中,东、西部地区发展不平衡(图2-8、图2-9)。中西部地区建成及在建轨道交通密度为10.5km/百万人,不足东部地区的1/2。首先,在道路建设中存在着路面水平和道路结构的相关问题。相当一部分乡村不通沥青路和水泥路,农村公路中沙石路占约70%,由于没有硬化路面,导致汽车难以行驶,农村和城市道路不通;道路基本结构呈线状分布,村与村之间出现了许多"断头路",未能实现联网互通,其作用和效益没有得到充分发挥。其次,部分地区的农村公路按四级标准修建,道路宽度仅3.5~4m,不适宜开通农村公交,无法满足老百姓的便捷出行。道路基础配套设施也相对落后,部分地区仅仅把道路建设好,未设置与其相配套的交通标志、标牌、安保设施。最后,农村公路养护管理机制有待进一步健全,前期建成的公路标准较低,抗灾能力较弱,缺桥少涵,安全设施不到位,养护投入严重不足,一些地方已出现"油返砂"现象。按十年一个周期测算,约100万km需要大中修,约占总里程的1/4。

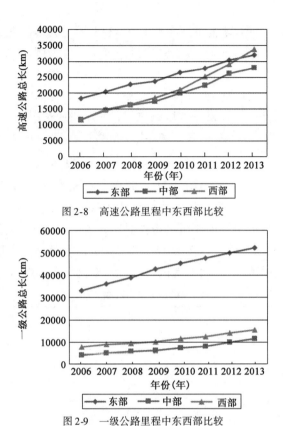

图 2-8 高速公路里程中东西部比较

图 2-9 一级公路里程中东西部比较

## (二)水系统

### 1.供水

伴随我国城镇化的快速发展,水资源的供应量快速增加,如表 2-7 所示。

我国水资源供应及适用情况 表 2-7

| 年份<br>(年) | 供水综合<br>生产能力<br>(万 m³/d) | 供水管道长度<br>(km) | 供水总量<br>(亿 t) | 生活用供<br>水总量<br>(亿 t) | 生产用供<br>水总量<br>(亿 t) | 用水人口<br>(万人) | 人均日生活<br>用水量<br>(L) |
|---|---|---|---|---|---|---|---|
| 2016 | 30320.66 | 756623.5 | 580.69 | 303.14 | 160.69 | 46958.38 | 176.86 |
| 2015 | 29678.26 | 710206.4 | 560.47 | 287.27 | 162.43 | 45112.62 | 174.46 |
| 2014 | 28673.33 | 676727.4 | 546.66 | 275.69 | 162.38 | 43476.32 | 173.73 |
| 2013 | 28373.39 | 646413.4 | 537.30 | 267.65 | 161.74 | 42261.44 | 173.51 |
| 2012 | 27177.32 | 591872.1 | 523.03 | 257.25 | 159.27 | 41026.48 | 171.79 |
| 2011 | 26668.73 | 573773.8 | 513.42 | 247.65 | 159.65 | 39691.29 | 170.94 |
| 2010 | 27601.47 | 539778.3 | 507.87 | 238.75 | 195.25 | 38156.70 | 171.43 |
| 2009 | 27046.83 | 510399.4 | 496.75 | 233.41 | 191.02 | 36214.21 | 176.58 |
| 2008 | 26604.06 | 480083.9 | 500.08 | 228.20 | 177.66 | 35086.66 | 178.19 |
| 2007 | 25708.36 | 447229.2 | 501.95 | 226.37 | 182.85 | 34766.48 | 178.39 |

对 858 个县城的供水企业进行抽样调查,截至"十二五"末期,84% 的供水企业供水能力不超

过 5 万 $m^3/d$,24% 的供水企业供水能力不超过 1 万 $m^3/d$,距离成熟企业发展模式差距较大。

农村自来水普及率仍相对较低。以沿海发达地区广东省为例,截至目前,全省行政村自来水覆盖率、农村自来水普及率、农村生活饮用水水质合格率仍然达不到 90% ,仍然未能建成覆盖全省的农村供水安全保障体系。而湖南省在 2015 年时,农村集中式供水受益人口比例不到 70% ,更不用说其他中西部经济不发达地区的农村自来水供应情况。

2. 污水处理

市政污水的主要来源为生活污水,如表 2-8 所示,近年来我国生活污水排放量持续增加, 2014 年我国城镇生活污水排放量为 510.3 亿 t,同比增长 5.19% 。全国污水排放呈现出地区差异,其中,东部地区人口稠密、经济发达,生活污水排放量较多,根据 2013 年环境统计年报的数据,全国城镇生活污水排放量在前 3 位的依次是广东、江苏、山东,分别占全国城镇生活污水排放量的 14.3% 、7.7% 和 6.5% 。截至 2015 年底,全国污水处理能力达到 14028 万 $m^3/d$,较 2010 年增长了 34% 。全国范围内,西部地区污水处理率落后东部地区 10% 左右。

**污水处理情况表**　　　　　　　　　　　　　　　　表 2-8

| 年份(年) | 废水排放总量(万 t) | 城市污水日处理能力(万 $m^3$) |
|---|---|---|
| 2016 | 7110954 | 16779 |
| 2015 | 7353227 | 16065 |
| 2014 | 7161751 | 15124 |
| 2013 | 6954433 | 14653 |
| 2012 | 6847612 | 13693 |
| 2011 | 6591922 | 13304 |
| 2010 | 6172562 | 13393 |
| 2009 | 5890877 | 12184 |
| 2008 | 5716801 | 11173 |
| 2007 | 5568494 | 10337 |

城市污水的收集与处理达不到水生态环境质量要求,城市排水管网现状水平大大低于新修订的国家设计标准要求。在农村,生活污水集中处理覆盖率较少。截至 2016 年底,生活污水集中处理覆盖的村占比不足 20% ,其中中部、西部地区约 10% 的村可进行生活污水集中处理,而东北部地区不足 10% 。

(三)能源系统

表 2-9 所示为我国近 10 年来农村电力设备和供电基本数据。农村能源革命尚未开始,绝大多数农户的主要燃料还是柴草,其中秸秆占 30% ,薪柴占 25% ,两者合计比例高达 55% ,沼气、液化气等清洁能源的消费水平较低。这影响了厨房改革、厕所改革等与生活质量有关的消费需求释放。太阳能等清洁能源在农村的推广阻力也很大。

农村电力设备陈旧落后,这是农村电网最严重的问题。变压器大多数已严重老化、能耗高、性能差。导线截面基本偏小,表箱、接户线锈蚀严重,绝缘性能差。有些电线杆破损十分严重,已处于危险状态。一旦遇到刮风打雷下雨就发生断电,这不仅使供电不正常,而且容易引发安全事故。此外,农村电网电能质量差,电压偏低问题尤为严重。引起电压偏低的原因是多反面的,但主要还是由于配电变压器没有布置在负荷中心,农村用电时间集中、季节性强以及供电半径超出范围、迂回线多造成的。而这些原因的存在都是因为前期规划不到位而引起的。更值得注意的是,农村的平均电价要高于城镇,农民用电成本高使得弃电现象较多。

农村电力设备情况 表2-9

| 年份<br>(年) | 农村发电量<br>(万 kW·h) | 农村用电量<br>(亿 kW·h) | 农村水电建设本年完成投资额(万元) | 农村发电设备容量<br>(kW) | 农村新增发电设备容量<br>(kW) | 农村在建电站规模<br>(kW) | 农村当年新开工电站规模<br>(kW) |
|---|---|---|---|---|---|---|---|
| 2016 | 26821937 | 9238.30 | 2493935 | 77910629 | 2032270 | 7436391 | 931158 |
| 2015 | 23512814 | 9026.92 | 3082737 | 75829591 | 2412664 | 8038846 | 929005 |
| 2014 | 22814929 | 8884.40 | 3171306 | 73221047 | 2553873 | 9666971 | 939855 |
| 2013 | 22327712 | 8549.52 | 3457047 | 71186268 | 2460601 | 9477045 | 1357859 |
| 2012 | 21729246 | 7508.46 | 3671548 | 65686071 | 3399616 | 9947388 | 1658258 |
| 2011 | 17566867 | 7139.62 | 4243988 | 62123430 | 3277465 | 10309266 | 1585709 |
| 2010 | 20444256 | 6632.35 | 4398453 | 59240191 | 3793551 | 13700560 | 2425973 |
| 2009 | 15672471 | 6104.44 | 4563240 | 55121211 | 3807072 | 12890100 | 2194445 |
| 2008 | 16275902 | 5713.15 | 4568884 | 51274371 | 4194106 | 21239258 | 3787365 |
| 2007 | 16346041 | 5509.90 | 5117926 | 53855597 | 6578193 | 20944545 | 4498420 |

## (四)环卫系统

垃圾处理问题是诸多城市问题中的一个,从表2-10可以看出,我国垃圾处理总量在不断增加。截至2015年,我国西部地区垃圾焚烧处理占比仅为24%,与东部地区55%的水平仍有较大差距。"十三五"时期,我国城市将有300多座垃圾填埋场面临"封场",新建垃圾处理设施选址困难,"人地矛盾"日益凸显。对于农村来说,截止到2016年底,有生活垃圾集中或部分集中处理的村占比超过7成。其中,东部地区超过9成,中部地区约7成,西部地区约6成,而东北地区生活垃圾集中或部分集中处理的村占比仅略高于5成。生活垃圾集中或部分集中处理覆盖的村在不同区域存在着较大的差距,占比高的超过9成,低的不足6成。

垃 圾 处 理 情 况 表2-10

| 年份<br>(年) | 生活垃圾清运量<br>(万 t) | 生活垃圾无害化处理量<br>(万 t) | 生活垃圾卫生填埋无害化处理量(万 t) | 生活垃圾堆肥无害化处理量<br>(万 t) | 生活垃圾焚烧无害化处理量<br>(万 t) | 生活垃圾无害化处理率<br>(%) |
|---|---|---|---|---|---|---|
| 2016 | 20362.0 | 19673.8 | 11866.4 | | 7378.4 | 96.6 |
| 2015 | 19141.9 | 18013.0 | 11483.1 | | 6175.5 | 94.1 |
| 2014 | 17860.2 | 16393.7 | 10744.3 | | 5329.9 | 91.8 |
| 2013 | 17238.6 | 15394.0 | 10492.7 | | 4633.7 | 89.3 |
| 2012 | 17080.9 | 14489.5 | 10512.5 | | 3584.1 | 84.8 |
| 2011 | 16395.3 | 13089.6 | 10063.7 | 2599.3 | 2599.3 | 79.7 |
| 2010 | 15804.8 | 12317.8 | 9598.3 | 180.8 | 2316.7 | 77.9 |
| 2009 | 15733.7 | 11232.3 | 8898.6 | 178.8 | 2022.0 | 71.4 |
| 2008 | 15437.7 | 10306.6 | 8424.0 | 174.0 | 1569.7 | 66.8 |
| 2007 | 15214.5 | 9437.7 | 7632.7 | 250.0 | 1435.1 | 62.0 |

截至 2016 年底,全国完成或部分完成改厕的村占比超过 5 成。其中,东部地区超过 6 成,中部和西部地区约 5 成,东北地区不足 3 成,相对偏低。相比 10 年前,截至 2016 年底全国完成或部分完成改厕的村占比提升了 30% 以上,其中东部、中部和西部提升超过 30% ,但东北地区仅提升约 10% ,相对较慢。

（五）互联网系统

2015 年 7 月 4 日,国务院印发《国务院关于积极推进"互联网 + "行动的指导意见》,旨在形成更广泛的以互联网为基础设施和实现工具的经济发展新形态。表 2-11 中的数据显示,我国的互联网普及率还有待提高。

互联网系统情况 　　　　　　　　　　　　　　　　　　　　表 2-11

| 年份(年) | 开通互联网宽带业务的行政村比重(%) | 互联网普及率(%) |
|---|---|---|
| 2016 | 96.7 | 53.2 |
| 2015 | 94.8 | 50.3 |
| 2014 | 93.5 | 47.9 |
| 2013 | 91.0 | 45.8 |
| 2012 | 87.9 | 42.1 |
| 2011 | 84.0 | 38.3 |
| 2010 | 80.1 | 34.3 |
| 2009 | | 28.9 |
| 2008 | | 22.6 |
| 2007 | | 16.0 |

国家互联网信息中心的统计显示,截至 2016 年 6 月,我国农村互联网普及率保持稳定,达到 31.7% ,但城镇地区互联网普及率超过农村地区 35.6% ,城乡差距仍然较大。同时,农村网民上网设备主要依靠手机,截至 2015 年 12 月,农村网民使用手机上网的比例为 87.1% 。农村网民上网地点与城镇相比存在较大差异,农村网民在单位、学校以及公共场所上网的比例与城镇差距较大。这些都说明,农村互联网相关基础设施普及情况仍相对较差。

（六）城镇化率

根据国家统计局最新发布的数据显示,截至 2017 年末,我国城镇常住人口为 81347 万人,比上年末增加 2049 万人;城镇人口占总人口比重(城镇化率)为 58.52% ,比上年末提高了 1.17% ,但与发达国家 80% 的水平相比较仍有较大差距。

# 第三节　我国经济发展与基础设施建设中长期规划

我国是社会主义国家,新中国成立后很长时期内实行的是计划经济,社会基础设施都是由国家统一计划、统一实现的。改革开放以来,我国从计划经济逐渐完成了到市场经济的转变,目前的基础设施建设有了更加长远的规划。在经济发展过程中,党中央起着指导方向的引导作用,然后由人大立法,并得到实施。我国的国民经济和社会发展规划以五年为一时期,目前处于第十三个五年规划期间。本节将对中国共产党第十九次全国代表大会(简称党的十九大)报告中涉及的基础设施建设的论述作简单介绍。

## 一、党的十九大关于社会经济发展与基础设施建设的方针政策

2017 年 10 月 18 日,党的十九大开幕式上,习近平总书记代表党中央在报告中提出了今后我国政治经济发展的基本方针,为我国今后的发展指明了方向。报告开题就指出,"不忘初心,方得始终。中国共产党人的初心和使命,就是为中国人民谋幸福,为中华民族谋复兴。"要求全党同志"永远把人民对美好生活的向往作为奋斗目标,以永不懈怠的精神状态和一往无前的奋斗姿态,继续朝着实现中华民族伟大复兴的宏伟目标奋勇前进"。这些论述,无疑也为土木规划指明了方向,也就是说,我们所从事的基础设施建设事业的目的也应该是为人民谋幸福,不断满足人民对美好生活的向往。

在党的十九大报告中,还有不少地方涉及基础设施建设,可以对土木规划行业有所启示。其中,"区域发展协调性"对土木规划提出了新的要求;"一带一路"建设是土木规划由国内扩展到了国际;"南海岛礁建设"也是土木规划的一个新的应用领域。这些对于土木规划来说,既是机遇,也是挑战,需要不断加强理论研究,不断将其付诸实践,并得到检验。

生态文明建设仍将是今后发展的一个主要方向。党的十九大报告指出,我国"生态文明建设成效显著。大力度推进生态文明建设,全党全国贯彻绿色发展理念的自觉性和主动性显著增强,忽视生态环境保护的状况明显改变。生态文明制度体系加快形成,主体功能区制度逐步健全,国家公园体制试点积极推进。全面节约资源有效推进,能源资源消耗强度大幅下降。重大生态保护和修复工程进展顺利,森林覆盖率持续提高。生态环境治理明显加强,环境状况得到改善。引导应对气候变化国际合作,成为全球生态文明建设的重要参与者、贡献者、引领者"。

党的十九大报告指出,"坚持人与自然和谐共生。建设生态文明是中华民族永续发展的千年大计。必须树立和践行绿水青山就是金山银山的理念,坚持节约资源和保护环境的基本国策,像对待生命一样对待生态环境,统筹山水林田湖草系统治理,实行最严格的生态环境保护制度,形成绿色发展方式和生活方式,坚定走生产发展、生活富裕、生态良好的文明发展道路,建设美丽中国,为人民创造良好生产生活环境,为全球生态安全作出贡献。"

党的十九大报告指出,"中国特色社会主义进入新时代,我国社会主要矛盾已经转化为人民日益增长的美好生活需要和不平衡不充分的发展之间的矛盾。"可以看到,今后一定时期内,基础设施建设仍将是我国社会经济发展的主要支柱之一,而这样的基础设施建设,应该更多地围绕着解决新时代的社会主要矛盾,让人民生活更加幸福。

党的十九大报告指出,"坚持新发展理念。发展是解决我国一切问题的基础和关键,发展必须是科学发展,必须坚定不移贯彻创新、协调、绿色、开放、共享的发展理念。必须坚持和完善我国社会主义基本经济制度和分配制度,毫不动摇巩固和发展公有制经济,毫不动摇鼓励、支持、引导非公有制经济发展,使市场在资源配置中起决定性作用,更好发挥政府作用,推动新型工业化、信息化、城镇化、农业现代化同步发展,主动参与和推动经济全球化进程,发展更高层次的开放型经济,不断壮大我国经济实力和综合国力。"

党的十九大报告中对于今后我国发展的两个阶段的划分,也给土木规划领域以启示。报

告指出,"综合分析国际国内形势和我国发展条件,从 2020 年到 21 世纪中叶可以分两个阶段来安排"。

"第一个阶段,从 2020 年到 2035 年,在全面建成小康社会的基础上,再奋斗十五年,基本实现社会主义现代化。到那时,我国经济实力、科技实力将大幅跃升,跻身创新型国家前列;人民平等参与、平等发展权利得到充分保障,法治国家、法治政府、法治社会基本建成,各方面制度更加完善,国家治理体系和治理能力现代化基本实现;社会文明程度达到新的高度,国家文化软实力显著增强,中华文化影响更加广泛深入;人民生活更为宽裕,中等收入群体比例明显提高,城乡区域发展差距和居民生活水平差距显著缩小,基本公共服务均等化基本实现,全体人民共同富裕迈出坚实步伐;现代社会治理格局基本形成,社会充满活力又和谐有序;生态环境根本好转,美丽中国目标基本实现。"

"第二个阶段,从 2035 年到 21 世纪中叶,在基本实现现代化的基础上,再奋斗十五年,把我国建成富强民主文明和谐美丽的社会主义现代化强国。到那时,我国物质文明、政治文明、精神文明、社会文明、生态文明将全面提升,实现国家治理体系和治理能力现代化,成为综合国力和国际影响力领先的国家,全体人民共同富裕基本实现,我国人民将享有更加幸福安康的生活,中华民族将以更加昂扬的姿态屹立于世界民族之林。"

在"贯彻新发展理念,建设现代化经济体系"部分,党的十九大报告明确指出,"加强水利、铁路、公路、水运、航空、管道、电网、信息、物流等基础设施网络建设。""实施区域协调发展战略。加大力度支持革命老区、民族地区、边疆地区、贫困地区加快发展,强化举措推进西部大开发形成新格局,深化改革加快东北等老工业基地振兴,发挥优势推动中部地区崛起,创新引领率先实现东部地区优化发展,建立更加有效的区域协调发展新机制。以城市群为主体构建大中小城市和小城镇协调发展的城镇格局,加快农业转移人口市民化。以疏解北京非首都功能为'牛鼻子'推动京津冀协同发展,高起点规划、高标准建设雄安新区。以共抓大保护、不搞大开发为导向推动长江经济带发展。支持资源型地区经济转型发展。加快边疆发展,确保边疆巩固、边境安全。坚持陆海统筹,加快建设海洋强国。"

在"加快生态文明体制改革,建设美丽中国"部分,党的十九大报告指出,"人与自然是生命共同体,人类必须尊重自然、顺应自然、保护自然。人类只有遵循自然规律才能有效防止在开发利用自然上走弯路,人类对大自然的伤害最终会伤及人类自身,这是无法抗拒的规律。"为此,要"推进绿色发展""着力解决突出环境问题""加大生态系统保护力度"。这些对土木规划给出了很强的约束。

党的十九大报告明确指出了我国经济社会今后一定时期的发展方向,为土木规划指明了根本的目标,那就是"让人民生活更加幸福"。报告中也明确了今后社会基础设施发展的领域、阶段等。因此,认真学习和领会党的十九大报告精神,对土木规划的制订和实施肯定有很大的帮助。

## 二、基础设施建设相关规划

规划就是政府工作的发展计划。在社会主义市场经济条件下,规划已经上升为政府履行宏观调控、经济调节和公共服务职责的重要依据。编制好、实施好规划对实现国家战略目标、弥补市场失灵、有效配置公共资源以及促进共同富裕等都具有十分重要的意义和作用。我国以编制和实施国民经济和社会发展五年计划为基本框架的规划体制已有 50 年的历史,对促进经济社会发展发挥了重要作用。"九五"以来,五年规划逐渐突出战略性、宏观性和政策性,更加适应了市场经济体制下政府发挥职能的需要,集中体现了政府对经济社会发展的宏观指导作用。

社会主义市场经济条件下,政府要履行好经济调节、市场监管、社会管理和公共服务的职能,必须坚持"高进低出"的基本点,即:在市场机制失灵或缺陷的领域,政府必须"高位"介入,加强规划指导、政策引导和政府主导,让政府"这只有形的手"促进这些领域同步发展;市场机制已经发挥配置资源基础性作用的领域,政府必须"低位"退出,明确"不能干什么"的刚性约束,减少"怎么干"的行政干预,让市场"这只无形的手"自由发挥。党的十六届三中全会决定指出,要加强国民经济和社会发展中长期规划的研究和制定,提出发展的重大战略、基本任务和产业政策,促进国民经济和社会全面发展。这对如何完善政府宏观调控,加快转变政府职能提出了更高要求。

### (一)国家高速公路网规划[5,6]

#### 1. 规划背景和意义

2004 年 12 月 17 日,《国家高速公路网规划》经国务院审议通过,标志着我国高速公路建设发展进入了一个新的历史阶段。

高速公路在运输能力、速度和安全性方面具有突出优势,对实现国土均衡开发、建立统一的市场经济体系、提高现代物流效率和公众生活质量等方面具有重要作用。高速公路不仅是交通现代化的重要标志,也是国家现代化的重要标志。

从 1988 年"上海—嘉定"高速公路建成通车,我国高速公路总体上实现了持续、快速和有序的发展。高速公路的发展,极大地提高了我国公路网的整体技术水平,优化了交通运输结构,对缓解交通运输的瓶颈制约发挥了重要作用,有力地促进了我国经济发展和社会进步。

经济社会发展对我国高速公路发展提出了新的更高要求,从国家发展战略和全局考虑,为保障我国高速公路快速、持续、健康发展,有必要规划一个国家层面的高速公路网。

从国家发展战略看,规划建设国家高速公路网有利于加快建设全国统一市场,促进商品和各种要素在全国范围自由流动、充分竞争,对缩小地区差别、增加就业、带动相关产业发展都具有十分重要的作用,也是经济全球化背景下提高国家竞争力的重要条件。

从新时期经济社会发展需求来看,规划建设国家高速公路网是影响全局的基础性先决条件。我国的经济高速发展势必带动全社会人员、物资流动总量的升级,新型工业化对运输服务效率和质量也提出了更高的要求,特别是汽车化、城镇化和现代物流的快速发展使得制定国家高速公路网规划更显迫切。

从高速公路建设的现实需要来看,迫切需要统一全面的总体规划指导布局和投资决策。规划建设国家高速公路网还有利于保证土地资源的合理和集约利用,有利于国家环境保护和能源节约;同时,对于加强国防以及应对重大自然灾害和突发事件等方面都具有重大意义。

总之,随着新时期经济的快速发展,随着生活方式的转变以及生活质量的提高,为满足对交通服务越来越高的要求,搞好公共服务,优化跨区域资源的配置和管理,非常有必要规划和建设一个统一的国家级高速公路网。

2.国家高速公路网规划方案

国家高速公路网是中国公路网中最高层次的公路通道,服务于国家政治稳定、经济发展、社会进步和国防现代化,体现国家强国富民、安全稳定、科学发展,建立综合运输体系以及加快公路交通现代化的要求;主要连接大中城市,包括国家和区域性经济中心、交通枢纽、重要对外口岸;承担区域间、省际以及大中城市间的快速客货运输,提供高效、便捷、安全、舒适、可持续的服务,为应对自然灾害等突发性事件提供快速的交通保障。

国家高速公路网规划采用放射线与纵横网格相结合的布局方案,形成由中心城市向外放射以及横连东西、纵贯南北的大通道,由 7 条首都放射线、11 条南北纵向线和 18 条东西横向线组成,简称"71118 网",总规模约 11.8 万 km。

(1)首都放射线

7 条首都放射线包括:北京—上海、北京—台北、北京—港澳、北京—昆明、北京—拉萨、北京—乌鲁木齐、北京—哈尔滨。

(2)南北纵向线

11 条南北纵向线包括:鹤岗—大连、沈阳—海口、长春—深圳、济南—广州、大庆—广州、二连浩特—广州、包头—茂名、呼和浩特—北海、银川—白色、兰州—海口、银川—昆明。

(3)东西横向线

18 条东西横向线包括:绥芬河—满洲里、珲春—乌兰浩特、丹东—锡林浩特、荣成—乌海、青岛—银川、青岛—兰州、连云港—霍尔果斯、南京—洛阳、上海—西安、上海—成都、上海—重庆、杭州—瑞丽、上海—昆明、福州—银川、泉州—南宁、厦门—成都、汕头—昆明、广州—昆明。

此外,规划方案还包括:辽中环线、成渝环线、海南环线、珠三角环线、杭州湾环线共 5 条地区性环线、2 段并行线和 30 余段联络线。

3.国家高速公路网规划的特点及效果

国家高速公路网规划的编制,以"三个代表"重要思想和十六大精神为指导,坚持以人为本,全面、协调、可持续的科学发展观,切实贯彻"五个统筹"的要求,按照"把握全局、突出重点、立足现实、着眼未来,布局合理、注重效率"的原则;规划方案总体上贯彻了"东部加密、中部成网、西部连通"的布局思路,建成后可以在全国范围内形成"首都连接省会、省会彼此相通、连接主要地市、覆盖重要县市"的高速公路网络。

国家高速公路网规划方案的特点和效果如下。

(1)充分体现"以人为本"

最大限度地满足人们的出行要求,创造出安全、舒适、便捷的交通条件,使用户直接感受到高速公路系统给生产、生活带来的便利。

①规划方案将连接全国所有的省会级城市、目前城镇人口超过 50 万的大城市以及城镇人口超过 20 万的中等城市,覆盖全国 10 多亿人口。

②规划方案将实现东部地区平均 30min 上高速,中部地区平均 1h 上高速,西部地区平均 2h 上高速,从而大大提高全社会的机动性。

③规划方案将连接国内主要的 AAAA 级著名旅游城市,为人们旅游、休闲提供快速通道。

(2)重点突出"服务经济"

强化高速公路对于国土开发、区域协调以及社会经济发展的促进作用,贯彻国家经济发展战略。

①规划方案加强了长三角、珠三角、环渤海等经济发达地区之间的联系,使大区域间有3条以上高速通道相连,还特别加强了与香港、澳门的衔接,在3大都市圈内部将形成较完善的城际高速公路网,为进一步加快区域经济一体化和大都市圈的形成,加快东部地区率先实现现代化奠定了基础。

②规划方案将显著地改善和优化西部地区以及东北地区等老工业基地的公路网结构,提高区域内部及对外运输的效率和能力,进一步强化西部地区西陇海—兰新线经济带、长江上游经济带、南贵昆经济区之间的快速联系,改善东北地区内部及进出关的交通条件,为"以线串点、以点带面",加快西部大开发和实现东北等老工业基地的振兴奠定坚实基础。

③规划方案将连接主要的国家一类公路口岸,改善对外联系通道运输条件,更好地服务于外向型经济的发展。

④规划方案覆盖地区的 GDP 占全国总量的 85% 以上,规划的实施将对促进经济增长、带动相关产业发展、扩大就业等作出重要贡献。

(3)着力强调"综合运输"

注重综合运输协调发展,规划路线将连接全国所有重要的交通枢纽城市,有利于各种运输方式的优势互补,形成综合运输大通道和较为完善的集疏运系统。

(4)全面服务"可持续发展"

规划的实施将进一步促进国土资源的集约利用、环境保护和能源节约,有效支撑社会经济的可持续发展。据测算,在提供相同路网通行能力条件下,修建高速公路的土地占用量仅为一般公路的 40% 左右,高速公路比普通公路可减少 1/3 的汽车尾气排放,降低 1/3 的交通事故率,也将大幅度降低车辆运行燃油消耗。

### (二)铁路中长期规划

国家《中长期铁路网规划》于 2004 年经国务院审议通过,2008 年进行了修订,其发展目标为:到 2020 年,全国铁路营业里程达到 2 万 km,主要繁忙干线实现客货分线,复线率和电化率均达到 50% 和 60% 以上,运输能力满足国民经济和社会发展需要,主要技术装备达到或接近国际先进水平。铁路具有大运力、低成本优势,在运输中占有重要地位。制定中长期铁路网规划,加快铁路发展,对于促进国民经济持续快速增长,全面建设小康社会,具有十分重要的意义。

国务院在审议中指出,实施铁路网规划,要根据国民经济和社会发展规划,按照全面、协调、可持续发展的指导思想,统筹考虑铁路、公路、民航、水运、管道等整个运输体系的建设和资源的合理配置,充分发挥综合运输优势,区分轻重缓急,突出重点,加强薄弱环节。要加快铁路现代化建设,立足国产化,引进和吸收国外先进经验和技术,增强自主创新能力,带动相关产业的发展。要推进铁路建设、管理和运营体制的改革,积极推行投资主体多元化,提高资源使用效率和运输效益。

2016 年,我国进入"十三五"时期,根据《国民经济和社会发展第十三个五年规划纲要》《"十三五"现代综合交通运输体系发展规划》和《中长期铁路网规划》,结合铁路行业实际,制定了《铁路"十三五"发展规划》。《铁路"十三五"发展规划》提出了新的目标,到 2020 年,要在建成"四纵四横"骨架的基础上,推进"八纵八横"主通道建设,将进一步扩大高速铁路服务范围,基本形成高速铁路网络,拉近城市间的距离。预计到 2020 年,一批重大标志性项目建成投产,铁路网规模将达到 15 万 km,其中,高速铁路 3 万 km,覆盖 80% 以上的大城市。到 2025 年,铁路网规模达到 17.5 万 km 左右,其中,高速铁路 3.8 万 km 左右。展望到 2030 年,基本实现内外互联互通、区际多路畅通、省会高铁连通、地市快速通达、县域基本覆盖。

"八纵八横"高速铁路网,即以沿海、京沪等"八纵"通道和陆桥、沿江等"八横"通道的主干,城际铁路为补充的高速铁路网。

(1)"八纵"是沿海高铁大连—广州、北京—福州、北京—九龙(经过南昌)、北京—广州、呼和浩特—海口、包头—海口、兰州—昆明、银川—福州等 8 条高速铁路通道。

(2)"八横"是指北京—包头、青岛—银川、连云港—乌鲁木齐、上海—成都、上海—昆明、厦门—重庆、广州—昆明、牡丹江—齐齐哈尔等 8 条高速铁路通道。

### (三)国家《综合交通网中长期发展规划》[7]

2007 年 10 月,国务院常务会议审议并原则通过了由国家发展与改革委员会负责编制的国家的《综合交通网中长期发展规划》(以下简称《规划》)。《规划》由国家发展改革委交通运输司牵头,中国工程院、清华大学等科研单位参与了基础研究和编制的过程。《规划》的编制过程大致可以分为 4 个阶段,时间跨越近 4 年。其中,第一阶段:前期研究阶段;第二阶段:综合交通网专项课题研究阶段;第三阶段:综合交通网规划编制阶段;第四阶段:与相关规划衔接、专家评审和规划报批阶段。

#### 1. 目的与意义

改革开放以来,伴随着我国经济社会的快速发展,各种交通运输方式基础设施的总量迅速扩张,各种交通方式内部和方式之间的协调发展问题日益凸现出来,特别是在资源、环境、生态等约束条件的压力下,各种运输方式间的协调发展问题尤为突出。因此,编制一个可以统筹协调各种运输方式、合理配置交通战略要素、发挥综合运输整体效能,使交通运输对国民经济适应性由被动适应变为主动促进的《规划》,也随之提到了国家层面。

尽管我国交通运输各种方式取得了长足发展,但长期以来,由于缺少一个用以指导我国综合交通发展的战略规划,使得各种运输方式间缺乏协调配合、有机衔接的机制,导致交通运输基础设施的规划、建设和管理很难做到统筹协调、一体化运作。比如,在几种运输方式市场交叉的情况下,需要有一个综合规划的协调,使得在强调某种运输方式发展的同时,不可忽视另外几种方式的的作用。因此,编制我国综合交通发展战略规划,用以指导各种运输方式优化衔接,已成为综合交通运输发展中急需解决的重要问题。

编制《规划》,就是针对我国交通运输发展面临的最现实问题(即基础设施总量不足和 5 种运输方式的基础网络都处于完善期)和外部约束条件(即资源和环境压力),通过对 5 种运输方式各自系统进行优化以及各方式间的网络和枢纽进行衔接、优化,调整交通运输结构,促进交通资源的空间最优配置,发挥各种运输方式在约束条件下的比较优势和整体效率,实现集约高效和可持续发展,转变交通运输发展方式,从而真正实现交通运输既好又快可持续发展。

作为新中国成立以来我国第一个全国性的、综合衔接铁路、公路、水路、民航及管道各运输方式的总体空间布局规划,《规划》对促进我国可持续发展战略、缩小区域间差距和实现各种运输方式统筹协调发展具有十分重要的现实意义和长远意义。具体体现在以下 3 个方面:

（1）适应我国现实国情需要，促进我国可持续发展战略的实施。交通运输在促进经济发展的同时，具有高度的资源依赖性，大量占用土地和消耗能源以及带来比较严重的环境污染。我国的实际国情不允许我们再去重复西方发达国家交通发展的老路，而应在确保交通供求总量均衡、普遍服务的总体目标前提下，优化运输资源配置，建立资源节约型和环境友好型的适应性综合交通网，以最小的资源和环境代价满足经济社会的运输总需求，促进经济与社会协调发展。

《规划》就是从我国的基本国情与资源国情出发，全面分析综合交通体系中各种运输方式的比较优势以及交通运输系统的整体效率，合理选择我国现代交通的发展途径，追求系统优化、整体最优，以交通的可持续发展促进我国可持续发展战略的实施。

（2）缩小我国地区经济差异，促进我国国土合理均衡开发。从我国经济地理特征分析来看，未来东西向和南北向大运量、长距离的资源和产品运输将长期存在。交通运输作为基础产业，对经济发展具有较强的带动作用。

《规划》综合考虑我国资源分布、工业布局、城市分布以及人口分布的特点，特别是我国未来可能形成的经济区划及经济中心布局，着眼于尽快形成沟通东西向和南北向的若干条国家级运输大通道，将引导和促进国土均衡开发，为缩小我国地区间差距提供基础条件。

（3）大力推进各种运输方式协调发展，充分发挥综合交通系统优势。当前，在我国交通设施总量不足、交通运输能力趋紧、各种运输方式交通网络尚不完善的情况下，各种运输方式的自我发展具有一定合理性。但由于缺乏统一的总体规划及综合交通发展政策的指导和调控，导致不同运输方式间难以进行合理的分工协作和有效的衔接配套，降低了交通运输系统的总体效率和服务质量，增加了用户的运输成本。经过较长时期以各自规模扩张为主的外延式增长后，交通运输的进一步发展，客观上要求回归到注重综合性、系统性和整体性的发展轨道。

《规划》将各种运输方式作为一个有机衔接、不可分割的整体，从系统固有的空间特征和资源约束的角度，分析研究交通运输资源的最优配置，实现交通运输系统的整体优势和综合效益，使各种运输方式从基础设施的规划开始，就要做到衔接优化和协调发展，对促进各种运输方式统筹协调发展具有十分重要的意义。

2. 内容

从发展战略和宏观经济方面考虑，我国的交通发展需要制订一个综合交通战略规划，这是交通发展顶层设计的需要。顶层设计的框架包括 4 个主体，层次从高到低分别为：国家发展战略（或国民经济和社会发展纲要）、交通发展战略、综合交通发展规划、各种运输方式发展规划。其中，国家发展战略是国家交通发展战略制定的依据，指导国家的交通发展；交通发展战略是交通领域最高层次的纲领性文献，是综合交通发展规划编制的依据和指导；综合交通发展规划包括综合交通网络规划和综合交通系统规划，它指导的是各种运输方式的规划；各种运输方式的发展规划是建设项目确定的依据，指导项目的实施。

综合交通规划包括以下几个层次：

（1）交通基础设施。

（2）流动设施，如运输装备、运载、装卸工具、非基础设施硬件。

（3）运营、管理、控制系统。

其中，交通基础设施网络是最基本的。要解决综合交通发展问题，首先要解决交通基础设施的协调发展问题,也就是要编制好综合交通网发展规划。

《规划》的内容包括以下 8 个方面:

(1)综合交通网现状评价。

(2)规划指导思想和目标。

(3)规划原则。

(4)功能定位。

(5)规划方案。

(6)综合交通网发展重点。

(7)规划实施前景。

(8)政策措施。

《规划》的内容,概括起来要重点解决 3 个方面问题:

(1)交通运输总量问题

不同时期的经济发展要有相应的交通设施做支撑,支撑经济发展的交通设施的基本量是各种运输方式能力的总和。其中,要解决两个问题:一是交通基础设施发展与经济发展相互关系的曲线不能出现大的波动,要求既能支撑相应不同时期经济发展,又不能造成浪费或过度超前。二是普遍服务的问题,即要保证人们的基本生产和生活交通需求,特别是边远地区人民群众基本交通需求。《规划》力图以控制我国交通网络总规模的方式,使我国交通发展不致出现发达国家交通发展过程中的重复建设和过度发展等问题,同时达到提高干线网络密度和国土覆盖面、满足人们普遍出行服务的目的。

(2)交通运输结构问题

目前,我国交通运输网络结构不尽合理,铁路、公路、水路、民航和管道 5 种运输方式的比较优势尚未得到充分发挥。《规划》力求从交通方式的选择和优化两方面来解决我国交通运输结构问题,即在多种运输方式市场交叉重叠的区域,通过制定较为完备的指标体系,按照"宜路则路、宜水则水、宜空则空"的原则,在本规划的平台上,对"综合运输大通道"中的各种运输方式进行比选、优化,真正做到各种运输方式各展所长、优势互补、协调发展,充分发挥交通运输系统的整体效益和综合效益。《规划》首次提出了"综合运输大通道"的概念,并经过优化比选提出了"五纵五横"10 条综合运输大通道和 4 条国际区域运输通道。

(3)交通运输衔接问题

针对我国目前各种交通运输方式衔接不畅、交通运输整体效率不高的实际,以构建一体化交通运输系统为出发点,《规划》突出了各种运输方式的结合部,并以此作为衔接的要点,突出交通运输方式衔接过程中资源的节约和集约,以及客运的"零距离换乘"和货运的"无缝衔接"理念。以综合交通枢纽为具体体现形式,力求实现各种运输方式之间、城市间与城市内交通线路的紧密衔接,力争使旅客实现"零距离换乘",实现货物的"无缝衔接"。《规划》定义了"综合交通枢纽"的概念,即"综合交通枢纽是指在综合交通网络节点上形成的客货流转换中心"。按照综合交通枢纽所处的区位、功能和作用,衔接的交通运输线路的数量,吸引和辐射的服务范围大小,以及承担的客货运量和增长潜力,可将其分为全国性综合交通枢纽、区域性综合交通枢纽和地区性综合交通枢纽。《规划》还提出了 42 个全国性综合交通枢纽(节点城市)。

3. 编制理念

作为国内首个《规划》,在进行该规划的编制及相关专题研究时,贯彻了理论与实践相结合的理念和综合发展的理念。

（1）将规划编制理论及学术思想同我国交通发展实践相结合，并用以指导和解决我国综合交通发展问题。在形成适合我国特色规划理论的基础上，按照全面建设小康社会奋斗目标要求，紧密结合我国资源环境日益紧迫约束的实际，既有综合交通发展理论作指导，又吸纳了近年来在开展交通战略研究、交通专项发展规划编制、交通重大课题研究过程中获取的有益理论，并与我国经济社会发展的实际需要相结合，力求以统筹协调、优化衔接为着力点，以构建便捷、通畅、高效、安全的一体化交通运输系统为目标，实现理论与实践的统一，达到战略性、指导性和可操作性的一致。

（2）注重将综合交通发展理念贯穿编制规划的全过程。综合交通发展的核心问题，是如何处理好各种运输方式在可替代的市场份额中进行优化比选和运输系统的一体化问题。要做到这一点，明确可供各种运输方式进行比选的基础平台和一体化运输系统的着眼点是非常重要的。《规划》正是从这一理念出发，首次提出由运输走廊构成的综合运输大通道和由节点城市组成的综合交通枢纽作为比选和衔接的切入点，按照综合交通发展的理念，通过总量控制、优化结构和一体化衔接，从理论和实践上有效地解决了这一难题。以此布局的方式优化和系统衔接为基础，促进各种运输方式按照其技术经济特征进行合理布局、分工协作和优势互补的规划编制理念，大大提升、论证各规划编制的综合效应，促使各种运输方式在物理和逻辑上形成有机结合体，从局部优化到整体优化，实现交通运输的组合效率和整体效益。

4.《规划》与其他交通规划的关系

《规划》是在遵循现有交通规划合理性的基础上，从全局、综合和系统的角度，通过衔接、整合，使各运输方式从局部最优达到整体最优。现有交通规划是《规划》编制的基础，反过来，《规划》对现有交通规划起指导作用。现有交通规划是建立在现实经济社会发展需要基础上的，客观上是与我国经济、地理特征和基本国情相适应的，所以《规划》在实施过程中，必须充分兼顾现有交通规划，尽可能地减少对现有交通规划的调整。但要从有利于充分发挥各种运输方式比较优势出发，实施中可能会对现有交通规划进行微调，以便选择适合的发展方式。

未来交通规划的制定，应以《规划》为指导，从各种运输方式的发展方向开始就遵从综合交通发展战略，在规划理念方面树立综合交通发展观念，在规划内容方面体现综合交通规划要求，除要做好各种运输方式自系统布局、结构优化外，还应重点突出与其他运输方式的衔接、协调，从而建立便捷、通畅、高效、安全的一体化交通运输体系。

## 本讲参考文献

[1] 于润泽.土木规划的规划环境与规划政策研究[D].北京:清华大学,2007.

[2] 邓淑莲.基础设施与经济发展关系探析[J].山东财政学院学报,2001(4):33-38.

[3] 杨宝歧.北京城市基础设施规划建设思路探索[J].北京规划建设,2006(01):103-104.

[4] 国家统计局国民经济综合统计司.中国区域经济统计年鉴:2006[M].北京:中国统计出版社,2007.

［5］ 国家高速公路网规划［EB/OL］. http：//www. gov. cn/ztzl/2005-09/16/content_64418. htm.

［6］ 国家高速公路网规划出台［EB/OL］. http：//news. sohu. com/20050113/n223921038. shtml.

［7］ 国家发展改革委有关负责人就《综合交通网中长期发展规划》答记者问［Z/OL］. http：//www. tranbbs. com/news/dialogue/news_14026. shtml.

# 土木规划流程与规划目标建立

规划是把"理想"变为"现实"的手段,是把价值与因果相连接的社会机能,属于科学技术的范畴。规划的概念,通常具有社会规划的含义,这样的社会规划,在政治、经济、技术方面具有重要意义。这些都是 20 世纪以后才出现的。土木规划中存在着众多不确定因素,可以说"不安"与"希望"共存。土木规划最初主要体现在城市规划方面,现在已经扩展到了众多的领域。

土木规划的最终的目的是寻求社会的可持续均衡发展(Sustainable and Balanced Development)。"可持续"意味着发展在经济、生态等方面具有可持续性。"均衡"则意味着发展中要保持公平性。土木规划的这个最终目的,超越了时代、地域和社会,是人类的最终理念。规划的基本目的是依据不同的时代、地域或社会文化所规定的理念。在土木规划中我们需要从规划主体(决策者)、规划对象、规划范围、价值基准、评价指标等多方面进行研究和讨论。如何在考虑规划的主体、对象、范围、价值、评价等基础上考虑所有的观点,建立规划目标,决定了土木规划的成功与否。本讲主要介绍规划的步骤,然后围绕着方法论,展开对于规划目标建立方法的介绍。

## 第一节　土木规划流程[1,2]

土木规划是指规划主体(决策者)把社会公共基础设施作为对象,根据国家或地区经济的发展需要,发现和整理建设项目中产生的问题及其内容,进行规划目的的分析,在充分考虑和权衡效率、公平和环保的基础上,确立规划目标,对基础设施的发展进行数量、结构和项目选择的设计和计划,并根据目的的要求在提出的众多手段(比选方案)中系统地选择、提取合理的方案,并将规划实现的过程。

　　土木规划的流程如图3-1所示,包括确立目标、制订比选方案、方案评价、确立规划、方案调整和规划实施等步骤。建立明确的、正确的规划目标是土木规划的根本所在。在方案的制订过程中,信息收集与现状分析,特别是对于未来的预测十分重要。信息收集的首要目的是为了了解现状,准确地把握现状,从中发现问题,明确规划课题。课题整理之后,需要从规划目的的各个侧面设立具体的目标。需要在考虑规划的主体、对象、范围、价值和评价等所有方面的基础上,设立规划目标。同时,也是为需求预测做好准备。需求预测是土木规划过程中最为重要的步骤之一,应该说,需求预测既包含了对于现状的预测,也包含了对于将来的预测。现状预测的一个重要目的是对于预测模型的校核和检验。未来预测一般包括了基础设施处于现状的预测和新建基础设施比选方案的预测,这也就是在规划评价阶段,使用成本效益分析方法进行评价时所需要的"有""无"方案的两种情况。理论上讲,应该在基础设施处于现状的预测结果的基础上,根据需求特点确定规划的比选方案。在对多个比选方案进行比较评价后,确立一个最佳方案,这就是所谓的确立规划。值得注意的是,土木规划终结于规划方案的实施,而不是传统意义上的"确立规划",即方案的确定并不意味着规划过程的结束,只有在规划方案化作实际为人民服务的社会公共基础设施以后,规划才能够成立。在方案制订到实施的过程中,离不开资金、政策等社会、经济因素的影响,而已经形成的方案就要进一步调整,是一个动态的过程。

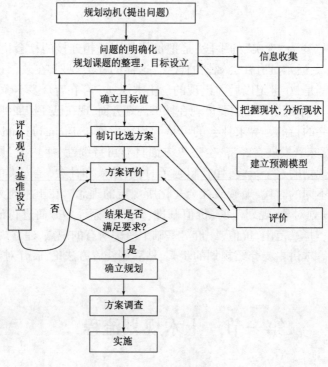

图 3-1　土木规划的流程图

# 第二节 明确目的,确立目标[1-3]

规划需要明确目的,才能保证为了达到规划目的所采取的行动具体化。通常这样的目的可以用一些经过提炼的语句来表述,例如"有效地利用有限的资源""实现富裕的生活""致力于人类与自然的调和"等。可以说规划的目的就是把规划的方向提升为理念进行表述。但是,仅仅这样的话,还无法使规划具体化,得到落实。因此,需要考虑与目的相关联的行动所带来的最终的结果,需要把目的的内容进行具体的表述,也就是确立规划的目标。规划课题整理之后,需要从规划目的的各个侧面设立具体的目标。需要在考虑规划的主体、对象、范围、价值、评价等所有方面的基础上,设立规划目标。例如,对于"实现更畅通的机动车交通流,创造出舒适的交通环境"这样的目的,进行道路网的建设就是一个目标。如果以把道路的负荷度控制到 1.0 以下为目标制订道路改良的规划,也就是能够设定一个具体的服务水平,就将其称为目标值或是目标水平。总的来说,规划目的是理念,规划目标是一个可以执行的具体的内容,并且规划目标可以用目标值来衡量。

明确问题和目的,建立明确而具体的目标在土木规划过程中至关重要。明确规划的目标就需要在考虑规划的主体(决策者)、规划对象的同时,明确规划中的课题及目的。由于土木规划是为了达到进行土木事业的目的,将必要的手段与组织进行组合,导致各自决策的过程,因此有必要为了促进规划确立具体的目标。没有目标,规划将成为空论。如果没有一个正确的目标,土木规划将迷失方向,后患无穷。

为了将土木规划的各个构成阶段的课题科学化,需要将其作为系统来对待,采用系统科学的方法。这是因为土木规划的制订过程中,设定的目标随着其时代、经济、文化背景的不同而不同,而且很大程度上受到决策者不同的价值观、伦理观的复杂影响。

建立土木规划目标需要以下过程:

(1)首先,需要准确把握和整理成为规划动机的问题,即现状存在的问题。

(2)然后,要明确规划的目的,建立具体的规划目标。

(3)最后还要研究确立为了能够达成规划目标所需的评价基准。

在规划中,需要将规划目标设定为可以达到的目标。达到目的必然伴随着资源的使用与时间的制约,因此,要针对各个目的确定其优先度、重要度、必要度。

为了使目的明确化,需要明确规划所处的状态的是什么。因此,需要对规划目的加以时间和空间的限制,对于规划领域加以指定,制订所进行的规划的具体范围,称为规划的框架。利用这个框架明确化的各种活动的指标作为规划指标。

利用具体的规划指标,可以对规划进行评价,具体需要注意下列事项:

(1)为了获取规划与目的的复合性、合理性,要在规划的各个阶段根据需要进行评价。

(2)评价项目、评价指标的选择,应该能够准确地表现现象。

(3)为了客观地开展,需要尽可能地进行定量评价。

(4)为了平等地评价不同类别的要素之间的关联,需要进行加权等换算评价。

(5)利用比例尺度无法说明时,可用间隔尺度来表示。

(6)当客观评价成为不可能时,可以通过多个人的观察,依靠直觉评价或进行投票。

（7）评价项目，可以参照过去的事例进行假定列举出来。

（8）遇到多个预案比较的情况，近似评价亦可。

（9）为了提高预测精度，通过利用不同观点的复数个指标进行评价。

（10）努力进行与上、下级评价的约束条件的整合。

# 第三节　规划课题的发现与整理[1,2,4]

为了明确规划的目的，建立正确的规划目标，首先要发现规划的课题。所谓课题，就是所面临的问题，也是用于讨论研究的问题。对于简单的规划或是问题领域局限于比较狭窄范围的规划，规划者自己容易发现规划的课题。如果其他地区有过类似的规划，则可以加以参照发现规划的课题；但是当没有其他类似的规划时，则需要重新进行课题的收集，努力地发现问题。

在制订规划的过程中，规划课题的发现与整理是一个重要的环节。土木规划中出现的问题通常都是模糊不清的，其项目可能是非定型的，或者是无法计量的定性的因素更多。土木规划自身变得复杂化、大规模化，规划的影响也变得巨大化、多样化。在这样的背景下，现在的土木规划，如果只是进行目的论的分析，就很容易迷失规划的本质。为此，十分准确地把握问题的本质，同时从各个方面准确把握规划带来的影响十分重要。

在发现规划问题与明确课题时，可以利用的方法有多种，很难说哪一种方法更值得推荐。关键是规划的制订者需要尽可能多地收集信息，带着问题意识去进行探讨，真正地发现问题。同时希望能够不仅仅是局限于具体细节，而且要纵观全局，通盘把握。

在发现规划问题与明确课题时，具体可以采用下列方法：

（1）问询调查法（Survey by Hearing）与问卷调查法（Survey by Questionnaire）。

（2）头脑风暴法（Method of Brain Storming）与头脑学习法（Method of Brain Writing）。

（3）群体提案评估法（Nominal Group Technique，又称 NGT 方法）。

在整理规划课题时，可以采用以下方法：

（1）KJ 方法（川喜多二郎方法）。

（2）专家调查法（Delphi Method，又称德尔斐方法）。

（3）解释性构造模型法（ISM 方法）。

（4）决策实验室方法（DEMATEL 方法）。

本节将分别介绍这些发现问题和整理问题的具体方法。

## 一、规划课题的发现

规划课题就是规划所面临的需要讨论研究的问题。土木规划的对象不局限于某些个别的基础设施，现在越来越多地包括综合的、具有系统性的、地域发展的内容。即使是基础设施，也不是单纯的建设，其利用方法及维护管理、运营、环境影响评价以及利用者的行为方式，价值取向等都需要加以讨论，超越技术与经济问题的课题越来越多。因此，与过去相比，规划课题呈现出课题之间相互复杂地交织，形成多个问题的复合体的倾向。所以有必要探究课题的结构，进一步使规划课题明确化。

当进行简单的或是限定于较小范围的规划时，规划者易于发现规划课题。当过去或其他地区已有类似规划时,可以通过参照,发现规划课题。但是,如果没有参照对象或是内容无法参照时,则需要采用相关的方法去收集信息,发现新的课题。

收集、发现新的课题的方法有多种,需要根据具体情况采用具体方法。规划的制订者需要尽最大可能收集信息,带着问题意识来分析这些信息,揭示这些现实。同时也需要贯通全体进行分析,如果只是局限于细节,则有可能无法发现大趋势中根本性的问题。

### (一)问询调查法与问卷调查法

在明确规划的需求的同时,作为用于规划课题的收集与发现的一个方法,有当面提问进行调查的问询调查方法和事先准备好问卷进行调查的问卷调查方法。

#### 1. 问询调查(Survey by Hearing)

问询调查是当面提出问题进行调查的方法,是最初提出的并非成型的问题,通过调查对象与调查人员之间自由的对话,逐步展开调查的方法。这种方法能够从大处、高处入手,对于发展的、创造性的课题以及课题内容进行讨论,收集详细的意见。这种方法的缺点是可能出现调查结果不收敛或是归纳调查结果十分费力的情况。

#### 2. 问卷调查(Survey by Questionnaire)

问卷调查是把问题归纳在书面的调查问卷上,通过发放问卷进行调查的方法。由于采用这种方法提出的问题是有限的,因而易于归纳调查结果。但是,由于问题只是调查人员能够想到的问题,只能获得预想范围内的答案,有时只能得到诱导性的答案,被调查者还有可能因为厌烦而随意填写。

从内容上讲,调查可以分为两种类型。一种是把握土地利用的现状等用于或利于未来预测的资料,或者是想知道对于规划方案是赞成还是反对等项目明确的调查,可以说是有外部基准的调查。另一种并非是为了把握特定事项的现状或是以预测为目的,总之通过大量收集资料,通过考察与解释从中获取有用的信息,也就是没有外部基准的调查。

为了发现规划课题的调查应该说是属于后者。由于调查是发散的,所关心的不是意见的多少,对于一个一个意见的解释与理解其意义更为重要。因此,随着调查对象的不同或是进行调查的规划制订者的能力以及性格的不同,所发现的规划课题也有所不同。作为调查对象,可以从日常就对规划课题比较关心的人或是行业、学者或是处于指导地位的人、行政人员等当中选取。规划者的能力、性格等要依赖于日常的训练、启蒙、经验等,需要用谦虚态度去收集意见,从中获取有价值的信息。另外,最好是多数人参与这个过程,而不是局限于某一个人。当使用问卷进行调查时,问卷的内容需要进行深思熟虑的设计。

### (二)头脑风暴法与头脑学习法

#### 1. 头脑风暴法(Method of Brain Storming)

头脑风暴法是一种相互提供信息和意见,相互启发,创造性地展开思想,采用会议形式的方法。当有复数的规划担当者时,或者多数的学者、有经验者聚集到一起进行讨论,努力发现问题时,不管有没有意识地去做,所采用的方法通常就是头脑风暴法。

头脑风暴法是为了获得思路(Idea),在会议上经常采用的方法,是会议的参加者相互启发,自由进行联想的方法。具体地,首先设置会议主持人,然后给全体参会人员以足够的发言机会,没有必要追求意见的收敛。重要的是谁针对什么问题作了什么样的联想。

采用头脑风暴法时,需要注意4个原则:

(1)严禁批评:不能对别人的发言进行批判。

(2)追求数量:与一个发言的质量相比,需要更多的各种各样的想法。

(3)自由奔放:不在意最后是否收敛,尽情发言。

(4)相互结合:受别人发言的启发,追加上自己的想法,作为自己的发言。

具体方法和步骤如下:

(1)设置一名主持人。

(2)确定若干名参加会议人员,并指定若干名记录员。

(3)会议规模则取决于问题的大小。

(4)关于人员数量通常认为10人左右为好。

头脑风暴法的缺点主要有以下几方面:

(1)有的人发言多,有的人发言少。

(2)有地位的差别,并受其影响;地位较高的人的发言,很可能会对地位较低的人的发言产生影响。

(3)缺乏经验的主持人主持会议时,可能会有对他人发言的批判,或是无法引导不爱发言的人表达他们的意见。

2. 头脑学习法(Method of Brain Writing)

头脑学习法是为了克服头脑风暴法(Method of Brain Storming)的缺点,采用让参会人员各自将想法写出来的方法。头脑学习法具体是将课题写好放在桌子中间,与会人各自写出自己的意见;之后反复交换纸条,给别人写出追加意见。

头脑学习法没有讨论,只是依靠文字表达和传递意见,容易引起误解,并且意见不容易彻底沟通。

（三）NGT 方法(Nominal Group Technique)

NGT 方法又称群体提案评估法,英文名称为 Nominal Group Technique (NGT)。该方法通过把提取个人的思路(Idea)和小组讨论相结合的方式,达到发现课题,明确内容,进行整理的目的。

在利用头脑风暴法进行问题讨论时,规划项目制订者最常遇到的问题是:参与者无法将所有可能的构想充分地表达出来;容易忽视地位较低成员的意见;无法彻底地检查构想的假设及含义;无法达成全体成员真正一致的共识。这样的发现与解决问题的会议,常常容易变成上层领导的布置发言大会。这种上对下(Top-Down)的方式很难有效地鼓励参与的全体成员自发地贡献有创意的构想。更严重的是,可能造成参会人员的忽视及反感。NGT 法可以协助参加问题讨论的全体成员来提升共同的理性思考、创意构想及参与感。使之后的规划方案制订、执行以及修改得以顺利进行并发挥最大的效益。

NGT 方法是一种集体加工技术(Group Process Skill),可被使用于:需要多方参与考虑复杂的问题、确认问题、发展构想、选择方案时;解决项目中的问题与冲突,或提升与改善决策的质量;在项目中,特别适用于群体决策及正式会议讨论。

NGT 方法是在正式的会议中由项目的负责人来主持。其实施步骤如下:

（1）召集成员,让成员各自保持沉默,地独自写出构想及定义说明(大约15min)。

（2）依照顺序轮流地记录所有构想。

（3）按顺序讨论及澄清所有构想的定义及内容。主持人读出各位成员的想法,并写在纸上。然后分别讨论,对文章(意见的内容)加以修改,使之明确化。

（4）初步地以投票方式来确定各个构想的顺序。参会的各位成员从重要性、紧迫性等角度给各个想法排序,记录下来,组内讨论。

（5）讨论初步投票的结果。

（6）进行最终投票。

NGT方法通常需要大约半天时间来做准备、分析及摘要等工作。而整个会议实际的操作流程,大约要花费1~2h。NGT方法特别适合6~9人的规模。每一次会议只专注于一个主要的议题讨论。投票时采用无记名投票,可避免因地位以及组织权力结构的影响而忽视下层人员的声音。不断地确认议题以及构想的定义及假设,可避免项目组各成员之间的误解。这种方法使用方便,且能有效地公开讨论及整合意见。

## 二、规划课题的整理

经过问题发现的步骤之后,需要对所发现的各种各样的问题进行整理。为了树立目标,首先需要搞清楚妨碍将来目标具体实现的要因及达到该目标的动机。总而言之,使问题明确化十分重要。

把握问题,使之明确化的方法有以下两类:

（1）通过讨论联想出问题的整理方法,例如KJ方法、德尔斐方法。

（2）按照某种规则整理问题的方法,例如ISM方法(解释性构造模型法)。

### （一）KJ方法(川喜多二郎方法)

这是一种将提取出来的要素,按照一定的规则进行构造化的、定性的方法。KJ方法是一种为了使问题明确化,集结群体的知识的参加型体系,进而通过图解和图形等将结果进行视觉表示的方法。

土木规划中问题如山,规划主体不同,视点与目的截然不同。例如,交通项目主体有多种多样,其中,地方政府关注的是该项目给地区带来的效果,确保财源等有关公共福利的问题。居民则关心项目所带来的便利性,对其居住环境的影响。事业主体关心的则是项目的收支和效率性。

KJ方法尽可能地把这些复杂的问题进行分组,以易于理解的形式来表示。进行KJ方法时需要准备的用具包括:笔记用具(铅笔、彩色铅笔等)、卡片纸(名片大小的纸片)、曲别针、橡皮筋以及放置卡片的空间等。

KJ方法的步骤如图3-2所示。

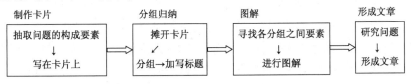

图3-2　KJ方法的步骤图示

（1）制作卡片

将收集到的课题依次写到卡片上。

（2）分组归纳

阅读卡片,并将相似的卡片归类分组。这个分组过程通常是多阶段进行的。首先,将内容最为相似的卡片归类,分为小的组,并给其命名(用关键词或是标题命名)。然后,把相似的小组归类为中组,再将相似的中组归类为大组或是做成单元。

（3）图解

在考虑关联性的同时,将各个组或是各个单元在桌子上排列,将各组之间的相互关联性、因果关系、对立性等用箭头表示,画在图中。

（4）形成文章（研究问题）

在所获取图解的基础上,加入思考,使问题明确化,同时做成规划课题的概括性的文章。

KJ 方法可以一个人单独进行,也可以由多名负责人员共同进行。土木规划通常是由政府部门多名成员集体进行的,多数的情况下由集体通过利用 KJ 方法,进行规划课题的整理。

使用 KJ 方法时有两点值得注意,即明确主题、充分发表意见。

## （二）德尔斐方法（Delphi Method）

德尔斐方法(Delphi Method),又称专家调查法,是征集专家们意见据以判断决策的一种系统分析方法。它是一种反复进行问卷调查的方法。第一次调查的结果,作为中间报告给出,进行第二次调查。设问的方法以及中间报告的汇总方法十分关键。

德尔斐是古希腊城市,以阿波罗神而著名,传说中阿波罗常派人到各地收集聪明人的意见,德尔斐被认为是集中智慧和灵验的地方。德尔斐法是 20 世纪 40 年代美国兰德公司所提出的专家调查方法。20 世纪 60 年代以后,专家调查法被世界各国广泛用于评价政策、协调计划、预测经济和技术、组织决策等活动中。在土木规划中更是经常被使用。这种方法比较简单、节省费用,能把有理论知识和实践经验的各方面专家对同一问题的意见集中起来。它适用于研究资料少、未知因素多、主要靠主观判断和粗略估计来确定的问题,是较多地用于长期预测和动态预测的一种重要的预测方法。

### 1.德尔斐方法的步骤

（1）确定主持人,组织专门工作小组。

（2）拟订调查提纲。所提问题要具体明确,选择得当,数量不宜过多,并提供必要的背景材料。

（3）选择调查对象。所选的专家要有广泛的代表性,他们要熟悉业务,有特长、一定的声望、较强的判断和洞察能力。选定的专家人数不宜太少也不宜太多,一般以 10 ~ 50 人为宜。

（4）轮番征询意见。通常要经过三轮:第一轮是提出问题,要求专家们在规定的时间内把调查表格填完寄回;第二轮是修改问题,请专家根据整理的不同意见修改自己对修改后问题的回答,即让调查对象了解其他见解后,再一次征求他本人的意见;第三轮是最后判定。把专家们最后重新考虑的意见收集上来,加以整理。有时根据实际需要,还可进行更多几轮的征询活动。

（5）整理调查结果，提出调查报告。对征询所得的意见进行统计处理，一般采用中位数法，把处于中位数的专家意见作为调查结论，并进行文字归纳，写成报告。

从上述工作程序可以看出，专家调查法能否取得理想的结果，关键在于调查对象的人选及其对所调查问题掌握的资料和熟悉的程度，调查主持人的水平和经验也是一个很重要的因素。

2. 德尔斐方法的特点

（1）函询。用通信方式反复征求专家意见，调查人与调查对象之间的联系是通过书信（包括电子邮件）来实现的。

（2）多向。调查对象分布于不同的专业领域，在同一个问题上能了解到各方面专家的意见。

（3）匿名。调查对象通过调查组织者的整理，可以了解到其他专家的意见。但他们是背靠背的，不记名的，互不了解。这有助于他们发表独立的见解。

（4）反复。有控制地进行反馈的迭代，使分散的意见逐步趋向一致，以发挥集体智慧。

（5）集中。用统计方法集中所有调查对象的意见，把每个专家的个人判断尽可能反映在最后归纳的集体意见中。

通过上述特点可知，专家调查法是比较科学的，且是有广泛的用途，但是信件传递耗费时间，专家不能面对面的讨论，所提问题很难提得很明确，因此需要进一步解释，最后得出的一致意见具有一定程度的人为强制性。若与其他调查方法配合使用，德尔菲法就能取得更好的效果。

### （三）ISM 方法（解释性构造模型法）

解释结构模型法（Interpretive Structural Modeling Method，简称 ISM 分析法）[2,5] 是以图论中的关联矩阵原理来分析复杂系统的整体结构，将系统的结构分析转化为同构有向图的拓扑分析，继而转化为代数分析，通过关联矩阵的运算来明确系统的结构特征。解释结构模型法是用于分析和揭示复杂关系结构的有效方法，它可将系统中各要素之间的复杂、零乱关系分解成清晰的多级递阶的结构形式。当我们分析的各级规划课题不具有简单的分类学特征，或者其中的概念从属关系不太明确，也不属于某个操作过程或某个问题求解过程时，要想通过上面所述的几种方法直接求出各级规划课题之间的形成关系是很困难的，这时就要使用 ISM 分析法。这种分析方法应用到规划上包括以下几个操作步骤：

（1）抽取规划课题的因素。

（2）确定各个子课题之间的直接关系，做出目标矩阵。

（3）形成可达矩阵。可达矩阵（Reachability Matrix）是指用矩阵形式来描述有向连接图各节点之间，经过一定长度的通路后可以到达的程度。

（4）获得要素集合。得到可达矩阵后，就可获得对应某一课题要素的要素集合。

（5）进行层级划分。将各要素按层次划分开来，并确定其相互间的联系。

关于 ISM 方法的详细介绍，请参见本书第五讲第五节内容。

### （四）DEMATEL 方法

DEMATEL 方法又称决策实验室方法，是 Decision Making Trial and Evaluation Laboratory 的

简称。直译为决策试行与评价实验室,意译为"决策实验室分析法"[2,6]。决策实验室分析法用于因素识别,分析各管理问题间的复杂关系。

DEMATEL 方法为 1971 年在日内瓦的 Battelle 协会提出的方法,被用于解决科技与人类的问题,以及研究解决相互关联的问题群(如种族、环保、能源问题等),以探索问题本质。当初 DEMATEL 法的理想及目标是帮助收集世界问题,获得对于世界问题更好的解答,并希望由此促进世界各区域间有更好的知识交流。但是世界各国由于法律或风俗等因素的影响而使得各国所期待解决的问题并不一样。因此,为使得问题解答能够达到预期的目标,所以需要对问题解答有所限制。瑞士的 DEMATEL 研究所利用的这种构造模型对现在世界上人们共同关心的一些难以解决的问题进行了调查。调查内容主要是这些问题之间的关系以及阻碍其得到解决的原因究竟是什么。现在这个方法得到了更加广泛的应用。

人们用模糊思维模式解决复杂问题,对复杂的问题不进行解析而只作大致的理解,其方法之一就是构造模型,即先把复杂问题分成若干个小问题,然后再通过一组一组的比较来明确它们之间的关系,将有联系的同类问题用连线连接起来。其特征就是可以利用人的综合判断能力进行组合比较。此外,由于整体构造可用图表表示,比起数学模型具有更为直观和便于理解的优势。构造模型与数学模型不同,它不能做出数量上的解答,只能模糊地表示各个小问题之间是否有关联。所以,人可以随意地进行解释,极富启发意义。人们一旦了解了问题的全貌,找出问题的关键所在也就不那么困难了。

使用 DEMATEL 方法时,要遵循下列步骤:

(1)对复杂问题进行抽样调查。

(2)针对所研究的问题,采用系统诊断方法去确定系统的影响因素。

(3)分析各因素之间直接关系的有无,来构造有向图,并用数字在箭头上表明因素之间关系的强弱,强、中、弱分别用 3、2、1 表示。

(4)将上述有向图的内容表示成矩阵形式,称为直接影响矩阵,记为 $X_d$。如果直接影响阵中的元素 $X_{ij} = 1$,即为因素 $i$ 对因素 $j$ 的有影响;如果因素 $i$ 对因素 $j$ 没有影响,则 $X_{ij} = 0$。

(5)分析因素之间的影响关系,求综合影响矩阵 $T$。

下面举例简单说明 DEMATEL 方法在土木规划领域的应用。针对城市基础设施中生活性道路、下水道、公园、绿地等生活基础设施不完善,以及从长期的视点来看,生活基础设施建设的基本构想不明确的问题,利用 DEMATEL 方法来明确问题复合体的本质,得到共同的理解。

步骤 1:利用已有的资料、专家委员会的讨论、预调查、面谈等方式,调查并提取出构成问题复合体的项目。

【问题项目】生活性道路、下水道、公园、绿地等生活基础设施不完善,以及从长期的视点来看,生活基础设施建设的基本构想不明确。

步骤 2:在对问题项目进行简单解释的基础上,针对下列具体的 3 个问题进行问卷调查。

(1)针对各个问题项目,询问其现实性。

(2)询问各个问题项目的重要程度。

(3)询问当这个问题项目得到解决时,直接受到影响的项目,以及受到影响的项目的影响程度。

问卷调查内容示例如下。这些问题的内容比较专业,调查地应尽可能地列出具体内容供被调查者选择,并力求设问内容简单易懂。

【问题1】你认为上述问题项目的问题在现实中是这样的吗?

        A.是          B.不是

【问题2】上述的问题项目,在我们城市建设中的重要程度如何?

        A.极为重要    B.重要    C.有一点重要    D.不重要

【问题3】如果上述的问题项目得到解决,有哪些其他的问题项目会受到影响? 选取你认为有影响的项目,并注出其影响程度。

| 是否有影响 | 影响程度 | | |
|---|---|---|---|
| □加快产业基础设施的建设 | 大 | 中 | 小 |
| □加快交通设施的建设 | 大 | 中 | 小 |
| □有利于进行高质量的城市建设 | 大 | 中 | 小 |
| □可以解决环境问题 | 大 | 中 | 小 |
| □产业经济活动更加顺畅 | 大 | 中 | 小 |
| □重新审视制约城市发展的限制条件,建立新的对策 | 大 | 中 | 小 |
| □(                 ) | 大 | 中 | 小 |
| □(                 ) | 大 | 中 | 小 |

步骤3:对问卷调查的结果进行分析

(1)对于问题1、问题2,可以从中获得回答的频次的分布,并划归为3组:①不是实际问题,重要程度很低;②是实际问题,重要程度高;③虽然是实际问题,但是重要程度不高。然后分别对各组的特征及其共通的内容等加以解释。

(2)利用关于影响关系的个人的回答以及平均值,做成关系矩阵。影响大的设其值为1,否则为0。形成邻接矩阵后,直接应用ISM方法。

(3)对于每个人的回答,可以定义其相似程度或分离程度,可以利用聚类分析等方法进行分类,并绘图表示。

步骤4:对步骤3中获得的问题项目的重要程度进行分析,将项目间的构造、项目以及回答者的分组等反馈给回答者,听取他们的意见。这主要是为了避免在步骤2中可能产生的误解或是其他问题。

DEMATEL方法由于原理简单,任何人在任何领域都可以应用。但是该方法也有不少值得注意的难点,例如,随着问题项目的选择方法以及表现方法的不同,回答将会受到影响。还有,很难区别项目之间是直接影响还是间接影响,回答也需要花费很多精力等。

## 本讲参考文献

[1] 川北米良,榛沢芳雄.土木計画学[M].東京:コロナ社,1994.

[2] 樗木武.土木計画学[M].東京:森北出版株式会社,2001.

[3] 五十嵐日出夫等.計画論.[M].東京:彰国社版,1976.

［4］ 河上省吾. 土木計画学［M］. 東京：鹿島出版社，1991.

［5］ TSM［Z/OL］. http：//kaixinyueliang. blog. 163. com/blog/static/978799320071052649613/.

［6］ 付蕴德. 世界性难题的模糊工程学诠释［Z/OL］. （2007-09-29）. http：//www. chinavalue. net/Group/Topic/2792/.

# 第四讲
# 信息收集与现状分析

在规划的制订过程中,需要把握现状,进行需求预测,制订比选方案,因此首先需要进行对象区域的数据(Data)收集。

土木规划中通常所需数据包括:市区/街道等行政单位的人口,工业生产总额等统计资料,各种地形图/地理信息等已有的数据,交通量,事业实施地区的基础情况,居民对于土木事业的态度(评价)等。所需的各种数据需要通过搜集、观测、计量、社会调查来获取。

对于已有数据,需要知道其种类、所在、利用方法。对于地理信息,可以利用传统的地图资料,但现在更多地使用地理信息系统(Geographical Information System,简称 GIS),或是遥感测量(Remote Sensing)等方法。

对于调查数据,根据需要,通过观测、计量和社会调查来获得。这时需要掌握调查方法、数据处理方法、精度的检验等统计学的方法。

对于居民与利用者的行为以及态度(评价)进行调查时采取的社会调查十分重要。所获得的数据的正确与否决定了规划的正确性。

信息收集的目的是对于现状作出分析,发现问题。近年来大数据逐渐受到重视,并逐渐得到应用。但是,应用中更需要注意对数据的准确性、可靠性进行必要的科学验证,同时需要不断开发大数据挖掘的使用方法。

# 第一节　统计资料的利用

## 一、统计资料的种类

统计数据是最为普通的基础数据，从国家到地方都有正式出版发行的各类的统计年鉴。在我国，统计年鉴主要由国家统计局来负责编纂与出版。此外，各个省、部，乃至大型企业也都有自己的统计年鉴、年报。这些数据都可以充分利用。

国家统计局的数据包括：月度数据、季度数据、年度数据和普查数据等。

### 1. 月度数据

月度数据主要包括：工业增加值增长速度，东、中、西部各地区（以省为单位）工业增加值增长速度，工业主要产品产量及增长速度，工业分大类行业增加值增长速度，全社会客货运输量，邮电业务基本情况，城镇固定资产投资情况，各行业城镇投资情况，各地区城镇投资情况，社会消费品零售总额，居民消费价格分类指数，各地区居民消费价格指数，商品零售价格分类指数，消费者信心指数等。

### 2. 季度数据

季度数据主要包括：国内生产总值、城镇单位就业人员劳动报酬、分地区城镇单位就业人员、分地区城镇单位就业人员劳动报酬、农林牧渔业总产值、各地区农林牧渔业总产值、全国主要农产品生产价格指数、各地区农村居民家庭平均每人现金收入、各地区农村居民家庭平均每人现金支出、各地区城镇居民家庭收支基本情况、企业景气指数等。

### 3. 年度数据

年度数据主要包括：综合、国民经济核算、人口、劳动工资与就业、固定资产投资、能源生产和消费、财政、物价、农村住户、城镇住户、环境保护、农业、工业、建筑业、运输和邮电、国内贸易、社会服务业、旅游、金融和保险、教育科技和文化、体育卫生和社会福利、城市概况、香港特别行政区主要社会经济指标、澳门特别行政区主要社会经济指标、台湾省主要经济指标等。

### 4. 普查数据

普查数据主要包括：人口普查、工业普查、农业普查、三产普查、基本单位普查、R&D（研发）普查等。

国家统计局的数据多以出版物的形式公表，包括出版物和统计刊物。出版物包括：《中国统计年鉴××××》（××××表示年份，如2017，后同），《中国民政统计年鉴××××》《中国统计摘要××××》《中国区域经济统计年鉴××××》《中国经济普查年鉴》《中国大型工业企业年鉴××××》《中国工业经济统计年鉴××××》《中国人口和就业统计年鉴×××》《中国环境统计年鉴××××》《中国贸易外经统计年鉴××××》等。

统计刊物包括：《中国信息报》《中国统计》《统计研究》《中国国情国力》《中国经济景气月报》《中国统计月报》（英文版）等。

在我国,各个部委的均有自己的统计数据。

(1)交通运输部的统计数据包括:公路货物运输量、公路旅客运输量、水路货物运输量、水路旅客运输量、港口货物、旅客吞吐量、运价指标等。出版的分析公报有《行业公报》《经济分析》《港口情况评述》《海运市场评价》等。

(2)原铁道部统计的主要是各个时间段内铁路全行业主要指标的完成情况。统计报告是《××××年铁道统计公报》。

(3)各个省市区县也有自己的统计年鉴。

省级政府的统计年鉴内容包括:①行政区划和自然资源;②综合;③人口、就业人员和职工工资;④固定资产投资;⑤能源生产和消费;⑥财政、金融和保险;⑦物价指数;⑧人民生活;⑨城市概况;⑩农业;⑪工业;⑫建筑业;⑬交通运输、邮政和信息传输;⑭国内贸易;⑮对外贸易和旅游业;⑯教育、科技和文化;⑰体育、卫生及其他社会活动等。

市区县级的统计年鉴一般包括相同的内容,只是数据来源在市区县级,另外区县级的统计年鉴一般不包括城市概况。

(4)各个大型企业也都有企业自己的统计数据。

各企业统计的数据主要是企业的发展状况的数据的统计,比如,企业利润的增长状况、济产值、生产量的增长、总资产、负债等。

供水企业的年鉴包括:生产能力、供水总量、售水总量、产销差率、销售收入、利润总额等。

在国外发达国家,各种年鉴或是各类统计数据更为齐全,更容易入手。例如,在日本,与土木规划相关的数据有多种。东京 Guideway Transit System 进行规划时,用到了下列相关数据资料,括号中为该数据资料的发布单位[1]。

(1)国势调查(总务厅统计局)。

(2)基于户口的人口、家庭统计(自治省行政局)。

(3)将来人口推定(厚生省人口问题研究所)。

(4)工业统计(通商产业省)。

(5)商业统计(通商产业省)。

(6)城市交通年报(运输省地域交通局)。

(7)个人出行调查(东京都市圈交通规划委员会)。

(8)公害年鉴(环境保护协会)。

## 二、统计数据的获取

统计数据可以通过许多途径来获取,包括直接查阅统计年鉴、向有关部门咨询、听取相关部门意见以及上网搜索。对于已有资料可以进行如下分类。

### (一)政府统计

在我国最重要的统计数据来自国家统计局发布的国家统计年鉴,相关资料一般由中国统计出版社出版。《中国统计年鉴》《中国民政统计年鉴××××》《中国统计摘要》《中国区域经济统计年鉴××××》等每年出版发行,是最为基础的数据来源。《中国经济普查年鉴》《新中国 65 周年》等属汇编资料,为不定期出版发行。

1.《中国统计年鉴2017》

《中国统计年鉴2017》系统收录了全国和各省（自治区、直辖市）2016年经济、社会各方面的统计数据，以及多个重要历史年份和近年全国主要统计数据，是一部全面反映中华人民共和国经济和社会发展情况的资料性年刊。

《中国统计年鉴2017》正文内容共分27个篇章，即：①综合；②人口；③国民经济核算；④就业和工资；⑤价格；⑥人民生活；⑦财政；⑧资源和环境；⑨能源；⑩固定资产投资；⑪对外经济贸易；⑫农业；⑬工业；⑭建筑业；⑮批发和零售业；⑯运输、邮电和软件业；⑰住宿、餐饮业和旅游；⑱金融业；⑲房地产；⑳科学技术；㉑教育；㉒卫生和社会服务；㉓文化和体育；㉔公共管理、社会保障和社会组织；㉕城市、农村和区域发展；㉖香港特别行政区主要社会经济指标；㉗澳门特别行政区主要社会经济指标。附录包含两个篇章：台湾省主要社会经济指标；国际主要社会经济指标。

可以看到，《中国统计年鉴2017》中的诸多宏观指标与土木规划有着密切的关系。如果我们研究国家级的规划，或是进行诸如东部、西部、中部等区域间的比较研究，或是进行各省（自治区、直辖市）的比较研究时，《中国统计年鉴2017》是必不可少的，但是当我们需要下一级的数据时，《年鉴》则无法满足我们的要求了。

2.《中国民政统计年鉴2017》

《中国民政统计年鉴2017》是一部全面反映2016年中国社会服务发展的资料性年刊。2016年度社会服务统计资料是根据各省、自治区、直辖市以及计划单列市民政（局）报送的社会服务业统计年报及有关部门的报表编制而成。本书内容由六个部分组成：第一部分是专文，2016年社会服务发展统计公报；第二部分是社会服务主要数据图表；第三部分是社会服务综合统计资料；第四部分是社会服务历年统计资料；第五部分是社会服务当年分省统计资料；第六部分是附录，《中国民政统计年鉴2016》勘误。这部统计资料对各级政府有关部门、从事社会服务研究和教学的人员，以及社会各界了解和研究社会服务发展状况、提高政府管理和决策水平，具有重要的参考价值。

3.《中国统计摘要2017》

《中国统计摘要2017》是为及时反映我国国民经济与社会发展情况而编辑的一本综合性简明统计资料年刊。收录了2016年社会经济主要指标数据，简要列示了1978年以来的历史资料。内容包括：综合、人口、国民经济核算、就业和工资、物价指数、人民生活、财政、资源环境和能源、固定资产投资、对外贸易和利用外资、农业、工业、建筑业、消费品零售和旅游、运输和邮电、金融、科技和教育、卫生、社会服务、文化和体育、香港和澳门特别行政区主要社会经济指标、台湾省主要社会经济指标、国际主要社会经济指标及主要统计指标解释。

4.《中国经济普查年鉴2013》

《中国经济普查年鉴2013》收录的是第三次全国经济普查的成果，由国务院第三次全国经济普查领导小组办公室将经济普查资料编辑整理，汇编成册。

《中国经济普查年鉴2013》共三卷四册，即综合卷、第二产业卷（上、下册）和第三产业卷。其中，综合卷为各类单位基本情况。第二产业卷为工业和建筑业情况。第三产业卷为第三产业企业和行政事业等情况。该年鉴不仅涵盖了第二产业和第三产业各类单位的数量、就业人员、财务收支、资产状况、企业主要生产经营活动和生产能力、主要原材料和能源消耗、科技活动等情况,而且包括了行业、地区、登记注册类型和规模等各种分组资料。这些资料客观、全面、详尽地反映了我国第二产业和第三产业的发展状况,为调整历史数据提供了重要依据。

### (二)民间统计

民间统计也是一个有效的收集数据的途径。目前我国民间统计相对较少,需要确认资料在何处。

听取相关意见,向有关部门咨询也是获取资料的一个重要途径。

随着互联网的飞速发展,上网获取各类资料变得越来越普遍。但是,必须注意的是,网上的资料很多是没有得到证实的,有时,同样的内容会有不同的统计数字,其正确性往往无法判断,在使用时必须加以甄别和筛选。此外,还需要注意网站的可信赖性等。

# 第二节  地理信息的利用

## 一、地理信息的种类

在土木规划中,地理信息是必不可少的,也可以说是各种信息中最基本的一种。地理信息包括地形、地貌、地质,以及道路、铁路等基础设施的分布状况等。

数据与信息是两个经常用到的术语,它们既有共同点,也有区别。数据(Data)是通过数字化或直接记录下来的可以被鉴别的符号,不仅数字是数据,而且文字、符号和图像也是数据。信息(Information)是近代科学的一个专门术语,已广泛地应用于社会各个领域。信息是向人类或机器提供关于现实世界各种事实的知识,是数据、消息中所包含的意义,它不随载体的物理形式的各种改变而改变。信息与数据虽然有词义上的差别,但信息与数据是不可分离的,即信息是数据的内涵,而数据是信息的表达。也就是说数据是信息的载体,只有理解了数据的含义,对数据作解释才能得到数据中所包含的信息。地理信息系统的建立和进行,就是信息(或数据)按一定方式流动的过程,在通常情况下,土木规划领域并不严格地区分使用"信息"和"数据"两个术语。

地理信息是指表征地理系统诸要素的数量、质量、分布特征、相互联系和变化规律的数字、文字、图像和图形等的总称,是土木规划中必不可少的基本信息。从地理数据到地理信息的发展,是人类认识地理事物的一次飞跃。地球表面的岩石圈、水圈、大气圈和人类活动等是最大的地理信息源。地理科学的一个重要任务就是迅速地采集到地理空间的几何信息、物理信息和人为信息,并适时地识别、转换、存储、传输、再生成、显示、控制和应用这些信息。

地理信息属于空间信息,其位置的识别是与数据联系在一起的,这是地理信息区别于其他类型信息的最显著的标志。地理信息的这种定位特征,是通过经纬网或公路网建立的地理坐标来实现空间位置的识别;地理信息还具有多维结构的特征,即在二维空间的基础上实现多专题的三维结构,而各个专题型实体型之间的联系是通过属性码进行的,这就为地理系统各圈层之间的综合研究提供了可能,也为地理系统多层次的分析和信息的传输与筛选提供了方便。地理信息的时序特征十分明显,因此可以按照时间尺度将地理信息划分为超短期的(如台风、地震)、短期的(如江河洪水、秋季低温)、中期的(如土地利用、作物估产)、长期的(如城市化、水土流失)、超长期的(如地壳变动、气候变化)等。地理信息的这种动态变化有两个特征:一是要求地理信息的获取要及时,并定期更新;二是要从其自然的变化过程中研究其变化规律,从而做出地理事物的预测与预报,为科学决策提供依据。认识地理信息的这种区域性、多层次性和动态变化的特征对建立地理信息系统,实现人口、资源、环境等的综合分析、管理、规划和决策具有重要意义。

作为地理信息的地图包括:地形图、地盘地质图、道路地图、铁道地图、水道设施概要图、土地利用图、地价图,此外还有航空摄影、卫星图像、数字化信息等。土地利用状况等通过图示更易于理解。土木规划中最为关心的是土地利用的状况。

## 二、航空照片与卫星图像

### (一)航空测量

航空摄影测量简称航测。它是从空中由飞机等航空器向地面摄取相片,以获取各种信息资料和测绘各种不同比例尺的地形图。所得地形图是线划图或影像图。由于相片能真实和详尽地记录出摄影瞬时地面上的各种信息和物体,因此,可将测量的大量外业工作转到室内,改善了工作条件,为测图工作机械化、自动化创造了条件,是目前测绘较大范围地形图的最主要、最有效的方法,尤其是近年来利用航测为城市建设测绘大比例尺地形图方面已取得良好的效果。为使取得的航空相片能用于在专门的仪器上建立立体模型进行量测,摄影时飞机应按设计的航线往返平行飞行进行拍摄,以取得具有一定重叠度的航空相片。按摄影机物镜主光轴相对于地表的垂直度,可分为近似垂直航空摄影和倾斜航空摄影。近似垂直航空摄影主要用于摄影测量目的。科学考察和军事侦察有时采用倾斜航空摄影。航测已广泛应用于森林、地质、铁路、水利、城市建设等部门的勘测工作中。

地面摄影测量是在地面对物体进行摄影,对所摄相片进行分析和量测,以提供所需的资料和绘制地形图。在水利工程建设中,不少水利枢纽地处山岭狭窄地区,用航测测绘地形图比较困难,常用地面摄影测量测绘所需地形图,作为航空摄影测量的补充。

### (二)遥控传感技术(Remote Sensing)

遥控传感技术,简称遥感技术,它是 20 世纪 60 年代迅速发展的一门综合性探测新技术,它是利用光学、电子学和电子光学的传感器,远距离获取物体的电磁波信息,应用电子计算机或其他信息处理技术,加工处理成为能识别的图像,经分析判读,揭示被测物体的性质、形状和动态变化。事实上,航空摄影是早期的遥感技术,它利用航测仪作为传感器,以飞机为运载工具,对地面摄取可见光电磁波的相片。而近代遥感则是运用卫星或航天飞机为运载工具,对地面获取信息应用的电磁波范围,从可见光向短波(紫外线)和长波(红外线、微波)两个方向扩展,而且传感器也多种多样(有多摄影机、多镜头摄影机、多通道电视摄像机、多光谱扫描仪等)。遥感应用领域非常广泛,包括地质、地貌、地理、测绘,农业、林业、大气、海洋、陆地水文等。

### (三)地球资源卫星(Earth Resources Satellite)

地球资源卫星是用于勘探和研究地球自然资源的人造地球卫星,简称资源卫星。先进的资源卫星代表了 20 世纪 80 年代和 90 年代初期的卫星技术、遥感技术、数据传输与处理技术的综合性尖端技术。卫星利用所载多光谱遥感设备获取地物目标辐射和反射的多种谱段的电磁波信息。信息转换成电信号后,通过数据传输系统发送到地面站。在地面站接收范围以外时有两种办法:一是电信号存入卫星上数据存储器、在卫星飞经地面站时发送;二是由数据传输系统将无线电信息发送给中继卫星,再由中继卫星将信息发送回地面站。遥感数据处理中心根据事先掌握的不同地物目标的波谱特性,对地面接收站所收到的数据进行处理和判读。1972 年 7 月,美国发射了陆地卫星 1 号,为地球资源卫星的早期应用试验卫星。1980 年前共接收到陆地卫星 1 号、2 号、3 号发送的图片 44 万幅,资源卫星遥感数据的实用价值得到了充分的验证以及广大用户的积极支持。20 世纪 80 年代美国发射了陆地卫星 4 号、5 号,法国在 1986 年 2 月发射 SPOT1 号,均采用可见光多光谱遥感器(陆地卫星还采用红外多光谱遥感器),代表了第二代地球资源卫星。欧洲空间局在 1991 年 7 月发射了 ERS-1 地球资源卫星,日本在 1992 年 2 月发射了 JERS-1 地球资源卫星,均采用合成孔径雷达和光学遥感器相结合的方式,具有全天候、全天时、高精度的特点,代表了第三代地球资源卫星。

随着互联网的快速发展,使我们获得卫星图片变得越来越便捷。最有代表性的就是使用 Google Earth。Google Earth 从 2005 年起,在世界范围内公开了卫星地球照片,提供免费阅览和下载。如果付费的话,可以获得精度更高的图像。

## 三、地图

地图是土木规划中获取地理信息时最常用的一种工具。地图也有多种多样的分类,需要根据需求选用。

地图分类,就是根据地图的某些特征,把它们分别归纳成一定的种类。分类的方法,通常按其比例尺、内容、用途、制图区域范围和使用形式等特征来划分。

(1)地图按照比例尺大小可分为:大比例尺地图(比例尺大于 1∶1 万)、中比例尺地图(比例尺介于 1∶1 万~1∶100 万)和小比例尺地图(比例尺小于 1∶100 万)。

(2)地图按其内容可分为:普通地图和专题地图。

①普通地图是一种通用地图,图上比较全面地描绘一个地区自然地理和社会经济一般特征的地图。其表示内容有:水系、居民地、道路网、铁路线、地貌、土壤、植被、境界线以及经济现象、文化标志等。普通地图又分为地形图和一览图。地形图,其比例尺大于 1∶100 万,它的突出的特点是详细而精确,投影变形小,可以在图上进行量测。它是国家经济建设、国防建设和军队作战、训练的重要地形资料。这种图一般是实测的或根据实测图编绘的。

②专题地图又称"专门地图"或"主题地图",是以普通地图为底图,着重表示某种或几种要素的地图,适用于某一专业部门的专门需要。专题地图通常分为:自然地图、人口图、经济图、政治图、文化图、历史图等。

(3)地图按其用途可分为:参考图、教学图、地形图、航空图、海图、海岸图、天文图、交通图、旅游图等。

（4）地图按其制图区域范围可分为：世界图、半球图、大洲图、大洋图、大海图、国家（地区）图、省区图、市县图等。

（5）地图按其使用形式可分为：挂图、桌面图、地图集（册）等。

（6）地图按其表现形式可分为：缩微地图、数字地图、电子地图、影像地图等。

（7）地图的分类方式还有很多，比如可以分为地形图、城市街道图、测量图等。

①地形图是野外活动中较常使用的一种。主要是将山川地形，道路分布等情形一一表现出来，等高线是它最显著的特征。

②城市街道图通常表示出街道分布，重要建筑位置等重点信息。另有专为观光客绘制的旅游街道图，特别标示观光景点、特色小吃等信息。

③测量图通常为某些特殊规划设计使用，它能提供表现细微的地景资料，包括灯柱、植物以及农产分布等。

（8）地图的其他分类还包括气候分布图、海事图、航空图等。

## 四、地理信息系统

### （一）数码信息

将地理信息进行数值化，利用计算机处理并保存，可以促进数据的有效利用。数值信息是地理信息系统的基础。数值信息中有网眼数据（Mesh Data）和多边形数据（Polygon Data）两种表现形式。其中以网眼数据利用最为广泛。

网眼数据可以分为若干等级，适用于不同比例尺的地图。第一级 Mesh：一个 Mesh 相当于 1:20 万地图；第二级 Mesh：一个 Mesh 相当于 1:2.5 万地图；第三级 Mesh：1km×1km。其他还有：10m，100m，250m，500m 等。

多边形数据则是将实际图像提炼成为线状进行表示。

以 Polygon 形式做成的基本图为中心，把各种渠道获取的数据进行输入、更新，可以进行编辑、管理以及检索、分析的系统，称为地理信息系统（Geographical Information System，简称 GIS）。

Mesh 与 Polygon 的比较，如图 4-1 所示。

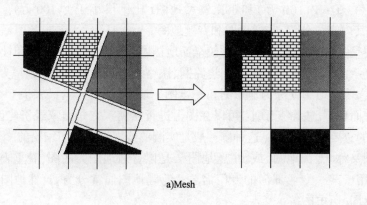

a)Mesh

图 4-1

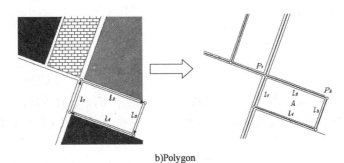

b)Polygon

图 4-1　Mesh 与 Polygon 的示意图

## (二)地理信息系统[2]

地理信息系统(Geographical Information System,简称 GIS)是以地理空间数据库为基础,在计算机软硬件的支持下,对空间相关数据进行采集、管理、操作、分析、模拟和显示,并采用地理模型分析方法,适时提供多种空间和动态的地理信息,为地理研究和地理决策服务而建立起来的计算机技术系统。因此,地理信息系统具有以下 3 个特征:

(1)具有采集、管理、分析和输出多种地理空间信息的能力。

(2)以地理研究和地理决策为目的,以地理模型方法为手段,具有空间分析、多要素综合分析和动态预测的能力;并能产生高层次的地理信息。

(3)由计算机系统支持进行空间地理数据管理,并由计算机程序模拟常规的或专门的地理分析方法,作用于空间数据,产生有用信息,完成人类难以完成的任务;计算机系统的支持是 GIS 的重要的特征,使 GIS 得到快速、精确、综合地对复杂的地理系统进行空间定位和动态分析。

地理信息系统从外部来看,它表现为计算机软硬件系统;而其内涵确是由计算机程序和地理数据组织而成的地理空间信息模型,是一个逻辑缩小的、高度信息化的地理系统。信息的流动及信息流动的结果,完全由计算机程序的运行和数据的交换来仿真,使用者可以在 GIS 支持下提取地理系统不同侧面、不同层次的空间和时间特征信息,也可以快速地模拟自然过程的演变和思维过程,取得地理预测和实验的结果,选择优化方案,避免错误的决策。

GIS 是空间数据组成的客观世界的一个抽象模型,用户可以按应用的目的观测这个现实世界模型的各方面的内容,也可以提取这个模型所表达现象的各种空间尺度指标,更为重要的是,它可以将自然发生或人为规划的过程加在这个数据模型上,取得自然过程的分析和预测的信息,用于管理和决策,这就是地理信息系统的深刻的内涵。

地理信息系统按其内容可以分为以下 3 类。

(1)专题地理信息系统

专题地理信息系统是具有有限目标和专业特点的地理信息系统。为特定的专门的目的服务,如水资源管理信息系统、矿产资源信息系统、农作物估产信息系统、草场资源管理信息系统、水土流失信息系统、环境管理信息系统等。

(2)区域地理信息系统

区域地理信息系统主要以区域综合研究和全面信息服务为目标。可以有不同规模,如国家级的、地区或省级的、市级或县级等不同级别行政区服务的区域信息系统,也可以按自然分区或流域为单位的区域信息系统。

许多实际的地理信息系统是介于上述二者之间的区域性专题信息系统。

（3）地理信息系统工具

地理信息系统工具是一组具有图形图像数字化、存储管理、查询检索、分析运算和多种输出等地理信息系统基本功能的软件包。它们或者是专门研究的，或者在完成实用地理信息系统后抽去具体的区域或专题的地理空间数据后得到的，这些软件适于用来作为地理信息系统支撑软件以建立专题或区域性的实用性地理信息系统，也可用作教学软件。由于地理信息系统软件设计技术较高，而且重复编制比较复杂的基础软件也造成人力的极大浪费，因此采用地理信息系统工具，无疑是建立实用地理信息系统的一条捷径。目前地理信息系统工具的研究还不十分成熟，在功能覆盖、应用程序接口、硬件适应面和使用灵活性上还不能满足不同领域不同层次的需要，但随着人们对它的重视和研究工作的开展，水平会大大提高，成为类似商用的数据库管理系统的软件工具。

国内外已在不同档次的计算机设备上研制了一批地理信息系统工具，如美国环境系统研究所研制的 ARC/INFO 系统，美国耶鲁大学森林与环境研究学院的 MAP（Map Analysis Package）系统，以及北京大学研制的微机地理信息系统工具 Spaceman 等。

在通用的地理信息系统工具支持下建立区域或专题地理信息系统，不仅可以节省软件开发的人力、物力、财力，缩短系统建立周期，提高系统技术水平，而且使地理信息系统技术易于推广。

# 第三节　通过调查获取数据

## 一、社会调查的方法

在规划制订过程中，通过调查获取信息是最为普通的做法。就学科分类而言，调查被划分为社会学的研究领域，称为社会调查。所谓社会调查，是指应用科学方法，对特定的社会现象进行实地考察，了解其发生的各种原因和相关联系，从而提出解决社会问题对策的活动。社会调查运用观察、询问等方法直接从社会生活中了解情况、收集事实和数据。调查数据获取之后，还要对其进行深层次的分析研究。由于抽样、问卷、统计分析三者是构成调查研究这种研究方式的关键环节和本质特征，因此，人们有时也将调查研究称为"抽样调查""问卷调查"或"统计调查"。

社会调查是通过实地调查的手段，去了解特定的社会现象、社会问题和社会事件，用取得的第一手材料去说明所要了解的各种事实的产生原因及相互间的关系的一种科学方法。社会调查所获得的材料一般是数量性的，但常常也包括说明性的或描述性的。它不直接解决社会问题，但为社会问题的解决提供必要的线索和依据。社会调查是社会研究的最基本方法，社会调查的主要手段包括直接观察法、比较法、测验法、访问法、统计法以及系统分析、数学模拟、功能分析等方法，涉及的范围相当广，需要灵活运用调查的方法。调查的方式有亲自访问、派员调查、查阅档案文献记载和通信调查等。社会调查的历史与统计学的发展密切联系，统计学对社会调查的技术与材料分析的方法有很大影响。土木规划与社会、经济密不可分，因此也经常地利用这种方法。

社会调查经常运用的方法中包括定量分析和定性分析。定量分析就是要掌握事物某个方面数量的情况，定性分析就是通过分析确定事物的性质。通常是在定量分析的基础上进行定性分析，需要应用到电子计算机技术和统计学的方法。

社会调查根据其分析单位的不同,可分为宏观调查(如对国家、省、县或人口普查等大范围或大规模的调查)和微观调查(一般包括 2～3 人或数人的小群体的调查)。社会调查也可以分为普遍调查、抽样调查、典型调查(又称个案调查)。普遍调查即对调查范围内所包括的个别对象全部进行调查,这种方法所得的资料准确性高、价值大,但具体运用时往往受人力、物力的限制。因此,在土木规划中很少用到这种调查方法。从实用性上,抽样调查和个案调查则是社会调查中更为常用的重要方法。抽样调查即按照一定的原则,抽取若干单位进行调查,其中抽样的方法决定着调查的精度和可信度。典型调查即选择一个事件、一个单位进行解剖,由小见大的调查方法。抽样调查和典型调查都是由局部以推论总体的方法。比较起来,抽样调查主观因素少,调查面宽,能够取得较详细和近于实际的可靠数字,正确地反映事物全貌。而典型调查便于进行深入的质的方面分析,两者应该结合起来使用。

问询调查是为了把握利用者以及居民的行动的实际状况以及评价的基准的最为常用的社会调查的方法,在第三讲中已经做过介绍。问讯调查包括问卷式调查和访问式调查。问卷式调查(Questionnaire):在问卷上直接记入答案,明确简洁,适合于多人数调查对象。访问式调查(Interview):直接面谈,提出问题,缺点是费时间,提问方式对回答有影响。但一般认为,此种方法适合了解问题的背景和人的感受时。问卷方式是一种常用的方式,其发放以及回收方式包括:邮送发放,邮送回收(Mail-out/Mail back);邮送发放,电话问询(Mail-out/Telephone Collection);当面发放,邮送回收;上门发放,留置,过后回收。

## 二、调查表格的设计

问卷式调查需要采用调查表,事先需要进行调查表的设计准备。在调查表格的设计中,首先要注意文本要简洁、明确、易懂,充分地把问题传达给答题人;然后,要认真考虑用纸、文字的大小,设计等,以利于回答;此外,还要注意问题的顺序,避免发生答题人的思路被诱导;还有,调查项目尽可能少,使问题简洁,已知或是可获得的信息不要询问;最后,正式调查前通常需要通过预备调查,校核问卷。调查表设计中还需要注意的是,调查表要注明调查责任者的地址电话,便于联系;调查个人属性(如年龄、收入等)时尽可能不造成被调查者的反感。

调查表格的形式大致可以分为记述式与选择式两种。记述式就是提出问题,请被调查者直接填写自己的答案。选择式就是把可能的答案列举出来,请被调查者选择。前者需要被调查者填写大量内容,负担较大,容易造成被调查者烦躁心理,粗糙填写,或是拒绝填写答案,难以获得应有的调查结果。后者只需画钩或是填写数字,负担小,但是需要在调查表格中把项目考虑齐全,出现漏项则会影响调查结果。大多数情况下,需要两者结合使用。

调查提问方法可细分为以下几种:

(1)计入法:把数值等简单的回答内容计入指定的位置,如填写年龄等。

(2)自由记述法:对于问卷中所提出的问题自由地记述回答。

(3)选择肢法:事先准备好若干个回答的选项让被调查人从中选择。

(4)顺序选择法:事先准备好若干个回答的选择肢,让被调查人从中选择并确定各个选择肢的顺序。

①单计式:从中选择顺序最高的一个。

②联计式:从中选择顺序最高的若干个,这时又可以分为对于选择数有限制和无限制两种情况。

（5）确定优先顺序法：把回答选项按照从高到低的顺序排列或分组。

（6）一对一比较法：把回答选项做成两个一对的形式，分别比较两者的优先顺序。

例如：

（1）记述式举例

【问题1】请将您对于××道路建设的意见填入下面的空行。

答：_____。

（2）选择式举例

【问题2】请选择下列选项中与您对于××道路的建设意见最接近的，填入下面的空格中。

    A. 改善道路通行条件，缩短通勤、上学时间

    B. 反对尾气和噪声增加

    C. 赞成土地价值随着交通方便性改善而上涨

答：_____。

（3）5阶段评价式举例

5阶段评价式与一对（Pair）比较方式：

【问题3】请您对××道路建设的意见进行评价。

    A. 非常赞成    B. 赞成    C. 不赞成也不反对    D. 反对    E. 绝对反对

答：_____。

（4）比较分析的案例

【问题4】在下述条件下对××道路的建设，您认为土地价格上涨多少合适？请将您认为合适的金额填入下面的空格。

条件：距离50m，噪声65dB，到车站距离10min。

答1：占地面积_____ $m^2$；

    购入时的土地价格_____万元；

    期望的购买价格_____万元。

答2：同样条件下距离25m的情况_____万元；

    同样条件下距离75dB的情况_____万元。

### 三、社会调查的抽样

土木规划中所采用的调查往往都是宏观的，调查的对象庞大，通常情况下，无法对全体对象进行普遍调查，需要选择样本做抽样调查。社会调查中的标本选择是一个复杂的科学问题。这时需要大量运用到概率与数理统计学方面的知识，详细内容请参阅相关专业书籍。

抽样总的可以区分为概率抽样和非概率抽样，各自又包括了多种类型。有代表性的标本抽出方法有以下几种：

（1）单纯任意抽样法（Random Sampling）：也称简单随机抽样，即从总体（母集团）中随机地抽出样本。

（2）分类抽样方法（Cluster）：把总体进行分类，从每一类中进行随机抽出。

（3）分段抽样方法（Multistage Sampling）：也称多阶段抽样，即将总体先分为若干层，从中抽出一些层，进而从这些层中抽取标本的方法。

（4）偶遇抽样：又叫自然抽样、方便抽样或便利抽样，属于非概率抽样方法。是调查者将

在一定时间、一定环境里所能遇见到或接触到的人作为样本的方法。

本节简单介绍抽样的基本概念和基本术语,解释抽样在社会调查研究中的作用,介绍不同种类的抽样方法,说明各种方法的适用范围和操作程序,并对它们做简要评价。同时,为了更好地应用抽样方法,还简要介绍样本规模和抽样误差问题。在实践中最重要的就是要联系实际认识和掌握各种抽样方法。标本抽样与母集团的关系如图4-2所示。

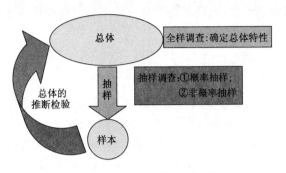

图4-2 标本抽出与母集团的关系图

## (一)抽样的概念和基本术语

社会调查中常用的最主要的调查类型就是抽样调查,它的前提条件就是抽样。因此,抽样是在许多社会调查研究的准备阶段必须完成的一项重要工作。

### 1. 抽样的概念

抽样指的是从组成某个总体的所有元素、也就是所有最基本单位中,按照一定的方式选择或抽取一部分元素的过程和方法,或者说是从总体中按照一定方式选择或抽取样本的过程和方法。

抽样存在的必要性是因为总体本身所具有的异质性。如果某个总体中的每一个成员在所有方面都相同,即具有百分之百的同质性,那么也就没有必要进行抽样了。

抽样存在的合理性是由辩证唯物主义个别与一般的理论,以及建立在概率论基础上的大数定律❶和中心极限定律❷决定的。这些理论与定律证明,尽管总体所包含的每一个个体都不能完全地反映总体的性质和特征,却都具有不同程度的总体的性质和特征的因素,所以一定数

---

❶ 概率论历史上第一个极限定理属于贝努里,后人称之为"大数定律"。大数定律是概率论中讨论随机变量序列的算术平均值向常数收敛的定律,是概率论与数理统计学的基本定律之一,又称弱大数理论。在随机事件大量重复出现的情况下,往往呈现几乎必然的规律,这个规律就是大数定律。通俗地说,这个定理就是,在试验不变的条件下,重复试验多次,随机事件的频率近似于它的概率。

❷ 中心极限定律概率论中讨论随机变量序列部分和的分布渐近于正态分布的一类定理。概率论中最重要的一类定理,有广泛的实际应用背景。在自然界与生产中,一些现象受到许多相互独立的随机因素的影响,如果每个因素所产生的影响都很微小时,总的影响可以看作是服从正态分布的。中心极限定理就是从数学上证明了这一现象。最早的中心极限定理是讨论 n 重贝里试验中,事件 A 出现的次数渐近于正态分布的问题。1716 年前后,A · 棣莫弗对 n 重贝里试验中每次试验事件 A 出现的概率为 1/2 的情况进行了讨论,随后,P · S · 拉普拉斯和 A · M · 李亚普诺夫等进行了推广和改进。自 P · 莱维在1919—1925年系统地建立了特征函数理论起,中心极限定理的研究得到了很快的发展,先后产生了普遍极限定理和局部极限定理等。极限定理是概率论的重要内容,也是数理统计学的基石之一,其理论成果也比较完美。长期以来,对于极限定理的研究所形成的概率论分析方法影响着概率论的发展。同时,新的极限理论问题也在实际中不断产生。中心极限定理,是概率论中讨论随机变量和的分布以正态分布为极限的一组定理。这组定理是数理统计学和误差分析的理论基础,指出了大量随机变量近似服从正态分布的条件。

量个体的因素的集合,就可以等同或接近总体的性质和特征。

在社会调查研究中,抽样主要解决的是调查对象的选取问题,即如何从总体中选出一部分对象作为总体的代表的问题。关于抽样的作用,有两个相关的问题需要特别明确:

(1)抽样和抽样调查不能混为一谈。抽样只是抽样调查的前提和一部分,只解决抽样调查过程中的选取调查对象这一个问题,抽样调查的其他问题都是通过另外的方法来解决的。

(2)抽样只是抽取样本的方法,而不是调查方法或者资料收集方法。

2. 抽样的基本术语和基本程序

(1)基本术语

在抽样中,有一些常用的基本术语需要加以明确。

①总体。它又称母体,是构成事物的所有元素、也就是最基本单位的集合。在土木规划中可以理解为调查对象地区的全体人口。

②样本。它是指从总体中按照一定方式抽取出的一部分元素的集合。

③个体。它是指构成总体的每一个最基本单位,也称"抽样分子"或"抽样元素"。在土木规划中可以理解为调查对象地区的每一个个人。

④抽样单位。它是一次直接的抽样所使用的基本单位。抽样单位与抽样元素有时相同,有时不同。

⑤抽样框。它又称作抽样范围,是指一次直接抽样时总体中所有抽样单位的名单。抽样框是代表调研总体对象的样本列表。完整的抽样框中,每个调研对象应该出现一次,而且,只能出现一次。但大部分情况下,调研人员无法获得完整的抽样框,只能用别的代替,如黄页簿、工商局企业登记库、行业年鉴等。抽样框的不完整,导致了抽样框误差的产生,但我们可以通过保证样本的代表性,使误差在合理的范围之内。

⑥参数值。它也称为总体值,是关于总体中某一变量的综合描述,或者总体中所有元素的某种特征的综合数量表现。在统计中最常见的参数值是某一变量的平均值。

⑦统计值。它也称为样本值,是关于样本中某一变量的综合描述,或者说是样本中所有元素的某种特征的综合数量表现。

⑧抽样误差。它是用样本统计值去估计总体参数值时所出现的误差。

(2)基本程序

虽然不同的抽样方法具有不同的操作要求,但它们通常都要经历以下几个步骤:

①界定总体。界定总体就是在具体抽样前,明确从中抽取样本的总体的范围与界限。

②决定抽样方法。各种不同的抽样方法都有自身的特点和适用范围。因此,在具体实施抽样之前,应依据调查研究的目的,界定的总体范围,要求确定样本的规模和要求量化的精确程度来决定具体采用哪种抽样方法。

③设计抽样方案。抽样方案是指为实施抽样而制订的一组策划,内容包括抽样方法、抽样数量和样本判断准则等。

④制订抽样框。制订抽样框就是依据已经明确界定的总体范围,收集总体中全部抽样单位的名单,并统一编号。

⑤实际抽取样本。实际抽取样本就是在上述几个步骤的基础上,严格按照所选定的抽样方法,从抽样框中抽取一个个的抽样单位,构成样本。

⑥样本评估。样本评估就是对样本的质量和代表性进行检验,其目的是为了防止因样本

的偏差过大而导致的失误。一般认为样本的代表性检验是很主观的,没有很好的量化指标。有一种检验方式是比较样本均值和总体均值的差距,或者比较在某一个辅助变量上,样本的分布和总体的分布是否相似。

## (二)抽样的类型

根据抽取对象的具体方式,可以把抽样分为许多不同的类型。总的来说,各种抽样都可以归为概率抽样与非概率抽样两大类。这是两种有着本质区别的抽样类型。概率抽样是依据概率论的基本原理,按照随机原则进行的抽样,因而它能够避免抽样过程中的人为误差,保证样本的代表性;而非概率抽样则主要是依据研究者的主观意愿、判断或是否方便等因素来抽取对象,它不考虑抽样中的等概率原则,因而往往产生较大的误差,难以保证样本的代表性。

概率抽样与非概率抽样又各自包括了许多具体类型,分别适用于不同调查对象。联系实际认识概率抽样的不同类型及其适用性是掌握抽样方法的关键。

### 1. 概率抽样

概率抽样又称随机抽样,是指总体中每一个成员都有同等的进入样本的可能性,即每一个成员的被抽概率相等,而且任何个体之间彼此被抽取的机会是独立的。概率抽样以概率理论为依据,通过随机化的机械操作程序取得样本,所以能避免抽样过程中的人为因素的影响,保证样本的客观性。虽然随机样本一般不会与总体完全一致,但它所依据的是大数定律,而且能计算和控制抽样误差,因此可以正确地说明样本的统计值在多大程度上适合于总体,根据样本调查的结果可以从数量上推断总体,也可在一定程度上说明总体的性质、特征。正是因为如此,现实生活中绝大多数抽样调查都采用概率抽样方法来抽取样本。

概率抽样依照具体抽样方法的不同,分为以下类型。

### (1)简单随机抽样

简单随机抽样又称纯随机抽样,是指在特定总体的所有单位中直接抽取 $n$ 个组成样本。它是一种等概率抽样和元素抽样方法,最直观地体现了抽样的基本原理。简单随机抽样是最基本的概率抽样,其他概率抽样都以它为基础,可以说是由它派生而来。

简单随机抽样分为重复抽样和不重复抽样两类。常用的简单随机抽样方法有直接抽样法、抽签法和随机数表法。其中,直接抽样法、抽签法适用于总体规模稍小的抽样;随机数表法是用随机数表来抽样的方法,适用于总体规模稍大的抽样。

简单随机抽样不存在人为因素的干扰,简单易行,是概率抽样的理想类型。但是它也有很大局限性,主要体现为下述两点:

第一,这种抽样方法,在总体同质性较高时,比较准确有效,但在总体异质性较高时,效果则不一定好。这是因为当构成总体的个体差异较大时,用简单随机抽样方法抽出的样本由于在总体中的分布不一定均匀,所以很可能误差较大,不能很好地说明总体的性质和特征。

第二,当总体所含个体数目太多时,采用这种抽样方式不仅费时、费力、费钱,而且很难操作。

### (2)系统抽样

系统抽样也称等距抽样或机械抽样,是按一定的间隔距离抽取样本的方法。具体做法如下:①编制抽样框,将总体的所有单位都按一定标志排列编号;②用总体的单位数除以样本的单位数,求得抽样间距;③在第一个抽样间距内随机抽出第一个样本单位,作为抽样的起点;

④按照抽样间距依次抽取样本单位,直到抽足样本的单位数为止。

同简单随机抽样相比,系统抽样有显著的优点:

①当总体规模较大时,系统抽样比简单随机抽样中的随机数表法易于实施,工作量较少。它不需要反复使用随机数字表抽取个体,而只需按照间隔等距抽取即可。

②系统抽样的样本不是任意抽取,而是按照间隔等距抽取,所以在总体中的分布更均匀,抽样误差一般也要小于简单随机抽样,也就是说精确度更高,代表性更强。

系统抽样的局限性与简单随机抽样一样,也是仅适用于同质性较高的总体。当总体内不同类别个体的数量相差过于悬殊时,采用此法所抽出的样本代表性可能较差。另外,总体单位的排列不能呈有规律分布的状态,否则会使系统抽样产生很大误差,降低样本的代表性。

（3）分类抽样

所谓分类抽样也叫类型抽样或分层抽样,就是先将总体的所有单位依照一种或几种特征分为若干个子总体,每一个子总体即为一类,然后从每一类中按简单随机抽样或系统随机抽样的办法抽取一个子样本,称为分类样本,再把它们集合起来即为总体样本。

按照确定分层样本数量的不同方式,分类抽样分为比例分类抽样和非比例分类抽样两种。比例分类抽样是指分类样本在总体样本中所占比例与该类所有单位在总体中所占比例相同;非比例分类抽样则比例不同。

分类抽样的优点:

①分类抽样能够克服简单随机抽样的缺点,适用于总体内个体数目较多,结构较复杂,内部差异较大的情况。

②精确度较高。

③便于对不同层面的问题进行探索。

④便于分工,使工作效率提高。

分类抽样的缺点:

如何分类通常由人们主观判定,因此要求调查者具备较高的素质与能力,并且必须事先对总体各单位的情况有较多的了解,而这些在实际工作中有时难以完全实现,这就会影响分类的科学性和精确性。

（4）整群抽样

整群抽样又称聚类抽样或集体抽样,是将总体按照某种标准划分为一些群体,每一个群体为一个抽样单位,再用随机的方法从这些群体中抽取若干群体,并将所抽出群体中的所有个体集合为总体的样本。整群抽样分为等规模整群抽样和不等规模整群抽样,前者总体内所有群体的规模都大致相同,后者总体内各群体规模则不等,在社会调查研究中以后一种情况居多。这种差异如果较大,就会对抽样成本预算与精确度测算以及实地调查工作造成不利影响,同时还容易产生抽样偏差。为了解决这一问题,人们往往采用概率与元素的规模大小成比例的抽样方法,简称 PPS 抽样（Probability Proportionate to Size）,就是根据每个群体所包含的最终抽样单位（如家庭）的规模来决定各自抽取样本的比例大小,规模大则抽取样本比例相对小,规模小则抽取样本比例相对大,从而保证每个群体中的最终抽样单位都具有被抽中的同等机会。

整群抽样与分类抽样都是将总体分为一些子群,但它和分类抽样的区别在于:它不是按性质和特征而是按集群性划分抽样对象。而且分类抽样中所有子群均要抽取一个样本,总体样本是各分类样本的集合,即总体样本在各类中均有分布。整群抽样则不然,它是抽取若干子群,并将这些子群的全部个体集合为总体样本,因此,总体样本只分布在部分子群之中。整群抽样对于个体单位之间界限不清的总体,能够充分发挥其作用,却并不适用于总体单位界限分明的情况。对于后者,一般还是以采用分类抽样等方法为宜。

另外,整群抽样对于所含子群总数较少的总体也不大适用。

(5)多阶段抽样

多阶段抽样又称多级抽样或分段抽样,就是把从总体中抽取样本的过程分成两个或多个阶段进行的抽样方法。它是在总体内个体单位数量较大,而彼此间的差异不太大时,先将总体各单位按一定标志分成若干群体,作为抽样的第1阶段单位,并依照随机原则,从中抽出若干群体作为第1阶段样本;然后将第1阶段样本又分成若干小群体,作为抽样的第2阶段单位,从中抽出若干群体作为第2阶段样本,依此类推,可以有第3阶段、第4阶段……直到满足需要为止。最末阶段抽出的样本单位的集合,就是最终形成的总体样本。

在进行大规模社会调查时,如果抽样单位只有一级,而且样本的分布极其分散,所需调查费用与人力物力就巨大。多阶段抽样采用从高级抽样单位到低级抽样单位逐段抽样的方法,能够较好地解决这些问题。因此,多阶段抽样的最大优点就是可以达到以最小的人财物消耗和最短的时间获得最佳调查效果的目的,特别适用于调查范围大、单位多、情况复杂的调查对象。此外,多阶段抽样由于在各阶段抽样时可根据具体情况灵活选用不同的抽样方法,所以能够综合各种抽样方法的优点,有利于提高样本质量。

多阶段抽样的不足之处是抽样误差较大。由于每次抽样都必然产生误差,所以抽样阶段越多,抽样误差就越大。因此,为了降低抽样误差的程度,必须避免不必要的分段。

2.非概率抽样

非概率抽样又称为不等概率抽样、非随机抽样或主观抽样,就是调查者根据自己的方便或主观判断抽取样本的方法。它不是严格按随机抽样原则来抽取样本,所以失去了大数定律的存在基础,也就无法确定抽样误差,无法正确地说明样本的统计值在多大程度上适合于总体。虽然根据样本调查的结果也可在一定程度上说明总体的性质、特征,但不能从数量上推断总体。

非随机抽样的具体方法很多,常用的主要有以下几种。

(1)偶遇抽样

偶遇抽样又叫自然抽样、方便抽样或便利抽样,它是指调查者将在一定时间、一定环境里所能遇见到或接触到的人作为样本的方法。具体地说,就是调查者根据自己的方便,任意抽取偶然遇到的人或者选择那些离自己最近的、最容易找到的人作为样本。

(2)判断抽样

判断抽样又叫目标抽样或立意抽样,它是指调查者根据研究的目标和自己主观的分析,来选择和确定样本的方法。它又可分为印象判断抽样和经验判断抽样两种。

(3)定额抽样

定额抽样又叫配额抽样,是先根据总体各个组成部分所包含的抽样单位的比例分配样本数额,然后由调查者在各个组成部分内根据配额的多少采用主观的抽样方法抽取样本。

定额抽样与概率抽样中的分类抽样、整群抽样都是依据某些特征对总体进行分类,但定额抽样注重的是样本与总体在结构比例上的表面一致性而不是本质特征上的内部一致性。所以往往照顾不到总体单位之间的差异性。对于那些单位众多、错综复杂、情况不断更新的调查总体而言,定额抽样的样本很可能出现较大的误差,因此,根据定额抽样样本调查的结果是不能推论较大总体的，即使在较小的调查研究中，要用定额抽样调查的结果推论总体，也应谨慎从事。它一般不是用于说明总体状况，而是用于检验理论、说明关系、比较不同等。

（4）滚雪球抽样

滚雪球是一种形象比喻的说法，它是指先找少量的、甚至个别的调查对象进行访问，然后通过他们再去寻找新的调查对象，以此类推，就像滚雪球一样越来越大，直至达到调查目的为止。

滚雪球抽样适用于总体的个体信息不充分或难以获得，不能使用其他抽样方法抽取样本的调查研究。

滚雪球抽样用于某一特殊群体的调查往往可以收到奇效。但是，当总体规模较大时，有许多个体就无法找到；有时调查对象会出于某种考虑故意漏掉一些重要个体，这都可能导致抽样样本产生误差，无法正确反映总体状况。

总之，非概率抽样不是按照概率均等的原则，而是根据人们的主观经验和便利条件来抽取样本，每个个体进入样本的概率是未知的，无法说明样本是否重现了总体的结构，所以，其样本的代表性往往较小，误差有时相当大并且无法估计，用这样的样本推论总体是不可靠的。

非概率抽样的优势：一是在很多情况下，严格的随机抽样无法进行或没有必要，例如，在人流涌动的车站、商店、广场、街道等许多场合，不允许调查者从容地随机抽样；对特殊社会群体（诸如吸毒者之类的）无法确定调查总体，也就无法随机抽取样本；有时调查的目的只是要对总体作最一般的了解和接触或做某些片面的研究，没必要采用随机抽样；由于调查者的时间、人力、物力不足，无力进行随机抽样，等等。在这些情况下，就只能采用非概率抽样。二是随机抽样为了保证概率原则，对抽样的操作过程要求严格，实施起来比较麻烦，费时费财费力，而非概率抽样操作便捷，省钱省时省力，统计上也远较概率抽样简单，因此如果调查的目的允许，而且调查者对调查总体有较好的了解，那么采用非概率抽样就不失为一种更好的选择。

### 四、调查资料的整理

信息收集以及数据整理，已经成为一个研究分野，被体系化。

资料整理的阶段，是社会调查研究深化、提高的阶段，是由感性认识向理性认识飞跃的阶段，社会调查结果的可靠与否与质量优劣，在很大程度上都取决于这个阶段。

（一）资料整理的概念和原则

所谓资料整理主要是指对文字资料和对数字资料的整理。它是根据调查研究的目的，运用科学的方法，对调查所获得的资料进行审查、检验、分类、汇总等初步加工，使之系统化和条理化，并以集中、简明的方式反映调查对象总体情况的过程。

为保证质量，在资料整理过程中，应该坚持以下原则。

（1）真实性

真实性是资料整理最根本的要求。所谓真实性，是指调查资料必须是从真实的社会调查中得到的，而不能是弄虚作假、主观臆测、甚至杜撰的。只有真实资料才可以客观地反映社会现象，指引我们得到正确的研究结论。错误的资料，则会误导视听，导致对社会认识上的偏失，不真实的资料,比没有资料更可怕。

（2）准确性

准确性是指整理所得的资料,事实必须准确,尤其是统计数据,必须做到严谨。如果整理出来的数据含糊不清,模棱两可,甚至自相矛盾,那么是肯定不能得出科学结论的。

（3）完整性

完整性是指资料应当尽可能全面、完整,以便真实的反映社会调查对象的全貌。如果资料残缺不全,就有可能犯以偏概全的错误,甚至失去研究价值。

（4）系统性

系统性是指整理后的资料应尽可能条理化、系统化。整理后的资料和未加工整理的资料相比,最直观的特点就是整理后的资料条理清晰,一目了然。

（5）合格性

合格性是指整理后的资料必须是能够充分说明调查课题的、有用的资料。假如调查资料对调查目的而言完全没有用处或用处不大,那么资料再丰富、再真实,也是无效的,调查也等于无意义。

（6）统一性

统一性是指在整理资料时,对各项指标的统计应当有统一的解释,对于各个数值,其计算方法、精度要求、计量单位等,也应该是统一的。就像对山峰的高度,我们是使用"米"这个统一的单位,从"海平面"这个统一的基础标准出发来衡量的,社会调查也是一样,必须要有一个统一的基准和尺度,才能够使得各项数据有可比性。

（7）简明性

简明性是指在真实、准确、统一、完整的基础上,整理后的调查资料,应当尽可能简洁、明了,力求用最短的篇幅达到系统化、条理化的要求,以集中的方式反映调查对象的总体情况。我们要尽可能"把复杂的事情简单化",而不要"把简单的事情复杂化"。

## （二）文字资料的整理

在社会调查研究中,定性资料基本上都是文字资料,因此一般也把文字资料整理称作定性资料整理。由于文字资料在来源上存在差异,所以其整理方法也略有不同。通常情况下可划分为审查、分类和汇编这 3 个基本步骤。

（1）审查

资料的审查工作,有一部分是实地审查,就是在调查的过程中边搜集资料边进行审核;还有一部分是系统审查,就是在资料收集完毕后集中进行的审核,而通常是以后者为主。对于文字资料的审查,主要解决其真实性、准确性和适用性问题,即主要是仔细推敲和详尽考察资料是否真实可靠和准确适用。

真实性审查也称信度审查,即判断资料本身是否是真品以及它是否真实可靠地反映了调查对象的客观情况。准确性审查也称效度审查,一方面是审查资料是否符合原设计的要求,资料的指标、计量、计算公式等是否与调查相匹配以及是否具有效用;另一方面是审查资料对事实的描述是否准确无误。

适用性审查,也就是审查资料是否适合于对有关问题的分析与解释,主要包括:资料的分量是否适中、资料的深度与广度是否满足需要,资料是否集中、紧凑、完整等。

（2）分类

分类就是指根据资料的性质、内容以及研究要求对其进行归类。资料的分类有双重意义，对于全部资料而言是"分"，即将不同的资料区别开来；对于单个资料而言是"合"，即将相同或相近的资料合为一类。所以分类就是将资料分门别类，使得繁杂的资料条理化、系统化，为找出规律性的联系提供依据。

对资料进行分类的方法有两种，即前分类和后分类。

前分类，就是在设计调查提纲、调查表格或调查问卷的时候，就按照事物或者现象的类别，设计调查指标，然后再按照分类指标搜集资料，整理资料。后分类，是指在资料收集起来之后，再根据资料的性质、内容或特征，将它们分别集合成类。后分类适合于那些实在无法对可能的答案进行预测的问题，比如说问卷中的开放式问题等。

（3）汇编

资料的汇编主要是指根据调查研究的实际要求，对分类完成之后的资料进行汇总、编辑，使之成为能反映调查对象客观情况的系统、完整的材料。资料的汇编既可以按人物、也可以按事件发生的时间顺序或者按事件发生的背景以及按分析的要求进行。

（三）数据资料的整理

数据资料是社会调查中最具价值的重要资料，主要是指所收集到的数字及其组成的图文、图表资料。另外，很多文字资料，在经过了审核、分类并赋予一定数值之后，也转化成了数据资料。数据资料是调查研究中定量分析的依据，因此数据资料的整理也叫定量资料的整理。

数据资料整理的一般程序包括：数字资料检验、分组、汇总和制作统计表或统计图几个阶段。

1. 检验

检验，主要是对数字资料的完整性和正确性进行检验，以确保更加准确的研究结果。

对完整性的检查主要包括以下两个方面：

（1）检查各个应当填报的表格是否齐全，是否已经被合乎要求地填写。

（2）检查各表内容填写是否完整，是否有缺报或者漏填的内容。

数字资料正确性的检验，主要是看资料是否符合实际和计算是否正确。

2. 分组

为了了解各种事物或现象的数量特征，考察总体中各种事物或现象的构成情况，我们需要把调查的数据按照一定的标志划分为不同的组成部分，这就是数字资料的分组。它类似定性资料整理中的分类。分组的原则和文字资料的分类原则一样，是穷举和相斥。

对数字资料进行分组一般有以下3个步骤。

（1）选择分组标志

分组标志就是分组的标准或者依据。根据调查的目的和调查对象的差异等因素，可以有多种多样的分组标志。一般做法是按照质量、数量、空间、时间这4个指标进行分组。

（2）确定分组界限

分组界限是指划分组与组之间的边际。分组界限包括组数、组距、组限、组中值等内容。

组数是指分组之后组的个数。组距是指各组中最大值和最小值之间的差距。组限是指各组两端的界点。组中值是指中间量,在很多情况下,组中值可以作为该组的代表值。

(3)编制变量数列

在统计中我们把各个标志的具体数值叫作变量。编制变量数列实际上就是把各数值归入适当的组内。分组完成后,就可以按照质量、数量、空间、时间这4个指标编制变量数列。

### 3.汇总

汇总就是根据调查研究目的把分组后的数据汇集到有关表格中,并进行计算和加总,集中、系统地反映调查对象总体的数量特征。数据的汇总可以分为手工汇总和机械汇总。前者适用于数量较少、答案不易统一的资料;后者则适用于数量较大、答案比较整齐的资料。

当前,计算机汇总已成为机械汇总的代名词。现在,为了减少录入误差,也为了提高数字资料整理的效率,人们发明了许许多多专门用于资料整理的电脑软件。

### 4.制作统计图表

经过了汇总的数字资料,一般要通过表格或图形表现出来,最常见的方式就是统计表和统计图。统计表和统计图为我们的社会调查得到的纷繁数据提供了一种相对直观的表示方法。

(1)统计表

统计表是以二维的表格表示变量间关系的一种形式。它的优点在于系统、完整、简明和集中。从广义上讲,统计调查过程中的调查表、汇总表、整理表、分析表以及公布统计资料所用的表,都可以归入统计表的范畴。我们这里所讲的统计表是指其狭义上的定义,即仅仅指记载汇总结果和公布统计资料的表格。

按照主词的结构,统计表可以分为简单表、分组表和复合表。

(2)统计图

统计图是表现数字资料对比关系的一种重要形式。它的主要优点是形象生动、直观,具有较大的吸引力和说服力。不过,统计图其实更侧重于反映总体中各个部分之间的比较,但是在对某一个个体的指标数据的表现上,却并没有什么优势,在一般情况下,甚至并不将个体的统计数值反映出来。

统计图的形式是多种多样的,就最常见的形式来说,可以分为几何图、象形图和统计地图3类。

## 五、调查的实施[3]

### (一)社会调查的准备

社会调查是目的性强、内容丰富、过程复杂的社会活动。要使之顺利进行,达到预期效果,就要做好充分的准备。社会调查需要有调查的组织者和实施者,组织者必须做好各种准备,对于实施者——调查员要进行培训。

### 1.思想上和心理上的准备工作

在调查前的培训过程中首先要注意思想上和心理上的准备。社会的发展是复杂多变的,每一层次和环境都受到当时当地的政治、经济、文化、历史等因素的影响,这决定了在进行社会调查活动中,要有一个科学的认识论做指导,才能正确地把握、认识社会,真正透视社会的本质。因此,进行社会调查要做好思想上的准备。要培养实事求是的实践作风,尊重客观实际,在掌握全面、准确的材料的基础上，形成正确的观点和认识，而不是采取先入为主的态度来对待调查活动。

调查活动中要把握自己，认识社会，就要注意培养和训练良好的个性心理。首先，应培养开放性的心理。将自己置于社会当中，敢于表现自己的言行，敢于负责。其次，注意培养知难而进的顽强的创造型心理。

2. 物质上的准备

要搞好社会调查活动，还应在物质上做准备工作。人力和财力往往是调查的约束条件。

（1）要做信息、材料上的准备。对调查活动的内容、论题、工作及其相关的信息和材料，要尽可能地多收集、整理、归类，便于调查活动中能捉住重点，突出主题，提高效率。

（2）社会调查活动往往流动性大，跨地域广，有一定的时间性。这要求调查人员要做人力和财力方面的准备工作。要量力而行做好计划，从实际出发，以较少的人力，做更多的事情；以较少的财力，开展更多的活动，卓有成效的完成调查任务。一般情况下，如果财力较宽裕，则适宜组织范围广、内容多、有一定规模的调查活动；如果财力有限，则适宜进行个人或小组的、范围小、内容单一、就近就便的调查活动。

## （二）社会调查的实施方法

社会调查活动因人、因事、因时而定，没有统一的模式。但从调查活动的本身来说，还是有一定的规律可循的。一般的调查活动可分为 3 个步骤进行。

1. 明确调查任务

调查任务包括调查的目的、对象、内容和要求。调查活动的目的是指调查人员要实现什么愿望，要收获什么。调查人员不明确这一点，是很难调动积极性，自觉地为实现调查目的主动性地开展一系列工作的。社会是丰富多彩的，要实现调查的目的，就不能不选择调查的突破口，这个"突破口"，就是调查的目标，也叫对象。而调查的内容则是指了解、认识对象自身发展及其外部联系、相互影响、作用等诸方面的因素。为搞好社会调查，还要对调查人员提出各类要求，如加强组织纪律，搜集材料要注意真实性、可靠性，拟订的调查提纲要符合实际，注意可行性等，以保证调查活动的顺利完成。

2. 实施调查任务

要完成调查任务，关键是掌握有效的方法。搞好社会调查应注意以下两大方面。

（1）调查方法的确定

实施调查是由社会的多样性决定的。依据不同的对象、不同的人或事，采取不同的方法，例如，访问法、问卷法、比较法、材料统计法和实地考察法等，这样才有针对性，才能收到实效。

①访问法：访问法是指对所要调查的人或事进行定向访问，通过专访和询问来了解实际情况。

②问卷法：问卷法是指根据调查需要，拟定各种问题，对调查对象进行抽样问卷调查。通过个别问卷调查，找出事物一般的共同规律。

③比较法：比较法是指对两个或两个以上的同类或不同类的人和事进行比较调查。通过比较、鉴别来把握事物的真相。

④材料统计法：材料统计法是指对所了解和掌握的材料，通过数字和报表的形式进行统

计,掌握和分析材料的可靠性和准确性,以保证社会调查材料的权威性。

⑤实地考察法:实地考察法是指对调查的问题作实地的勘察和研究,以掌握真实的第一手资料。对重大的社会事件常采用这种方法,能使我们获得更及时、准确的信息,对事件作出更有价值的分析和判断,增强调查报告的真实性。

(2)调查报告的撰写

调查报告的撰写是对调查工作进行系统化、条理化的综合分析过程。通过对调查所掌握的情况进行去粗取精、去伪存真、由表及里的分析,形成符合客观规律的实事求是的观点和思想,最后通过文字将其表述出来。

### 3.总结社会调查成果

社会调查活动后,要认真总结经验教训,以便扬长避短,为将来更好地进行调查活动积累经验,打下基础。

总结调查活动应注意以下几点:

(1)全面检查调查任务的完成情况。对已经进行的调查活动的内容、时间安排、钱物使用及进展情况等进行全面检查。

(2)认真积累资料。在检查中搜集到的情况,包括调查活动本身的情况,都要认真记录,积累资料,以作为写调查报告和写调查总结的依据。

(3)要一分为二地看调查。对调查活动的检查和总结都应用一分为二的观点,既要看到成绩和经验,又要看到缺点和问题,以利于改进以后的调查研究活动。

(4)写好调查总结。在检查和分析材料的基础上,写好调查总结。

# 第四节 交通调查概述[4]

## 一、交通调查的分类

### (一)交通调查的作用

交通调查是进行城市综合交通规划、道路网络系统规划、城市道路交通管理规划、交通安全规划等专项规划以及道路设计的基础。通过对包括交通基础设施、交通使用状况等交通现状的调查,可以掌握交通的发生与集中,交通的分布、分担方式,在路网上的分布与负荷,运行规律以及现状存在的问题。

交通调查作为基础调查得到实施。调查的结果不仅应用于综合城市交通规划等的制订、个别的设施建设以及改良方案的制订,而且还应用于国土规划、地域规划,乃至城市水平的基本构想、基本规划等的制订。交通调查有多种分类方式,通常可分为对于交通设施的调查和对于交通量的调查两大类。根据调查目的的不同,调查内容、方法也不同,既有以观测为主的针对通过交通量的路段交通量调查,或是针对交叉口交通实态以及地区的停车状态的调查,也有对于把握全体的交通总量以及地域间的移动总量等以问卷调查为主的调查。

交通设施的调查包括了道路现状调查、公共交通方式调查、停车调查和枢纽调查。道路现状调查包括:各条道路的种类、级别,道路功能分类,延长、幅宽(或是车道数),纵断,曲率等几何构造信息,道路通行能力,预定改建计划,交叉口状况以及各种管制状况等。公共交通方式调查包括轨道设施现状调查、普通公交调查和港湾设施调查。停车场调查分为路内和路外停车调查。路内停车调查包括:交通管制状况、停车可能区间延长、停车可能车辆数等。路外停车调查包括:停车场面积、构造、停车可能车辆数等。枢纽调查包括:站前广场、公交枢纽、货运枢纽等。

交通量的调查可以说是交通调查的基础部分,包括对于地点、断面及 OD 走向调查等多项内容。作为注目于某个"地点"的交通量调查,包括了利用人工在路边观测计量路线上某一地点的通过交通量的一般交通量调查以及依靠路上所设机械设备所做的常时交通量观测调查,交叉路口的交通流态的交叉口交通量调查。注目于"地域的断面"的调查有通过交通量调查,即假想一条切断对象地区的断面,对于通过这个断面的交通量进行调查,通常称为核查线(Screen Line)调查,核查线通常可以选定通路固定的河流或是铁路线。由于边界线(Cordon Line)调查多用于汽车牌照的调查,这种调查方法有时又称为车牌调查。边界线可以是一条把对象地区封闭起来的闭合曲线。对于"地域"的调查有通过对调查对象实行问卷调查,以获得交通行动的起止点的 OD(Origin and Destination)调查为代表的调查。

### (二)城市交通调查的种类与特征

关于城市交通的调查有多种多样,其目的是掌握城市的交通状况,为制订城市交通规划、制订交通基础设施的建设以及改善规划等提供数据基础。

城市交通调查的内容可以大致分为对于交通设施的调查和交通量的调查两大类。对于交通量的调查既可以分为客运与货运,也可以分为对于人的出行的调查和车辆的调查。着眼于人的调查有个人出行调查。

由于我国在交通调查领域进展缓慢,没有形成完整的调查体系,本讲主要以在日本进行的交通调查为例进行介绍。

目前在日本进行的与城市相关的交通调查主要有 5 种,分别为道路交通情势调查、城市 OD 调查、个人出行调查、大城市交通调查和国势调查。其中,道路交通情势调查的调查对象为车辆的运行,城市 OD 调查的对象为人的流动或是车辆的流动;后 3 种则以人的流动为调查对象,而国势调查主要调查人的通勤、通学这样的日常的行动。目前在日本进行的与城市相关的交通调查的种类及其特征,见表 4-1。

除了表 4-1 中所列的调查之外,物资流动调查也是与城市关系密切的调查,主要是调查物资的发生、集中等流动的实态。

**城市交通统计调查的特征**(以日本为例)　　　　　　　　　　表 4-1

| 项目 | 道路交通调查 | 城市 OD 调查 | 个人出行调查 | 大城市交通调查 | 国势调查 |
|---|---|---|---|---|---|
| 实施周期 | 每 5 年 | 不定期 | 不定期<br>(大约每 10 年) | 每 5 年 | 每 5 年 |
| 对象地区 | 全国 | 大约 50 万人以下的都市圈 | 大约 50 万人以上的都市圈 | 首都圈、中京圈、近畿圈 | 全国 |
| 调查对象 | 车辆的运行(1d) | 人的流动或是车的运行(1d) | 人的流动(1d) | 轨道、公交利用乘客的移动(1d) | 人的通勤、通学流动(通常的行动) |

续上表

| 项目 | 道路交通情势调查 | 城市 OD 调查 | 个人出行调查 | 大城市交通调查 | 国势调查 |
|---|---|---|---|---|---|
| 流动性质 | 总流动 | 总流动 | 纯流动 | 月票调查或是纯流动 | 纯流动 |
| 抽样以及调查方法 | 从汽车登录数据中随机抽取机动车；出租车、租赁车在记录中追加计入起止地点；普通公交可以抄录运送实绩报告书。均为上门访问，留下调查表日后回收 | 机动车抽样(与道路交通调查相同)，或者是从户籍记录抽样(与个人出行调查相同)。上门访问，留下调查表日后回收 | 从户籍记录随机抽样，以家庭中5岁以上成员为对象进行调查。上门访问，留下调查表日后回收 | 轨道、公交的利用实态调查，对象为月票使用者全员；轨道一般车票调查(OD调查)，公交利用调查。事业者调查 | 家庭构成全员调查。上门访问，留下调查表日后回收 |
| 调查精度抽样率 | 2%～3% | 平日10%～20%；休息日2%～3% | 大都市圈2%～3%；地方都市圈5%～10% | 月票调查5%～6%；普通票全数调查 | 全数 |
| OD表分区单位 | B Zone (中分区) | C Zone (小分区) | 规划基本 Zone | 基本 Zone | 市区町村 |
| 特征:时间段 | ○ | ○ | ○ | ○ | × |
| 特征:休息日 | ○ | ○ | × | × | × |
| 主管单位 | 国土交通省 | 国土交通省 | 国土交通省 | 国土交通省 | 总务厅 |

注:OD 表分区单位通常为 A、B、C 三级,A 级最大,C 级最小。

## 二、关于人的出行与物资流动的调查

在表 4-1 中可以看到介绍的 5 种调查中城市 OD 调查、个人出行调查、大城市交通调查、国势调查都是有关人的流动的调查。上述调查除了能够获得人的一天的行动信息,还可以获得交通方式利用的信息。关于物资的流动的调查有与个人出行调查相近似的物资流动调查。本节将重点介绍个人出行调查和物资流动调查。

### (一)个人出行调查(PT 调查)

个人出行调查(Person Trip Survey,简称 PT 调查)是通过对抽样选定市民的全天 24h 的行动进行调查,再将其进行样本扩大来把握城市圈的交通的整体。PT 调查是针对人的调查,通过问卷形式需要搞清城市居民的基本信息和一天的出行情况。

美国在把州际公路引入到都市圈时,为了研讨州际公路对于都市圈的影响,在政府的资助下开发并使用了个人出行调查的调查方法。之后许多国家使用这个方法,至今已经积累了许多经验和成果。

PT 调查的数据本来是为了制订都市圈的交通基本规划为目的的,现在被用在各种交通规划的制订,以及调查研究中,包括综合城市交通规划,道路网规划,停车场规划,交通影响评价,城市单轨、新交通系统等公共交通方式规划,站前广场规划,环境影响评价等。总之,PT 调查数据得到了广泛应用。

1. PT 调查的内容

随着 PT 调查的广泛普及和开展,调查的标准化得到实施,其中包括了调查项目的标准化、数据处理的标准化等。

标准的 PT 调查的调查项目见表 4-2。调查项目可以分为个人与家庭的基本信息以及出行特性两大部分。基本信息包括住址、工作单位、性别、年龄等个人属性和家庭属性;出行特性则包括了出发地、到达地等出行端的特性,以及目的、方式等出行属性。通过把这些项目相互交叉或是与交通服务的现状/人口等社会经济数据相组合,可以获得多种多样的信息。

调 查 项 目　　　　　　　　　　　　　　　　　　表 4-2

| 分　类 | | 调 查 项 目 |
|---|---|---|
| 基本信息 | 个人属性、家庭属性 | · 住址<br>· 工作单位、学校住址<br>· 性别、年龄<br>· 职业<br>· 工作性质<br>· 有无驾驶执照<br>· 有无可以平时使用的机动车<br>· 是否保有机动车(家庭保有) |
| 出行特性 | 出行端属性　出发地状况 | · 出发地的划分及其住址<br>· 出发设施<br>· 出发时刻 |
| | 出行端属性　到达地状况 | · 到达地的划分及其住址<br>· 到达设施<br>· 到达时刻 |
| | 出行属性　全体 | · 目的<br>· 交通方式<br>　各种方式所需时间<br>　换乘地点 |
| | 出行属性　其他 | · 同伴人数<br>· 是否驾车<br>· 停车场所<br>· 是否利用收费道路以及利用的出入口 |

2. PT 调查的特征

(1) PT 调查自身的特征

PT 调查具有两个最为基本的特征:第一个特征指,PT 调查不仅仅是为了把握现状所进行的统计调查,而且还是为了制订交通规划所进行的规划调查。第二个特征可以用"综合"一词来概括,需要注意,这里讨论的不是狭义上的把握人的行动的 PT 调查,而是包含了 PT 调查之后的数据处理、分析、规划作业等一系列过程。"综合"包含了以下几个含义:

①交通方式间的综合。交通方式之间有机的关系研究是缓解交通问题和开展交通政策的重要部分,而 PT 调查正是揭示所有的交通方式的利用实态与分担关系的唯一的调查。

②土地利用与交通、环境间的综合。对交通负荷小的城市规划的制订需要在多种土地利用以及人口的框架下,认真探讨适合该土地利用以及人口框架的交通规划方案的效果与影响。

③硬的措施与软的措施的综合。以交通设施建设为中心的硬的措施与 TDM 等软的措施如果不综合考虑,在空间、环境、财政制约极为严格的现代城市中,使交通问题得到缓和,实现更为有效的交通系统是非常困难的。

④各种利害关系的调整与综合。由于交通是城市以及地域各种活动的支撑,交通政策影响大,持续时间长,这些影响以及效果在不同的主体身上以不同的方式显现出来。如果事先对这些利害关系进行预测,进行调整的机能十分重要。

⑤行政机关间的协调与综合。交通的发达带来的生活活动的广域化和活性化,带来了日常生活圈(交通圈)与行政区域的偏离,为了更好地提供交通服务,各地区之间的协调与互动十分重要。

(2)PT 调查数据的特征

PT 调查数据具有一些其他调查所没有的特征,当然也存在着起因于数据特性的界限性。

PT 调查数据的第一个特征是可以综合地把握城市中人的移动,也就是说因为调查居住在都市圈内所有人的行动,不限于某种特定的交通方式,而是连续地把握所有人的移动。在对人的交通行动中,把握住交通方式,分担特性可以说是一大特征。另一个特征是可以掌握与家庭以及个人属性相交叉的交通实态的信息。据此可以捕捉到交通的发展、老龄化社会的进展,与家庭汽车保有状况的关系。

另外,PT 调查由于是对于个人的行动的调查,缺乏对于营业用机动车等法人保有的机动车的调查数据,还有通常为平日的调查,无法掌握休息日交通的状况。

3.PT 调查数据的应用

PT 调查的数据主要应用于制订都市圈的交通基本规划,同时也被作为研究制订其他交通规划的基础数据灵活使用。

(1)调查数据应用于现状分析

为了捕捉到都市圈的现状与问题、课题,需要从不同的视点进行现状分析。现状分析的具体项目见表4-3。

现状分析的具体项目　　　　　　　　　　　　　　　　　　表4-3

| 分　类 | 分 析 项 目 |
|---|---|
| 一般课题 | 城市交通的概况 |
| | 对于机动车交通的分析 |
| | 对于轨道交通的分析 |
| | 对于公交交通的分析 |
| | 对于停车的分析 |
| | 对于市中心行人交通的分析 |
| | 对于交通事故的分析 |
| | 基于防灾视点的分析 |

续上表

| 分　类 | 分 析 项 目 |
| --- | --- |
| 特定课题 | 对于交通服务与规划目标的分析 |
| | 对于促进广域交流的交通规划的分析 |
| | 关于土地利用、交通服务的分析 |
| | 关于通勤交通政策的分析 |

（2）调查数据应用于将来交通量预测

将来交通量是按照生成交通量，发生、集中交通量，分布交通量，交通方式的分担交通量，分配交通量的顺序进行预测的。为了建立各个阶段的预测模型，需要使用 PT 调查数据，见表4-4。交通量按照个人属性等的分类区分使用。

**交通量预测模型建立时所需要的数据**　　表4-4

| 模　型 | 必要的交通数据 | 类 别 区 分 |
| --- | --- | --- |
| 生成模型 | 各个出行目的生成交通量 | 出行目的、性别、年龄、有无驾照 |
| 发生集中模型 | 各个出行目的的发生、集中交通量 | 出行目的 |
| 分布模型 | 各个出行目的的分布交通量 | 出行目的 |
| 交通方式的分担模型 | 各个出行目的代表交通方式的交通量 | 出行目的、交通方式 |
| 分配模型 | 机动车出行分布交通量 | 车种 |

（3）数据的各种应用

PT 调查的数据除了应用于制订都市圈的各种交通基本规划之外，还在市区甚至更小单位的各自的特定区域或是设施的规划中得到应用。

日本东京都市圈截至1995 年第三次 PT 调查数据使用情况的统计见表4-5，由此表可以看到 PT 调查的数据多次被应用于各种目的。

**各个目的数据利用件数及占比**　　表4-5

| 利用目的 | 综合城市交通规划 | 道路网规划 | 停车场规划 | 大规模开发相关规划 | 公共交通方式研讨 | 环境影响评价 | 其　他 | 合　计 |
| --- | --- | --- | --- | --- | --- | --- | --- | --- |
| 件数（占比） | 37（10.5%） | 53（15.0%） | 47（13.3%） | 95（26.9%） | 44（12.5%） | 12（3.4%） | 65（8.4%） | 353（100%） |

综合城市交通规划、道路网规划，与都市圈的综合交通体系规划同样应用了 PT 调查的数据。停车场规划应用了市、区等行政单位的停车场建设规划的数据，停车需求的计算，将来预测中都使用了 PT 调查的结果。大规模开发相关规划是在大规模的城市开发项目实施之前，对于周围交通的影响进行评价，制订出适当的交通规划。交通量预测中，各种设施的交通方式之间的分担率预测需要利用 PT 调查的数据；公共交通方式的研讨中城市轻轨、新交通体系的规划制订，站前广场的规划时所需的交通需求预测都需要使用 PT 调查的数据；环境评价中为了计算分配交通量也需要使用 PT 调查的 OD 交通量等数据。

4. PT 调查数据相关的课题

PT 调查在发达国家已得到广泛的应用，取得了许多成果，并积累了许多经验。由于成本问题、技术问题等原因,PT 调查在我国还没有得到普遍开展。PT 调查必须结合当地的特点去制订方案,进行调查。并且,随着社会经济形势的不断变化,PT 调查出现了一些新的课题,需要做一些改善。

(1)调查项目的扩充

近年来,为了对应交通规划需求的变化以及多样化,需要追加一些新的调查内容。近年来在实施的 PT 调查中,追加了不少标准化的调查项目以外的调查内容。

①家庭属性的信息

为了研讨对应于老龄化的进展和机动车保有构造的变化等社会经济形势变化的交通规划,需要准确把握家庭构成的属性以及家庭保有机动车的信息。

②研讨交通需求管理措施所需的生活行为信息

为了研讨交通需求管理措施,除了交通之外还需掌握与所有生活行为相关的信息。比如包括自由选定出勤时间(Flextime)等作息时间的信息以及对于汽车保有产生影响的住居信息、停车场信息等需要增加。

③费用与负担的信息

对于拥挤收费等的研讨中与费用相关的措施进行评价变得越来越重要,交通费用的实际情况(月票,多次优惠等车票的种类)以及对于通勤费用补贴的掌握也十分重要。

④不同时间段的小时交通量数据

为了把握交通服务水平等的需要,需要掌握不同时间段的小时交通量。但是实际的 PT 调查中很难获得精度高的调查数据。对于这些信息,需要与观测数据相结合,利用模型进行推测等方法,通过抽样调查掌握实际数据。

(2)PT 调查相关数据的收集

在 PT 调查获得的一天的交通实际状态的基础上需要加入一些相关的信息,这需要通过附加调查以及行政信息的整理来掌握。

①供给一方的数据

为了制订充分考虑了社会的经济效益、费用合理的规划并作出投资决定,不仅在交通的数量方面,而且在质量方面也应加以重视。因此,用于评价服务水平、交通设施的建设水准以及营运服务的情况等交通设施供给一方的数据变得十分必要。

②对应于规划对象的数据收集

过去的交通规划主要都是以平常的一天的交通量为基础进行制订的。近年来,随着休息日观光等的不断增加,对这些交通也需要加以重视。因此,交通调查中也应该注意把休息日交通、观光交通、季节性交通作为调查对象。

③规划方案评价所需的数据

为了顺利进行规划方案的制订与保证其实施,应该在捕捉交通实态进行分析的信息中,追加一些意向调查等以获得进行多种评价所需的信息。

对于规划目标以及相关措施的方向性的意见,对于现状的满意程度等意向数据从交通需求与供给两方面进行收集十分必要。另外,为了正确评价规划方案,比如,机动车排出的环境负荷物质的排出原单位以及为了计量其社会经济效益所需的货币价值转换系数等的数据是必要的。这些数据不是从过去的交通统计数据中获得,应该注意今后为了获得这些数据从现在起就应该注意获得相关数据的调查。

（3）有关实态调查实施的课题

PT 调查一直是以从居民的户籍登录中随机地抽选出被调查对象,利用家访发放调查表,然后回收的方式进行调查。近年来,人们对于隐私权越来越重视,居民特别是大城市居民对于调查的配合程度越来越低。因此在考虑扩充收集信息内容的同时,有必要考虑减轻给调查对象造成的负担。

（4）关于调查数据的提供

进行合理的调查、收集相关的数据的同时,如何有效地利用收集到的数据变得非常重要。因此,不仅调查实施的主体将其应用于自己的规划制订之中,也应该促进研究机构、市民、企业以及直接有关的单位对于调查数据的使用。

（5）实态调查的概要和新的尝试

随着 PT 调查内容的不断扩充,PT 调查近年来又被称为交通实态调查,并且逐渐形成了新的体系。实态调查体系包括交通实态调查和交通意识调查两大部分,如图4-3 所示。

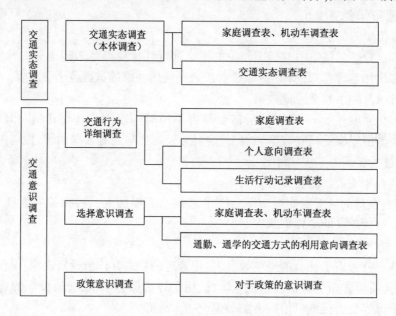

图 4-3　实态调查的体系

1998 年日本东京都市圈进行了第四次东京都市圈交通实态调查( 即 PT 调查),调查按照图4-3 所示的调查体系进行,其中包括交通实态调查与两个意识调查。

本次调查中,为了掌握家庭全员的个人属性与家庭中保有机动车的特性,以及对家庭构成和机动车保有构造进行详细的分析,把家庭调查表和机动车调查表分开。

另外,作为本体调查的补充,分别进行了老龄人口再就业的意向、继续驾驶行为的意向以及对于交通服务的希望与要求等个人意识调查,关于工作日、周六、周日的行动的生活行动记录的调查,关于选择交通方式与出勤时刻的选择意向调查。

采用的调查方法是调查员通过上门访问,把问卷调查用表发给各个作为调查对象的家庭,日后再次访问时进行回收;对于政策意识调查则采用了家庭访问;对于都县市行政代表的调查,政府服务窗口发放附带调查表的小册子;利用网页进行问卷调查4 种方法。

调查对象为东京都在住的通过随机抽样选出的家庭,大约有88 万人。意识调查与政策意识调查各有约 1 万人作为对象接受了调查。

### (二)物资流动调查

物资流动调查简称物流调查。这一调查利用问卷调查方式调查商店、企事业单位的物资的发出、到达量等流动情况,目的在于掌握物资流动的数量、品种、起终点、运输方式等内容。物流调查本来是与把握人的移动的个人出行调查一起被用来综合地把握城市的交通状况,应用于综合交通规划的制订,但是近年来随着社会经济状况的变化而进行的大规模的物资流动调查越来越少,与政策课题相关的新的调查越来越受到重视。

(1)调查目的

物流调查是与个人出行调查成双成对的,着眼于物资的流动的调查。由于调查的对象是物流,因此除了把握货车等的交通量以及将来预测这样的目的外,也可将调查用于枢纽、物流中心等的综合规划的基础资料。

(2)调查内容

物资流动调查以到单位访问调查为主体,结合进行枢纽调查、交通设施调查、边界线(Cordon Line)调查、核查线(Screen Line)调查等。

单位访问调查又分为一般单位访问调查与运输业者访问调查。调查的项目内容如下:

①单位的业务内容(如业务种类、从业人员规模、产品数额、机动车车辆数等);

②物资的动向(各种产品的 OD 以及重量、运输方式);

③货车的动向(OD、运输品种以及重量等);

④其他(设施状况等)。

(3)调查方法

调查的对象区域划分(Zoning)大致与 PT 调查相同。把调查区域内所有单位作为调查对象,按照不同分区(Zone)、行业、规模进行一定数量的抽样。抽样率根据单位的规模不同而不同,从业人员 100 人以上的单位全部调查,不足 100 人的抽样率为 1%~20%,平均为 5%~10%。调查数据的收集采用实现发放调查表、访问调查并回收的方法。

(4)补充调查

与 PT 调查同样,进行通过边界线(Cordon Line)进入调查对象区域的物资流动的调查。

(5)检验调查精度的调查

调查通过横切调查区域的核查线(Screen Line)的物资流动量,检验问卷调查结果的精度。

另外,在日本还开展了全国货物纯流动调查,作为各个运输机关的货物统计的补充。该调查与国势调查相呼应,每 5 年调查一次。所谓"纯流动"是与 PT 调查中出行链的概念相似,把从出发地到目的地的货物的移动作为一个货物移动交通来考虑。

## 三、关于车辆的调查

道路交通调查包含了与道路相关的各种内容,例如道路交通量调查、道路设施调查、道路使用状况调查等。

道路交通调查的主要部分是关于车辆的调查,它是城市交通调查中极为重要的组成部分。它包括了路段、路口机动车交通量调查和机动车 OD 调查,车速调查等。关于车辆的调查需要搞清机动车流的来龙去脉,也就是发生、吸引的地点和强度,分布情况,车种构成,拥堵情况等。

机动车的调查是道路规划、设计的基础。

道路交通调查的代表是道路交通情势调查(Traffic Census)，本节以在日本进行的道路交通情势调查为例进行介绍。

### (一)道路交通情势调查概况

在日本进行的道路交通情势调查，也称全国道路、街路交通情势调查，是关于全日本道路交通的全面调查，目的在于把握全国机动车的活动情况。

道路交通情势调查的构成如图4-4所示。在日本，道路交通情势调查由国土交通省，以及地方公共团体等负责实施，其内容包括了利用问卷形式抽样调查机动车的一天之内的活动的机动车OD调查，和包括道路状况调查、12h或24h的断面交通量调查、高峰时间行车速度调查在内的一般交通量调查。近来调查中还增加了有关停车场实际状态的停车调查，以及为了把握道路的功能而进行的有关医院等道路沿途设施的"功能调查"。道路交通情势调查每5年进行一次包括机动车OD在内的大型调查，5年中的第3年上补充一次不含机动车OD的调查。其目的在于准确、及时地掌握道路交通的基本状况，把调查结果尽快地反馈到道路交通规划与管理中去，最大限度地保证城市道路交通的最大效率。

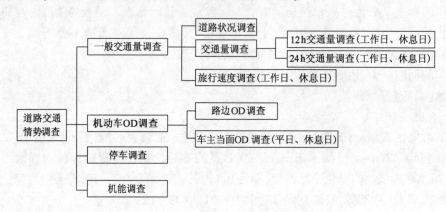

图4-4　道路交通情势调查的构成

### (二)机动车起终点调查

机动车OD调查是道路交通调查的另一大内容。机动车OD调查的结果是现状机动车OD表。调查机动车OD时与个人出行调查一样需要把调查对象区域划分为若干个分区(Zone)，通过调查可以获得多车种的现状机动车OD表。现状OD表则是预测将来机动车OD表的基础。机动车OD调查的构成如图4-5所示。

### (三)一般交通量调查

道路交通调查中关于路段交通量调查包括机动车流量、非机动车流量和行人流量及其流向的调查，速度的调查，交通事故和道路等级、设施状况等的调查。

交通量是道路交通最为基础的数据，被应用于把握道路交通状况和应用于道路规划。交通量调查又可以分为计量单位时间内通过的机动车数的道路交通量调查、调查机动车的出发地和目的地的机动车OD调查、旅行速度调查等多种。

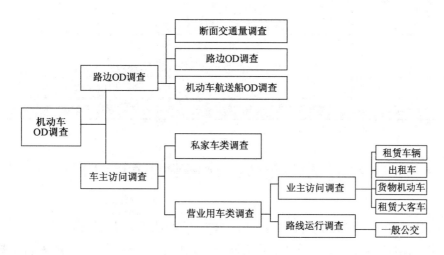

图 4-5 机动车 OD 调查的构成

交通量调查通常为调查早 7 点到晚 7 点之间的交通按照各个车种,每个小时进行统计。对于主要地点则需进行 24h 的观测。车种根据需要可分为多种,在日本调查对象共划分为 12 种,见表 4-6。行人也作为其中之一进行观测。汽车则分为客车、货车两大类,共计 8 种。观测时主要是依照汽车牌照的号码和颜色进行区分。

车 种 分 类        表 4-6

| 行人 | 自行车 | 人力、畜力车 | 摩托车 | 汽 车 | | | | | | | |
|---|---|---|---|---|---|---|---|---|---|---|---|
| | | | | 客车类 | | | 货车类 | | | | |
| | | | | 轻型小轿车 | 小轿车 | 大客车 | 轻型货车 | 小型货车 | 货客两用车 | 普通货车 | 特殊车辆 |

## (四)交通量常时观测调查

由于道路情势调查 3~5 年才进行一次,每次只观测一天的交通量,为了把握交通量以及车种构成的年度变化、季节变化、月变化、日变化、小时变化、还需要进行常时观测。常时观测调查包括常时观测交通量的基本观测地点和作为补充的、春秋两季各连续观测一周的辅助观测地点。在基本观测地点和辅助观测地点的观测采用器械观测与调查员观测相结合的方法。

常时交通量调查的对象为全国的一般国道或是主要城市的主要地点,调查结果以年报的形式公布。其主要的观测统计项目见表 4-7。

交通量常时观测调查统计项目        表 4-7

| 项　　目 | 解　　释 |
|---|---|
| 年平均日交通量 | 一般写作 AADT,为年总交通量用一年的天数去除得到的数值,其单位为"辆/d" |
| $K$ 值 | 年第 30 位小时交通量占年平均日交通量的百分比(%) |
| $D$ 值(方向不均匀系数) | 上下行方向交通量中大的一方占双方向合计交通量的百分比(%) |
| 高峰小时系数 | 一天中交通量最大的小时交通量占全天 24h 交通量的百分比(%) |
| 星期系数 | 一周中某一天的日交通量与该周平均日交通量的比值。 |
| 饱和小时数 | 一年 8760h 中超过小时交通容量的小时数 |

| 项　　目 | 解　　释 |
| --- | --- |
| 小时系数 | 小时交通量占日交通量的比率(%) |
| 昼夜率 | 24 小时交通量对白天 12h(7:00—19:00)的比率(%) |
| 大型车混入率 | 大型车占机动车总量的比率(%),大型车为大客车、普通货车、特殊车辆的合计 |

# 第五节　大数据在规划中的应用

大数据是近20年来涌现出的新的数据概念。所谓"大",是指其数量巨大。实际上很多数据原本就一直客观存在,但由于过去我们缺乏获取的途径与手段,现在随着信息技术的发展,使大数据的获取成为可能。土木规划的步骤是:确定目标、收集信息、处理数据、预测未来和效果评价。大数据在规划的这几个步骤中均有可能得到应用,其中在信息收集和预测中的应用较多。

规划中可以使用的大数据很多,按照大数据的来源,可以分为手机数据、IC 卡数据、互联网开放数据等类别。需要注意的是,大量的数据更像是一堆废弃物,大数据的使用则如同在垃圾里面淘金,由此可见大数据使用中的关键是方法论。

## 一、大数据的类别

在土木规划中可以用到的大数据越来越多,目前已经被用到或是正处于研究阶段的大数据包括手机话单定位数据、手机信令定位数据等手机数据,互联网数据和开放数据,公交卡数据,出租车轨迹数据等。近年来利用微博签到数据,成功地分析了高铁开通前后游客出行目的地以及出行方式的变化,并据此建模进行了预测研究。

城市交通调查和交通规划需要获取大范围准确、可靠的出行现状数据信息,尤其是居民出行特征数据。传统的居民个人出行调查(Person Trip Survey)采用抽样调查的方法,抽样率一般为2% ~5%,甚至更低。从调查问卷设计到调查抽样、数据整理是一个复杂的过程,调查成本较高,需耗费大量的人力、物力和时间。现阶段中国城市经济高速增长、基础设施建设突飞猛进、土地利用变化更频繁,但通常间隔若干年才进行一次全面的交通调查,仅能获取相对静态的现状数据,这使得调查结果很难跟上交通需求和供给的更新节奏。对连续数据获取的需求越来越强烈,大数据则正好符合这样的要求。

随着信息技术的迅速发展,在道路交通领域,感应线圈、地磁、微波检测、红外检测、视频图像识别等定点信息采集技术,以及 GPS 浮动车、电子标签等浮动信息采集技术,已经率先得到了广泛应用并获得良好效果,但采集对象主要为运行中的车辆,检测结果更多的是车辆运行信息。总体上目前还缺乏获取个人出行数据调查的手段。根据车流信息反推居民出行信息,由于其分配算法的复杂性,较难用于较大的空间范围。因此,交通研究者与交通从业人员都一直在找寻经济、效率、精度更高更好的居民出行信息获取技术和方法。

在此首先对目前规划领域常用到的一些数据类型做简单介绍。

1. 手机数据

移动通信的特点是走到哪里都可以通信联系、获取信息。利用手机获取信息的原理就是需要有供应商所设置的基站。移动信号的覆盖被设计为正六边形的基站小区,手机用户总是与其中某一个基站小区保持联系。移动通信网络能够定期或不定期地主动或被动地记录手机用户时间序列的基站小区编号。理论上讲,将每一位手机用户先后经过的基站小区位置映射至道路交通网络或交通分析区域,即可还原每位手机用户的连续出行轨迹,从而用于对手机用户具体出行行为的进一步分析判断。当然,手机数据的使用可能会涉及隐私等问题,需要获得手机供应商提供的手机归属地、手机信令定位数据等更为详细的数据,以及获得有关部门的许可。

(1)手机话单定位数据

手机话单数据是指手机的使用清单,包含通话、短信、上网等数据记录。利用这些数据,通过分析,可用于获取以下数据。

①常住人口和就业人口调查。基于交通分析区域,分析常住人口和就业岗位分布。

②通勤出行特征调查。分析通勤人口总量,工作地、居住地分布以及通勤出行距离分布与通勤出行方向等。

③大区间 OD 调查。基于交通中区或更大的交通分析区域,分析区域间出行 OD 分布。

④特定区域出行特征调查。针对某些典型区域(如 CBD、开发区等),分析当前区域与其他区域间客流交换情况,或是以当前区域分别作为工作地或居住地,分析工作人口的居住地分布或居住人口的工作地分布等。

⑤流动人口出行特征调查。需要运营商提供手机数据时,标志出外地手机的归属地信息,可分析流动人口的白天、夜间空间分布以及逗留天数、活动范围等。

(2)手机信令定位数据

在网络中传输着各种信号,其中用来专门控制电路的这一类型的信号称为信令,信令的传输需要一个信令网。手机信令定位数据对手机用户的出行轨迹识别相对较完整,因此,除了手机话单定位数据的 5 个具体方向,还可应用在以下方面。

①城市人口时空动态分布监测。在城市范围内,动态(如每隔 15min 或 1h)监测人口的空间分布情况,即不同时刻每个交通分析区域内的人口数量或人口密度。

②特定区域客流集散监测。监测某个典型区域不同时间段内(如每 15min 或 1h)进入(客流吸引)、离开(客流产生)或逗留在区域内的人口数量,监测这些特定区域客流集散情况,或是分析区域内进入客流的来源或离开客流的去向分布情况。

③查核线断面及关键通道客流调查。可对查核线分段或区分具体通道,分析跨越查核线两侧的客流量时变情况。

④轨道交通客流特征调查。识别地下轨道交通乘客换乘路径和具体换乘车站,以及区域线路的进出站客流,分析轨道交通车站的服务半径、服务方向等。

⑤出行时耗、出行距离、出行强度分析。基于交通中区或更大的交通分析区域,可识别手机用户的出行时耗和出行距离,以及出行总次数等,用于城市的总体出行强度和服务水平分析。

⑥道路交通状态分析。

#### 2. 互联网数据和开放数据

借助互联网数据和开放数据，可以获取房地产各类信息和空间位置，定期、定量采用空间分析技术研究城市房价空间分布特征，可为政府宏观调控、城市规划人员提供参考。采用该模式，后续可开展其他的基于大数据的城市发展研究，如基于百度人口热力图分析人口随时间的空间活动规律、基于大众点评网上数据分析城市的商业活力度、基于百度实时路况数据对城市交通拥挤度分析、多因子叠加的城市发展分析。

(1)"百度迁徙"

"百度迁徙"是我国2014年春运期间的热点词，被央视"春运"栏目多次提及。央视与百度合作，启用百度地图定位可视化大数据播报国内春节人口迁徙情况。利用百度LBS(基于位置的服务)定位数据进行计算分析，可以展现春节前后人口大迁徙轨迹与特征，也可以分析全国人口流动的区域带和热门线路，在时间维度上，可以进行区域空间使用特征的分析。

(2)微博数据

新浪微博数据可通过其开放平台的应用程序接口(Application Programming Interface，简称API)进行下载。因此，考虑到数据的可获取性和研究方法的可推广性，使用的数据为新浪微博签到数据。

用户微博数据是以JSON格式在网络上存储和传输的。JSON格式以"键值对"的方式记录数据，数据的"键"多为属性，"值"则为对应的属性值。因其数据格式的简单和规整，JSON格式成为一种通用于各大社交网络平台的数据交换格式。从微博API下载到的数据也是JSON格式，这种格式的数据也方便通过MongoDB等软件建立非关系型数据库，并适用"Python"等编程语言进行网络数据的处理。

#### 3. 公交卡数据的应用

城市公交IC卡数据管理中心所存储的大量公交乘客刷卡数据信息具有真实、准确、时效性强等特点，而且不容易受到人为因素的影响，能够真实地反映城市公交运营情况和城市居民公交出行特征。一部分研究主要侧重于利用SCD(Smart Card Data，公交IC卡)支持交通系统的规划设计和交通系统特征。

另一方面，SCD数据也开始用于城市空间结构方面的研究。将公交刷卡数据在GIS中进行矢量化和可视化，获取每张公交卡的出行起始点，根据两次乘坐公交并进行刷卡的时间间隔、出行时间、周期和频率等信息建立决策树，可识别出行行为的特征和出行地点的类别，以确定市民对居住地、就业地、商圈、公园和风景名胜等绿地的使用频率，即在公交刷卡大数据的支持下，从市民使用的角度确定和识别高频率目的地。

#### 4. 出租车轨迹数据

出租车轨迹数据是研究人类活动模式的一个重要数据来源。通过轨迹中上、下客位置的密度分布与时间间隔，可以发现上、下车的热点区域，也可以发现OD流的移动方向，从而分析人群的移动规律，进行社区结构的划分。在了解人类活动模式的基础上可进行移动行为的预测，如利用出租车轨迹数据预测了给定条件下的上客点的位置；根据出租车轨迹预测出一个区域每个时间段的乘客数量；使用出租车轨迹数据通过计算乘客等候时间的概率分布预测出某时某地等候出租车的时间，具有较高的精度。这些成果都可以用于出租车基础设施的规划与设计。

## 二、大数据在规划中的应用案例

### 1. 应用案例综述

目前,大数据的应用更多的是停留在研究层面,可以查阅到大量的参考文献。其中,手机数据在交通分析中的应用研究居多。

(1)冉斌等利用手机定位数据分析用户在真实地理空间上的活动分布,进行交通流模型、时空聚类算法计算和分析,以分析城市人口活动范围、出行比例和客流产生,并用天津手机话单数据应用案例及上海手机信令数据应用案例,验证了技术可行性。

(2)杨彬彬以地铁乘客出行路径识别为基础,利用工作日一天的手机信令数据,对指定地铁站点的乘客进、出站行为特征和换乘行为特征进行研究,提出进、出站行为和换乘行为的算法识别思路。

(3)代鑫等利用手机信令数据,通过对上海城市商业中心空间活力的研究,对城市商业中心空间活力在空间和时间上的分布特征模式有更深刻的认识,同时提出了能够反应空间活力等级的 3 个维度。

(4)杜亚朋等通过结合信令和导航地图数据,利用聚类算法以及时间关联性算法,实现步行、驾车、公共交通等出行方式的识别。

(5)倪玲霖等为了揭示居民出行的影响因素和空间效应,从需求源把握交通流的产生和演变规律,以杭州市移动手机信令数据为基础,根据交通小区间的通行时间构建了空间权重矩阵,建立居民 OD 出行量影响的空间自相关模型,分析边际效应和政策含义。

(6)胡永恺等从手机信令数据中提取交通 OD 量化指标,改进了出行端点匹配方法。居民居住地与工作地的空间关系是城市空间布局的重要依据。

(7)张天然基于手机信令数据,提出分区域的居民通勤距离和就业岗位通勤距离计算方法;提出职住通道平衡概念,并分析职住通道不平衡地区与轨道交通拥挤程度的关系,指出土地利用布局优化对职住通道平衡的重要性。

(8)美国麻省理工学院研究利用确定手机的地理位置技术,针对个人用户,确定用户所在地,为城市规划人群分析提供有效数据。他们的研究项目基地位于繁华的意大利米兰,在地理测绘的基础上,根据在不同的时间使用手机的定位分布,用图形表示时空演化中城市活动。

也有一些研究使用了公交 IC 卡数据。例如:

(1)李方正等基于北京市公交刷卡大数据处理后的二次数据,结合北京市土地利用现状,进行绿道规划方法研究。

(2)龙瀛等依据北京市 850 万张公交卡的刷卡记录结合北京市居民出行调查和土地利用类型数据,分析了北京市职住关系和通勤出行特征。

(3)Roth 等使用伦敦的 Oyster 卡记录地铁乘客的移动数据分析了城市多中心的空间结构特征。

(4)彭晗等利用长春市的公交 IC 卡数据,辅助支持城市公交换乘枢纽选址。

(5)乐柏成结合政府或者国有企业开放的大量数据资源,研究 Hadoop 大数据,进行行人交通流量的预测,提出改善交通拥堵的方法。

(6)李欣等基于智能交通综合管理平台搭建,针对城市道路拥堵问题的日益加剧的情况,利用交通流大数据进行预测。

2. 微博签到数据用于休闲出行分析

笔者的博士研究生刘旸在其博士论文中成功利用微博数据进行了研究。在城际旅游空间尺度，论文发现微博签到数据与旅游活动具有很强的相关性，并利用微博数据时空覆盖广和集计数据稳定的优点对城际旅游流建立了一种非线性回归模型。该模型成功分析了宁杭城际铁路对城际旅游流时间分布的影响。

考虑到数据的可获取性和研究方法的可推广性，研究使用的数据为新浪微博（以下简称"微博"）签到数据。一条典型的微博签到数据主要包含微博文本信息、POI 信息和用户信息 3 方面的内容。

微博文本信息帮助用户通过不多于 140 字的文本记录生活状态，并且记录文本信息发出的具体时间，如果用户上传了实时地理位置数据则同时被标记为"geo 微博"（除了签到，微博还有其他传输地理位置的功能）。此外，文本信息还统计了此条微博的转发数和回复数，并赋予整条微博一个微博 id（键名为"mid"）。

POI 信息提供用户所签到的 POI 在微博平台的特定 id（键名为"POIid"）、POI 名称以及经纬度坐标。微博平台通过一个三级分类体系对 POI 所属的类型进行统一管理。通过对 POI 属性的查询，能够获取到 POIid 对应的 POI 类型。

用户信息包含用户的唯一 id、用户名、居住城市（区）、个人介绍、性别、生日、注册时间以及相关好友信息等。其中，居住城市信息可以帮助确定旅游者的客源地，是进行时空行为分析相当重要的数据来源。由于微博是一个完全开放的公共平台，个人信息由用户自己填写上传，因此下载微博用户数据不会侵犯用户的个人隐私。

使用"Python"语言编写网络爬虫，通过微博 API 提供的接口下载 JSON 格式的签到微博数据，并使用非关系型数据库软件"MongoDB"保存数据，最后依照用户签到的 POI 类别筛选出旅游类签到微博。具体的数据下载步骤如下：

（1）确定研究的整体空间范围，结合新浪微博 API 中的地理位置动态读取接口"place/nearby_timeline"确定各搜索域，使得所有的搜索范围能够覆盖到整个研究空间。

（2）确定研究的整体时间跨度，通过不断调整动态读取接口的搜索时间范围，克服该接口每次只能返回 2000 条搜索结果的限制。

（3）下载研究时空范围内所有的签到微博，剔除搜索域重叠可能导致的重复数据和不在研究范围内的无效数据，并将筛选后的数据存储在"MongoDB"中。

（4）逐条查询微博 POI 类型，依照 POI 类别筛选出最终用于研究的旅游类微博签到数据。

研究对象：杭州与长三角区域城际旅游。

在多旅游目的地空间尺度，继续使用微博签到数据，并提出分析旅游者时空行为的两个宏观指标，即旅游者在目的地间的转移概率矩阵和基于社区发现算法识别的旅游圈。研究时，基于旅游需求空间溢出理论，将旅游者的出行安排归纳为一种有附加约束的定向问题，从而构建了多目的地旅游出行仿真模型。根据模型仿真结果与微博数据统计结果的对比分析表明，仿真模型能够有效地再现旅游者的多目的地出行，并对旅游目的地之间的空间关系形成机理作出合理解释。作为一种可行的旅游出行预测方法，模型还应用于预测杭黄高铁对杭州居民旅游出行的影响。

研究借助移动社交网络——新浪微博的用户签到数据，在宏观集计层面建立了能描述城际旅游时空行为的非线性回归模型。通过对杭州市区的案例分析，微博签到数据被发现与旅游活动有很强的关联性,通过与官方统计数据的进一步比对分析说明了使用集计的微博签到数据作为实际游客数量的可行性。所建立的非线性回归模型对签到用户数逐日数据的拟合度高,对已有的简单线性回归模型而言解释力更强。模型连乘的形式也方便植入其他潜在影响因素。作为模型应用,分析了宁杭城际高速铁路对宁杭间城际旅游时空行为的影响。高铁的影响通过在模型中设计一个二类变量来表征高铁在特定日期是否开通。模型参数的估计结果表明,高铁开通后,南京—杭州的城际游客数量在周六增长了29.44%,在周日更是大幅增长了41.72%。高铁延长了游客在周日下午的逗留时间,并有更多的游客在周五傍晚即抵达杭州。对旅游客流周期显著性的进一步分析发现,高铁有助于降低季节气候变化对客流的负面影响,并在传统淡季形成更稳定的旅游市场。研究了一个可能的局限在于微博签到用户的取样代表性问题,因为智能手机的使用者大部分为中青年,老人和小孩的使用习惯很可能与中青年不一致。未来,通过对多源大数据的整合或许是解决这个问题的可行方案。探索使用微博签到数据分析高铁对城际旅游的影响,可以为其他类似研究提供借鉴与参考。

### 三、大数据在应用中的问题

目前,大数据的推广应用仍然存在着诸多障碍,比如大数据本身的来源、特殊的数据处理技术、数据质量检验技术以及相关知识和人才等。大数据的使用需要多方的共同努力来推广。

(1)数据来源与规划的目标不匹配

目前大数据多源于规划行业之外,采集的目的也不是为了规划行业的应用,因此数据本身和规划并不一定有必然的联系。从规划的角度来看,不同种类的大数据或多或少存在缺憾,或缺少行为目的,或者数据覆盖面较偏。例如手机信令数据、公交卡数据无法记录用户的出行行为目的;微博签到数据过于集中在特定人群的特定行为上。尽管相关的研究者有强烈的目的指向,能获取的数据也可能并不包含其所需的目的。例如,利用手机信令数据识别商务中心对居民的吸引范围,但数据本身并不是针对购物者记录的。处理者需要从大量、混杂的数据中提取有用的相关信息,以便和规划业务建立联系。再通过网页的语义内容、相互关联,来识别公众所关心的规划问题,即便如此也难以将"跑题"的内容排除在外。

(2)数据来源不稳定

规划领域有应用潜力的数据,有些来自专营企业(如移动通信),有些来自互联网运营企业(如百度、阿里巴巴、腾讯、新浪),规划领域的应用给这些相关企业带来的利润极少,调动不了他们的积极性,要求他们提供数据也没有法律、法规依据。该方向的应用如果想要大范围推广,近期来看会遇到很多障碍,长远上看,要建立起稳定的数据来源机制。

(3)处理数据、验证数据需要新方法

大数据作为大样本,本身存有误差、偏差,需要采取合适的方法进行样本可靠性检验和统计归纳结果的验证,在这方面的判断方法仍存在很多困难有待克服和解决,需要长时间的摸索与总结。大数据与传统数据相比也存在数据质量问题,质量的表现形式和产生偏差的原因不同。识别大数据的数据质量、可靠程度,还需要与传统方法不同的新方法。

同时,在规划编制任务中,对数据的要求极高,数据的获取、处理都需要达到工业化的水平,力求数据处理的高效。

(4)需要专业的知识和人才

大数据在大众互联网、工商业领域已经获得了一些实用效果,将他们的经验、方法引入规划领域,需要规划思想的介入。规划本质上是公益事业,规划咨询业的商业化市场很小,对信息技术领域的专业人士吸引力不大。对知识和人才,除了"引"进来,还要"走"出去,规划专业人士自己要学习新知识,掌握新方法。

## 本讲参考文献

[1] 川北米良,榛沢芳雄.土木計画学[M].東京:コロナ社,1994.

[2] 张超,陈丙咸,邬伦.地理信息系统[M].北京:高等教育出版社,1995.

[3] 张彦,吴淑凤.社会调查研究方法[M].上海:上海财经大学出版社,2006.

[4] 石京.城市道路交通规划设计与运用[M].北京:人民交通出版社,2006.

# 现状分析的内容与量化分析方法

## 第一节　现状分析的内容与主要方法

　　为了实现土木规划的目标,需要掌握与将来预测密切相关的复杂的社会经济现象。具体地说,需要对从过去到现在的社会经济现象变化等数据进行详细的分析,为预测打下基础。现状分析的一般步骤中包括:①确定分析对象,通晓需要把握的现象;②拟定因果关系,知道是什么在产生影响;③因果关系的分类、整理,明确是何种构造。

　　用于现状分析,方法很多,主要方法有多元分析(Multivariate Analysis)。多元分析中包括了重回归分析、相关分析、判别分析、数量化方法、主成分分析、因子分析、层次分类分析等。在使用方法的选择上,首先需要判别作为分析对象的数据是属于有目的变量的多元分析,还是无目的变量的多元分析。其次,还需判别作为对象的分析数据是数量数据还是非数量数据。本讲简要介绍了其中一些主要的方法。常用的可供选择的方法可以参见表5-1。

**土木规划学中调查数据的处理方法**

表5-1

| 用　途 | 方　法　名　称 | 概　要 | 说　明 |
|---|---|---|---|
| 数据整理 | 单纯做表分析<br>(Simple Tabulation) | 将调查的数据整理成表格,通常可以使用 Excel,或是用数据库软件来整理、列表,之后可以绘制更为直观的图,例如柱状图、饼状图等 | |

续上表

| 用途 | 方法名称 | 概要 | 说明 |
|---|---|---|---|
| 数据整理 | 交叉列表分析<br>（Cross Tabulation） | 社会学调查中对"定性"的信息作分析时,交叉表分析是较为有效的方法之一。通过列表能直观地表示出两种变量直接的关系。采用这种方法作初步的分析,是数据分析的一个部分、一个过程 | |
| | 时序图表分析<br>（Time Series Tabulation） | 在土木规划中,许多现象都是随着时间而变化的,因此需要以时间序列的方式考察现象的发展。时序图表分析就是把现象变化按时间序列制成图表进行展示 | |
| | 直方图(频率分布)分析<br>（Histogram） | 当分析对象的变量较大时,可以将变量分为若干个区间,获取各个区间的变量值的频率分布,以及累积频率分布。在人口调查,以及交通量调查中应用最为普遍。具体可以直方图的形式表示 | |
| 问题分类 | 判别分析<br>（Discriminate Analysis） | 标本的分类方法。判别分析是指目标函数为非量化变量(定性数据),说明变量为量化数据的分析方法 | 有外部基准 |
| | 数量化理论<br>Ⅱ类方法 | 标本的分类方法。是从样本的种种特性中,判别这个样本属于哪一组群的方法,与判别分析不同的是这里的自变量为定性数据 | 有外部基准 |
| | 聚类分析法<br>（Cluster Analysis） | 寻找个体与个体之间的类似性,将分析对象按照其属性的特征进行简化,以便简单容易地掌握其中的区别和特性的一种方法。通常分析对象的"列"为聚类分析的评价对象,"行"是指分析对象的属性。当被分析的行和列都不大的情况下,就没有必要进行聚类分析 | 无外部基准 |
| | 树形图<br>（Dendrogram） | 列举法的一种,在求概率时使用 | |
| | 多维尺度法 | 多维尺度法是一种将多维空间的研究对象(样本或变量)简化到低维空间进行定位、分析和归类,同时又保留对象间原始关系的数据分析方法 | |
| 回归预测 | 方差分析<br>（Analysis of Variance） | 发现数据的变动要因 | 有外部基准 |
| | 相关分析<br>（Correlation Analysis） | 探讨变量、个体之间的相互关联 | 无外部基准 |
| | 回归分析<br>（Regression Analysis） | 有简单回归、多重回归,利用此方法发现关系式、预测公式 | 有外部基准 |
| | 数量化理论<br>Ⅰ类方法 | 把目标函数与可能对其产生影响的说明变量表示为关系式,并利用该关系式进行预测的方法。它基本上与回归分析相同。但是多元回归分析中的自变量为定量数据,而这里使用的是定性数据。发现关系式、预测公式,非数量数据与数量数据的回归方法相对应 | 有外部基准 |

| 用 途 | 方法名称 | 概 要 | 说 明 |
|---|---|---|---|
| 主元素提取 | 主成分分析<br>(Principal Component Analysis) | 从复杂的因素或是变量中发现合成变量,对个体、变量进行分类 | 无外部基准 |
| 主元素提取 | 因子分析<br>(Factor Analysis) | 发现共通因子,对个体、变量进行分类的方法。通过研究各个被测变量相互间的关系,寻找其间存在的一种新的、概括性的、让人更容易理解和掌握的关系属性,即因子 | 潜在 |
| 其他 | ISM 模型 | 寻找 AHP 方法中阶层构造最有效的方法之一。该方法通过因素间的关系矩阵,可达矩阵及构造化矩阵达到阶层构造图形化的目的 | |
| 其他 | 产业关联分析<br>(Input-Output Analysis) | 作为一种科学的方法来说,投入产出法是研究经济体系(国民经济、地区经济、部门经济、公司或企业经济单位)中各个部分之间投入与产出的相互依存关系的数量分析方法 | |
| 其他 | 计量经济模型<br>(Econometric Analysis) | 计量经济模型是根据经济行为理论和样本数据表示出变量间的关系的数学表达式。选择模型数学形式的主要依据是经济行为理论 | |
| 其他 | AHP 方法 | 在从多个方案中选择确定最合理方案时,当这种"决定"无法在全部数量化的情况下进行比较分析时,采用 AHP 是非常有效的方法之一 | |

多元统计分析是统计学中内容十分丰富、应用范围极为广泛的一个分支。在自然科学和社会科学的许多学科中,研究者都有可能需要分析处理有多个变量的数据的问题。能否从表面上看起来杂乱无章的数据中发现和提炼出有规律性的结论,不仅对所研究的专业领域要有很好的了解,而且要掌握必要的统计分析工具。对土木规划领域中的研究者和高等院校的本科生和研究生来说,要学习掌握多元统计分析的各种模型和方法,需要有一本"浅入深出"的,既可供初学者入门,又能使有较深基础的人受益的专业化的参考书。这本参考书应该是既侧重于应用,又兼顾必要的推理论证,使学习者既能学到"如何"做,而且在一定程度上了解为什么这样做。还有这本书应该是内涵丰富、知识全面的,不仅要基本包括各种在实际中常用的多元统计分析方法,而且要对现代统计学的最新思想和进展有所介绍、交代。本讲正是基于这样的指导思想进行编写,力求做到易学、易懂,并且实用。为此,本讲中增加了大量与土木规划有一定关系的例题,希望能对读者的理解有所帮助。

# 第二节 问题分类方法

## 一、判别分析[1]

判别分析(Discriminate Analysis)是判断样本所属类别的统计分析方法。一般用于通过把现象分类、归纳成群,然后分析对于分类的现象有影响的项目,来说明该现象的构造。例如,用于分析住宅的类别(购买,还是租赁)与收入、通勤距离的关系等。又如,根据层数指标把住宅建筑分为低层住宅、多层住宅、中高层住宅、高层住宅等。再比如,根据使用任务、功能和适应的交通量等指标将公路分为高速公路、一级公路、二级公路、三级公路、四级公路5个等级。

判别分析的任务是根据已掌握的一批分类明确的总体(或样本),建立较好的判别函数,使产生错判的事例最少,进而对给定的一个分类未知的新样本,判断它来自哪个总体。分类明确的样本称为"训练样本"。判别分析根据资料的性质,分为定性资料的判别分析和定量资料的判别分析;根据判别类数分为二类判别和多类判别;根据判别时所处理的变量方法不同分为逐步判别和序贯判别;根据区分不同总体所用的数学模型分为线性判别分析和非线性判别分析;根据判别准则的不同,又分为费歇(Fisher)判别、贝叶斯(Bayes)判别、马哈拉诺比斯(Mahalanobis)距离判别。

费歇判别思想是利用线性投影,使多维问题简化为一维问题来处理。选择一个适当的投影轴,使所有的样本点都投影到这个轴上得到一个投影值。对这个投影轴的方向的要求是:使每一类内的投影值所形成的类内离差(离差也叫差量,即单项数值与平均值之间的差)尽可能小,而不同类间的投影值所形成的类间离差尽可能大。

贝叶斯判别思想是根据先验概率求出后验概率,并依据后验概率分布作出统计推断。先验概率,就是用概率来描述人们事先对所研究对象的认识程度。后验概率,就是根据具体资料、先验概率、特定的判别规则所计算出来的概率。它是对先验概率修正后的结果。

距离判别思想是根据各样品与各母体之间的距离远近作出判别。即根据资料建立关于各母体的距离判别函数式,将各样本数据逐一代入计算,得出各样本与各母体之间的距离值,判别样品属于距离值最小的那个母体。

判别分析与聚类分析同属分类问题,所不同的是,判别分析是预先根据理论与实践确定等级序列的因子标准,再将待分析的样本安排到序列的合理位置上的方法。聚类分析将在后面介绍。

在此以费歇二类线性判别分析进行简单说明。

具有 $n$ 个样本 $m$ 个说明变量的数据模型见表5-2。

**数 据 模 型**　　　　　　　　　　　　　　　　　　　表5-2

| 变　量 | | $X_1$ | $X_2$ | … | $X_j$ | … | $X_m$ | $Z$ |
|---|---|---|---|---|---|---|---|---|
| 样本 | 1 | $X_{11}$ | $X_{12}$ | … | $X_{1j}$ | … | $X_{1m}$ | $Z_1$ |
| | 2 | $X_{21}$ | $X_{22}$ | … | $X_{2j}$ | … | $X_{2m}$ | $Z_2$ |
| | ⋮ | ⋮ | ⋮ | ⋮ | ⋮ | ⋮ | ⋮ | ⋮ |
| | $i$ | $X_{i1}$ | $X_{12}$ | … | $X_{ij}$ | … | $X_{im}$ | $Z_i$ |
| | ⋮ | ⋮ | ⋮ | ⋮ | ⋮ | ⋮ | ⋮ | ⋮ |
| | $n$ | $X_{n1}$ | $X_{n2}$ | … | $X_{nj}$ | … | $X_{nm}$ | $Z_n$ |

假定目的变量为 $Z$,说明变量为 $X_1, X_2, \cdots, X_m$,此时,其判断方程为:

$$Z = a_0 + a_1 X_1 + a_2 X_2 + \cdots + a_m X_m \tag{5-1}$$

为了求得上式中的常数项($a_0$)和系数($a_1, a_2, \cdots, a_m$),需要计算各个变量的偏差平方和与乘积和,做成矩阵$[S_{jk}]$。

$$\left[ S_{jk} \right] = \begin{bmatrix} S_{11} & S_{12} & \cdots & S_{1j} & \cdots & S_{1m} \\ S_{21} & S_{22} & \cdots & S_{2k} & \cdots & S_{2m} \\ \vdots & \vdots & \vdots & \vdots & \vdots & \vdots \\ S_{j1} & S_{j2} & \cdots & S_{jk} & \cdots & S_{jm} \\ \vdots & \vdots & \vdots & \vdots & \vdots & \vdots \\ S_{m1} & S_{m2} & \cdots & S_{mk} & \cdots & S_{mm} \end{bmatrix}$$

$$S_{jk} = \sum_{l=1}^{n} \sum_{i=1}^{n_i} \left( X_{ij(l)} - \overline{X}_{j(l)} \right) \left( X_{ik(l)} - \overline{X}_{k(l)} \right) \tag{5-2}$$

由于对象只有两类,上式中的下标则为($l = 1, 2$)。假定第一类的平均值为$\overline{X}_{1(1)}, \overline{X}_{2(1)}, \cdots,$
$\overline{X}_{m(1)}$,第二类的平均值为$\overline{X}_{1(2)}, \overline{X}_{2(2)}, \cdots, \overline{X}_{m(2)}$,于是可以得到下列联立方程。此处,平均值的下标中的括号中数字表示群。

$$\begin{cases} S_{11} a_1 + S_{12} a_2 + \cdots + S_{1m} a_m = \overline{X}_{1(1)} - \overline{X}_{1(2)} \\ S_{21} a_1 + S_{22} a_2 + \cdots + S_{2m} a_m = \overline{X}_{2(1)} - \overline{X}_{2(2)} \\ \qquad\qquad\qquad\qquad \vdots \\ \quad S_{j1} a_1 + S_{j2} a_2 + \cdots + S_{jm} a_m = \overline{X}_{j(1)} - \overline{X}_{j(2)} \\ \qquad\qquad\qquad\qquad \vdots \\ S_{m1} a_1 + S_{m2} a_2 + \cdots + S_{mm} a_m = \overline{X}_{m(1)} - \overline{X}_{m(2)} \end{cases} \tag{5-3}$$

通过求解上述联立方程即可获得常数项$a_0$:

$$a_0 = -\left( a_1 \mu M_1 + a_2 \mu M_2 + \cdots + a_m \mu M_m \right) \tag{5-4}$$

其中,$\mu M_m = \dfrac{\overline{X}_{m(1)} + \overline{X}_{m(2)}}{2}$,而判别对象的判别分数$Z(X)$可以由式(5-1)求出。

下面用例题说明判别分析的具体应用方法。

【例题 5-1】 判别分析。

表 5-3 中列出了利用平行的两种铁路(动车组 = 1 组,普通客运 = 2 组)的 10 名男性的对于票价与舒适程度的满意度的调查结果(10 分满分)。在此调查结果的基础上,判断票价满意度为 2,舒适程度满意度为 8 的男性属于哪一组。判断时使用线性判别函数法。

**使用交通方式的满意度** 表 5-3

| 样本 | 票价 | 舒适程度 | 组别 | 样本 | 票价 | 舒适程度 | 组别 |
|---|---|---|---|---|---|---|---|
| 1 | 3 | 9 | 1 | 6 | 1 | 5 | 2 |
| 2 | 3 | 8 | 1 | 7 | 4 | 6 | 2 |
| 3 | 4 | 7 | 1 | 8 | 3 | 2 | 2 |
| 4 | 5 | 7 | 1 | 9 | 2 | 2 | 2 |
| 5 | 2 | 9 | 1 | 10 | 5 | 4 | 2 |

【解答】

当从样本所具有的各种特性来判断样本属于哪个组群时,可以使用判别分析法,判别分析所使用的线性判别函数如下:

$$Z = a_0 + a_1 X_1 + a_2 X_2 + \cdots + a_m X_m$$

当样本的属性只有两个 $X_1$、$X_2$，分别为票价和舒适度的满意度，对应系数 $a_0$、$a_1$、$a_2$ 的计算公式为：

$$\begin{cases} a_1 \sum_i (X_{i1} - \bar{X}_1)^2 + a_2 \sum_i (X_{i1} - \bar{X}_1)(X_{i2} - \bar{X}_2) = \bar{X}_{11} - \bar{X}_{12} \\ a_1 \sum_i (X_{i1} - \bar{X}_1)(X_{i2} - \bar{X}_2) + a_2 \sum_i (X_{i2} - \bar{X}_2)^2 = \bar{X}_{21} - \bar{X}_{22} \end{cases}$$

$$a_0 = -(a_1 \bar{X}_1 + a_2 \bar{X}_2)$$

式中：$\bar{X}_1$，$\bar{X}_2$——票价和舒适度的满意度的均值。

$$\bar{X}_1 = (3 + 3 + 4 + 5 + 2 + 1 + 4 + 3 + 2 + 5) \div 10 = 3.2$$

$$\bar{X}_2 = (9 + 8 + 7 + 7 + 9 + 5 + 6 + 2 + 2 + 4) \div 10 = 5.9$$

$$\bar{X}_{1(1)} = (3 + 3 + 4 + 5 + 2) \div 5 = 3.4$$

$$\bar{X}_{2(1)} = (9 + 8 + 7 + 7 + 9) \div 5 = 8$$

$$\bar{X}_{1(2)} = (1 + 4 + 3 + 2 + 5) \div 5 = 3$$

$$\bar{X}_{2(2)} = (5 + 6 + 2 + 2 + 4) \div 5 = 3.8$$

式中：$\bar{X}_{1(1)}$，$\bar{X}_{1(2)}$——第一、二组的票价满意度的均值；

$\bar{X}_{2(1)}$，$\bar{X}_{2(2)}$——第一、二组的舒适程度满意度的均值。

代入第一个联立方程组求解，可以得到判别函数式的系数。即：$a_1 = 0.162$，$a_2 = 0.692$，$a_0 = -4.602$。由此可以得到线性判别函数为：

$$Z = -4.602 + 0.162X_1 + 0.692X_2$$

因此，判断票价满意度为2，舒适程度满意度为8的男性，由于其 $Z = 1.258 > 0$，故属于第一组动车组。（注：当 $Z < 0$ 时，属于第二组，而 $Z = 0$ 时，无法判别。）

## 二、数量化理论Ⅱ类方法[1]（Multi-Dimensional Quantification Theory Ⅱ）

数量化理论Ⅱ类方法是一种用质量说明质量的方法。这种方法从样本所具有的各种特性出发，判定样本属于哪个群的方法。基本上与判别分析相同。但是，判别分析中使用的说明变量是定量数据，这里使用的是定性（质的）数据。

在数量化Ⅱ类方法的关系式中，假定目的变量为 $Y$，说明变量（Item）的类别（Category）得分为（$\text{CS}_{1j}$，$\text{CS}_{2j}$，$\cdots$，$\text{CS}_{mj}$），方程式的解为 $X_{ij}$。

$$Y = \text{CS}_{1j} + \text{CS}_{2j} + \cdots + \text{CS}_{mj} \tag{5-5}$$

式中：$\text{WM}_i$——各个项目的加权平均，$\text{WM}_i = (\sum_j X_{ij} C_{ij}) / \sum_j C_{ij}$；

$C_{ij}$——类别的样本数，$\text{CS}_{ij} = X_{ij} - \text{WM}_i$。

据此，求出判别对象的样本得分（SS），通过与判别中点的比较进行判别。具体过程请参考例题。

---

[1] 数量化理论是处理定性（质）的数据与定量的数据之间的关系的方法。数量化分析方法又分为两类，一种具有测定对象特殊性质的基准，另一种不具有这种基准，通常被称为"有外部基准"和"无外部基准"。1950 年日本的林知已夫教授提出了数量化理论，他根据研究目的的不同，在方法上可分为数量化理论Ⅰ、Ⅱ、Ⅲ、Ⅳ。"有外部基准"的数量化方法包括数量化Ⅰ类方法、数量化Ⅱ类方法，"无外部基准"的有数量化Ⅲ类方法、数量化Ⅳ类方法。本书只举例介绍"有外部基准"的两种方法。

【例题 5-2】 数量化Ⅱ类方法。

表 5-4 中列出了关于保有第二辆汽车与没有汽车的家庭年收入、主妇的就业情况、附近公共交通的服务水平的调查结果。请根据调查结果预测收入较多、主妇不工作、附近的公共交通服务状况好的家庭保有第二辆汽车的可能性。

**两种家庭状况抽样调查表**　　　　　　　　表 5-4

| 抽样 | 保有汽车家庭 | | | | | | | | | | 抽样 | 未保有汽车家庭 | | | | | | | | | |
| --- | --- | --- | --- | --- | --- | --- | --- | --- | --- | --- | --- | --- | --- | --- | --- | --- | --- | --- | --- | --- | --- |
| | 家庭收入 | | | | | 就业 | | 交通 | | | | 家庭收入 | | | | | 就业 | | 交通 | | |
| | 少 | 较少 | 普通 | 较多 | 多 | 有工作 | 无工作 | 好 | 普通 | 差 | | 少 | 较少 | 普通 | 较多 | 多 | 有工作 | 无工作 | 好 | 普通 | 差 |
| | 11 | 12 | 13 | 14 | 15 | 21 | 22 | 31 | 32 | 33 | | 11 | 12 | 13 | 14 | 15 | 21 | 22 | 31 | 32 | 33 |
| 1 | | ○ | | | | ○ | | | | ○ | 21 | ○ | | | | | | ○ | ○ | | |
| 2 | | ○ | | | | | ○ | | ○ | | 22 | ○ | | | | | | ○ | ○ | | |
| 3 | | | ○ | | | ○ | | | | ○ | 23 | ○ | | | | | ○ | | ○ | | |
| 4 | | | ○ | | | ○ | | | | ○ | 24 | ○ | | | | | | ○ | | | ○ |
| 5 | | | ○ | | | | ○ | | ○ | | 25 | ○ | | | | | | ○ | ○ | | |
| 6 | | | ○ | | | | ○ | | | ○ | 26 | ○ | | | | | | ○ | ○ | | |
| 7 | | | ○ | | | ○ | | ○ | | | 27 | ○ | | | | | ○ | | ○ | | |
| 8 | | | ○ | | | ○ | | | | ○ | 28 | ○ | | | | | | ○ | | | ○ |
| 9 | | | ○ | | | | ○ | | | ○ | 29 | | ○ | | | | | ○ | ○ | | |
| 10 | | | ○ | | | | ○ | | ○ | | 30 | ○ | | | | | ○ | | | ○ | |
| 11 | | | ○ | | | ○ | | | ○ | | 31 | ○ | | | | | ○ | | ○ | | |
| 12 | | | ○ | | | | ○ | | ○ | | 32 | | | ○ | | | | ○ | ○ | | |
| 13 | | | | ○ | | ○ | | | ○ | | 33 | | | ○ | | | ○ | | ○ | | |
| 14 | | | | ○ | | | ○ | | | ○ | 34 | | ○ | | | | | ○ | | ○ | |
| 15 | | | | ○ | | | ○ | | | ○ | 35 | | ○ | | | | | ○ | ○ | | |
| 16 | | | | ○ | | ○ | | | ○ | | 36 | | ○ | | | | ○ | | | | ○ |
| 17 | | | | ○ | | ○ | | ○ | | | 37 | | ○ | | | | ○ | | ○ | | |
| 18 | | | | ○ | | ○ | | ○ | | | 38 | | | | ○ | | ○ | | | ○ | |
| 19 | | | | ○ | | ○ | | | ○ | | 39 | | | | ○ | | ○ | | ○ | | |
| 20 | | | | ○ | | ○ | | ○ | | | 40 | | | | ○ | | ○ | | ○ | | |

【解答】

(1)把表 5-4 中的调查结果进行整理汇总,保有家庭为 A,非保有家庭为 B,保有家庭数为 $N_A$,非保有家庭数为 $N_B$,根据下式求 $H$ 值。

$$H_{ij} = (A_{ij}/N_A - B_{ij}/N_B)[N_A N_B/(N_A + N_B)]$$

比如关于"收入少的家庭":

$$H_{11} = \left(\frac{0}{20} - \frac{7}{20}\right) \times \left(20 \times \frac{20}{20+20}\right) = -3.5$$

(2)将数据汇总在表 5-5 中。

汇总结果（1）　　　　　　　　　　　　　　　　　　表 5-5

| 项　目 | 家庭收入 | | | | | 就　业 | | 交　通 | | |
|---|---|---|---|---|---|---|---|---|---|---|
| | 11 | 12 | 13 | 14 | 15 | 21 | 22 | 31 | 32 | 33 |
| 保有家庭（A） | 0 | 2 | 4 | 6 | 8 | 12 | 8 | 3 | 8 | 9 |
| 非保有家庭（B） | 8 | 6 | 3 | 2 | 1 | 10 | 10 | 11 | 5 | 4 |
| $H$ 值 | −4.0 | −2.0 | 0.5 | 2.0 | 3.5 | 1.0 | −1.0 | −4.0 | 1.5 | 2.5 |

（3）对说明变量进行交叉分析汇总，并进行变量定义见表 5-6。

汇总结果（2）　　　　　　　　　　　　　　　　　　表 5-6

| 项　目 | | 家 庭 收 入 | | | | | 就　业 | | 交　通 | | |
|---|---|---|---|---|---|---|---|---|---|---|---|
| | | 11 | 12 | 13 | 14 | 15 | 21 | 22 | 31 | 32 | 33 |
| 家庭收入 | 11 | $N_{1111}$ 8 | $N_{1112}$ 0 | $N_{1113}$ 0 | $N_{1114}$ 0 | $N_{1115}$ 0 | $N_{1121}$ 2 | $N_{1122}$ 6 | $N_{1131}$ 4 | $N_{1132}$ 1 | $N_{1133}$ 3 |
| | 12 | $N_{1211}$ 0 | $N_{1212}$ 8 | $N_{1213}$ 0 | $N_{1214}$ 0 | $N_{1215}$ 0 | $N_{1221}$ 4 | $N_{1222}$ 4 | $N_{1231}$ 3 | $N_{1232}$ 4 | $N_{1233}$ 1 |
| | 13 | $N_{1311}$ 0 | $N_{1312}$ 0 | $N_{1313}$ 7 | $N_{1314}$ 0 | $N_{1315}$ 0 | $N_{1321}$ 4 | $N_{1322}$ 3 | $N_{1331}$ 2 | $N_{1332}$ 1 | $N_{1333}$ 4 |
| | 14 | $N_{1411}$ 0 | $N_{1412}$ 0 | $N_{1413}$ 0 | $N_{1414}$ 8 | $N_{1415}$ 0 | $N_{1421}$ 5 | $N_{1422}$ 3 | $N_{1431}$ 1 | $N_{1432}$ 4 | $N_{1433}$ 3 |
| | 15 | $N_{1511}$ 0 | $N_{1512}$ 0 | $N_{1513}$ 0 | $N_{1514}$ 0 | $N_{1515}$ 9 | $N_{1521}$ 7 | $N_{1522}$ 2 | $N_{1531}$ 4 | $N_{1532}$ 3 | $N_{1533}$ 2 |
| 就业 | 21 | $N_{2111}$ 2 | $N_{2112}$ 4 | $N_{2113}$ 4 | $N_{2114}$ 5 | $N_{2115}$ 7 | $N_{2121}$ 22 | $N_{2122}$ 0 | $N_{2131}$ 10 | $N_{2132}$ 9 | $N_{2133}$ 3 |
| | 22 | $N_{2211}$ 6 | $N_{2212}$ 4 | $N_{2213}$ 3 | $N_{2214}$ 3 | $N_{2215}$ 2 | $N_{2221}$ 0 | $N_{2222}$ 18 | $N_{2231}$ 4 | $N_{2232}$ 4 | $N_{2233}$ 10 |
| 交通 | 31 | $N_{3111}$ 4 | $N_{3112}$ 3 | $N_{3113}$ 2 | $N_{3114}$ 1 | $N_{3115}$ 4 | $N_{3121}$ 10 | $N_{3122}$ 4 | $N_{3131}$ 14 | $N_{3132}$ 0 | $N_{3123}$ 0 |
| | 32 | $N_{3211}$ 1 | $N_{3212}$ 4 | $N_{3213}$ 1 | $N_{3214}$ 4 | $N_{3215}$ 3 | $N_{3221}$ 9 | $N_{3222}$ 4 | $N_{3231}$ 0 | $N_{3232}$ 13 | $N_{3233}$ 0 |
| | 33 | $N_{3311}$ 3 | $N_{3312}$ 1 | $N_{3313}$ 4 | $N_{3314}$ 3 | $N_{3315}$ 2 | $N_{3321}$ 3 | $N_{3322}$ 10 | $N_{3331}$ 0 | $N_{3322}$ 0 | $N_{3333}$ 13 |

（4）按照下式计算 $F$ 值。

$$F_{ij} = N_{ij} - \frac{N_{ii}N_{jj}}{N_A + N_B}$$

比如关于"收入少的家庭"对"有工作"的 $F$ 值如下，其结果见表 5-7。

$$F_{1121} = 3 - \frac{7 \times 19}{20 + 20} = -0.325$$

**F 值** 表5-7

| 项目 | | 家 庭 收 入 | | | | | 就 业 | | 交 通 | | |
|---|---|---|---|---|---|---|---|---|---|---|---|
| | | 11 | 12 | 13 | 14 | 15 | 21 | 22 | 31 | 32 | 33 |
| 家庭收入 | 11 | 6.400 | -1.600 | -1.400 | -1.600 | -1.800 | -2.400 | 2.400 | 1.200 | -1.600 | 0.400 |
| | 12 | -1.600 | 6.400 | -1.400 | -1.600 | -1.800 | -0.400 | 0.400 | 0.200 | 1.400 | -1.600 |
| | 13 | -1.400 | -1.400 | 5.775 | -1.400 | -1.575 | 0.150 | -0.150 | -0.450 | -1.275 | 1.725 |
| | 14 | -1.600 | -1.600 | -1.400 | 6.400 | -1.800 | 0.600 | -0.600 | -1.800 | 1.400 | 0.400 |
| | 15 | -1.800 | -1.800 | -1.580 | -1.800 | 6.975 | 2.050 | -2.050 | 0.850 | 0.075 | -0.925 |
| 就业 | 21 | -2.400 | -0.400 | 0.150 | 0.600 | 2.050 | 9.900 | -9.900 | 2.300 | 1.850 | -4.150 |
| | 22 | 2.400 | 0.400 | -0.150 | -0.600 | -2.050 | -9.900 | 9.900 | -2.300 | -1.850 | 4.150 |
| 交通 | 31 | 1.200 | 0.200 | -0.450 | -1.800 | 0.850 | 2.300 | -2.300 | 9.100 | -4.550 | -4.550 |
| | 32 | -1.600 | 1.400 | -1.275 | 1.400 | 0.075 | 1.850 | -1.850 | -4.550 | 8.775 | -4.225 |
| | 33 | 0.400 | -1.600 | 1.725 | 0.400 | -0.925 | -4.150 | 4.150 | -4.550 | -4.225 | 8.775 |

（5）把所求的类别按照表5-8赋予虚拟变量。

**虚 拟 变 量** 表5-8

| 项 目 | | 家 庭 收 入 | | | | 就 业 | | 交 通 | | |
|---|---|---|---|---|---|---|---|---|---|---|
| 类别 | 少 | 较少 | 普通 | 较多 | 多 | 有工作 | 无工作 | 好 | 普通 | 差 |
| 虚拟变量 | $X_{11}$ | $X_{12}$ | $X_{13}$ | $X_{14}$ | $X_{15}$ | $X_{21}$ | $X_{22}$ | $X_{31}$ | $X_{32}$ | $X_{33}$ |

求解下式所示的联立方程组。数量化Ⅱ类的联立方程式中，需要把各项目第一类别的变量系数设为0求解，等式右侧与 $H$ 值相等。

$$\begin{cases} 0X_{11} - 1.6X_{12} - 1.4X_{13} - 1.6X_{14} - 1.8X_{15} + 0X_{21} + 2.4X_{22} + 0X_{31} - 1.6X_{32} + 0.4X_{33} = -4 \\ 0X_{11} + 6.4X_{12} - 1.4X_{13} - 1.6X_{14} - 1.8X_{15} + 0X_{21} + 0.4X_{22} + 0X_{31} + 1.4X_{32} - 1.6X_{33} = -2 \\ 0X_{11} - 1.4X_{12} + 5.775X_{13} - 1.4X_{14} - 1.575X_{15} + 0X_{21} - 0.15X_{22} + 0X_{31} - 1.275X_{32} + 1.725X_{33} = 0.5 \\ 0X_{11} - 1.6X_{12} - 1.4X_{13} + 6.4X_{14} - 1.8X_{15} + 0X_{21} - 0.6X_{22} + 0X_{31} + 1.4X_{32} + 0.4X_{33} = 2 \\ 0X_{11} - 1.8X_{12} - 1.58X_{13} - 1.8X_{14} + 6.975X_{15} + 0X_{21} - 2.05X_{22} + 0X_{31} + 0.075X_{32} - 0.925X_{33} = 3.5 \\ 0X_{11} - 0.4X_{12} + 0.15X_{13} + 0.6X_{14} + 2.05X_{15} + 0X_{21} - 9.9X_{22} + 0X_{31} + 1.85X_{32} - 4.15X_{33} = 1 \\ 0X_{11} + 0.4X_{12} - 0.15X_{13} - 0.6X_{14} - 2.05X_{15} + 0X_{21} + 9.9X_{22} + 0X_{31} - 2.3X_{32} - 1.85X_{33} = -1 \\ 0X_{11} + 0.2X_{12} - 0.45X_{13} - 1.8X_{14} + 0.85X_{15} + 0X_{21} - 2.3X_{22} + 0X_{31} - 4.55X_{32} - 4.55X_{33} = -4 \\ 0X_{11} + 1.4X_{12} - 1.275X_{13} + 1.4X_{14} + 0.075X_{15} + 0X_{21} - 1.85X_{22} + 0X_{31} + 8.775X_{32} - 4.225X_{33} = 1.5 \\ 0X_{11} - 1.6X_{12} - 1.725X_{13} + 0.4X_{14} - 0.925X_{15} + 0X_{21} + 4.15X_{22} + 0X_{31} - 4.225X_{32} + 8.775X_{33} = 2.5 \end{cases}$$

（6）计算类别分数（CS）。

比如，家庭收入的加权平均（$WM_1$）为：

$$WM_1 = \frac{0 \times 8 - 0.073543 \times 8 + 0.135765 \times 7 + 0.275025 \times 8 + 0.287573 \times 9}{8 + 8 + 7 + 8 + 9} = 0.128759$$

"家庭收入少"的类别分数为：

$$CS_{11} = 0 - 0.128759 = -0.128759$$

全部结果见表5-9。

计 算 结 果

表 5-9

| 项 目 | 类 别 | 标本数 | 方程式的解 | 加权平均 | 类别分数 |
|---|---|---|---|---|---|
| 家庭收入 | 少 | 8 | 0.000000 | 0.128759 | − 0.128759 |
| | 较少 | 8 | − 0.073543 | | − 0.202302 |
| | 普通 | 7 | 0.135765 | | 0.007006 |
| | 较多 | 8 | 0.275025 | | 0.146265 |
| | 多 | 9 | 0.287573 | | 0.158814 |
| 就业 | 有工作 | 22 | 0.000000 | − 0.075994 | 0.075994 |
| | 无工作 | 18 | − 0.168875 | | − 0.092881 |
| 交通 | 好 | 14 | 0.000000 | 0.290143 | − 0.290143 |
| | 普通 | 13 | 0.371454 | | 0.081311 |
| | 差 | 13 | 0.521294 | | 0.231151 |

根据表 5-9 的类别分数,得到各个项目的最大值和最小值,间距的值越大,该项目的影响就越大。本题中可以认为保有第二辆私车的主要决定因素是家庭的收入。计算各个项目之间的间距见表 5-10。

各个项目的间距

表 5-10

| 项 目 | 类 别 分 数 | | 间 距 |
|---|---|---|---|
| | 最大值 | 最小值 | |
| 家庭收入 | 0.158814 | − 0.202302 | 0.361116 |
| 就业 | 0.075994 | − 0.092881 | 0.168875 |
| 交通 | 0.231151 | − 0.290143 | 0.521294 |

(7)通过对类别分数进行合计来计算样本分数(SS)。

比如,表 5-4 的第一个数据"收入较少,不工作,好"的样本分数如下:

$$SS = (− 0.2023) + (− 0.0929) + (− 0.2901) = − 0.5853$$

将求出的所有样本的样本分数分为 6 个等级,做成表 5-11 所示的度数表。

度 数 表

表 5-11

| 样 本 分 数 | 标 本 数 | | | 构成比例(%) | | 累计构成比例(%) | |
|---|---|---|---|---|---|---|---|
| | 合计 | 有 | 无 | 有 | 无 | 有 | 无 |
| − 0.59 ≤ SS ≤ − 0.39 | 3 | 0 | 3 | 0 | 15 | 100 | 15 |
| − 0.39 ≤ SS ≤ − 0.19 | 6 | 0 | 6 | 0 | 30 | 100 | 45 |
| − 0.19 ≤ SS ≤ 0.01 | 12 | 5 | 7 | 25 | 35 | 100 | 80 |
| 0.01 ≤ SS ≤ 0.21 | 6 | 4 | 2 | 20 | 10 | 75 | 90 |
| 0.21 ≤ SS ≤ 0.41 | 12 | 10 | 2 | 50 | 10 | 55 | 100 |
| 0.41 ≤ SS | 1 | 1 | 0 | 5 | 0 | 5 | 100 |
| 合计 | 40 | 20 | 20 | 100 | 100 | | |

表 5-11 可以显示为折线图如图 5-1 所示。图中两条中线交点的横坐标为判别的中点,纵轴的值为判别的命中率。判别的中点为 0.0761,判别的命中率为 0.78。

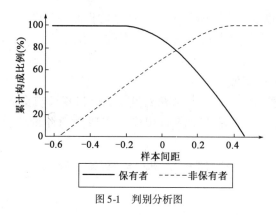

图 5-1　判别分析图

　　根据表 5-9 可以进行预测。比如,对于"家庭收入较多,主妇不工作,附近交通服务水平高"的情况,其 SS 值为:

$$SS = 0.146265 + (-0.092881) + (-0.290143) = -0.236759$$

SS 值比判别中点小,因此可以预测这个家庭保有第二台汽车的概率很低。

## 三、聚类分析(Cluster Analysis)

　　聚类分析与判别分析、数量化理论Ⅱ类方法同属分类方法,是比较各事物之间的性质,将性质相近的归为一类,将性质差别较大的归入不同类的分析技术。不同的是,判别分析是预先根据理论与实践确定等级序列的因子标准,再将待分析的样本安排到序列的合理位置上的方法。而聚类分析没有训练样本,直接根据样本或是变量之间的相似程度进行分类。聚类分析方法可分为样本聚类和变量聚类两种。作为衡量相似程度的尺度,可以采用距离和相关系数。样本聚类中使用距离,变量聚类中使用相关系数。

　　定义、计算两项之间距离或相似性的方法有很多,例如:

　　(1)组间连接:合并两类后使所有对应两项之间的平均距离最小。

　　(2)组内连接:合并后使类中所有项之间的平均距离(平方)最小。

　　(3)最近邻法:用两类之间最近点间的距离代表两类间的距离。

　　(4)最远邻法:用两类之间最远点间的距离代表两类间的距离。

　　(5)重心聚类:以计算所有各项均值间距离的方法计算两类间距离。

　　(6)中位数法:以各类中的中位数为类中心。

　　(7)最小方差法:以类间方差最小为聚类原则。

　　聚类分析从方法上可以分为分层的方法和不分层的方法。分层的方法就是去发现最为接近的样本或是变量的顺序,最终把相似的样本或变量按照相邻的关系进行排列,其结果用树状图进行表示。

　　以样本聚类为例,作为测定样本间的距离的方法,通常使用的就是几何距离,或称欧氏距离。假定两个地点 $A$ 与 $B$ 的坐标为 $A = (x_1, y_1)$, $B = (x_2, y_2)$, $AB$ 之间的距离为 $d$,则在平面上该距离为:

$$d = \sqrt{(x_2 - x_1)^2 + (y_2 - y_1)^2} \tag{5-6}$$

　　在空间上, $A = (x_1, y_1, z_1)$, $B = (x_2, y_2, z_2)$,则:

$$d = \sqrt{(x_2 - x_1)^2 + (y_2 - y_1)^2 + (z_2 - z_1)^2} \tag{5-7}$$

当用距离作相似性度量时,距离越小,两个样品的相似性程度越高。

以变量聚类为例,通常使用夹角余弦或相关系数作为测定相似系数的方法。

当用相似系数时,不论夹角余弦或者相关系数,它们的值都在 $-1\sim+1$ 之间,越接近 $+1$,相似程度越高;越接近 $-1$,相似程度越低。

【例题 5-3】 用聚类(Cluster)分析方法对城市的人口规模与交通量进行评价。

表 5-12 中表示的是对 5 个城市的人口规模与交通量的评价值,请根据表中数据将城市分组。

**5 个城市的人口规模与交通量的评价值**　　　　　　表 5-12

| 项　　目 | ① | ② | ③ | ④ | ⑤ |
|---|---|---|---|---|---|
| 人口规模 | 5 | 4 | 2 | 1 | 1 |
| 交通量 | 4 | 3 | 3 | 1 | 2 |

【解答】

考虑人口规模和交通量的双重影响,用下面的公式计算城市 $i$ 和城市 $j$ 的虚拟距离 $r_{ij}$ 为:

$$r_{ij} = \sqrt{(x_i - x_j)^2 + (y_i - y_j)^2}$$

式中:$x_i$,$x_j$——城市 $i$ 和城市 $j$ 的人口规模;

$\quad y_i$,$y_j$——城市 $i$ 和城市 $j$ 的交通量。

计算结果见表 5-13。

$$r_{12} = \sqrt{(5-4)^2 + (4-3)^2} = 1.4142$$

**距 离 矩 阵 表**　　　　　　表 5-13

| | ① | ② | ③ | ④ | ⑤ |
|---|---|---|---|---|---|
| ① | | 1.4142 | 3.1623 | 5.0000 | 4.4721 |
| ② | | | 2.0000 | 3.6056 | 3.1623 |
| ③ | | | | 2.2361 | 1.4142 |
| ④ | | | | | 1.0000 |
| ⑤ | | | | | |

分组的步骤为:

(1)城市④、⑤的距离为 1.0000 最为接近,将其划分为一组。

(2)城市①、②的距离为 1.4142 第二接近,将其划为另一组。

(3)城市③与{④,⑤}的组的距离为 1.4142,可划分为一组。

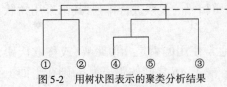
图 5-2　用树状图表示的聚类分析结果

(4)由上可以得到{①,②}与{③与④,⑤}的组合。

分组情况可用树状图表示其聚集类分析结果,如图 5-2 所示。如需分为两组的话,在虚线处分类即可。

## 四、树形图(Dendrogram)

树形图也称树枝状图。为了用图表示亲缘关系,把分类单位摆在图上树枝顶部,根据分枝可以表示其相互关系,具有二次元和三次元。在数量分类学上,用于表型分类的树状图,称为

表型树状图(Phenogram);掺入系统的推论的树状图称
为系统树状图(Cladogram)。

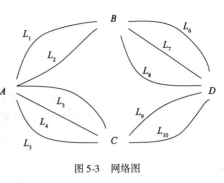

例如,路径选择问题:从出发地 $A$ 点到目的地 $D$ 点,
中间经过 $B$ 点、$C$ 点,如图5-3所示,有多少条路径?

分析过程:从 $A$ 点到 $B$ 点,有两条可能的路线 $L_1$,$L_2$
供选择;从 $A$ 点到 $C$ 点,有3条可能的路线 $L_3$,$L_4$,$L_5$ 供
选择;从 $B$ 点到 $D$ 点,有三条可能的路线 $L_6$,$L_7$,$L_8$ 供选
择;从 $C$ 点到 $D$ 点,有两条可能的路线 $L_9$,$L_{10}$ 供选择。
对此,我们可以用树状图表示的路径,如图5-4所示。

图5-3 网络图

从上至下每一条路径就是一种可能的结果,而且每种结果发生的机会相等。由此,得出从 $A$
到 $D$ 的所有路径。

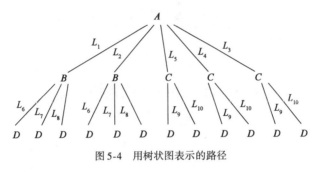

图5-4 用树状图表示的路径

在分析过程中,采用了树状图的方法。由于图的形状好像一棵倒立的树,因此常把它称为
树状图,也称树形图、树图。它不仅可以帮助我们分析问题,而且可以避免重复和遗漏,既直观
又条理分明。

## 五、多维尺度法(Multi-dimensional Scaling)[2]

多维尺度分析(Multi-dimensional Scaling) 通常在市场研究中使用,它可以通过低维空间
(通常是二维空间)展示多个研究对象(比如品牌)之间的联系,利用平面距离来反映研究对象
之间的相似程度。由于多维尺度分析法通常是基于研究对象之间的相似性(距离)的,只要获
得了两个研究对象之间的距离矩阵,我们就可以通过相应统计软件做出他们的相似性知觉图
(Perceptual Mapping)。

在实际应用中,距离矩阵的获得主要有两种方法:一种是采用直接的相似性评价,先将所
有评价对象进行两两组合,然后要求被访者对所有的这些组合间进行直接相似性评价,这种方
法称之为直接评价法;另一种为间接评价法,由研究人员根据事先经验,找出影响人们评价研
究对象相似性的主要属性,然后针对每个研究对象,让被访者对这些属性进行逐一评价,最后
将所有属性作为多维空间的坐标,通过距离变换计算对象之间的距离。

多维尺度分析的主要思路是利用被访者对研究对象的分组,来反映被访者对研究对象相
似性的感知,这种方法具有一定直观合理性。同时该方法实施方便,调查中被访者负担较小,
很容易得到理解接受。当然,该方法的不足之处是牺牲了个体距离矩阵,由于每个被访者个体
的距离矩阵只包含1与0两种取值,相对较为粗糙,个体距离矩阵的分析显得比较勉强。但这
一点是完全可以接受的,因为对大多数研究而言,我们并不需要知道每一个个体的空间知

觉图。

多维尺度分析需要解决的问题是，当 $n$ 个对象中各对（Pair）对象之间的相似性（距离）给定时，确定这些对象在低维空间中的表示，并使其尽可能与原先的相似性大体匹配，使得由降维所引起的任何变形达到最小。

多维尺度分析按照分析的对象是定序变量还是定量变量可以分为非度量 MDS 和度量 MDS。这里主要介绍度量 MDS 的求解过程。

（1）给定距离矩阵 $\boldsymbol{D} = (d_{ij})_{n \times n}$，构造矩阵 $\boldsymbol{B} = (b_{ij})_{n \times n}$，其中：

$$b_{ij} = \frac{1}{2}\left(-d_{ij}^2 + \frac{1}{n}\sum_{j=1}^{n}d_{ij}^2 + \frac{1}{n}\sum_{i=1}^{n}d_{ij}^2 - \frac{1}{n}\sum_{i=1}^{n}\sum_{j=1}^{n}d_{ij}^2\right) \tag{5-8}$$

（2）求 $\boldsymbol{B}$ 的特征值 $\lambda_1 \geq \lambda_2 \geq \cdots \geq \lambda_n$。

（3）选定地位空间的维数 $k$，取前 $k$ 个特征值 $\lambda_1 \geq \lambda_2 \geq \cdots \geq \lambda_k$ 对应的正交化特征向量 $(x_1, x_2, \cdots, x_k)$，使得 $x'_i x_i = \lambda_i$。根据 $\sum_{i=1}^{k}\lambda_i / \sum_{i=1}^{n}\lambda_i$ 选取 $k$。

（4）$\boldsymbol{X} = (x_1, x_2, \cdots, x_k)$ 即为所求解。

# 第三节　回归预测方法

## 一、方差分析[3]

方差分析（Analysis of Variance，简称 ANOVA）是数理统计学中常用的数据处理方法之一，是工农业生产和科学研究中分析试验数据的一种有效的工具，也是开展试验设计、参数设计和容差设计的数学基础。方差分析由英国统计学家 R. A. Fisher 首先提出，以 $F$ 命名其统计量，所以方差分析又称 $F$ 检验。方差分析通过分析引起目标函数变动的因子，对目标函数的变动所产生影响的程度进行分析，并据其结果抽出主要的因子。

方差分析的基本思想是根据研究目的和设计类型（即分组方案），将总变异中的离差平方和 $SS_{总}$（SS：Sum of Squares）及其自由度（$\nu$：Freedom）分别分解成相应的若干部分，然后求各相应部分的变异；再用各部分的变异与组内（或误差）变异进行比较，得出统计量 $F$ 值；最后根据 $F$ 值的大小确定 $P$ 值（显著性指标），作出统计推断。

例如，完全随机设计的方差分析，是将总变异中的离差平方和 $SS_{总}$ 及其自由度 $\nu_{总}$ 分别分解成组间和组内两部分，$SS_{组间}/\nu_{组间}$ 与 $SS_{组内}/\nu_{组内}$ 分别为组间变异均方差 $MS_{组间}$ 与组内变异均方差（$MS_{组内}$），两者之比即为统计量 $F$（$MS_{组间}/MS_{组内}$）。

方差分析的检验假设 $H_0$ 为各样本来自均数相等的总体，$H_1$ 为各总体均数不等或不完全相等。若不拒绝 $H_0$ 时，可认为各样本均数间的差异是由于抽样误差所致，而不是由于处理因素的作用所致。理论上，此时的组间变异与组内变异应相等，两者的比值，即统计量 $F$ 为1；由于存在抽样误差，两者往往不恰好相等，但相差不会太大，统计量 $F$ 应接近于1。如果拒绝 $H_0$，接受 $H_1$ 时，可认为各样本均数间的差异，不仅是由抽样误差所致，还有处理因素的作用。此时的组间变异远大于组内变异，两者的比值，即统计量 $F$ 明显大于1。在实际应用中，当统计量 $F$ 值远大于1且大于某界值时，拒绝 $H_0$，接受 $H_1$，即意味着各样本均数间的差异，不仅是由抽样误差所致，还有处理因素的作用。

$$F = \frac{\text{MS}_{组间}}{\text{MS}_{组内}} \tag{5-9}$$

## （一）方差分析的计算方法

下面以完全随机设计资料为例,说明单因素方差分析的计算方法。将 $N$ 个受试对象随机分为 $k$ 组,分别接受不同的处理。归纳整理数据的格式、符号如下：

处理组（$i$）

| | 1 | 2 | 3 | $\cdots$ | $k$ |
|---|---|---|---|---|---|
| | $x_{11}$ | $x_{21}$ | $x_{31}$ | $\cdots$ | $x_{k1}$ |
| $x_{ij}$ | $x_{12}$ | $x_{22}$ | $x_{32}$ | $\cdots$ | $x_{k2}$ |
| | $\vdots$ | $\vdots$ | $\vdots$ | $\vdots$ | $\vdots$ |
| | $x_{1n_1}$ | $x_{2n_2}$ | $x_{3n_3}$ | $\cdots$ | $x_{kn_k}$ |
| 合计 | $\sum\limits_{j=1}^{n_1} x_{1j}$ | $\sum\limits_{j=1}^{n_2} x_{2j}$ | $\sum\limits_{j=1}^{n_3} x_{3j}$ | $\cdots$ | $\sum\limits_{j=1}^{n_k} x_{kj}$ |
| $n_i$ | $n_1$ | $n_2$ | $n_3$ | $\cdots$ | $n_k$ |

（1）总离差平方和及自由度

总变异的离差平方和为各变量值与平均数（$\bar{x}$）差值的平方和,总离差平方和与自由度分别为：

$$\text{SS}_{总} = \sum_{i=1}^{k}\sum_{j=1}^{n_i}(\bar{x}_{ij} - \bar{x})^2 = \sum_{i,j}^{N} x^2 - \frac{(\sum\limits_{i,j}^{N} x_{ij})^2}{N} \tag{5-10}$$

$$\nu_{总} = N - 1 \tag{5-11}$$

（2）组间离差平方和、自由度和均方差

组间离均差平方和为各组样本均数（$\bar{x}_i$）与平均数（$\bar{x}$）差值的平方和。

$$\text{SS}_{组间} = \sum_{i=1}^{k} n_i(\bar{x}_i - \bar{x})^2 = \sum_{i=1}^{k} \frac{(\sum\limits_{j=1}^{n_i} x_{ij})^2}{n_i} - \frac{(\sum\limits_{i,j}^{N} x_{ij})^2}{N} \tag{5-12}$$

$$\nu_{组间} = k - 1 \tag{5-13}$$

$$\text{MS}_{组间} = \frac{\text{SS}_{组间}}{\nu_{组间}} \tag{5-14}$$

（3）组内离差平方和、自由度和均方差

组内离差平方和为各处理组内部观察值与其均数（$\bar{x}_i$）差值的平方和之和。

$$\text{SS}_{组内} = \sum_{i=1}^{k}\sum_{j=1}^{n_i}(x_{ij} - \bar{x}_i)^2 \tag{5-15}$$

$$\nu_{组内} = N - k \tag{5-16}$$

$$\text{MS}_{组内} = \frac{\text{SS}_{组间}}{\nu_{组间}} \tag{5-17}$$

（4）3 种变异的关系

$$\text{SS}_{总} = \text{SS}_{组间} + \text{SS}_{组内} \tag{5-18}$$

$$\nu_{总} = \nu_{组间} + \nu_{组内} \tag{5-19}$$

可见，完全随机设计的单因素方差分析时，总的离差平方和 $SS_{总}$ 可分解为组间离差平方和 $SS_{组间}$ 与组内离差平方和 $SS_{组内}$ 两部分；相应的总自由度 $\nu_{总}$ 可分解为组间自由度 $\nu_{组间}$ 和组内自由度 $\nu_{组内}$ 两部分。

（5）方差分析的统计量

$$F = \frac{MS_{组间}}{MS_{组内}} \tag{5-20}$$

## （二）方差分析的应用条件与用途

方差分析的应用条件为：

（1）各样本须是相互独立的随机样本。

（2）各样本来自正态分布总体。

（3）各总体方差相等，即方差齐。

方差分析的用途如下：

（1）两个或多个样本均数间的比较。

（2）分析两个或多个因素间的交互作用。

（3）回归方程的线性假设检验。

（4）多元线性回归分析中偏回归系数的假设检验。

（5）两样本的方差齐性检验等。

## 二、相关分析（Correlation Analysis）[4,5]

相关分析是研究现象之间是否存在某种相互影响的依存关系，并对具体有相互影响的依存关系的现象探讨其相关方向以及相关程度，是研究随机变量之间的相关关系的一种统计方法。

相关关系是一种非确定性的关系，例如，以 $x$ 和 $y$ 分别记一个人的身高和体重，或分别记每公顷施肥量与每公顷小麦产量，则 $x$ 与 $y$ 显然有关系，但而又没有确切到可由其中的一个去精确地决定另一个的程度，这就是相关关系。相关关系中考察的变量之间没有确定的因果关系，其变量的地位是相同的。

### （一）相关分析的分类

#### 1.线性相关分析

研究两个变量间线性关系的程度，用相关系数 $r$ 来描述，$r$ 的值在 $-1 \sim +1$ 之间。

（1）正相关：如果 $x$、$y$ 两变量变化的方向一致，如身高与体重的关系，则 $r > 0$；一般地：

①当 $|r| > 0.95$ 时，存在显著性相关；

②当 $|r| \geqslant 0.8$ 时，高度相关；

③当 $0.5 \leqslant |r| < 0.8$ 时，中度相关；

④当 $0.3 \leqslant |r| < 0.5$ 时，低度相关；

⑤当 $|r| < 0.3$ 时，关系极弱，认为不相关。

（2）负相关：如果 $x$、$y$ 两变量变化的方向相反，比如吸烟与肺功能的关系，则 $r < 0$。

（3）无线性相关：$r = 0$。

如果变量 $y$ 与 $x$ 间是函数关系,则 $r = 1$ 或 $r = -1$;如果变量 $y$ 与 $x$ 间是统计关系,则 $-1 < r < 1$。

相关系数 $r$ 的计算方式有 3 种:

(1)Pearson 相关系数:又称简单相关系数,是对定距连续变量的数据进行计算。

(2)Spearman 和 Kendall 相关系数:是对分类变量的数据或变量值的分布明显呈非正态分布或分布不明时,计算时先对离散数据进行排序或对定距变量值排(求)秩。

2. 偏相关分析

研究两个变量之间的线性相关关系时,控制可能对其产生影响的变量。如控制年龄和工作经验的影响,估计工资收入与受教育水平之间的相关关系。

### (二)相关分析与回归分析的关系

相关分析与回归分析在实际应用中有密切关系。然而在回归分析中,所关心的是一个随机变量 $y$ 对另一个(或一组)随机变量 $x$ 的依赖关系的函数形式。而在相关分析中 ,所讨论的变量的地位一样,分析侧重于随机变量之间的种种相关特征。例如,以 $x$、$y$ 分别记小学生的数学与语文成绩,感兴趣的是二者的关系如何,而不在于由 $x$ 去预测 $y$。

### (三)简单相关系数的计算

两个随机变量 $x$、$y$,其简单相关系数定义为:

$$r_{xy} = \frac{\sum_{i=1}^{n} (x_i - \bar{x})(y_i - \bar{y})}{\sqrt{\sum_{i=1}^{n} (x_i - \bar{x})^2 \sum_{i=1}^{n} (y_i - \bar{y})^2}} \tag{5-21}$$

相关系数的显著性检验过程如下:

(1)建立原假设 $H_0 : r_{xy} = 0$,和备择假设 $H_1 : r_{xy}$ 不为 0。

(2)构建统计量 $t$(计算 $t$ 值):

$$t = \frac{\sqrt{n-2} \, r_{xy}}{\sqrt{1 - r_{xy}^2}} \tag{5-22}$$

式中:$n$——样本容量。

(3)设定显著性水平 $\alpha$,一般取 0.05。

(4)查 $t$ 值表检验假设。

在 $H_0$ 成立的条件下,$t$ 服从自由度为 $n-2$ 的 $t$ 分布,则当 $|t| > t_{1-\frac{\alpha}{2}}(n-2)$ 时,否定原假设,即 $r_{xy}$ 不为 0,两变量之间存在显著线性关系。

由于回归分析过程中都涉及相关分析的过程,因此可参考回归分析的例题来理解相关分析。

## 三、回归分析

回归分析(Regression Analysis)方法是在掌握大量观察数据的基础上,建立描述因变量与自变量之间因果关系的回归方程式的数理统计方法。回归分析中,当研究的因果关系只涉及一个因变量和一个自变量时,叫作一元回归分析;当研究的因果关系涉及一个因变量和多个自变量时,叫作多元回归分析;当研究的因果关系涉及多个因变量和多个自变量时,叫作多因变量的多元回归分析。此外,依据描述自变量与因变量之间因果关系的回归方程式是线性的还是非线性的,回归分析又分为线性回归分析和非线性回归分析。通常线性回归分析方法是最基本的分析方法,遇到非线性回归问题可以借助数学手段化为线性回归问题处理,因此本讲只介绍线性回归分析。

### (一)一元线性回归分析(Simple Regression Analysis)

一元线性回归,又称简单线性回归,研究的是一个自变量与一个因变量之间的线性关系,也就是通常所说的拟合直线问题。

#### 1. 一元线性回归模型

总体的一元线性回归模型可以表示为:

$$y = A + Bx + \varepsilon \qquad (B \neq 0) \tag{5-23}$$

式中:$x$——自变量;

$y$——因变量;

$\varepsilon$——随机误差。

自变量 $x$ 是解释变量或预测变量,并假定它是可以控制的无测量误差的非随机变量;因变量 $y$ 是被解释变量或被预测变量,它是随机变量。随机误差 $\varepsilon$ 是因变量 $y$ 能被自变量 $x$ 解释后所剩下的值,因此又称为残差值,它是随机变量,$\varepsilon \sim N(0, \sigma^2)$,因此,$y \sim N(A + Bx, \sigma^2)$。$A$ 和 $B$ 为未知待估的总体参数,称为回归系数。由此可见,实际观测值 $y$ 被分割为两个部分:可解释的确定部分 $A + Bx$ 和不可解释的随机部分 $\varepsilon$。

总体的回归模型 $y = A + Bx + \varepsilon$ 是未知的,回归分析的基本任务就是根据样本资料估计总体的回归模型。假设样本的回归方程可以表示为:

$$\hat{y} = a + bx \qquad (b \neq 0) \tag{5-24}$$

式中:$\hat{y}, a, b$——$y, A, B$ 的估计值。

#### 2. 回归系数的求解

对于一个包含 $n$ 个观察值的样本 $(x_1, y_1), (x_2, y_2), \cdots, (x_n, y_n)$,求解回归系数 $a$ 和 $b$ 有多种办法,一般可以利用最小二乘法估计回归系数。最小二乘法基本原则是对于确定的方程,要求观察值 $y$ 与估算值 $\hat{y}$ 的离差平方和最小。离差平方和可以表示为

$$Q = \sum_{i=1}^{n} (y_i - \hat{y}_i)^2 = \sum_{i=1}^{n} (y_i - a - bx_i)^2 \tag{5-25}$$

式中:$x_i, y_i$——自变量 $x$ 和因变量 $y$ 的观察值;

$n$——样本数量。

为了使 $Q$ 取得最小值,将 $Q$ 分别对 $a$ 和 $b$ 求偏导数,并使它们等于 0,得:

$$\begin{cases} \sum_{i=1}^{n} (y_i - a - bx_i) = 0 \\ \sum_{i=1}^{n} (y_i - a - bx_i)x_i = 0 \end{cases} \tag{5-26}$$

或者
$$\begin{cases} na + b\sum_{i=1}^{n}x_i = \sum_{i=1}^{n}y_i \\ a\sum_{i=1}^{n}x_i + b\sum_{i=1}^{n}x_i^2 = \sum_{i=1}^{n}x_iy_i \end{cases} \tag{5-27}$$

记
$$\bar{x} = \frac{1}{n}\sum_{i=1}^{n}x_i \tag{5-28}$$

$$\bar{y} = \frac{1}{n}\sum_{i=1}^{n}y_i \tag{5-29}$$

式(5-27)可写作:
$$\begin{cases} na + nb\bar{x} = n\bar{y} \\ na\bar{x} + b\sum_{i=1}^{n}x_i^2 = \sum_{i=1}^{n}x_iy_i \end{cases} \tag{5-30}$$

式(5-30)称为正规方程组,它存在唯一解为:

$$b = \frac{\sum_{i=1}^{n}(x_i - \bar{x})(y_i - \bar{y})}{\sum_{i=1}^{n}(x_i - \bar{x})^2} \tag{5-31}$$

$$a = \bar{y} - b\bar{x} \tag{5-32}$$

**3. 回归方程的检验**

对于任何一组样本数据$(x_i, y_i)(i=1,2,\cdots,n)$,都可按最小二乘法确定一个线性函数,但因变量与自变量之间是否真有近似于线性函数的相关关系尚需进行假设检验。

假设$H_0: b=0, H_1: b\neq0$。如果$H_0$成立,则不能认为因变量与自变量有线性相关关系。进行假设检验的方法有多种,这里只选取$F$检验法和$r$检验法进行介绍。

**(1)$F$检验法**

对于某一个观察值$y_i$,其离差大小可通过观察值$y_i$与全部观察值的均值$\bar{y}$之差$y_i - \bar{y}$表示出来,$y_i - \bar{y}$又可进一步分解为$y_i - \hat{y}_i$和$\hat{y}_i - \bar{y}$两部分,即:

$$y_i - \bar{y} = (y_i - \hat{y}_i) + (\hat{y}_i - \bar{y}) \tag{5-33}$$

可以证明,当变量$x$和$y$线性相关时,还进一步存在下述等式关系:

$$\sum_{i=1}^{n}(y_i - \bar{y})^2 = \sum_{i=1}^{n}(y_i - \hat{y}_i)^2 + \sum_{i=1}^{n}(\hat{y}_i - \bar{y})^2 \tag{5-34}$$

记
$$SS_T = \sum_{i=1}^{n}(y_i - \bar{y})^2 \tag{5-35}$$

$$SS_R = \sum_{i=1}^{n}(\hat{y}_i - \bar{y})^2 \tag{5-36}$$

$$SS_E = \sum_{i=1}^{n}(y_i - \hat{y}_i)^2 \tag{5-37}$$

式中:$SS_T$——总离差平方和或总离差,反映观测值与平均值的偏差程度,即样本中全部数据的总波动程度;

$SS_R$——回归离差平方和,反映回归估计值与平均值的偏差,揭示总离差中由于因变量与自变量的线性关系而引起的数据波动,它是由于回归方程及自变量取值不同所造成的,是可以解释的差别;

$SS_E$——剩余离差平方和,反映了观测值与回归估计值的偏差,揭示试验误差和非线性关系所引起的数据波动,它是由于观测误差等随机因素造成的,是无法解释的差别。

如果 $H_0: b = 0$ 为真,则 $\dfrac{SS_T}{\sigma^2} \sim \chi^2(n-1)$,$\dfrac{SS_R}{\sigma^2} \sim \chi^2(1)$,$\dfrac{SS_E}{\sigma^2} \sim \chi^2(n-2)$,则统计量 $F = \dfrac{SS_R}{SS_E/(n-2)} \sim F(1, n-2)$。对给定的检验水平 $\alpha$,当 $F > F_\alpha$ 时,拒绝 $H_0$,即可认为因变量与自变量有线性相关关系;当 $F > F_\alpha$ 时,接受 $H_0$,即可认为因变量与自变量没有线性相关关系。这可能有以下几种原因:

①自变量对因变量没有显著影响,应丢弃自变量;

②自变量对因变量有显著影响,但这种影响不能用线性关系表示,应做非线性回归;

③除所考察的自变量之外,还有其他变量对因变量也有显著影响,从而削弱了所考察自变量对因变量的影响,应考虑多元回归。

（2）$r$ 检验法

相关系数是表示因变量与自变量之间相关程度的一个数字特征。因此,要检验因变量与自变量之间线性相关关系是否显著,确定因变量与自变量之间线性相关关系的密切程度,应当考查总体相关系数 $\rho(x, y)$ 的大小。在总体相关系数未知的情况下,利用样本观测值 $(x_i, y_i)$ $(i = 1, 2, \cdots, n)$ 确定样本相关系数 $r$。

记

$$L_{xy} = \sum_{i=1}^{n} (x_i - \bar{x})(y_i - \bar{y}) \tag{5-38}$$

$$L_{xx} = \sum_{i=1}^{n} (x_i - \bar{x})^2 \tag{5-39}$$

$$L_{yy} = \sum_{i=1}^{n} (y_i - \bar{y})^2 \tag{5-40}$$

$$r = \frac{L_{xy}}{\sqrt{L_{xx}L_{yy}}} \tag{5-41}$$

因为:

$$SS_T = L_{yy}, SS_R = r^2 L_{yy}, SS_E = (1 - r^2)L_{yy}$$

则:

①$|r| = 0$ 时,$SS_R = 0$,$SS_E = SS_T$,变量 $y$ 与 $x$ 不存在线性相关关系;

②$|r| = 0$ 时,$SS_E = 0$,$SS_R = SS_T$,变量 $y$ 与 $x$ 存在线性相关关系;

③$|r| \leqslant 1$ 时,$|r|$ 越趋向于 1,变量 $y$ 与 $x$ 之间的线性相关程度越强,$|r|$ 越趋向于 0,变量 $y$ 与 $x$ 之间的线性相关程度越弱。

对给定的检验水平 $\alpha$,查相关系数的临界值表获得。如果 $|r| > |r_\alpha|$,则拒绝 $H_0$,即可认为因变量与自变量有线性相关关系;否则,接受 $H_0$,即可认为因变量与自变量没有线性相关关系。

## （二）多元线性回归分析（Multiple Regression Analysis）

简单线性回归与相关分析是对客观现象之间的关系进行高度简化的结果,但在实际问题中,影响因变量的因素往往不止一个,而是多个。实际应用中,很多情况要用到多元回归的方法才能更好地描述变量间的关系,因此有必要在本节对多元线性回归做一些简单介绍,就方法的实质来说,处理多元的方法与处理一元的方法基本相同,只是多元线性回归的方法复杂些,计算量也大得多,一般都用计算机进行处理。

1. 多元线性回归模型

总体的多元线性回归模型可以表示为:

$$y = A + B_1x_1 + B_2x_2 + \cdots + B_kx_k + \varepsilon \tag{5-42}$$

式中:$A,B_i(i=1,2,\cdots,k)$——未知待估的回归系数,$B_i(i=1,2,\cdots,k)$又称为偏回归系数,它表示当其他自变量保持不变时,$x_i$ 每变化一个单位对因变量影响的数值。

总体回归模型一般未知,需要通过样本去估计。设估计的模型为:

$$\hat{y} = a + b_1x_1 + b_2x_2 + \cdots + b_kx_k \tag{5-43}$$

式中:$\hat{y},a,b_i$——$y,A,B_i$ 的估计值。

2. 回归系数的求解

对于一个包含 $n$ 个观察值的样本$[(y_1;x_{11},x_{12},\cdots,x_{1k}),(y_2;x_{21},x_{22},\cdots,x_{2k}),\cdots,(y_n;x_{n1},x_{n2},\cdots,x_{nk})]$,$x_{ij}$是自变量 $x_j$ 的第 $i$ 个观测值,$y_j$ 是因变量 $y$ 的第 $j$ 个观测值,利用最小二乘法估计 $a$ 和 $b_i$。离差平方和表示为:

$$Q = \sum_{i=1}^{n}(y_i - \hat{y}_i)^2 = \sum_{i=1}^{n}(y_i - a - b_1x_{i1} - b_2x_{i2} - \cdots - b_kx_{ik})^2 \tag{5-44}$$

对其求最小值,得正规方程组:

$$\begin{cases} \sum_{i=1}^{n}(y_i - a - b_1x_{i1} - \cdots - b_kx_{ik}) = 0 \\ \sum_{i=1}^{n}(y_i - a - b_1x_{i1} - \cdots - b_kx_{ik})x_{ji} = 0 \qquad (j=1,2,\cdots,k) \end{cases} \tag{5-45}$$

求解即可得到 $a$ 和 $b_i$。以 $k=2$ 为例,可得:

$$b_1 = \frac{\sum_{i=1}^{n}x_{i1}y_i\sum_{i=1}^{n}x_{i2}^2 - \sum_{i=1}^{n}x_{i2}y_i\sum_{i=1}^{n}x_{i1}x_{i2}}{\sum_{i=1}^{n}x_{i1}^2\sum_{i=1}^{n}x_{i2}^2 - (\sum_{i=1}^{n}x_{i1}x_{i2})^2} \tag{5-46}$$

$$b_2 = \frac{\sum_{i=1}^{n}x_{i2}y_i\sum_{i=1}^{n}x_{i1}^2 - \sum_{i=1}^{n}x_{i1}y_i\sum_{i=1}^{n}x_{i1}x_{i2}}{\sum_{i=1}^{n}x_{i1}^2\sum_{i=1}^{n}x_{i2}^2 - (\sum_{i=1}^{n}x_{i1}x_{i2})^2} \tag{5-47}$$

$$a = \frac{\sum_{i=1}^{n}y_i - b_1\sum_{i=1}^{n}x_{i1} - b_2\sum_{i=1}^{n}x_{i2}}{n} \tag{5-48}$$

$k \geq 3$ 的情况更为复杂,可利用计算机程序求解。

3. 拟合优度的检验

对多元线性回归,同样有:

$$\sum_{i=1}^{n}(y_i - \bar{y})^2 = \sum_{i=1}^{n}(y_i - \hat{y})^2 + \sum_{i=1}^{n}(\hat{y} - \bar{y})^2 \tag{5-49}$$

即

$$SS_T = SS_E + SS_R$$

衡量经验回归方程与观测值之间拟合好坏的常用统计量有拟合优度系数 $r^2$ 和复相关系数 $r$。定义拟合优度系数为：

$$r^2 = \frac{\mathrm{SS_R}}{\mathrm{SS_T}} = 1 - \frac{\mathrm{SS_E}}{\mathrm{SS_T}} \tag{5-50}$$

$r^2$ 反映了估计的回归方程对总体线性相关关系的拟合优度的大小,其值越大,说明回归方程的拟合优度越高,反之,拟合优度越低。

定义复相关系数为：

$$r = \sqrt{\frac{\mathrm{SS_R}}{\mathrm{SS_T}}} \tag{5-51}$$

$r$ 测定了因变量与自变量之间线性相关程度的大小。

实用中,为消除自由度的影响,定义修正的拟合优度系数为：

$$R^2 = 1 - \frac{\mathrm{SS_E}/(n-k-1)}{\mathrm{SS_T}/(n-1)} \tag{5-52}$$

4. 回归方程的检验

与一元线性回归一样,需要对因变量与自变量之间是否存在线性相关关系作假设检验,假设 $H_0: b_1 = b_2 = \cdots = b_k = 0$,如果 $H_0$ 成立,则不能认为因变量与自变量有线性相关关系。这里用到的是 $F$ 检验。

记

$$F = \frac{\mathrm{SS_R}/k}{\mathrm{SS_E}/(n-k-1)} \tag{5-53}$$

当 $H_0$ 成立时,有 $F \sim F(k, n-k-1)$。对给定的检验水平 $\alpha$,查 $F(k, n-k-1)$ 分布表可得临界值 $F_\alpha$。当 $F > F_\alpha$ 时,拒绝 $H_0$,即可认为因变量与自变量有线性相关关系;当 $F < F_\alpha$ 时,接受 $H_0$,即可认为因变量与自变量没有线性相关关系。

5. 回归系数的检验

通过 $F$ 检验验拒绝 $H_0$,只能说明 $b_1, b_2, \cdots, b_k$ 不全为 0,但并不能排除某个 $b_i = 0$。若 $b_i = 0$,说明自变量 $x_i$ 对因变量 $y$ 的影响并不明显,应该在回归方程中剔除,因此需要对 $H_0^i: b_i = 0$ ($i = 1, 2, \cdots, k$)进行检验。

记

$$t_i = \frac{b_i/\sqrt{L_{ii}}}{\sqrt{\dfrac{\mathrm{SS_E}}{n-k-1}}} \tag{5-54}$$

$L_{ii}$ 是 $(\boldsymbol{X}^\mathrm{T}\boldsymbol{X})^{-1}$ 的第 $i$ 个对角线元素。

$$\boldsymbol{X} = \begin{bmatrix} x_{11} - \bar{x}_1 & x_{12} - \bar{x}_2 & \cdots & x_{1k} - \bar{x}_k \\ x_{21} - \bar{x}_1 & x_{22} - \bar{x}_2 & \cdots & x_{2k} - \bar{x}_k \\ \vdots & \vdots & \vdots & \vdots \\ x_{n1} - \bar{x}_1 & x_{n2} - \bar{x}_2 & \cdots & x_{nk} - \bar{x}_k \end{bmatrix}$$

由于牵涉矩阵求逆,一般使用计算机求解,这里不再列出 $L_{ii}$ 的详细表达式。

下面以例题为例介绍多元回归分析方法在土木规划分析中的应用。

【例题 5-4】 多元回归分析与多元相关系数。

表 5-14 列出了历年的机动车的货运周转量、国民生产总值和货车保有台数。试以机动车的货运周转量为目标函数做出回归分析式，并作检验。

**机动车的货运周转量等的变化情况**     表 5-14

| 年份(年) | 2008 | 2009 | 2010 | 2011 | 2012 | 2013 | 2014 | 2015 | 2016 | 2017 |
|---|---|---|---|---|---|---|---|---|---|---|
| 货运周转量<br>(亿吨公里) | 33275 | 35909 | 36590 | 38385 | 38089 | 40568 | 44321 | 47710 | 50686 | 53859 |
| GDP<br>(亿元) | 46759 | 58478 | 67884 | 74463 | 78345 | 82068 | 89468 | 97315 | 105172 | 117390 |
| 民用货车<br>(万台) | 560 | 585 | 575 | 601 | 628 | 677 | 716 | 765 | 812 | 854 |

**【解答】**

（1）列出计算表格，见表 5-15。

**计算过程**（可用 Excel 计算）     表 5-15

| 年份(年) | $y_i$ | $x_{i1}$ | $x_{i2}$ | $x_{i1}^2$ | $x_{i2}^2$ | $x_{i1}x_{i2}$ | $x_{i1}y_i$ | $x_{i2}y_i$ |
|---|---|---|---|---|---|---|---|---|
| 2008 | 33275 | 46759 | 560 | 2186404081 | 313600 | 26185040 | 1555905725 | 18634000 |
| 2009 | 35909 | 58478 | 585 | 3419676484 | 342225 | 34209630 | 2099886502 | 21006765 |
| 2010 | 36590 | 67884 | 575 | 4608237456 | 330625 | 39033300 | 2483875560 | 21039250 |
| 2011 | 38385 | 74463 | 601 | 5544738369 | 361201 | 44752263 | 2858262255 | 23069385 |
| 2012 | 38089 | 78345 | 628 | 6137939025 | 394384 | 49200660 | 2984082705 | 23919892 |
| 2013 | 40568 | 82068 | 677 | 6735156624 | 458329 | 55560036 | 3329334624 | 27464536 |
| 2014 | 44321 | 89468 | 716 | 8004523024 | 512656 | 64059088 | 3965311228 | 31733836 |
| 2015 | 47710 | 97315 | 765 | 9470209225 | 585225 | 74445975 | 4642898650 | 36498150 |
| 2016 | 50686 | 105172 | 812 | 11061149584 | 659344 | 85399664 | 5330747992 | 41157032 |
| 2017 | 53859 | 117390 | 854 | 13780412100 | 729316 | 100251060 | 6322508010 | 45995586 |
| 总和 | 419392 | 817342 | 6773 | 70948445972 | 4686905 | 573096716 | 35572813251 | 290518432 |

（2）根据表 5-15 计算常数项与回归系数 $b$。

$$b = \frac{\sum_i x_{i1}y_i \sum_i x_{i2}^2 - \sum_i x_{i2}y_i \sum_i x_{i1}x_{i2}}{\sum_i x_{i1}^2 \sum_i x_{i2}^2 - \left(\sum_i x_{i1}x_{i2}\right)^2}$$

$$= \frac{35572813251 \times 4686905 - 573096716 \times 290518432}{70948445972 \times 4686905 - 573096716^2} = 0.05655$$

$$c = \frac{\sum_i x_{i2}y_i \sum_i x_{i1}^2 - \sum_i x_{i1}y_i \sum_i x_{i1}x_{i2}}{\sum_i x_{i1}^2 \sum_i x_{i2}^2 - \left(\sum_i x_{i1}x_{i2}\right)^2}$$

$$= \frac{290518432 \times 70948445972 - 35572813251 \times 573096716}{70948445972 \times 4686905 - 573096716^2} = 56.06993$$

$$a = \frac{\sum_i y_i - b \sum_i x_{i1} - c \sum_i x_{i2}}{n}$$

$$= \frac{419392}{10} - \frac{0.05655 \times 817342}{10} - \frac{56.06993 \times 6773}{10} = 17.94193$$

（3）多元回归式如下：

$$\hat{y} = 17.94193 + 0.05655X_1 + 56.06993X_2$$

（4）决定系数（Determination Coefficient）$r^2$：

$$r^2 = 1 - \frac{\sum_i (y_i - \hat{y}_i)^2}{\sum_i (y_i - \bar{y})^2}$$

$$= 1 - \frac{5247984}{426945428} = 0.987708$$

（5）多元相关系数$r$：

$$r = \sqrt{r^2} = \sqrt{0.987708} = 0.993835$$

（6）重回归分析中当样本数较少时，通常采用自由度修正后的决定系数，式中$i$为自变量的个数。

$$R^2 = 1 - \frac{\sum_i (y_i - \hat{y}_i)^2/(n-k-1)}{\sum_i (y_i - \bar{y})^2/(n-1)} = 1 - \frac{5247984 \div (10-2-1)}{426945428 \div (10-1)} = 0.984196$$

（7）对于多元回归式的检验需要用$F$检验：

$$F = \frac{\sum_i (\hat{y}_i - \bar{y})^2/k}{\sum_i (y_i - \hat{y}_i)^2/(n-k-1)} = \frac{436681854 \div 2}{5247984 \div (10-2-1)}$$

$$= 291.23307 > f(2,10-2-1,\alpha) = f(2,3,0.01) = 9.55$$

所以在显著性水平为0.01的情况下，它们之间有相关关系。

### 四、数量化理论 I 类方法（Multi-dimensional Quantification Theory I）

对于数量数据分析，可以采用回归分析并进行数量化预测。但是，有些相当于回归分析中的说明变量，不是数量数据，而是非数量数据时，就需要采用数量化分析方法。例如，影响个人出行的因素有时间（工作日、休息日）、天气状况（晴天、阴天、大风天、雨雪天等）、季节（春、夏、秋、冬）等。这些因素不是"量"的数据，所以不能采用回归等方法进行分析和预测。数量化理论是处理定性（质）的数据与定量的数据之间的关系的方法。数量化分析方法又分为两种，一种具有测定对象特殊性质的基准，另一种不具有这种基准，通常被称为"有外部基准"和"无外部基准"。如上面所说，天气状况、季节等因素不是数量化数据，不能与回归分析一样将其称为"说明变量"，将其称为"外部基准"。

数量化理论 I 类方法是类似于回归分析法，但是不具备数量化数据的一种解析方法，在社会调查中经常被利用。数量化 I 类方法与回归分析法十分相似，所不同的是，数量化 I 类方法的变量形式为"定性"的文字表示，而回归分析法的变量形式为"定量"的数据表示。该方法是在定性的基础上，通过把文字表述转化为定量的数据后，进行分析的一种方法，即用数量说明质量的方法。数量化Ⅰ类方法实际上与多重回归分析法更为相似,这是因为文字表述通常都是两个以上。数量化Ⅰ类方法可以通过对类别(Category)分析及项目分析,解明影响外部基准的要因。

数量化Ⅰ类方法包括以下一些内容。

(1)类别(Category)分析

类别分析的目的,是解明影响外部基准的要因。通过这个分析我们可以看到外部基准与目的变量之间的影响关系和倾向,同时还可以通过得分,掌握外部基准与目的变量之间存在着的"量"的关系。

(2)项目(Item)分析

范围(Range)是指最大类别得分和最小类别得分的差值。范围值越大,其影响力越大,范围值与影响力大小成正比。通过对各项目的范围值的大小比较,可以判定各项目的影响力的大小。此外,也可以相关系数的大小来表示其影响力,相关系数越大,表明其影响力越大。

(3)计算决定系数(Determination Coefficient)

决定系数 $R^2$,也称为寄予率,$R^2$ 的大小表明了目的(因)变量的变化中可以用说明(自)变量来解释的百分比,其值越大分析精度越高。数量化Ⅰ类分析的精度,通过利用决定系数的大小来表示。决定系数可以通过回归方法来获得。

(4)变量选择

变量的选择与重回归分析方法相同,通过下述两个标准进行选择。

一个是选择与外部基准相关值高的说明变量。另一个是说明变量之间相互之间相关值高的时候,需要消去一个变量。

在数量化Ⅰ类方法中,当其说明变量不是数量数据时,两者之间(数量数据与非数量数据)的相关,用相关比来表示。如果说明变量之间(非数量数据与非数量数据)的相关,则用独立系数来表示。

总之,数量化Ⅰ类方法就是将目的变量与对其产生影响的说明变量之间的关系用关系式表示,利用这个关系式可以进行预测的一种方法,基本上与多重回归方法一样。但是,多重回归分析中的说明变量使用的是数量数据,这里使用的是"质"的数据,在这一点上是不同的。

在数量化Ⅰ类方法的关系式中,假定目的变量为 $y$,说明变量(Item)的类别(Category)为 $CS_{1j}, CS_{2j}, \cdots, CS_{mj}$,方程式的解为 $x_{ij}$。

$$y = \bar{y} + CS_{1j} + CS_{2j} + \cdots + CS_{mj} \tag{5-55}$$

$$\bar{y} = (\sum y_i)/n \tag{5-56}$$

$$CS_{ij} = x_{ij} - WM_i \tag{5-57}$$

式中:$WM_i$——各个项目的加权平均,$WM_i = (\sum_j X_{ij} C_{ij})/\sum_j C_{ij}$;

$\quad C_{ij}$——类别的出现次数。

为便于读者理解数量化Ⅰ类方法,用例题对此方法作进一步的说明。

**【例题 5-5】** 用数量化Ⅰ类方法进行交通量预测。

表 5-16 所列的是 14d 的白天机动车交通量的调查结果,包括调查的日期和天气状况。请根据这些数据预测下雨时星期一的交通量。

每一天的交通量　　　　　　　　　表 5-16

| 编号 | 1 | 2 | 3 | 4 | 5 | 6 | 7 | 8 | 9 | 10 | 11 | 12 | 13 | 14 |
|---|---|---|---|---|---|---|---|---|---|---|---|---|---|---|
| 交通量（百辆） | 340 | 810 | 820 | 980 | 840 | 750 | 530 | 710 | 730 | 770 | 930 | 940 | 820 | 680 |
| 星期 | 日 | 一 | 二 | 三 | 四 | 五 | 六 | 日 | 一 | 二 | 三 | 四 | 五 | 六 |
| 天气 | 雨 | 云 | 晴 | 晴 | 云 | 雨 | 云 | 晴 | 晴 | 晴 | 雨 | 晴 | 云 | 晴 |

**【解答】**

（1）将项目的交通量与出现的次数按照日期与天气状况进行汇总,汇总结果见表 5-17。

汇 总 结 果（1）　　　　　　　　表 5-17

| 项目 | 星　　期 | | | | | | | 天　　气 | | |
|---|---|---|---|---|---|---|---|---|---|---|
| 类别 | 日 | 一 | 二 | 三 | 四 | 五 | 六 | 晴 | 云 | 雨 |
| 交通量 | 1050 | 1540 | 1590 | 1910 | 1780 | 1570 | 1210 | 5630 | 3000 | 2020 |
| 出现次数 | 2 | 2 | 2 | 2 | 2 | 2 | 2 | 7 | 4 | 3 |

（2）做交叉分析,整理结果见表 5-18。

汇 总 结 果（2）　　　　　　　　表 5-18

| 项目 | | 星　　期 | | | | | | | 天　　气 | | |
|---|---|---|---|---|---|---|---|---|---|---|---|
| 类别 | 别 | 日 | 一 | 二 | 三 | 四 | 五 | 六 | 晴 | 云 | 雨 |
| 星期 | 日 | | 0 | 0 | 0 | 0 | 0 | 0 | 1 | 0 | 1 |
| | 一 | 0 | | 0 | 0 | 0 | 0 | 0 | 1 | 1 | 0 |
| | 二 | 0 | 0 | | 0 | 0 | 0 | 0 | 2 | 0 | 0 |
| | 三 | 0 | 0 | 0 | | 0 | 0 | 0 | 1 | 0 | 1 |
| | 四 | 0 | 0 | 0 | 0 | | 0 | 0 | 1 | 1 | 0 |
| | 五 | 0 | 0 | 0 | 0 | 0 | | 0 | 0 | 1 | 1 |
| | 六 | 0 | 0 | 0 | 0 | 0 | 0 | | 1 | 1 | 0 |
| 天气 | 晴 | 1 | 1 | 2 | 1 | 1 | 0 | 1 | | 0 | 0 |
| | 云 | 0 | 1 | 0 | 0 | 1 | 1 | 1 | 0 | | 0 |
| | 雨 | 1 | 0 | 0 | 1 | 0 | 1 | 0 | 0 | 0 | |

（3）表 5-19 把各个类别假定一个变量,以表 5-17 为基础可以形成一个 10 元联立方程式。

假 定 变 量　　　　　　　　表 5-19

| 项目 | 星　　期 | | | | | | | 天　　气 | | |
|---|---|---|---|---|---|---|---|---|---|---|
| 类别 | 日 | 一 | 二 | 三 | 四 | 五 | 六 | 晴 | 云 | 雨 |
| 变量 | $x_{11}$ | $x_{12}$ | $x_{13}$ | $x_{14}$ | $x_{15}$ | $x_{16}$ | $x_{17}$ | $x_{21}$ | $x_{22}$ | $x_{23}$ |

（4）形成 10 元联立方程式时，把表 5-17 中的出现次数作为对角线上的数值，把第二项目以后的第 I 类别的变量系数置为 0，等式右侧为表 5-17 中的交通量。

$$
\begin{cases}
2x_{11} + 0x_{12} + 0x_{13} + 0x_{14} + 0x_{15} + 0x_{16} + 0x_{17} + 0x_{21} + 0x_{22} + 1x_{23} = 1050 \\
0x_{11} + 2x_{12} + 0x_{13} + 0x_{14} + 0x_{15} + 0x_{16} + 0x_{17} + 0x_{21} + 1x_{22} + 0x_{23} = 1540 \\
0x_{11} + 0x_{12} + 2x_{13} + 0x_{14} + 0x_{15} + 0x_{16} + 0x_{17} + 0x_{21} + 0x_{22} + 0x_{23} = 1590 \\
0x_{11} + 0x_{12} + 0x_{13} + 2x_{14} + 0x_{15} + 0x_{16} + 0x_{17} + 0x_{21} + 0x_{22} + 1x_{23} = 1910 \\
0x_{11} + 0x_{12} + 0x_{13} + 0x_{14} + 2x_{15} + 0x_{16} + 0x_{17} + 0x_{21} + 1x_{22} + 0x_{23} = 1780 \\
0x_{11} + 0x_{12} + 0x_{13} + 0x_{14} + 0x_{15} + 2x_{16} + 0x_{17} + 0x_{21} + 1x_{22} + 1x_{23} = 1570 \\
0x_{11} + 0x_{12} + 0x_{13} + 0x_{14} + 0x_{15} + 0x_{16} + 2x_{17} + 0x_{21} + 1x_{22} + 0x_{23} = 1210 \\
1x_{11} + 1x_{12} + 2x_{13} + 1x_{14} + 1x_{15} + 0x_{16} + 1x_{17} + 7x_{21} + 0x_{22} + 0x_{23} = 5630 \\
0x_{11} + 1x_{12} + 0x_{13} + 0x_{14} + 1x_{15} + 1x_{16} + 1x_{17} + 0x_{21} + 4x_{22} + 0x_{23} = 3000 \\
1x_{11} + 0x_{12} + 0x_{13} + 1x_{14} + 0x_{15} + 1x_{16} + 0x_{17} + 0x_{21} + 0x_{22} + 3x_{23} = 2010
\end{cases}
$$

计算结果见表 5-20。

计 算 结 果    表 5-20

| 类别 | | 方程式的解 | 出现次数 | 加权平均 | 类别分数 |
|---|---|---|---|---|---|
| 星期 | 日 | 618.6364 | 2 | 821.3637 | −202.7273 |
| | 一 | 805.9091 | 2 | | −15.4546 |
| | 二 | 795.0000 | 2 | | −26.3637 |
| | 三 | 1048.6364 | 2 | | 227.2727 |
| | 四 | 925.9091 | 2 | | 104.5454 |
| | 五 | 914.5455 | 2 | | 93.1818 |
| | 六 | 640.9091 | 2 | | −180.4546 |
| 天气 | 晴 | 0.0000 | 7 | −60.6494 | 60.6494 |
| | 云 | −71.8182 | 4 | | −11.1689 |
| | 雨 | −187.2727 | 3 | | −126.6234 |

（5）表 5-20 中部分计算过程如下所示。

① 按星期计的交通量加权平均值：

$$
WM_1 = \frac{618.6364 \times 2 + 805.9091 \times 2 + 795.0000 \times 2 + 1048.6364 \times 2 + 925.9091 \times 2 + 914.5455 \times 2 + 640.9091 \times 2}{2 + 2 + 2 + 2 + 2 + 2 + 2}
$$

$$
= 821.3637
$$

② 星期日的交通量类别分数：

$$
CS_{11} = 618.6364 - 821.3637 = -202.7273
$$

③ 14d 机动车交通量平均值：

$$
\bar{y} = (340 + 810 + 820 + 980 + 840 + 750 + 530 + 710 + 730 + 770 + 930 + 940 + 820 + 680) \div 14
$$

$$
= 760.7143
$$

④预测下雨时星期一的交通量为：
$$y = 760.7143 - 15.4546 - 126.6234 = 618.3363$$

# 第四节  主元素提取方法

土木规划中，多数的说明变量复杂地交织在一起，要因之间的关联信息十分庞大。因此，需要实施人员发挥信息处理能力，对信息进行压缩、置换等，这时可以采用主成分分析和因子分析对原始信息进行浓缩，降低分析的复杂度。

## 一、主成分分析（Principal Component Analysis）

在分析人员进行多元数据分析之前，让自己对数据有一个大致的了解是非常重要的。主成分分析就是这样一种探索性的手法，被用来分析数据。主成分分析是一种多元统计分析方法，通过线性组合将原来的多个变量综合成几个主成分，即选出较少个数重要变量，用较少的综合指标来代替原来较多的指标（变量）。

在实际规划课题中，为了全面分析问题，往往提出很多与此有关的变量（或指标），因为每个变量都在不同程度上反映这个课题的某些信息。但是，在用统计学分析方法研究这个多变量的课题时，变量个数太多就会增加课题的复杂性。人们自然希望变量个数较少而得到的信息较多。在很多情况下，变量之间是有一定的相关关系的，当两个变量之间有一定相关关系时，可以解释为这两个变量反映此课题的信息有一定的重叠。主成分分析是对于原先提出的所有变量，建立尽可能少的新变量，使得这些新变量是两两不相关的，而且这些新变量在反映课题的信息方面尽可能多的保持原有的信息。信息的大小通常用离差平方和或方差来衡量。

主成分分析一般很少单独使用，通常会结合其他方法一起使用。其主要用途包括：

（1）了解数据（Screening the Data）。

（2）和聚类分析（Cluster Analysis）一起使用。

（3）和判别分析一起使用，比如当变量很多，样本数不多，直接使用判别分析可能无解时，可以使用主成分分析法对变量简化（Reduce Dimensionality）。

（4）在多元回归中，主成分分析法可以帮助判断是否存在共线性❶（条件指数），还可以用来处理共线性，并且是用数量。

### （一）主成分分析法简介

主成分分析法是数理统计学中一种多元分析方法。其基本原理是在一群具有相关性的统计数据中找出彼此间趋向独立的并且足以反映原始数据信息的共同因素，用少于原来变量维数且互不相关的主成分替代原来的变量，其权重由方差贡献率计算得出。主成分分析不仅可以反映原有指标的信息量，而且可以解决指标之间信息重叠问题和权重选取问题，并且可以进

---

❶ 所谓多重共线性（Multicollinearity），是指线性回归模型中的解释变量之间由于存在精确相关关系或高度相关关系而使模型估计失真或难以估计准确。一般来说，由于经济数据的限制使得模型设计不当，导致设计矩阵中解释变量间存在普遍的相关关系。

行降维计算以减少计算量。

## (二)主成分分析法操作步骤

### 1. 原始数据标准化

设有 $n$ 个样本,每个样本有 $p$ 项指标,则原始样本矩阵为:

$$X = (x_{ij})_{n \times p} \qquad (i = 1,2,\cdots,n; j = 1,2,\cdots,p) \tag{5-58}$$

式中:$x_{ij}$——表示第 $i$ 个样本的第 $j$ 项指标。

考虑指标的趋势和量纲问题,可对变量进行标准化处理,即:

$$z_{ij} = \frac{x_{ij} - \overline{x_j}}{S_j} \tag{5-59}$$

其中,$\overline{x_j} = \sum_{i=1}^{n} x_{ij} / n$ 为指标均值,$S_j = \sqrt{\sum_{i=1}^{n}(x_{ij} - \overline{x_j})^2 / (n-1)}$ 为标准差,则可得标准化样本矩阵:

$$Z = (z_{ij})_{n \times p} \qquad (i = 1,2,\cdots,n; j = 1,2,\cdots,p) \tag{5-60}$$

### 2. 相关系数矩阵

计算标准化样本每两个指标间的相关系数 $r_{jk}$,得出相关系数矩阵 $R$。

$$R = (r_{jk})_{p \times p} \qquad (j = 1,2,\cdots,p; k = 1,2,\cdots,p) \tag{5-61}$$

其中:

$$r_{jk} = \frac{1}{n} \sum_{i=1}^{n} z_{ij} z_{ik} = \frac{1}{n} \sum_{i=1}^{n} \left[ \frac{(x_{ij} - \overline{x_j})^2}{S_j} \right] \left[ \frac{(x_{ik} - \overline{x_k})^2}{S_k} \right] \tag{5-62}$$

### 3. 计算主成分

由特征式 $|\lambda I_p - R| = 0$ 求得 $p$ 个特征根,将其按大小排列为 $\lambda_1 \geqslant \lambda_2 \geqslant \cdots \geqslant \lambda_p \geqslant 0$。它们是主成分的方差,其大小描述了各对应的主成分对原始样本的权重。由特征方程式 $|\lambda_i I_p - R| a_i = 0$ 求得每个特征根对应的特征向量 $a_i (i = 1,2,\cdots,p)$,即:

$$a_i = [a_{i1}, a_{i2}, \cdots, a_{ip}]^{\mathrm{T}} \tag{5-63}$$

通过特征向量将标准化的指标转化为主成分分数:

$$F_i = Z a_i \qquad (i = 1,2,\cdots,p) \tag{5-64}$$

$F_1$ 为第 1 主成分分数,$\cdots$,$F_p$ 为第 $p$ 主成分分数。

### 4. 确定需要保留的主成分个数

主成分个数等于原始指标个数。为减少计算量并降低维数,一般根据主成分方差累计贡献率大于特定百分率 $P$(根据研究需要视情况而定)来确定需要保留的主成分个数 $k$。

$$k = \frac{\sum_{i=1}^{k} \lambda_i}{\sum_{i=1}^{p} \lambda_i} \geqslant P \tag{5-65}$$

下面用例题对主成分分析方法的应用作进一步解释。

**【例题 5-6】** 主成分分析。

表 5-21 列出了 10 个城市通勤时所使用交通方式的调查结果。请按照这个调查结果,试

对这些城市进行分类。

各个城市通勤时使用不同交通方式的分担率（单位:%）　　　　表5-21

| 城市 | 步行 | 轨道 | 公共汽车 | 私人汽车 | 城市 | 步行 | 轨道 | 公共汽车 | 私人汽车 |
|------|------|------|----------|----------|------|------|------|----------|----------|
| 1 | 4.0 | 67.0 | 8.0 | 16.0 | 6 | 25.4 | 5.5 | 7.9 | 33.9 |
| 2 | 1.2 | 73.4 | 5.2 | 17.1 | 7 | 27.5 | 27.3 | 3.3 | 7.0 |
| 3 | 27.0 | 25.0 | 2.8 | 27.5 | 8 | 36.6 | 22.5 | 14.3 | 0.5 |
| 4 | 2.0 | 22.0 | 29.0 | 16.0 | 9 | 8.1 | 55.7 | 24.6 | 7.9 |
| 5 | 3.0 | 30.8 | 29.5 | 30.7 | 10 | 1.4 | 7.1 | 41.8 | 40.8 |

**【解答】**

(1) 求各个交通方式的平均值

$\bar{x}_1 = (4.0 + 1.2 + 27.0 + 2.0 + 3.0 + 25.4 + 27.5 + 36.6 + 8.1 + 1.4) \div 10 = 13.62$

$\bar{x}_2 = (67.0 + 73.4 + 25.0 + 22.0 + 30.8 + 5.5 + 27.3 + 22.5 + 55.7 + 7.1) \div 10 = 33.63$

$\bar{x}_3 = (8.0 + 5.2 + 2.8 + 29.0 + 29.5 + 7.9 + 3.3 + 14.3 + 24.6 + 41.8) \div 10 = 16.64$

$\bar{x}_4 = (16.0 + 17.1 + 27.5 + 16.0 + 30.7 + 33.9 + 7.0 + 0.5 + 7.9 + 40.8) \div 10 = 19.74$

(2) 求出标准差的平方 ($S_j^2$)

$S_1 = \{[(4.0 - 13.62)^2 + (1.2 - 13.62)^2 + (27.0 - 13.62)^2 + (2.0 - 13.62)^2 + (3.0 - 13.62)^2 + (25.4 - 13.62)^2 + (27.5 - 13.62)^2 + (36.6 - 13.62)^2 + (8.1 - 13.62)^2 + (1.4 - 13.62)^2] \div 9\}^{0.5} = 13.79588$

$S_2 = \{[(67.0 - 33.63)^2 + (73.4 - 33.63)^2 + (25.0 - 33.63)^2 + (22.0 - 33.63)^2 + (30.8 - 33.63)^2 + (5.5 - 33.63)^2 + (27.3 - 33.63)^2 + (22.5 - 33.63)^2 + (55.7 - 33.63)^2 + (7.1 - 33.63)^2] \div 9\}^{0.5} = 23.70917$

$S_3 = \{[(8.0 - 16.64)^2 + (5.2 - 16.64)^2 + (2.8 - 16.64)^2 + (29.0 - 16.64)^2 + (29.5 - 16.64)^2 + (7.9 - 16.64)^2 + (3.3 - 16.64)^2 + (14.3 - 16.64)^2 + (24.6 - 16.64)^2 + (41.8 - 16.643)^2] \div 9\}^{0.5} = 13.62768$

$S_4 = \{[(16.0 - 19.74)^2 + (17.1 - 19.74)^2 + (27.5 - 19.74)^2 + (16.0 - 19.74)^2 + (30.7 - 19.74)^2 + (33.9 - 19.74)^2 + (7.0 - 19.74)^2 + (0.5 - 19.74)^2 + (7.9 - 19.74)^2 + (40.8 - 19.74)^2] \div 9\}^{0.5} = 13.04686$

(3) 进行标准化变化

$$z_{11} = (4.0 - 13.62) \div 13.79588 = -0.697310$$

$$z_{12} = (67.0 - 33.63) \div 23.70917 = 1.407473$$

$$z_{13} = (8.0 - 16.64) \div 13.62768 = -0.634003$$

$$z_{14} = (16.0 - 19.74) \div 13.04686 = -0.286659$$

……

(4) 进一步求出 $r$ 值，做出相关矩阵

$$r_{11} = 1712.936 \div \sqrt{(1712.936 \times 1712.936)} = 1.0000$$

$$r_{12} = -1237.866 \div \sqrt{(1712.936 \times 5059.121)} = -0.4205$$

$$r_{13} = -933.458 \div \sqrt{(1712.936 \times 1671.424)} = -0.5517$$

$$r_{14} = 1531.984 \div \sqrt{(1531.984 \times 1531.984)} = 1.0000$$

……

相关矩阵为：

$$\begin{bmatrix} 1.0-\lambda & -0.4205 & -0.5517 & -0.3361 \\ -0.4205 & 1.0-\lambda & -0.3231 & -0.4339 \\ -0.5517 & -0.3231 & 1.0-\lambda & 0.3604 \\ -0.3361 & -0.4339 & 0.3604 & 1.0-\lambda \end{bmatrix}$$

（5）由相关矩阵求出特征方程式，并求解，得到特征值，见表 5-22。

$$\lambda^4 - 4\lambda^3 + 4.9833\lambda^2 - 1.9287\lambda + 0.0910 = 0$$

特征值与重要度 表 5-22

| 主 成 分 | 特 征 值 | 重要度（%） | 累计重要度（%） |
|---|---|---|---|
| 1 | 1.8887 | 47.2187 | 47.2187 |
| 2 | 1.4455 | 36.1384 | 83.3571 |
| 3 | 0.6112 | 15.2804 | 98.6375 |
| 4 | 0.0545 | 1.3625 | 100.0000 |

$$\begin{bmatrix} 1.0000 & -0.4205 & -0.5517 & -0.3361 \\ -0.4205 & 1.0000 & -0.3231 & -0.4339 \\ -0.5517 & -0.3231 & 1.0000 & 0.3604 \\ -0.3361 & -0.4339 & 0.3604 & 1.0000 \end{bmatrix} \begin{bmatrix} a_{11} \\ a_{12} \\ a_{13} \\ a_{14} \end{bmatrix} = 1.8887 \begin{bmatrix} a_{11} \\ a_{12} \\ a_{13} \\ a_{14} \end{bmatrix}$$

此处：

$$a_{11}{}^2 + a_{12}{}^2 + a_{13}{}^2 + a_{14}{}^2 = 1$$

$$\begin{bmatrix} 1.0000 & -0.4205 & -0.5517 & -0.3361 \\ -0.4205 & 1.0000 & -0.3231 & -0.4339 \\ -0.5517 & -0.3231 & 1.0000 & 0.3604 \\ -0.3361 & -0.4339 & 0.3604 & 1.0000 \end{bmatrix} \begin{bmatrix} a_{21} \\ a_{22} \\ a_{23} \\ a_{24} \end{bmatrix} = 1.4455 \begin{bmatrix} a_{21} \\ a_{22} \\ a_{23} \\ a_{24} \end{bmatrix}$$

此处：

$$a_{21}{}^2 + a_{22}{}^2 + a_{23}{}^2 + a_{24}{}^2 = 1$$

…

（6）求出固有向量，见表 5-23。

固有向量 表 5-23

| 交通方式 | 第 1 因子 | 第 2 因子 | 第 3 因子 | 第 4 因子 |
|---|---|---|---|---|
| 步 行 | −0.465764 | 0.624870 | −0.086753 | 0.620410 |
| 轨 道 | −0.281015 | −0.749673 | 0.185084 | 0.569992 |
| 公共汽车 | 0.620420 | −0.060746 | −0.648768 | 0.436398 |
| 私人汽车 | 0.564954 | 0.209376 | 0.733019 | 0.315844 |

（7）由上述的固有向量可以计算出各个主成分的分数。

$$F_1 = -0.465764 \times (-0.697310) - 0.281015 \times 1.407473 + 0.620420 \times (-0.634004) +$$
$$0.564954 \times (-0.286659) = -0.764929$$

…

计算结果见表5-24。

主 成 分 的 分 数

表5-24

| 序号 | 第一主成分 | 第二主成分 | 序号 | 第一主成分 | 第二主成分 |
|---|---|---|---|---|---|
| 1 | −0.626037 | −1.512378 | 6 | 0.150962 | 1.689219 |
| 2 | −0.687204 | −1.811433 | 7 | −1.552567 | 0.683844 |
| 3 | −0.643499 | 1.065135 | 8 | −1.583572 | 1.094448 |
| 4 | 0.930907 | −0.273695 | 9 | −0.225530 | −1.173356 |
| 5 | 1.452145 | −0.272977 | 10 | 2.784394 | 0.511193 |

此处,第一主成分表示了步行的利用程度,第二主成分表示轨道以及公共汽车等公共交通方式的利用程度。

分析结果表明该城市主要的交通方式为步行与公共汽车。第一、第二主成分的得分表示在图5-5所示的分布图中,当分布图所显示的类型划分不明确时,可以使用主成分得分点进行Cluster分析,并进行评价。

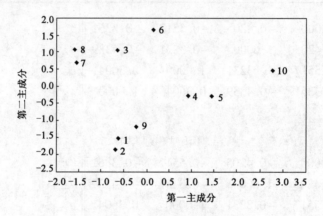

图5-5 主成分得分的分布图

实际工作中,可直接使用 SPSS（Statistical Program for Social Sciences）等数学软件进行求解。

## 二、因子分析[6]（Factor Analysis）

### （一）因子分析简介

因子分析是用来分析隐藏在表象背后的因子作用的一种数理统计模型和方法,它起源于心理度量学（Psycholometrics）,在方法上与主成分分析有密切的关系。

在多变量分析中,某些变量间往往存在相关性。是什么原因使变量间有关联呢?是否存在不能直接观测到的、但影响可观测变量变化的公共因子?因子分析法就是寻找这些公共因子的分析方法, 其基本目的就是用少数几个因子(数量数据)反映原数据的大部分信息,以公共因子为框架分解原变量,以此考察原变量间的联系与区别。运用这种分析手法,我们可以方便地找到影响土木规划的潜在主要因素,以及它们的影响程度(权重)。

有一个很好的例子可以说明因子分析的用途。例如,随着年龄的增长,儿童的身高、体重会随着变化,它们之间具有一定的相关性。身高和体重之间为何会有相关性呢? 因为存在着一个同时支配或影响着身高与体重的生长因子。那么,我们能否通过对多个变量的相关系数矩阵的研究,找出同时影响或支配所有变量的共性因子呢? 因子分析就是从大量的数据中"由表及里""去粗取精",寻找影响或支配变量的多变量统计方法。

可以说,因子分析是主成分分析的推广,也是一种把多个变量化为少数几个综合变量的多变量分析方法,其目的是用有限个不可观测的隐变量来解释原始变量之间的相关关系。

因子分析主要用于:

(1)减少分析变量个数。

(2)通过对变量间相关关系探测,将原始变量进行分类。即将相关性高的变量分为一组,用共性因子代替该组变量。

## (二)因子分析方法

### 1. 因子分析模型

因子分析法是从研究变量内部相关的依赖关系出发,把一些具有错综复杂关系的变量归结为少数几个综合因子的一种多变量统计分析方法。对于所研究的问题就是试图用最少个数的不可测的所谓公共因子的线性函数与特殊因子之和来描述原来观测的每一分量。

因子分析模型描述如下:

(1)$X = (x_1, x_2, \cdots, x_p)^T$ 是可观测随机向量,均值向量 $E(X) = 0$,协方差矩阵 $\mathrm{Cov}(x_i, x_j) = \sum$,且协方差阵 $\sum$ 与相关矩阵 $R$ 相等(只要将变量标准化即可实现)。

(2)$F = (f_1, f_2, \cdots, f_m)^T (m \leqslant p)$ 是不可观测的向量,其均值向量 $E(F) = 0$,协方差矩阵和方差矩阵都为单位阵,$\mathrm{Cov}(f_i, f_j) = I_m$,$\mathrm{Var}(F) = I_m$,即 $f_1, f_2, \cdots, f_m$ 相互独立且方差均为1。

(3)$\varepsilon = (\varepsilon_1, \varepsilon_2, \cdots, \varepsilon_p)^T$ 与 $F$ 相互独立,$\mathrm{Cov}(F, \varepsilon) = 0$,且 $E(\varepsilon) = 0$,$\varepsilon$ 的协方差阵是对角阵,$\mathrm{Cov}(\varepsilon_i, \varepsilon_j) = I_m$,方差矩阵 $\mathrm{Var}(\varepsilon) = \psi$,即 $\varepsilon_1, \varepsilon_2, \cdots, \varepsilon_p$ 相互独立,且方差不要求相等。则模型:

$$\begin{cases} x_1 = a_{11} f_1 + a_{12} f_2 + \cdots + a_{1m} f_m + \varepsilon_1 \\ x_2 = a_{12} f_1 + a_{22} f_2 + \cdots + a_{2p} f_m + \varepsilon_2 \\ \qquad\qquad\qquad \cdots \\ x_p = a_{p1} f_1 + a_{p2} f_2 + \cdots + a_{pm} f_m + \varepsilon_p \end{cases} \tag{5-66}$$

称为因子分析模型,由于该模型是针对变量进行的,各因子又是正交的,所以也称为 R 型正交因子模型。其矩阵形式为:

$$X = AF + \varepsilon \tag{5-67}$$

式中:$F$——可观测随机向量 $X$ 的公共因子或潜因子向量;

$\varepsilon$——$X$ 的特殊因子矩阵;

$A$——因子载荷矩阵,$a_{ij}$ 为因子载荷。$A = [a_{ij}](i = 1, 2, \cdots, p; j = 1, 2, \cdots, m)$ 数学上可以证明,因子载荷 $a_{ij}$ 就是变量 $x_i$ 与因子 $f_j$ 的相关系数,反映了因子 $f_j$ 在变量 $x_i$ 上的重要性。

### 2. 模型的统计意义

模型中 $f_1, f_2, \cdots, f_m$ 叫作主因子或公共因子,它们是在各个原观测变量的表达式中都共同

出现的因子,是相互独立的不可观测的理论变量。公共因子的含义,必须结合具体问题的实际意义而定。$\varepsilon_1, \varepsilon_2, \cdots, \varepsilon_p$ 叫作特殊因子,是向量 $X$ 的分量 $x_i (i = 1, 2, \cdots, p)$ 所特有的因子,各特殊因子之间以及特殊因子与所有公共因子之间都是相互独立的。模型中载荷矩阵 $A$ 中的元素 $a_{ij}$ 为因子载荷。因子载荷 $a_{ij}$ 是 $x_i$ 与 $f_j$ 的协方差,也是 $x_i$ 与 $f_j$ 的相关系数,它表示 $x_i$ 依赖 $f_j$ 的程度。可将 $a_{ij}$ 看作因子 $f_j$ 在变量 $x_i$ 上的权,$a_{ij}$ 的绝对值越大($|a_{ij}| \leq 1$),表明 $x_i$ 与 $f_j$ 的相互依赖程度越大,或称公共因子 $f_j$ 对于 $x_i$ 的载荷量越大。为了得到因子分析结果的合理解释,因子载荷矩阵 $A$ 中有两个统计量十分重要,即变量共同度和公共因子的方差贡献。

因子载荷矩阵 $A$ 中第 $i$ 行($i = 1, 2, \cdots, p$)的各元素之平方和记为 $h_i^2$,称为变量 $x_i$ 的共同度。它是全部公共因子对 $x_i$ 的方差所作出的贡献,反映了全部公共因子对变量 $x_i$ 的影响。$h_i^2$ 大表明 $x_i$ 对于 $F$ 的每一分量 $f_1, f_2, \cdots, f_m$ 的共同依赖程度大。

将因子载荷矩阵 $A$ 的第 $j$ 列($j = 1, 2, \cdots, m$)的各元素的平方和记为 $g_j^2$,称为公共因子 $f_j$ 对 $X$ 的方差贡献。$g_j^2$ 就表示公共因子 $f_j$ 对于 $X$ 的每一分量 $x_1, x_2, \cdots, x_p$ 所提供方差的总和,它是衡量公共因子相对重要性的指标。$g_j^2$ 越大,表明公共因子 $f_j$ 对 $X$ 的贡献越大,或者说对 $X$ 的影响和作用就越大。如果将因子载荷矩阵 $A$ 的所有 $g_i^2$ 都计算出来,使其按照大小排序,就可以依此提炼出最有影响力的公共因子。

3. 因子旋转

建立因子分析模型的目的不仅是找出主因子,更重要的是知道每个主因子的意义,以便对实际问题进行分析。如果求出主因子解后,各个主因子的典型代表变量不很突出,还需要进行因子旋转,通过适当的旋转得到比较满意的主因子。

旋转的方法有很多,正交旋转(Orthogonal Rotation)和斜交旋转(Oblique Rotation)是因子旋转的两类方法。最常用的方法是最大方差(Varimax)正交旋转法。进行因子旋转,就是要使因子载荷矩阵中因子载荷的平方值向 0 和 1 两个方向分化,使大的载荷更大,小的载荷更小。因子旋转过程中,如果因子对应轴相互正交,则称为正交旋转;如果因子对应轴相互间不是正交的,则称为斜交旋转。常用的斜交旋转方法有 Promax 法等。

4. 因子得分

因子分析模型建立后,还有一个重要的作用是应用因子分析模型去评价每个样本在整个模型中的地位,即进行综合评价。例如地区经济发展的因子分析模型建立后,我们希望知道每个地区经济发展的情况,把区域经济划分归类,哪些地区发展较快,哪些中等发达,哪些较慢等。这时需要将公共因子用变量的线性组合来表示,也即由地区经济的各项指标值来估计它的因子得分。不考虑特殊因子 $\varepsilon$ 的影响,当 $m = p$ 时,设公共因子 $F$ 由变量 $X$ 表示的线性组合为:

$$f_j = u_{j1} x_1 + u_{j2} x_2 + \cdots + u_{jp} x_p \qquad (j = 1, 2, \cdots, m) \tag{5-68}$$

该式称为因子得分函数,由它来计算每个样品的公共因子得分。若取 $m = 2$,则将每个样本的 $p$ 个变量代入上式即可算出每个样本的因子得分 $f_1$ 和 $f_2$,并将其在平面上做因子得分散点图,进而对样本进行分类或对原始数据进行更深入的研究。

但因子得分函数中方程的个数 $m$ 小于变量的个数 $p$,所以并不能精确计算出因子得分,只能对因子得分进行估计。估计因子得分的方法较多,常用的有回归估计法、Bartlett 估计法和 Thomson 估计法。

（1）回归估计法（Thompson 估计法）

回归估计法忽略特殊因子的作用，取 $R = X^T X$，则：

$$F = Xb = X(X^T X)^{-1} A^T = XR^{-1} A^T（这里 R 为相关矩阵，且 R = X^T X）\tag{5-69}$$

式中：$b$——因子得分系数矩阵。

如果考虑特殊因子的作用，此时 $R = X^T X + W$，于是有：

$$F = XR^{-1} A^T = X(X^T X + W)^{-1} A^T \tag{5-70}$$

其中，$W = \mathrm{diag}(\sigma_1^{-2}, \sigma_2^{-2}, \cdots, \sigma_p^{-2})$。

这就是 Thomson 估计的因子得分，使用矩阵求逆算法（参考线性代数相关书籍）可以将其转换为：

$$F = XR^{-1} A^T = X(I + A^T W^{-1} A)^{-1} W^{-1} A^T \tag{5-71}$$

（2）Bartlett 估计法

Bartlett 估计因子得分可由最小二乘法或极大似然法导出。

$$F = \left[\left(\frac{W^{-1}}{2A}\right)^T \frac{W^{-1}}{2A}\right]^{-1} \left(\frac{W^{-1}}{2A}\right)^T W^{-1}/2X$$

$$= \left(\frac{A^T W^{-1}}{A}\right)^{-1} A^T W^{-1} X \tag{5-72}$$

5. 因子分析的步骤

因子分析有两个核心问题：一是如何构造因子变量；二是如何对因子变量进行命名解释。因此，因子分析的基本步骤和解决思路就是围绕这两个核心问题展开的。

因子分析常常有以下 4 个基本步骤：

(1)确认待分析的原变量是否适合作因子分析。

(2)构造因子变量。

(3)利用旋转方法使因子变量更具有可解释性。

(4)计算因子变量得分。

因子分析的计算过程如下：

(1)将原始数据标准化，以消除变量间在数量级和量纲上的不同。

(2)求标准化数据的相关矩阵。

(3)求相关矩阵的特征值和特征向量。

(4)计算方差贡献率与累积方差贡献率。

(5)确定因子。设 $f_1, f_2, \cdots, f_p$ 为 $p$ 个因子，其中前 $m$ 个因子包含的数据信息总量（即其累积方差贡献率）不低于一个特定的百分比（较多研究采用 80% ~ 85%）时，可取前 $m$ 个因子来反映原评价指标。

(6)因子旋转。若所得的 $m$ 个因子无法确定或其实际意义不是很明显，这时需将因子进行旋转以获得较为明显的实际含义。

(7)用原指标的线性组合来求各因子得分。采用回归估计法（Thompson 估计法）或 Bartlett 估计法计算因子得分。

(8)综合得分。以各因子的方差贡献率为权，由各因子的线性组合得到综合评价指标函数。

$$F = (w_1 f_1 + w_2 f_2 + \cdots + w_m f_m)/(w_1 + w_2 + \cdots + w_m)$$

式中：$w_i$——旋转前或旋转后因子的方差贡献率。

（9）得分排序。利用综合得分可以得到得分名次。

### （三）主成分分析与因子分析的比较[7]

（1）因子分析中是把变量分解成公共因子和特殊因子的线性组合，舍弃特殊因子；而主成分分析中则是把主成分表示成原变量的线性组合，舍弃变差小的主成分。

（2）主成分分析的重点在于解释每个变量的总方差，而因子分析则把重点放在解释各变量之间的协方差。

（3）主成分分析中不需要有假设（Assumptions），因子分析则需要一些假设。因子分析的假设包括：各个共同因子之间不相关，特殊因子（Specific Factors）之间也不相关，共同因子和特殊因子之间也不相关。

（4）主成分分析中，当给定的协方差矩阵或者相关矩阵的特征值是唯一的时候，样本的主成分一般是独特的、唯一确定的，不能旋转；而因子分析中因子不是独特的，可以旋转得到不同的因子。

（5）在因子分析中，因子个数需要分析者指定（某些统计学软件，如SPSS，会根据一定的条件自动设定，如特征值大于1的因子进入分析），指定的因子数量不同，结果也不同。在主成分分析中，成分的数量是一定的，一般有几个变量就有几个主成分。和主成分分析相比，由于因子分析可以使用旋转技术帮助解释因子，在解释方面更加有优势。大致说来，当需要寻找潜在的因子，并对这些因子进行解释的时候，更加倾向于使用因子分析，并且借助旋转技术的帮助更好解释。而如果想把现有的变量变成少数几个新的变量（新的变量几乎带有原来所有变量的信息）来进入后续的分析，则可以使用主成分分析。当然，这种情况也可以使用因子得分做到。所以这里区分不是绝对的。

（6）在算法上，主成分分析和因子分析很类似，不过，在因子分析中所采用的协方差矩阵的对角元素不再是变量的方差，而是和变量对应的共同度（变量方差中被各因子所解释的部分）。

## 第五节　其他方法

### 一、ISM方法（解释性构造模型法）

解释结构模型法（Interpretive Structural Modeling Method，简称ISM分析法）[8]是以图论中的关联矩阵原理和布尔矩阵法则，来分析复杂系统的整体结构，将系统的结构分析转化为同构有向图的拓扑分析，继而转化为代数分析，通过关联矩阵的运算来明确系统的结构特征。解释性构造模型法是用于分析和揭示复杂关系结构的有效方法，它可将系统中各要素之间的复杂、零乱关系分解成清晰的多层次的结构形式。当我们分析的各级规划课题不具有简单的分类学特征，或者其中的概念从属关系不太明确，也不属于某个操作过程或某个问题求解过程时，要想通过上面所述的几种方法直接求出各级规划课题之间的形成关系是很困难的，这时就要使用ISM分析法。

这种分析方法应用到规划上包括以下5个操作步骤：

（1）抽取规划课题的因素。

（2）确定各个子课题之间的直接关系，做出邻接矩阵（Adjacency Matrix）。

我们把构成问题复合体的一个个规划课题称之为要素。从要素的集合里面抽出两个不同的要素 A、B，并将它们进行比较，如果要素课题 A 与要素课题 B 相比重要，或者说要素 A 对要素 B 有决定作用课题，则 $s_{AB}$ 判断为 YES＝1，否则判断为 NO＝0。当然还有一种特殊情况，就是有可能两个课题同等重要，这时矩阵中对角元素可以都写为"1"，即，$s_{ij}=s_{ji}=1$ 在此基础上可以将这样的判断用数值"0"或"1"做成表 5-25 所示的 0-1 关系矩阵 $S=[s_{ij}]$。关系矩阵 $S$ 加上单位矩阵 $I$，比如课题 A 对应要素 $S_1$，课题 B 对应要素 $S_2$，课题 A 比课题 B 重要，则 $s_{12}=1$。矩阵对角线上表明的是课题要素自身的比较，但是由于解析的需要，在对角线上填入 1，则形成邻接矩阵 $A$，即 $A=S+I$。

**课题 A 与 B 的关系矩阵**　　　　　　　　　　表 5-25

| | $S_1$ | $S_2$ | | $S_i$ | | $S_n$ |
|---|---|---|---|---|---|---|
| $S_1$ | ＊0 | 0 | | 1 | | 0 |
| $S_2$ | 0 | ＊0 | | 0 | | 0 |
| ⋮ | | | | | | |
| $S_i$ | 1 | 0 | … | ＊0 | … | 0 |
| ⋮ | | | | | | |
| $S_n$ | 1 | 0 | | 0 | | ＊0 |

（3）获得可达矩阵。

可达矩阵（Reachability Matrix）是指用矩阵形式来描述有向连接图各节点之间，经过一定长度的通路后可以到达的程度。

可达矩阵 $D$ 可以在求邻接矩阵的伦理积的基础上获得（计算按照布尔矩阵运算法则，即：遵循着 $0+0=0;0+1=1;1+0=1;1+1=1;0*0=0;1*0=0;0*1=0;1*1=0$），也就是说，课题 $S_i$ 与课题 $S_j$ 之间，直接或间接，是否有联系可以用 1-0 的矩阵形式来表示，这一矩阵即为可达矩阵 $D$。对邻接矩阵 $A$，依次进行伦理积的演算，直到第 $r$ 次与第 $r+1$ 次的伦理积相一致，即 $D=A^r=A^{r+1}$。这就意味着到最大 $r$ 个的间接关系的课题相互之间有联系，其余的没有关系。

（4）得到可达矩阵 $D=[d_{ij}]$ 后，从课题 $S_i$ 的行来看，只要列举出 $d_{ij}=1$ 的要素，就可以获得包含了 $S_i$ 在内的从 $S_i$ 出发可能到达的所有要素的集合 $R(S_i)$。另外，从 $S_j$ 的列来看就可以获得包含 $S_j$ 的可以到达 $S_j$ 的所有课题要素的集合 $A(S_j)$。

（5）进行层级划分。对于课题 $S_i$，如果 $R(S_i)=R(S_i)\cap A(S_i)$，则 $S_i$ 则作为本层级的确定下来，并在下一个层次划分时去掉；否则保留进入下一层级。低层级的课题 $S_j$ 与高层级的课题 $S_i$ 根据 $A(S_i)$ 相联系，就可以确定出课题之间的结构。

【**例题 5-7**】　ISM 法分析街道规划问题示例❶[9]。

表 5-26 列出了某都市圈中城市建设的规划课题，以及各个规划课题中意见比较集中的被

---

❶　本例题参考了樗木武先生的《土木规划学》中第 39 页的例题。

认为尤其重要的一些事项。据此,可以很好地理解各个课题的具体的内容,但是课题之间哪个更为重要则不明确。利用 ISM 方法可以解决这个问题。

某都市圈中城市建设的规划课题

表 5-26

| 序号 | 规 划 课 题 | 重 要 项 目 |
|------|------------|------------|
| 1 | 建设生活基础设施 | 生活道路,下水道,广场建设 |
| 2 | 建设产业基础设施 | 吸引高附加价值的产业,工业地区的重新整理 |
| 3 | 建设交通基础设施 | 道路建设,机场建设 |
| 4 | 提高生活质量的城市建设 | 文化设施,体育休闲设施的建设 |
| 5 | 环境问题的对策 | 住、工分离,道路沿途的环境 |
| 6 | 城市功能的分散 | 培育地方中小城市,工业机能的地方分散 |
| 7 | 产业经济活动的平滑化 | 流通园区的适当配置,流通系统的改善 |
| 8 | 城市再形成 | 城市地区的再开发,区划整理 |
| 9 | 城市制约条件的审视与对策 | 土地供给对策 |

**【解答】**

在 ISM 方法中,有两种重要的矩阵:邻接矩阵和可达矩阵。邻接矩阵( Adjacency Matrix )用来描述图中的各节点两两之间的关系。可达矩阵( Reachability Matrix )是指用矩阵形式来描述有向连接图各节点之间,经过一定长度的通路后可以到达的程度。在此,首先针对两个问题组合 $(S_i, S_j)$ 当中哪个更为重要进行问卷调查。如果 $S_i$ 比 $S_j$ 重要,则在关系矩阵中 $S_{ij}$ 处填写 1,否则填写 0。关系矩阵 $S$ 加上单位矩阵 $I$,即关系矩阵对角线元素设为 1,则得到下列邻接矩阵 $A$。

（1）在问卷调查的基础上,可以获得下列邻接矩阵 $A$。

|  | $S_1$ | $S_2$ | $S_3$ | $S_4$ | $S_5$ | $S_6$ | $S_7$ | $S_8$ | $S_9$ |
|------|------|------|------|------|------|------|------|------|------|
| $S_1$ | 1 | 0 | 0 | 0 | 0 | 0 | 0 | 0 | 0 |
| $S_2$ | 1 | 1 | 1 | 1 | 1 | 0 | 0 | 1 | 1 |
| $S_3$ | 0 | 0 | 1 | 0 | 0 | 0 | 0 | 0 | 0 |
| $S_4$ | 0 | 0 | 0 | 1 | 0 | 0 | 0 | 0 | 0 |
| $S_5$ | 0 | 1 | 1 | 1 | 1 | 0 | 1 | 1 | 1 |
| $S_6$ | 1 | 1 | 1 | 1 | 1 | 1 | 1 | 1 | 1 |
| $S_7$ | 1 | 0 | 1 | 1 | 0 | 0 | 1 | 0 | 1 |
| $S_8$ | 1 | 0 | 1 | 1 | 0 | 0 | 0 | 1 | 0 |
| $S_9$ | 1 | 0 | 1 | 1 | 0 | 0 | 0 | 0 | 1 |

（2）利用上述邻接矩阵的伦理积( 遵循矩阵布尔运算原则 )的反复演算,可以求得下列可达矩阵 $D$。可达矩阵 $D$ 有一个重要特性,即推移特性。

|  | $S_1$ | $S_2$ | $S_3$ | $S_4$ | $S_5$ | $S_6$ | $S_7$ | $S_8$ | $S_9$ |
|---|---|---|---|---|---|---|---|---|---|
| $S_1$ | 1 | 0 | 0 | 0 | 0 | 0 | 0 | 0 | 0 |
| $S_2$ | 1 | 1 | 1 | 1 | 1 | 0 | 1 * | 1 | 1 |
| $S_3$ | 0 | 0 | 1 | 0 | 0 | 0 | 0 | 0 | 0 |
| $S_4$ | 0 | 0 | 0 | 1 | 0 | 0 | 0 | 0 | 0 |
| $S_5$ | 1 * | 1 | 1 | 1 | 1 | 0 | 1 | 1 | 1 |
| $S_6$ | 1 | 1 | 1 | 1 | 1 | 1 | 1 | 1 | 1 |
| $S_7$ | 1 | 0 | 1 | 1 | 0 | 0 | 1 | 0 | 1 |
| $S_8$ | 1 | 0 | 1 | 1 | 0 | 0 | 0 | 1 | 0 |
| $S_9$ | 1 | 0 | 1 | 1 | 0 | 0 | 0 | 0 | 1 |

（3）级别划分

分别求解各个课题 $S_i$ 对应的 $\boldsymbol{R}(S_i)$ 与 $\boldsymbol{A}(S_i)$。进一步求出集合 $\boldsymbol{R}(S_i) \cap \boldsymbol{A}(S_i)$。$\boldsymbol{R}(S_i)$ $\cap \boldsymbol{A}(S_i)$ 是从要素 $S_i$ 可能达到，而且又是能够达到 $S_i$ 的全部要素集合。在图论中，这是一种强连接要素，或在图中处于环状的要素，见表 5-27。

表 5-27

| 课题 | $\boldsymbol{R}(S_i)$ | $\boldsymbol{A}(S_i)$ | $\boldsymbol{R}(S_i) \cap \boldsymbol{A}(S_i)$ |
|---|---|---|---|
| $S_1$ | $S_1$ | $S_1,S_2,S_5,S_6,S_7,S_8,S_9$ | $* S_1$ |
| $S_2$ | $S_1,S_2,S_3,S_4,S_5,S_7,S_8,S_9$ | $S_2,S_5,S_6$ | $S_2,S_5$ |
| $S_3$ | $S_3$ | $S_2,S_3,S_5,S_6,S_7,S_8,S_9$ | $* S_3$ |
| $S_4$ | $S_4$ | $S_2,S_4,S_5,S_6,S_7,S_8,S_9$ | $* S_4$ |
| $S_5$ | $S_1,S_2,S_3,S_4,S_5,S_7,S_8,S_9$ | $S_2,S_5,S_6$ | $S_2,S_5$ |
| $S_6$ | $S_1,S_2,S_3,S_4,S_5,S_6,S_7,S_8,S_9$ | $S_6$ | $S_6$ |
| $S_7$ | $S_1,S_3,S_4,S_7,S_9$ | $S_2,S_5,S_6,S_7$ | $S_7$ |
| $S_8$ | $S_1,S_3,S_4,S_8$ | $S_2,S_5,S_6,S_8$ | $S_8$ |
| $S_9$ | $S_1,S_3,S_4,S_9$ | $S_2,S_5,S_6,S_7,S_9$ | $S_9$ |

表 5-27 中，处于强连接的要素可作为一个要素来处理。本例中，$S_2$、$S_5$ 可以认为是一个要素，将其记为 $(S_2,S_5)$，得到表 5-28。

表 5-28

| 课题 | $\boldsymbol{R}(S_i)$ | $\boldsymbol{A}(S_i)$ | $\boldsymbol{R}(S_i) \cap \boldsymbol{A}(S_i)$ |
|---|---|---|---|
| $S_1$ | $S_1$ | $S_1,(S_2,S_5),S_6,S_7,S_8,S_9$ | $* S_1$ |
| $(S_2,S_5)$ | $S_1,(S_2,S_5),S_3,S_4,S_7,S_8,S_9$ | $(S_2,S_5),S_6$ | $(S_2,S_5)$ |
| $S_3$ | $S_3$ | $(S_2,S_5),S_3,S_6,S_7,S_8,S_9$ | $* S_3$ |
| $S_4$ | $S_4$ | $(S_2,S_5),S_4,S_6,S_7,S_8,S_9$ | $* S_4$ |
| $S_6$ | $S_1,(S_2,S_5),S_3,S_4,S_6,S_7,S_8,S_9$ | $S_6$ | $S_6$ |
| $S_7$ | $S_1,S_3,S_4,S_7,S_9$ | $(S_2,S_5),S_6,S_7$ | $S_7$ |

续上表

| 课题 | $R(S_i)$ | $A(S_i)$ | $R(S_i) \cap A(S_i)$ |
|---|---|---|---|
| $S_8$ | $S_1, S_3, S_4, S_8$ | $(S_2, S_5), S_6, S_8$ | $S_8$ |
| $S_9$ | $S_1, S_3, S_4, S_9$ | $(S_2, S_5), S_6, S_7, S_9$ | $S_9$ |

利用该表可求出满足 $R(S_i) = R(S_i) \cap A(S_i)$ 的 $S_i$ 的集合。这个集合中的要素，不可能达到本集合外的任一要素，显然，这个集合中的要素是全部要素中的最高层级。

在此，满足 $R(S_i) = R(S_i) \cap A(S_i)$ 的是课题 $S_1, S_3, S_4$，这些可以列为第一级的课题。

接下来，由表 5-28 去除 $S_1, S_3, S_4$，利用同样的演算得到表 5-29，由此可以得到二级课题为 $S_8, S_9$。这些课题与上一个层次的课题 $S_1, S_3, S_4$ 相关联。

表 5-29

| 课题 | $R(S_i)$ | $A(S_i)$ | $R(S_i) \cap A(S_i)$ |
|---|---|---|---|
| $(S_2, S_5)$ | $(S_2, S_5), S_7, S_8, S_9$ | $(S_2, S_5), S_6$ | $(S_2, S_5)$ |
| $S_6$ | $(S_2, S_5), S_6, S_7, S_8, S_9$ | $S_6$ | $S_6$ |
| $S_7$ | $S_7, S_9$ | $(S_2, S_5), S_6, S_7$ | $S_7$ |
| $S_8$ | $S_8$ | $(S_2, S_5), S_6, S_8$ | $* S_8$ |
| $S_9$ | $S_9$ | $(S_2, S_5), S_6, S_7, S_9$ | $* S_9$ |

同理第三个层次可以得到 $S_7$，$S_7$ 与 $S_9$ 相关联，见表 5-30。

表 5-30

| 课题 | $R(S_i)$ | $A(S_i)$ | $R(S_i) \cap A(S_i)$ |
|---|---|---|---|
| $(S_2, S_5)$ | $(S_2, S_5), S_7$ | $(S_2, S_5), S_6$ | $(S_2, S_5)$ |
| $S_6$ | $(S_2, S_5), S_6, S_7$ | $S_6$ | $S_6$ |
| $S_7$ | $S_7$ | $(S_2, S_5), S_6, S_7$ | $* S_7$ |

第四个层次可以得到 $(S_2, S_5)$，$(S_2, S_5)$ 与 $S_7$ 相关联，见表 5-31。

表 5-31

| 课题 | $R(S_i)$ | $A(S_i)$ | $R(S_i) \cap A(S_i)$ |
|---|---|---|---|
| $(S_2, S_5)$ | $(S_2, S_5)$ | $(S_2, S_5), S_6$ | $* (S_2, S_5)$ |
| $S_6$ | $(S_2, S_5), S_6$ | $S_6$ | $S_6$ |

第五个层次可以得到 $S_6$，$S_6$ 与 $(S_2, S_5)$ 相关联，见表 5-32。

表 5-32

| 课题 | $R(S_i)$ | $A(S_i)$ | $R(S_i) \cap A(S_i)$ |
|---|---|---|---|
| $S_6$ | $S_6$ | $S_6$ | $S_6$ |

通过上述演算，我们可以得到下面的最终分析结果，如图 5-6 所示。可以理解为，从意识构造上，生活基础设施、交通基础设施与宽阔的城市空间建设最为重要。而产业基础设施建设，环境问题对策，以及城市功能的分散并没有得到重视。

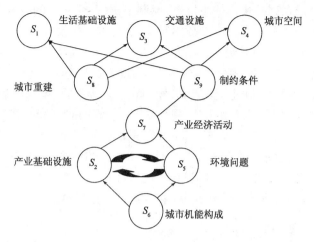

图 5-6 ISM 法分析结果

## 二、产业关联分析（Input-Output Analysis）

产业关联分析（Input-Output Analysis）用于把握国家或地区的经济构造。在产业链中某个产业购入、消费其他产业产品，用于生产，然后供其他产业消费。利用产业间的投入产出关系，可以对公共投资等对于地域经济产生的影响进行分析。分析的基础是产业关联表（Input-Output Table）。通过这种分析可以把握某一产业对于其他产业的依存度（生产技术）。其问题是：全数调查费用过高；即使完全调查，也难于做成完全正确的产业关联表。

投入产出分析（Input-Output Analysis），亦称之为投入产出法、产业关联、部门联系平衡法等。它是以最终产品为经济活动目标，研究各种经济体系（例如企业、公司、部门经济、地区经济、国民经济）中，各个组成部分间的投入和产出之间相互依存关系的一种数量分析方法。"投入"指的是生产产品所消耗的原材料、燃料、动力、固定资产折旧和劳动力。"产出"指的则是生产出来的产品的使用方向和数量，即分配的流量。投入产出分析是进行经济分析、加强综合平衡、改进计划编制的重要工具。

投入产出分析的初步思想可追溯到 18 世纪经济学中的重农学派的 F·魁奈，他的主要经济著作《经济表》就是把一个企业、一个农场由一定的生产增长所引起的财富生产活动的连续循环用表格表现出来。19 世纪后半叶的数理经济学派的 M·E·L·瓦尔拉斯提出的一般平衡理论和数学模型，更是投入产出分析的直接先驱。1924 年，原苏联为了统一计划和安排全国的生产活动，曾经编制了"1923—1924 年度国民经济平衡表"，这也是投入产出分析的先行工作之一，但未能深入研究，并在 1929 年受到批判。

1925 年，经济学家 W·列昂惕夫写出一篇名为《俄国经济的平衡——一个方法论的研究》的论文，第一次阐述了投入产出分析的基本概念。1931 年他开始用投入产出分析研究美国的经济结构，并根据美国国情普查资料编制了 1919 年和 1929 年的投入产出表。1936 年他发表了《美国经济制度中投入产出的数量关系》一文，这是应用投入产出分析的第一篇论文。1941 年列昂惕夫在《美国经济结构，1919—1922》中详细阐明了投入产出分析的内容和方法。1953 年他与 H·钱纳里等出版了《美国经济结构研究》一书，阐述了投入产出分析的基本原理及其发展的几个主要部分。20 世纪 40 年代，美国开始了投入产出法的实际应用。1942—1944 年，美国劳工部劳动统计局在列昂惕夫的主持下，编制了美国 1939 年的投入产出表；美国空军及战备和裁军总署等机构在第二次世界大战期间及战后，曾利用投入产出分析及有关资料，制订战时生产计划和研究裁军对国民经济的影响。此后，美国先后编制了 1949 年、1958 年、1963 年及 1966 年的投入产出表。"二战"后 40 多年来，投入产出分析逐步为世界各国所重视，现在已有 90 多个国家和地区编制过投入产出表。联合国成立了"投入产出协会"，1950—1979 年，曾先后召开过 7 次学术会议。由于从事投入产出分析的研究和应用，列昂惕夫获得 1973 年诺贝尔经济学奖。20 世纪 50 年代末，苏联重新重视和研究投入产出分析，1974 年正式把投入产出分析（称之为"部门联系平衡表"）列入计划方法论的体系中，作为国民经济计划平衡体系的一个重要组成部分。我国在 20 世纪 60 年代初就开始重视投入产出分析，1974 年编制出 1973 年的（61 个部门的）投入产出表。近年来，投入产出分析也被大量应用。

### 三、计量经济模型（Econometric Analysis）

#### （一）计量经济模型（Econometric Analysis）[10]

计量经济模型是产业关联分析之外进行宏观经济分析的方法。计量经济模型概述如下。

计量经济模型包括一个或一个以上的随机方程式，它简洁有效地描述、概括某个真实经济系统的数量特征，更深刻地揭示出该经济系统的数量变化规律，是由系统或方程组成，方程由变量和系数组成，其中，系统也是由方程组成。

计量经济模型揭示经济活动中各个因素之间的定量关系，用随机性的数学方程加以描述。

#### （二）计量经济模型的建立

对所要研究的经济现象进行深入的分析，根据研究的目的，选择模型中将包含的因素，根据数据的可获取性选择适当的变量来表征这些因素，并根据经济行为理论和样本数据显示出的变量间的关系，设定描述这些变量之间关系的数学表达式，即理论模型。理论模型的设计主要包含 3 部分工作，即选择变量、确定变量之间的数学关系、拟定模型中待估计参数的数值范围。

1. 确定模型所包含的变量

在单方程模型中，变量可分为两类。作为研究对象的变量，也就是因果关系中的"果"，例如生产函数中的产出量，是模型中的被解释变量。而作为"原因"的变量，例如生产函数中的资本、劳动、技术，是模型中的解释变量。确定模型所包含的变量，主要是指确定解释变量。可以作为解释变量的有下列几类变量：外生经济变量、外生条件变量、外生政策变量和滞后被解释变量。其中有些变量（如政策变量、条件变量）等经常以虚变量的形式出现。

严格地说，生产函数中的产出量、资本、劳动、技术等，只能称为"因素"，这些因素间存在着因果关系。为了建立起计量经济学模型，必须选择适当的变量来表征这些因素，这些变量必须具有数据可得性。于是，我们可以用总产值来表征产出量，用固定资产原值来表征资本，用职工人数来表征劳动，用时间作为一个变量来表征技术。这样，最后建立的模型是关于总产值、固定资产原值、职工人数和时间变量之间关系的数学表达式。

在确定了被解释变量之后，关键就在于正确地选择解释变量。

首先，需要正确理解和把握所研究的经济现象中暗含的经济学理论和经济行为规律。这是正确选择解释变量的基础。例如，在上述生产问题中，已经明确指出属于供给不足的情况，那么,影响产出量的因素就应该在投入要素方面,而在当前,一般的投入要素主要是技术、资本与劳动。如果属于需求不足的情况,那么影响产出量的因素就应该在需求方面,而不在投入要素方面。这时,如果研究的对象是消费品生产,应该选择居民收入等变量作为解释变量;如果研究的对象是生产资料生产,应该选择固定资产投资总额等变量作为解释变量。由此可见,同样是建立生产模型,所处的经济环境不同、研究的行业不同,变量选择是不同的。

其次,选择变量要考虑数据的可得性。这就要求对经济统计学有透彻的了解。计量经济学模型是要在样本数据,即变量的样本观测值的支持下,采用一定的数学方法估计参数,以揭示变量之间的定量关系。所以所选择的变量必须是统计指标体系中存在的、有可靠的数据来源的。如果必须引入个别对被解释变量有重要影响的政策变量、条件变量,则采用虚变量的样本观测值的选取方法。

最后,选择变量时要考虑所有入选变量之间的关系,使得每一个解释变量都是独立的。这是计量经济学模型技术所要求的。当然,在开始时要做到这一点是困难的,如果在所有入选变量中出现相关的变量,可以在建模过程中检验并予以剔除。

2. 确定模型的数学形式

选择了适当的变量,接下来就要选择适当的数学形式描述这些变量之间的关系,即建立理论模型。

选择模型数学形式的主要依据是经济行为理论。在数理经济学中,已经对常用的生产函数、需求函数、消费函数、投资函数等模型的数学形式进行了广泛的研究,可以借鉴这些研究成果。需要指出的是,现代经济学尤其注重实证研究,任何建立在一定经济学理论假设基础上的理论模型,如果不能很好地解释过去,尤其是历史统计数据,那么它是不能被人们所接受的。这就要求理论模型的建立要在参数估计、模型检验的全过程中反复修改,以得到一种既能有较好的经济学解释又能较好地反映历史上已经发生的诸变量之间关系的数学模型。忽视任何一方面都是不对的。也可以根据变量的样本数据做出解释变量与被解释变量之间关系的散点图,由散点图显示的变量之间的函数关系作为理论模型的数学形式。这也是在建模时经常采用的方法。

3. 拟定理论模型中待估参数的理论期望值

理论模型中的待估参数一般都具有特定的经济含义,它们的数值,要待模型估计、检验后,即经济数学模型完成后才能确定,但对于它们的数值范围,即理论期望值,可以根据它们的经济学含义在开始时拟定。这一理论期望值可以用来检验模型的估计结果。拟定理论模型中待估参数的理论期望值,关键在于理解待估参数的经济含义。例如生产函数理论模型中有 4 个待估参数 $\alpha$、$\beta$、$\gamma$ 和 $A$。其中,$\alpha$ 是资本的产出弹性,$\beta$ 是劳动的产出弹性,$\gamma$ 近似为技术进步速度,$A$ 是效率系数。根据这些经济含义,它们的数值范围应该是:

$$0 < \alpha < 1, 0 < \beta < 1, \alpha + \beta \approx 1, 0 < \gamma < 1 \text{并接近} 0, A > 0。$$

## (三)计量经济模型的应用

计量经济学模型的应用主要有以下 4 个方面。

1. 结构分析

结构分析是对经济现象中变量之间相互关系的研究。它研究的是当一个变量或几个变量发生变化时会对其他变量以至经济系统产生什么样的影响。结构分析采用的主要方法是弹性分析、乘数分析和比较静力分析。

（1）弹性分析

弹性是经济学中的一个重要概念，它是某一变量的相对变化引起另一变量的相对变化的度量，即变量的变化率之比。

（2）乘数分析

乘数也是经济学中的一个重要概念，它是某一变量的绝对变化引起另一变量的绝对变化的度量，即变量的变化量之比，也称倍数。

（3）比较静力分析

比较静力分析是比较经济系统的不同平衡位置之间的联系，探索经济系统从一个平衡位置到另一个平衡位置时变量的变化，研究经济系统中某一个变量或参数的变化对另外变量或参数的影响。

2. 经济预测

计量经济学模型是从经济预测，特别是短期预测而发展起来的。在 20 世纪 50 年代与 60 年代得到成功应用，而 70 年代以来人们对计量经济学模型预测功能的质疑，主要是因为没能对 1973 年、1979 年的石油危机进行预测和分析。计量经济学模型与其他经济数学模型相结合，将是一个发展方向。

3. 政策评价

政策评价是指从许多不同的经济政策中选择较好的政策予以实行，或者说是研究不同的经济政策对经济目标所产生的影响的差异。计量经济学模型与计算机技术相结合，可以建立"经济政策实验室"。计量经济学模型用于政策评价，主要有 3 种方法。

（1）目标法

目标法是指给定目标变量的预期值，即我们希望达到的目标，通过求解模型，得到政策变量值。

（2）政策模拟

政策模拟即将不同的政策代入模型，计算各自的目标值，然后比较，决定政策的取舍。

（3）最优控制方法

最优控制方法是将计量经济学模型与最优化方法结合起来，选择使得目标最优的政策或政策组合。

4. 检验与发展经济理论

（1）检验理论

按照某种理论去建立模型，然后用表现已经发生的经济活动的样本数据去拟合，如果拟合很好，则这种理论得到了检验。

（2）发现和发展理论

用表现已经发生的经济活动的样本数据去拟合各种模型，拟合得最好的模型所表现出来的数量关系，则是经济活动所遵循的经济规律，即理论，也就是发现和发展理论。

## （四）计量经济模型成功 3 要素

从上述建立计量经济学模型的步骤中，不难看出，任何一项计量经济学研究、任何一个计量经济学模型赖以成功的要素应该有 3 个,即:理论、方法和数据。

(1)理论,即经济理论,所研究的经济现象的行为理论是计量经济学研究的基础。

(2)方法,主要包括模型方法和计算方法,它是计量经济学研究的工具与手段,是计量经济学不同于其他经济学分支学科的主要特征。

(3)数据,反映研究对象的活动水平、相互间联系以及外部环境的数据,或更广义上讲是信息,它是计量经济学研究的原料。

这 3 个方面缺一不可。但是在计量经济学模型的使用中也会存在一些问题。一般情况下,在计量经济学研究中,方法的研究是人们关注的重点,方法的水平往往成为衡量一项研究成果水平的主要依据。但是,不能因此而忽视对经济学理论的探讨,一个不懂得经济学理论、不了解经济行为的人,是无法从事计量经济学研究工作的,也是不可能建立起一个哪怕是极其简单的计量经济学模型的。所以,利用计量经济学模型首先应该具有经济学知识。此外,人们对数据,尤其是数据质量问题的重视更显不足,对数据的可得性、可用性、可靠性缺乏认真的推敲,在研究过程中出现问题时,较少从数据质量方面去找原因。目前的实际情况是,数据已成为制约计量经济学发展的重要问题。

## 四、层次分析法[11,12]

### (一)层次分析法简介

层次分析法(Analytic Hierarchy Process,简称 AHP)是美国运筹学家 T. L. Saaty 教授于 20 世纪 70 年代初期提出的, AHP 是对定性问题进行定量分析的一种简便、灵活而又实用的多准则决策方法。它的特点是把复杂问题中的各种因素通过划分为相互联系的有序层次,使之条理化,根据对一定客观现实的主观判断结构(主要是两两比较)把专家意见和分析者的客观判断结果直接而有效地结合起来,将一层次元素两两比较的重要性进行定量描述。而后,利用数学方法计算反映每一层次元素的相对重要性排序的权值,通过所有层次之间的总排序计算所有元素的相对权重并进行排序。该方法自 1982 年被引入我国以来,以其定性与定量相结合地处理各种决策因素的特点,以及其系统灵活简洁的优点,迅速地在我国社会经济各个领域内,如能源系统分析、城市规划、经济管理、科研评价等,得到了广泛的重视和应用。

### (二)层次分析法的步骤

层次分析法的步骤如下:

(1)通过对系统的深刻认识,确定该系统的总目标,弄清楚规划决策所涉及的范围,所要采取的措施方案和政策,实现目标的准则、策略和各种约束条件等,广泛地收集信息。

(2)建立一个多层次的递阶结构,按目标的不同、实现功能的差异,将系统分为几个等级层次。

(3)确定以上递阶结构中相邻层次元素间相关程度。通过构造两个比较判断矩阵及矩阵运算的数学方法,确定对于上一层次的某个元素而言,本层次中与其相关元素的重要性排序——相对权值。

(4)计算各层元素对系统目标的合成权重,进行总排序,以确定递阶结构图中最底层各个元素的总目标中的重要程度。

（5）根据分析计算结果，考虑相应的决策。

## （三）应用层次分析法的注意事项

如果所选的要素不合理，其含义混淆不清或要素间的关系不正确，都会降低 AHP 法的结果质量，甚至导致 AHP 法决策失败。

为保证递阶层次结构的合理性，需把握以下原则：

（1）分解简化问题时把握主要因素，不漏不多。

（2）注意相比较元素之间的强度关系，相差太悬殊的要素不能在同一层次中比较。

## 本讲参考文献

[1] 胡健颖,冯泰.实用统计学[M].3版.北京:北京大学出版社,2004.

[2] 朱建平.应用多元统计分析[M].2版.北京:科学出版社,2012.

[3] 百度百科.方差分析[Z/OL].https://baike.baidu.com/item/方差分析/1502206? fr=aladdin.

[4] 百度百科.相关分析[Z/OL].https://baike.baidu.com/item/相关分析.

[5] 刘顺忠.数理统计理论、方法、应用和软件计算[M].华中科技大学出版社,2005.

[6] 百度百科.因子分析法[Z/OL].https://baike.baidu.com/item/因子分析法.

[7] 马娟,杨益民.主成分分析与因子分析之比较及实证分析[J].市场研究,2007(3):30-34.

[8] ISM[Z/OL].http://kaixinyueliang.blog.163.com/blog/static/9787993200710526496613/.

[9] 樗木武.土木计画学[M].東京:森北出版株式会社,2001.

[10] 罗伯特·平狄克,丹尼尔·鲁宾费尔德.计量经济模型与经济预测[M].钱小军,译.北京:机械工业出版社,1999.

[11] 百度百科.层次分析法[Z/OL].https://baike.baidu.com/item/层次分析法/1672? fromtitle=AHP&fromid=1279008.

[12] 胡运权.运筹学教程[M].北京:清华大学出版社,2012.

# 未来预测方法

## 第一节　预测的基本问题

### 一、预测的意义

土木规划的步骤中最为重要的内容之一就是预测未来的状况。未来预测就是要在现状分析的基础上尽可能准确、定量地掌握将来的状况。现状分析使得复杂的社会经济构造明确化，在考虑上述社会经济因素的基础上制订预案，对于从现在到未来（短期规划、中期规划、长期规划）可能发生的现象进行预测。对未来进行预测，首先需要确定预测的目的，然后去捕捉现象，确定预测方法，研讨预测结果的妥当性。现状分析、制订预案在未来预测中极其重要。

土木规划中的预测，大致可以分为基于人类的知识和洞察力作出判断的方法，和基于收集数据并加以分析的方法。前者是基于人类的直觉与经验进行预测的方法。这种方法以直觉与经验为对象，基于科学的手法提取、整理知觉与经验，构成预测模型。在这个意义上，可以说它与单纯的主观臆断不同，是一种以直觉数据为对象的科学的预测方法。

后者则是针对预测中需要的现在以及过去的现象，收集量与质的数据，进行分析的方法。未来预测通常需要利用数学模型来进行，按照技术方法来划分，预测方法可以根据其特征分为若干类，包括现在形式法、空间相互作用模型、时间序列模型、计量经济学模型等，多种多样，通常要根据具体需要选择一个或是多个模型，有时则需要开发新的模型。

模型的应用不是绝对的，需要根据预测对象的状况，可能获得的信息的质量，考虑确定预测方法。

### 二、预测的对象

土木规划中涉及的将来预测内容包罗了对于未来人口的预测、未来经济指标的预测及未来需求量等，在此基础上对土木设施进行规划，制订规划方案。采用的预测方法（模型）多种多样，预测的顺序也与预测目的，或是与掌握的现状有很大的关系。人口的预测包括对象区域总的人口的预测、分类人口的预测（如男性与女性，或是居住人口、就业人口、就学人口等）、分层人口的预测（不同年龄层的人口）及人口分布的预测等。经济指标主要是指对于 GDP 的预测。需求预测涉及的面更为广泛，人口预测、经济指标预测都是交通需求预测的基础。

交通需求预测是土木规划中最为常见的预测，通常包括了对交通的生成，发生、集中，交通的分布，交通方式的划分，以及交通路经的预测等几个阶段，采用的方法通常为"四阶段预测法"。当预测的单位是个人出行端（Trip End）时，交通分布的预测采用的预测方法与人口分布其实是一致的。

本讲将针对人口预测、经济指标与交通需求预测进行介绍。

# 第二节　人 口 预 测

### 一、人口预测的必要性和可能性

在土木规划制订过程中，人口指标是必不可少的。由于多数情况下无法获得对象区域未来的人口指标，因此就需要规划制订者首先进行将来人口的预测。如果我们预测的对象区域不大，并且能够获得大的人口框架，则需要在这个给定的框架下进行预测。如果无法获得人口框架，则需要直接进行预测。人口发展是有一定的规律的，且变动总的来说不是很大，对于人口的预测是可能的。

人口预测就是根据一个国家、一个地区人口的现状，考虑到社会政治经济条件对人口再生产和转化的影响，分析其发展规律，运用科学的方法测算未来某个时期人口的发展状况。人口预测首先是针对人口数量，其次还可预测人口的出生率、死亡率、增长率及人口性别和年龄构成，此外还有对于分类人口，如夜间人口（常住人口）、从业人口（工作人口）、就学人口等的预测。在此基础上，还可以对未来人口的地区分布、婚姻状况、家庭构成、城乡人口比例等进行预测。

人口预测可以分为短期、中期和长期，由于预测的不确定性，也可以给出预测的高等指标预测结果、中等指标结果与低等指标结果，也就是说在不同的假定下，给出预测的范围，供决策人员参考。

从以往的人口预测结果可以看出，短期预测比长期预测的结果更接近实际发展情况。因此，人口预测只能根据当时所掌握的情况和当时所能预见到的变化进行，不能把这种预测看成是固定不变的。随着事物的发展、认识的提高,应该不断地改进原有的预测方案,使之更准确地反映若干年以后的发展状况。

人口预测是随着社会经济发展而提出来的。在过去的几千年里,由于人类社会生产力水平低,生产发展缓慢,人口变动和增长也不明显,因而对未来人口发展变化的研究并不重要,无须进行人口预测。而在当今社会,经济发展迅速,生产力达到空前水平,这时的生产不仅为了满足个人需求,还要面向社会的需求,所以必须了解供求关系的未来趋势。而人口预测是对未来进行预测的各环节中的一个重要方面。准确地预测未来人口的发展趋势,制订合理的人口规划和人口布局方案具有重大的理论意义和实践意义。因此,人口预测变得越来越必要。

任何事物发展变化都是有一定规律的。人口发展中的出生率、死亡率、自然增长率和人口总量四者之间是紧密相关的。出生率、死亡率直接影响着自然增长率和人口总量。尽管出生率和死亡率在不断地变化,但这种变化是逐渐发生的,有一定的规律性,只是不十分明显而已。因此人口预测是可行的。

人口预测有短期、中期、长期预测之分,一般应按人口发展的固有周期而定。人口发展周期与人口平均预期寿命有关。世界不同国家和地区的人口平均预期寿命相差较大,因此,各个国家和地区要根据实际情况进行短期、中期、长期的人口预测。例如,中国人口预期寿命约为70岁左右,因此,长期人口预测最好预测到70年以后,中期40~50年,短期可以是5年、10年或20年。

土木规划中的区域规划、城市规划、交通规划、水资源规划、下水道规划等,都与居住人口及就业人口相关联,都是基于人的社会经济活动所派生出来的需求进行规划的。因此,规划时对于人口规模的设定,也就成为对于规划的规模和内容的确定,可以说人口的精度对于规划的精度有着直接的影响。在这个意义上,规划中人口规模的设定十分重要,作为其前提,对于将来人口的确切的预测需要认真对待。

人口指标中,以居住人口(Resident Population),学龄人口(Population Attending to School),就业人口(Working Population,居住于本地区的上班人数),以及从业人口(Workplace Population,在本地区工作的人数)为主要指标。各种人口进一步可以按照性别、年龄层、职业分组、产业分类、区域、活动状况加以细分。还有,根据这些统计量的组合可以获得指数、比率等,包含这些的人口关联指标可以用表 6-1 来说明[1]。

**人口关联指标及其分类一览表** 表 6-1

| 总的人口 | 分 类 | | 细 分 类 | 说 明 |
|---|---|---|---|---|
| 居住人口<br>(常住人口,夜间人口) | 性别 | | 男 | |
| | | | 女 | |
| | 年龄层别人口(每5岁为统计单位) | | 少龄人口 | 0~14 岁 |
| | | | 生产年龄人口 | 15~64 岁 |
| | | | 老龄人口 | 65 岁以上 |
| 居住人口<br>(常住人口,夜间人口) | 按照就业<br>情况划分 | 劳动力人口 | 就业人口 | 各个产业,各个职种 |
| | | | 失业者数量 | |
| | | 非劳动力人口 | 学龄人口 | |
| | | | 家庭妇女等非就业人员 | |
| | | | 其他 | 婴幼儿,高龄 |

进行人口指标的预测时,需要根据上述各个不同内容,采用不同的手法。我们需要预测区域的人口时,有时需要多个人口指标分层来预测,有时需要多个人口指标同时来预测。或者是,有时需要预测社会经济方面的各种活动与总的系统中有关系的人口指标。需要针对不同指标所需要的精度给予不同的处理。

本节将简单介绍直接进行人口指标预测的基本方法。

在此还要对表6-2所列与人口指标相关的一些概念作出简单的解释。人口增加数量与人口增加率反映了人口的变动情况。从属人口指数主要说明少龄、老龄人口的特征。其他,还有老龄化指数、劳动力率、失业率、就业从业比等指标。从就业从业比可以看出本地区的就业特征,例如就业与从业的比值大于1,说明本地区就业机会较少,有更多的人去其他地区工作。白天人口则反映出人口的流向,据此可以看到本地区的土地利用形态特征。

与人口指标相关的其他一些概念 表6-2

| 概 念 | 分 类 | 构 成 | 说 明 |
|---|---|---|---|
| 人口增加数量 = 自然增加 + 社会增加 | 自然增加数量 | = 出生数 – 死亡数 | |
| | 社会增加数量 | = 迁入者数量 – 迁出者数量 | |
| 人口增加率 | 自然增加率 | = 出生率 – 死亡率 | |
| | 社会增加率 | = 迁入率 – 迁出率 | |
| 从属人口指数 | 少龄人口指数 | = 未成年人口/生产年龄人口 | |
| | 老龄人口指数 | = 老年人口/生产年龄人口 | |
| 其他 | 老龄化指数 | = 老龄人口/少龄人口 | |
| | 劳动力率 | = 劳动力人口/15 岁以上人口 | |
| | 失业率 | = 完全失业人数/劳动力人口 | |
| | 就业从业比 | = 就业人口/从业人口 | |
| 白天人口 = 常住人口 + 来自本地区以外的上学、上班流入人口 – 去往其他地区的上学、上班流出人口 | 常住人口 | | |
| | 来自不同地方的上学人口 | | 包括本地与外地 |
| | 来自不同地方的上班人口 | | 包括本地与外地 |

## 二、基于分要素推算的人口预测方法

对于一个国家或是一个地区的人口总量的预测是基础的人口预测问题,需要采用人口预测模型。对未来人口预测的依据如下:

(1)根据现有人口的数量、性别、年龄构成、出生率、死亡率、迁移率等预测未来人口数量的变动。

(2)根据过去某一时期内人口增长的速度或绝对数,预测未来人口发展状况。

(3)根据影响人口总数变动的因素进行人口预测。

预测未来人口发展状况的方法较多,其中最为常用的是人口学方法。人口学方法又被称为分要素推算法,该法先分别预测影响人口总数的各项因素,如出生数、死亡数、迁移数,然后再合起来推算未来人口总数量。目前联合国的许多预测报告都是采用这种方法计算而得的。最简单的计算公式是以平衡方程形式表示,具体如下:

$$P_t = P_0 + B - D + I - E \tag{6-1}$$

式中：$P_t$——预测期人口数；

$P_0$——基期人口数；

$B$——$0 \sim t$ 时期内人口出生数；

$D$——$0 \sim t$ 时期内死亡人数；

$I$——$0 \sim t$ 时期内迁入人数；

$E$——$0 \sim t$ 时期内迁出人数。

这种预测方法比较复杂，但预测的精度比较高。如果不考虑人口迁移的影响，则决定未来人口发展趋势的只是人口自然增长率，其计算公式就较简单为：

$$P_t = P_0(1 + r)^t \tag{6-2}$$

式中：$P_t$——预测期人口数；

$P_0$——基期人口数；

$r$——自然增长率，%；

$t$——预测年限。

对于人口学预测法中各个分要素的推算，或者不考虑分项，仅对总的未来人口进行预测时则需要采用下面的基于时间序列的数学方法。所谓数学方法就是根据已知人口数，按数学公式推算出所求人口数。在进行推算时需要根据情况确定恰当的假设，选择相应的解析函数和数学表达式。

### 三、基于时间序列分析的人口预测方法

在我国，新中国成立以来，从时间序列来看，人口的变化是平滑的，没有出现剧烈的变化。这种变化趋势，不仅在国家层面上，在省市县，甚至在更小的行政单位也可以说都是如此。通常项目或是空间范围选取越大，人口的变动越平滑。当然，战争、自然灾害，或是大型的城市再开发，或是城市中具有超过其人口规模的大规模开发时，会呈现比较明显的变动倾向。

关于人口指标，平滑的变动趋势是得到认可的。当可以假设未来的变动趋势与过去的变动趋势相同时，并且是相对短期的预测时，可以灵活运用时间序列分析的方法进行预测。这时，关键问题是如何选取趋势曲线。选取的原则如下：

（1）与过去的时间序列数字有较好的一致性。关于这一点，我们可以通过假定多条趋势曲线，从中进行选择来处理。

（2）符合预想的将来的变动趋势。根据所选择的曲线，可以假设，比如将来的人口无限制地发展，或是设定上下限，或是假设有高峰，或是假定人口的变化率每年都不同，等等。至于哪个正确，则需要加以判断。当假设有上下限或是有高峰时，这些何时出现？人口的变化率是随着时代增加还是减少，都需要在有一定分析的基础上进行趋势曲线的选择。但是，获得确切的根据十分不易，结果通常是要借鉴其他先进区域的事例，或是上级的规划，上级的项目的人口指标的变动关系。

时间序列模型（Time Series Models）是分析某个变量的变化的方法。使用这个方法进行预测时，需要注意一些变动趋势。包括以下几种：

（1）趋势变动：表示长期的变动趋势。

（2）循环变动：一定周期的变动趋势。

（3）季节变动：以一年为周期的变动趋势。

（4）不规则变动：其他偶发的不规则的变动趋势。

## （一）常用的趋势曲线

在实际工作中，经常使用到的有代表性的趋势曲线见表6-3。

有代表性的趋势曲线 表6-3

| 曲 线 名 | | 趋 势 曲 线 | 梯 度 特 征 |
|---|---|---|---|
| （1）多项式 | 直线 | $Y = a + bt$ | $\dfrac{\mathrm{d}Y}{\mathrm{d}t} = b$ |
| | 抛物线 | $Y = a + bt + ct^2$ | $\dfrac{\mathrm{d}Y}{\mathrm{d}t} = b + 2ct$ |
| （2）指数曲线 | 单纯指数曲线 | $\ln Y = a + bt$ | $\left(\dfrac{1}{Y}\right)\dfrac{\mathrm{d}Y}{\mathrm{d}t} = b$ |
| | 对数抛物线 | $\ln Y = a + bt + ct^2$ | $\left(\dfrac{1}{Y}\right)\dfrac{\mathrm{d}Y}{\mathrm{d}t} = b + 2ct$ |
| （3）修正指数曲线 | 单纯修正指数曲线 | $Y = a - br^t\ a > 0,$ $b > 0, 0 < r < 1$ | $\ln\left(\dfrac{\mathrm{d}Y}{\mathrm{d}t}\right) = t(\ln r) + \ln(-a\ln r)$ |
| | 贡贝鲁茨曲线 | $\ln Y = a - br^t\ a > 0,$ $b > 0, 0 < r < 1$ | $\ln\left[\left(\dfrac{1}{Y}\right)\dfrac{\mathrm{d}Y}{\mathrm{d}t}\right] = t(\ln r) + \ln(-b\ln r)$ |
| | Logistic 曲线 | $Y = c/(1 + me^{-at})$ | $\ln\left[\left(\dfrac{1}{Y^2}\right)\dfrac{\mathrm{d}Y}{\mathrm{d}t}\right] = -at + \ln\left(\dfrac{am}{c}\right)$ |

注：$a$、$b$、$c$、$m$、$r$ 为常数，$t$ 为时间。

数学预测方法根据已知人口数，按数学公式推算出所求人口数。在进行推算时需要根据情况确定恰当的假设，选择相应的解析函数和数学表达式。常用的数学函数和表达式有以下几种。

1. 线性函数表达式

在假定历年人口增减的绝对值相同的条件下，通过获取人口年平均增长数量，可以预测目标年的人口总量，其表达式为：

$$P_t = P_0 + Yt \tag{6-3}$$

式中：$P_t$——未来人口数；

$P_0$——基期人口数；

$Y$——人口年平均增长数量；

$t$——预测目标年年限。

2. 指数函数表达式

假定人口的相对增减比例始终保持不变，按一个不变的自然增长率增加，即假定人口按几何级数发展，其公式为：

$$P_t = P_0 e^{rt} \tag{6-4}$$

式中：e——自然对数的底，其近似值为2.7183。

3. 二次函数表达式

假定人口数的动态数列的绝对增长量并非固定不变，而是有一种逐渐变成常数的趋势。

假定人口绝对量的增减为某一数量,人口数按抛物线趋势发展。最常用的二次抛物线公式为:

$$P_t = a + bt + ct^2 \tag{6-5}$$

式中:$a,b,c$——这条抛物线的参数,可用最小二乘法求得。

### 4. Logistic 曲线表达式

假定人口增长速度在前期越来越快,而在后期发展速度逐渐放慢,一直发展到几乎完全停止下来。在实际工作中通常使用简化了的罗杰斯蒂曲线公式:

$$P_t = \frac{\gamma}{1 + \alpha e^{-\beta t}} \qquad (\alpha, \beta, \gamma > 0) \tag{6-6}$$

### 5. 回归模式

假定人口数的变动与社会经济因素之间存在着某种依存关系,根据影响人口总数或某些人口组的种种因素建立多元模式,其中的一切因素都作为自变量,而所需计算的人口数则作为因变量。这种预测方法也被称为"经济形式的人口预测"。其回归方程公式如下:

$$P_t = a_1 P_{t-1} + a_2 P_{t-2} + \cdots + a_n P_{t-n} \tag{6-7}$$

### (二)曲线拟合的步骤

曲线形式的选择需要通过曲线拟合来进行。进行曲线拟合的步骤如下:

(1)求得时间序列数据的移动平均,查找曲线形状,或是在各个时点上以各个时点为中心从对于其前后时点的直线回归来求得斜率特征。

(2)选择与全体移动平均曲线形状以及斜率特征相符合的趋势曲线。

(3)利用最小二乘法求解趋势曲线中所包含的未知参数。

(4)计算由趋势曲线获得的回归推定值 $Y_i$ 与标定所用的数据 $y_i$ 相互之间的重相关系数,

以及 $\kappa^2$ 值 $\dfrac{\sum\limits_i (y_i - Y_i)^2}{Y_i}$,RMS 误差 $\sqrt{\dfrac{\sum\limits_{i=1}^{n} (y_i - Y_i)^2}{n}}$,评价拟合曲线的精度,如果这些指标结果均十分满意,则结束计算。如果指标结果无法满意,返回步骤 2 重新拟合。

## 四、分年龄层人口的预测

区域的人口,可以通过在现在的基础上,加上出生与死亡之间的自然增减,以及区域间的移动带来的社会增减来进行预测。基于这样的考虑,需要进行年龄层段人口的预测。年龄层段(通常以 5 岁为单位)人口的预测,可以采用 Cohort 生存模型(Cohort-Survival Model)来预测。

Cohort,字典中的翻译是军团,源于古罗马时步兵队的编制。在统计学上表示在个人属性(性别、年龄等)的基础上分组而成的集合(人口集团)。Cohort-Survival Model 利用统计学的方法对按照个人属性划分开来的人口集团随着时间发生的自然、社会变动所带来的行动模式及其态度对将来进行预测。这一方法是在人口动态的分野经常得到运用的方法。

以某地区各个年龄层人口的统计资料为例对此方法加以说明。利用这些统计数据可以做成下列 Cohort 表格,见表6-4。纵向可以清楚地对同一时点各个年龄层人口进行比较,横向可以对同一年龄层在不同的时间进行比较。左上到右下的对角线上可以看到同一个人口集团随着时间的变化发生的变化。

标准 Cohort 表

表 6-4

| 年 龄 层 | 调查实施年度 | | | |
|---|---|---|---|---|
| | 2000 年 | 2005 年 | 2010 年 | 2015 年 |
| 20~24 岁 | 803425 | 789652 | 757763 | 749987 |
| 25~29 岁 | 824760 | 801235 | 789452 | 757643 |
| 30~34 岁 | 788721 | 824429 | 801127 | 787889 |
| 35~39 岁 | 757652 | 786636 | 821003 | 801078 |

表 6-4 可以用 Cohort 模型的矩阵进行表示：

$$w(t + T) = Gw(t) \tag{6-8}$$

式中：$w(t)$——$t$ 年的各个年龄层人口矩阵；

      $T$——预测周期，如上表中每五年预测一次；

      $G$——人口成长矩阵。

在 Cohort 模型分析中，需要考虑 3 种引起各种变化的效果，即年龄效果（年龄增长带来的影响）、Cohort 效果（Cohort 自身为原因的效果）、时代效果（各个调查年的影响）。在此基础上建立模型（如 Logit 模型），推定年龄、时代、Cohort 这 3 个效果，既可以采用最小二乘法或是最优推定的方法，也可以采用贝叶斯推定的方法。具体方法可以参见数理统计方面的专著。

我国在对未来人口进行预测时，曾有研究将 $t$ 年人口按年龄分为 3 个阶段：0 周岁，1~89 岁和 90 岁以上。其中，1~89 岁各年龄层的人数由第 $t-1$ 年 0~88 岁的人口数和死亡率决定，0 周岁的人口用生育模式函数进行了预测，90 岁以上的人口数则由 89 及 90 岁以上的人口数和死亡率决定。每一年各年龄层死亡率，都可以利用 GM(1,1) 灰色系统进行逐一的预测[2,3]。

在预测的过程中还假设了如下问题：

(1)中国在相当长的一段时间内，不会因为大规模战争或者自然灾害等导致人口急剧变化。

(2)中国政府在短期内仍然以计划生育为基本国策，并对我国人口数量进行宏观调控，使人口数量保持相对稳定的状态。

(3)各年龄层的妇女生育率分布即生育水平只与年龄有关，且在一定时间内保持恒定即不会因为生物因素发生人类生育年龄很大的提前或推迟。

(4)中国政府在一定时间内不会组织大规模迁移，使得城镇、乡人口比例因为政治的原因发生很大的变化。

年龄层人口预测是一个复杂的工作，影响因素极多。对于想深入学习的读者，建议参考专业书籍，进一步学习。

## 五、分类人口的预测

在土木规划的编制过程中，需要掌握不同类别的人口的数量，用于需求预测。进行分类人口的预测时，经常使用原单位以及回归模型。

当进行大型住宅区的开发，以及新的工业园区的开发时，需要对居住人口和从业人口进行预测。在推进这些政策性的、计划性的大规模开发项目时的人口预测，就完全无法参考该地区过去的数据。在这种情况下，如果有已经完成的同类型开发的地区，或是有与开发内容相近似的地区的数据,可以考虑利用这些已有的数据来推断居住人口等人口指标,其中一个主要的方法就是原单位法。这个方法就是,从发达地区的数据,来计算单位土地面积上的或是单位建筑面积上的居住人口以及从业人口的数量,获得原单位,然后将这个原单位乘以开发规划的土地面积或是建筑面积来预测居住人口或是从业人口的方法。可以看到,这个方法的预测精度完全取决于所掌握的原单位的精度,是否能够准确把握原单位的精度则成为问题的关键。因此需要在开发规划的内容,如开发区域的城市、经济、环境等的基础上,充分考虑将来的社会经济的构成、动向来确定原单位。

分类人口的预测还可以采用回归模型。人口的各个指标相互之间,与其他的社会、经济指标互相之间是有关联的。例如,第三产业人口,与商业营业额、商业营业面积以及建筑面积、商业数量、居住人口等都有关联。此外,由于收入的差距,人口会从地方逐渐向大城市移动。据此,我们可以认为大城市的就业人口与地方城市和大城市之间的收入差距是相关的。获得这些与人口指标有关联的解释指标之后,将其做成回归模型进行预测是可行的方法。这时,可能会有以下问题:

(1)选择什么样的解释指标?

(2)如何来判断模型的妥当性?

作为对象的解释指标,当然要从与人口指标密切相关的指标中进行选择,进一步,将来的预测是否可行也是一个重要的判断。关系尽管十分密切,但是如果无法对未来进行预测的话,也是无法将其纳入模型进行人口预测的。

回归模型的妥当性可以从很多角度来进行验证,其中最为关键的是,模型在用于将来预测时是否具有时间移转性(Transferability in Time)。一般情况下,回归模型是在现在某一个时点的基础上建立的,所利用的数据时点即使具有很高的说明性,但在经过了时间变化之后是否对于将来时点还具有充分的说服力是有疑问的。对应于这个问题还没有好的解决方法,但是,我们可以把模型应用到与建模时点稍有间隔的已知时点,然后去通过考察预测值与实际值之间是否符合,以此来探讨模型的可应用性。另外,我们还可以将模型应用到其他地区来判断模型的空间移转性(Transferability in Space),由此证明建立的模型具有普遍性。因此,我们可以改变说明变量的组合或是数量来建立多个不同的人口预测模型,从中选取时间、空间移转性尽可能高的回归模型,期望由此来提高模型的妥当性。

此外还有与回归模型不同的方法。与采用其他指标进行人口预测相类似,可以采用利用发达地区数据的预测方法,也就是说,当对象地区的人口与发达地区的人口之间有时差,朝着发达地区方向发展时,通过时差把时间影响的成分去除掉,就可以求得两者之间的关系,进行对象地区的人口预测。还有一种方法,当其他地区的人口增长率、比率与对象地区相类似时,可以将增长率、比率乘以对象地区的人口指标来预测未来的人口。

## 六、分布人口的预测

在规划的基础上,如何预测居住人口以及从业人口在区域内各个小区的分布是另一个需要解决的问题。可以看到,这个问题实际上是交通需求预测中分布交通的预测问题。作为分布人口预测的模型有重力模型、熵模型、现在模式法等,这些模型通过空间的相互作用(Spatial Interaction)发现人、物、金钱、信息地域间流动的规则性,导出其关系。作为从数量上捕捉地域(Zone)之间的人、物、信息的活动(空间的构造)的方法,一般使用 OD 表来表示。

空间作用模型是根据出发地的放出性，到达地的吸收性，以及两地区之间的分离性构筑成为模型，以把握人口分布现象。空间作用模型又称为地域间流动模型或是综合模式法，包括重力模型、相互作用模型、介入机会模型（Intervening Opportunity Model）和熵模型等。

所谓重力模型（Gravity Model）是采用了物理学中重力模型的形式，假设人口的空间分布（出行）与两个小区之间的距离成反比，与两个小区各自的人口成正比，通过标定获得参数，之后做成模型，用于预测。

熵模型（Entropy Model）可以认为是在重力模型的基础上改造而成，通过使熵达到最大化来求解出行的分布状况。熵在物理学中是表示物质或能量的扩散程度的物理量。

在经验的基础上，根据现状的空间构造来预测将来的空间构造的方法，有现在模式法（Present Pattern Method）。现在模式法以现在的 OD 交通量为基础，根据给定的现在 OD 模式和推定的将来的发生、集中交通量，计算成长率，在此基础上预测将来的 OD 表。也称成长系数法，或是类似模式法；包含：均一系数法、平均系数法、底特略法、弗瑞达法等。Detroit Method 计算从现在到将来的发生、集中交通量的成长率，以及生成交通量（发生或是集中交通量的总和）的成长率。以发生交通量为比例，求解将来 OD 交通量。

介入机会模型（Intervening Opportunity Model）是由 Schneider 于 1959 年首先提出的，其基本思路是从某区发生的出行机会数与到达机会数成正比地按距离从近到远的顺序到达目的地，是随机概率模型之一。其中的到达机会在购物出行时可视为商店数或商店面积等。

由于这一部分与交通需求预测中出行分布的预测方法十分相近，因此具体方法和模型将在本讲的第四节中介绍。

### 七、基于德尔斐法的人口预测[4]

在人口预测所需要的历史资料不完整或是无法找到，甚至没有数据资料可以借鉴时，比如预测一座新建的卫星城或经济技术开发区等项目未来 10 年或 20 年的人口数量时，就可以使用德尔斐法。

德尔斐法是专家问询法中的一种，属于直观预测法。基于德尔斐法的人口数量预测的步骤如下：

（1）第一步，选择专家。邀请与人口数量预测课题相关的专家参与，包括人口学领域有一定声望的专家，也包括边缘学科、社会学和经济学等方面的专家。人数一般以 15～20 人为宜。

（2）第二步，向专家发放人口数量预测调查表，请各位专家预测未来人口数量，并提出预测的理由。回收调查表，统计出所有专家预测值的中位数和上下四分位点（"中位数"代表专家们预测的协调结果，上下四分位点代表专家预测的分散程度），并综合各位专家的预测结果和理由，并整理出新的调查表。

（3）第三步，请专家根据材料对各种观点发表评论，重新预测人口数量。如果新的预测结果处于上一步统计结果的上下四分位点范围之外，专家还需要对此进行解释，并对相反的观点作出评论。收集专家的意见后，重新计算新的中位数和上下四分位点，并综合专家观点，编制新的调查表。

（4）第四步，请各位专家再进行一次预测，是否需要专家提出论证由调查者根据情况而定。再一次计算预测值的中位数和上下四分位点，得出最终的预测结果。一般而言，经过这样 4 步的综合、反馈的反复循环，便可以得到一个比较一致的、可靠性较大的预测结果。当然，如果在第二步或第三步中已经取得了基本一致的结论,就没有必要进行后面的征询了。

德尔斐法的特点:

(1)匿名性。整个征求意见的过程中,参加调查的专家互相不了解其他人的预测情况,是在匿名的情况下交流意见,从而使各种不同的观点都可以充分发表出来。

(2)反馈性。即征询专家的意见是经过询问-综合-反馈的多次反复完成的,可以达到互相启发的效果以提高预测的有效性。

(3)统计性。即根据各位专家的回答,对预测的结果加以统计,得到中位数和上下四分位点来反映专家的意见。

# 第三节 经济分析与预测

## 一、经济分析的基本概念

无论是考虑作为土木规划主要对象的社会基础设施的建设,还是研究讨论区域开发以及城市建设、环境问题等,都必须分析与区域、国家乃至世界的经济活动相关的各个方面的内容。也就是说,为了制订以提高收入和生活水平为目的的土木规划,则需要进行经济分析,有必要对其进行预测。我们需要探讨:为了使经济活动更加高效而进行的公共投资以及社会基础设施建设的应有方法,作为区域开发以及城市建设手段的经济活动的发展对策,土木规划中各项内容具体实现的方针策略与经济活动的关系,规划中的供给需求平衡以及成本核算,市场价格的形成等各种与经济活动相关联的内容,等等。

经济分析隶属于经济学领域,十分复杂。与土木规划有直接关联的可能是对于规划对象GDP的预测,以及由GDP出发对于投资规模的预测。本节仅介绍最基本的一些知识,若需进一步了解,请读者参考经济学书籍。

经济活动基本上是由生产活动、消费活动及储蓄活动这3者构成。生产活动(Production Activity)是通过投入生产要素创出财货的活动。消费活动(Consumption Activity)是用获取的收入进行消费的活动。储蓄活动(Saving Activity)是为了进行投资支出,而将一部分收入进行储蓄的活动。基于这些活动相关的各种观点,可以制订出各种经济指标(表6-5)。经济活动原本是资本流动的循环,各个经济指标之间有着很强的关系。在揭示这些关系的同时,揭示经济活动的构成,是经济分析的目的。

**各类经济指标一览表**[1]                                        表 6-5

| 收入/消费 | 国民所得、人均分配所得、家庭收入、家庭所得、家庭可支配所得 |
|---|---|
| 经济规模 | 国内总产值、农业粗产值、工业生产额、批发贩卖额、零售贩卖额、出口总额、进口总额 |
| 景气动向 | 景气动向指数(DI)、先行系列、一致系列、迟行系列;批发物价指数、消费者物价指数;百货店营业额、建筑开工面积、新增住宅开工数量;矿工业生产指数、矿工业售出指数、矿工业在库指数;公共事业财政投入额、家庭消费支出、有效求人倍率 |
| 区域经济的特征 | 特化系数(工业特化系数等)、零售业吸引力 |
| 财政状况 | 年财政收入、年财政支出、实质收支比率 |
| 运输 | 乘降旅客数、货物处理量、机动车通过车辆数、交通量、新登记车辆数、车辆贩卖数量等 |

经济分析中,不是单纯地对经济活动的现状进行分析,还要对将来的经济活动进行预测,这对土木规划所起的作用十分重要。就是说,土木规划的某些部分必须要在搞清将来的经济活动的基础上,确定规划的方案,进行决策。这样的经济活动的预测,由于其复杂性,需要基于分析结果进行。经济分析与预测应该说是无法分割、互成一体的,用于分析的方法,也是预测的方法。

## 二、经济的循环构造与国民收入

经济增长是社会生产力发展的表现,关于生产发展的研究由来已久。传统的社会生产模型选取主要的生产要素作为输入,建立各个要素与社会产出之间的关系。最经典的生产模型要数柯布-道格拉斯的生产函数模型( Cobb-Douglas Production Function)。

柯布-道格拉斯的生产函数是经济学中使用最为广泛的生产函数,通常简称为 C-D 生产函数。它是由美国数学家柯布( C. W. Cobb)和经济学家道格拉斯( P. H. Douglas)根据 1899—1922 年间美国制造业部门的有关数据构造出来的[5]。两人共同探讨投入和产出的关系时,在生产函数的一般形式上引入了技术资源因素,于 1928 年提出了这一函数形式。他们认为,在技术经济条件不变的情况下,产出与投入的劳动力和资本的关系可以表示为:

$$Y = AK^{\alpha}L^{\beta} \tag{6-9}$$

式中:$Y$——产量;

    $K$——投入的资本量;

    $L$——投入的劳动量;

    $\alpha, \beta$——$K$ 和 $L$ 的产出弹性。其中,指数 $\alpha$ 表示资本弹性,说明当生产资本增加 1% 时,产出平均增长 $\alpha\%$;$\beta$ 是劳动力的弹性,说明当投入生产的劳动力增加 1% 时,产出平均增长 $\beta\%$;

    $A$——常数,也称效率参数( Efficiency Parameter),表示那些能够影响产量,但既不能单独归属于资本也不能单独归属于劳动的因素。

当 $\alpha + \beta = 1$ 时为规模报酬不变的生产函数,当 $\alpha + \beta < 1$ 时为规模报酬递减的生产函数,当 $\alpha + \beta > 1$ 时为规模报酬递增的生产函数。当 $\alpha + \beta = 1$ 时,对任意 $\lambda$,$f(\lambda K, \lambda L) = \lambda f(K, L)$,即为规模报酬不变;当 $\alpha + \beta < 1$ 时,$f(\lambda K, \lambda L) < \lambda f(K, L)$ 即为规模递减的生产函数;当 $\alpha + \beta > 1$ 时,$f(\lambda K, \lambda L) > \lambda f(K, L)$,即为规模报酬递增的生产函数。

在传统的生产函数模型中,并没有考虑交通运输这个要素,为了考察交通运输在经济发展中的贡献,需要引入交通运输相关的指标参数。

清华大学国情研究中心王亚华在《交通运输与经济增长:理论观点与框架》讲义中提出,改进的柯布-道格拉斯生产函数(应用于交通)的表现形式应为[6]:

$$Q = AL^{\alpha}P^{\beta}G^{\gamma}M^{\delta} \tag{6-10}$$

式中:$Q$——产出;

    $A$——技术水平;

    $L$——劳动力投入;

    $P$——私人资本投入;

    $G$——公共资本投入;

    $M$——其他资源投入;

$\alpha,\beta,\gamma,\delta$——生产弹性。一般地,$\alpha+\beta+\gamma+\delta\approx1$。

F. W. C. J. van de Vooren(2004)[7]在柯布-道格拉斯生产函数的基础上,添加了各运输方式的客货运量参数,构造了考虑交通运输水平的社会生产函数。此模型过于复杂,内生变量多达 37 个。在总结现有研究的基础上,可以建立以下生产函数模型[8]:

$$Y_i = \mu A_i L_i^{\alpha} K_i^{\beta} P_i^{\gamma_1} F_i^{\gamma_2} \tag{6-11}$$

式中: $Y_i$——$i$ 地区的产出,用 GDP 来表示;

$A_i$——$i$ 地区技术水平;

$L_i$——$i$ 地区就业人口总量;

$K_i$——$i$ 地区物质资本存量;

$P_i$——$i$ 地区客运量;

$F_i$——$i$ 地区货运量;

$\mu$——$i$ 地区的地区生产系数;

$\alpha,\beta,\gamma_1,\gamma_2$——模型参数。

在此生产模型中,社会产出用每年 GDP 来表示。其他作为输入的生产要素包括技术要素、资本要素、劳动力要素和交通运输要素。其中,技术要素用地区技术水平来表示;资本要素用地区社会物质资本存量来表示;劳动力要素用地区就业人口来表示;交通运输要素用地区客运量和货运量两个指标来表示。货运量反映了社会生产的活跃程度,客运量反映了人们经济和社会活动的活跃程度。$\alpha,\beta,\gamma_1,\gamma_2$反映了各要素的贡献程度。由于生产函数模型的产出项只是一个地理学意义上的产出,因此用 GDP 来体现该产出,需要引入一个系数 $\mu$ 来平衡等式两端,定义为地区生产系数。

### 三、基于产业关联模型的经济分析与预测

在第五讲中,作为量化分析的一种方法,我们对产业关联分析作了简单介绍。在此,就产业关联表和产业关联模型作一些介绍。产业关联分析是将一般平衡理论修改为相互之间有关联的经济主体之间的数量交易关系表,即产业关联表,由此求其各种解析解的一种实证分析模型。

分析的方法基本上是相同的。即根据产业关联表把各部门之间相互的关联关系整理为一组 $n$ 元一次的联立方程组,并由此获得各个变量的数值。产业关联分析的应用主要体现在以下几方面:

(1)各个产业部门的需求量和产出量。

(2)雇佣及其投资相关的经济预测。

(3)技术变化的研究。

(4)技术变化给生产带来的效果。

(5)工资、利润、税率变化给价格带来的效果分析。

(6)国际及地域之间经济关系的研究。

(7)天然资源的利用。

(8)发展规划。

经济的循环构造中,为了搞清最终需求、附加价值,加上企业间的中间生产物的贩卖与购入的交易结构,通常需要使用产业关联表(Inter-Industry Table)或是投入产出表(Input-Output

Table)，来表示一年之间的经济交易的依存关系，把交易往来的企业按照不同产业分门别类地进行汇总，可以分为全国产业关联表、区域产业关联表和区域间产业关联表。

## （一）产业关联表

产业关联分析是以产业关联表为基础数据进行的。产业关联表[9]见表6-6。

产 业 关 联 表                                                                                 表6-6

| 投入产出 | | 中间需求 | | | | 最终需求 | | 总 生 产 | |
|---|---|---|---|---|---|---|---|---|---|
| | | 1 | 2 | $j$ | $n$ | | | | |
| 中间投入 | 产业1 | $x_{11}$ | $x_{12}$ | $x_{1j}$ | $x_{1n}$ | $F_1$ | | $X_1$ | |
| | 产业2 | $x_{21}$ | $x_{22}$ | $x_{2j}$ | $x_{2n}$ | $F_2$ | | $X_2$ | |
| | ⋮ | ⋮ | ⋮ | ⋮ | ⋮ | ⋮ | | ⋮ | |
| | 产业$i$ | $x_{i1}$ | $x_{i2}$ | $x_{ij}$ | $x_{in}$ | $F_i$ | | $X_i$ | |
| | ⋮ | ⋮ | ⋮ | ⋮ | ⋮ | ⋮ | | ⋮ | |
| | 产业$n$ | $x_{n1}$ | $x_{n2}$ | $x_{nj}$ | $x_{nn}$ | $F_n$ | | $X_n$ | |
| 附加价值 | | $V_1$ | $V_1$ | $V_1$ | $V_1$ | | | | |
| 总支出 | | $X_1$ | $X_1$ | $X_1$ | $X_1$ | | | | |

表6-6中，$X_{ij}$为产业部门$i$到产业部门$j$的投入，即表示$j$部门从$i$部门的购入。$V_j$表示在$j$部门购入的生产要素，也就是对于生产要素的支出。$F_i$是$i$部门生产物的最终需求。

（1）生产要素

家庭预算外消费支出、雇佣者收入、营业剩余、资本消耗抵挡、间接税、补助金等。

（2）最终需求

家庭预算外消费支出、家庭消费支出、一般政府消费支出、国内固定资产形成总额、在库纯增、出口等。

（3）注意事项

①资产的计量用一定期间（通常为一年）之内的流量来表示；

②生产物关于中间需求与最终需求之间没有加以区别；

③各个产业只是生产单一的产品。

生产部门称为内生部门，最终需求部门、生产要素部门（附加价值部门）称为外生部门。表6-6中每行的总和为总生产额（总需求额），列的总和为总费用（总支出额）。

投入系数表是与产业关联表相关的。从纵向列来看产业关联表，$j$部门每一个单位总的生产由$i$部门投入到$j$部门的生产的量用$a_{ij}$表示，称为$i$部门投入到$j$部门的投入系数。也可以理解为第$j$个业种的总投入中所占的来自第$i$个业种的原材料或是服务的购入额的比例。可以看到$a_{ij}$越大$j$部门（或业种）对于$i$部门（或业种）的依存度越高。

$$a_{ij} = \frac{x_{ij}}{X_j} \tag{6-12}$$

## （二）产业关联模型

产业关联模型可以由产业关联表中所表示的关系来导出。由表6-6的产业关联表的各行可以看到有下列关系：

$$x_{i1} + x_{i2} + \cdots + x_{in} + F_i = X_i \qquad (6\text{-}13)$$

其中，$x_{ij} = a_{ij}X_j$，将其代入，则有：

$$\left.\begin{array}{l} x_{11} + x_{12} + \cdots + x_{1n} + F_1 = X_1 \\ x_{21} + x_{22} + \cdots + x_{2n} + F_2 = X_2 \\ \vdots \quad \vdots \qquad \vdots \quad \vdots \quad \vdots \\ x_{i1} + x_{i2} + \cdots + x_{in} + F_i = X_i \\ \vdots \quad \vdots \qquad \vdots \quad \vdots \quad \vdots \\ x_{n1} + x_{n2} + \cdots + x_{nn} + F_n = X_n \end{array}\right\} \qquad (6\text{-}14)$$

将上式以行列式的形式表示，则有下列平衡方程式：

$$AX + F = X \qquad (6\text{-}15)$$

将其变换表现形式，则有：

$$(I - A)X = F \qquad (6\text{-}16)$$

$$X = (I - A)^{-1}F \qquad (6\text{-}17)$$

式中：$X$——平衡产品向量。

在定义了投入系数：$\alpha_{ij} = \dfrac{x_{ij}}{X_j}$之后，还可以定义附加价值率，当有进出口时还可以定义进口率。

附加价值率

$$v_{ij} = \frac{V_j}{X_j} \qquad (6\text{-}18)$$

进口率

$$m_j = \frac{V_j}{X_j} \qquad (6\text{-}19)$$

于是有：

$$AX - MX + F = X \qquad (6\text{-}20)$$

$$X = \left[I - A + M\right]^{-1}F \qquad (6\text{-}21)$$

关于产业关联模型可以作出如下解释。在一个地区或是国家，例如，如果家庭的汽车利用增加或运输业的生产增加，汽车产业的销售会增加，总的产值也会增加。于是汽车产业所需要的钢铁量就会增加，钢铁企业的生产额也会随之增加。如此，一个产业的需求增加就会波及其他相关产业。产业关联模型，就是表示这种波及过程的一种极其单纯的形式。式(6-21)就是表示了这种无限的波及关系的一种平衡解。从这个式子我们可以看到，使用产业关联分析，在投入系数 $A$ 以及输入（进口）系数一定的条件下，家庭、政府的消费、投资或输出等最终需求在增加（或减少）的情况下，可以求解各个产业的总产值 $X$ 如何变化达到平衡。产业关联分析通常应用在假定投入系数与输入（进口）系数为常数时的短期预测。

## 四、基于计量经济模型的经济分析与预测[10]

计量经济学模型作为一类经济数学模型，是从经济预测，特别是短期预测而发展起来的。还应该看到，计量经济学模型是以模拟历史、从已经发生的经济活动中找出变化规律作为主要技术手段。于是，对于非稳定发展的经济过程及缺乏规范行为理论的经济活动，计量经济学模型就显得无能为力。同时，还应该看到，20 世纪 40～60 年代甚至后来建立的计量经济学模型都是以凯恩斯理论为经济理论基础的，而经济理论本身已经有了很大的发展，滞后于经济现实与经济理论的模型在应用中自然会遇到障碍。

为了适应经济预测的需要，计量经济学模型技术也在不断发展之中。将计量经济学模型与其他经济数学模型相结合，是一个主要的发展方向。

### （一）基本概念

计量经济学模型（Econometric Models），是在国家等封闭的经济区域内将经济变量之间的相关关系用联立方程组表示，通过对短期的经济变量的变动进行仿真预测的模型。分析、求解表示经济变量关系的构造方程式的联立方程式。计量经济模型的参数可以通过应用回归分析方法进行标定。

### （二）构造方程式

构造方程式（Structure Equation）是表现经济变量间的构造关系的关系式，根据其表示的内容，共分为5类。

#### 1. 定义方程式（Definition Equation）

定义方程式表示的是各经济变量之间定义关系。如：

$$Y_t = C_t + I_t + G_t \tag{6-22}$$

式中：$Y_t$——国民经济总量；

$C_t$——个人消费；

$I_t$——总的民间国内投资；

$G_t$——政府支出及其纯海外投资。

#### 2. 行动方程式（Behavioral Equation）

经济活动主体包括消费者、企业、政府等，行动方程式表示的是这些主体的行动。

（1）消费者的行动方程式

$$C_t = \alpha_1 + \gamma_1 Y_{d,t-1} + \gamma_2 M_t + \varepsilon_1 \tag{6-23}$$

式中：$C_t$——个人消费；

$Y_{d,t-1}$——可支配收入；

$M_t$——各个季度的货币供给量；

$\gamma_1, \gamma_2$——系数；

$\varepsilon_1$——残差。

（2）企业的行动方程式

$$I_t = \alpha_1 + \gamma_3 (Y_{t-1} - Y_{t-2}) + \gamma_4 Z_{t-1} + \varepsilon_2 \tag{6-24}$$

式中：$I_t$——总的民间国内投资；

$Y_{t-1}, Y_{t-2}$——国民经济总量；

$Z_{t-1}$——税前财产收入；

$\gamma_3, \gamma_4$——系数；

$\varepsilon_2$——残差。

**3.技术方程式(Technological Equation)**

技术方程式表示的是生产技术的关系。例如生产函数模型:

$$Y = AK^\alpha L^\beta \tag{6-25}$$

式中:$Y$——产量;

$K$——投入的资本量;

$L$——投入的劳动量;

$A$——参数;

$\alpha,\beta$——$K$ 和 $L$ 的产出弹性。

**4.制度方程式(Institute Equation)**

制度方程式表示的是各经济变量之间制度的相互关联。

**5.经验方程式(Empirical Equation)**

经验方程式不是由理论导出来的,而是基于经验的公式。例如气温、降雨量与农产品的收成等的统计关系。表示社会总需求的例子如下:

总需求(定义式) $\qquad Y = C + I + G \tag{6-26}$

民间消费(消费函数) $\qquad C = a + b(Y - T) \tag{6-27}$

民间投资(投资函数) $\qquad I = d - ei \tag{6-28}$

式中:$G$——政府支出;

$T$——收入;

$i$——实际利息率;

$a,b,d,e$——系数。

技术经济预测的方法很多,常用的有以下 3 种:

(1)判断法,也叫直观法。判断法主要凭人们的经验及其分析、综合、判断的能力。包括个人(主观)判断预测、集体思维或调查预测、德尔斐法(又称专家调查法)等。

(2)趋势外推法。趋势外推法是用过去和现在的资料推断未来的状态,多用于中、短期预测。包括时间序列的趋向线分析和分解法、指数平滑法、鲍克斯—詹金斯模型、贝叶斯模型等。

(3)因果和结构法。因果和结构法是通过找出事物变化的原因及因果关系,预测未来。包括回归分析——一元线性回归方程模型和联立方程模型、模拟模型、投入产出模型(见投入产出分析)、相互影响分析等。通常将判断法称为定性预测方法,而趋势外推法、因果和结构法称为定量预测方法。

随着预测技术的发展和电子计算机在预测中的广泛运用,技术经济预测范围将更为广泛,模型也将更为完善。

# 第四节 交通需求预测[11]

交通需求预测,是在交通调查的基础上,由现在的交通需求,推测将来目标年的交通需求,是交通规划中最为核心的内容之一,也是土木规划中最为常见的预测。当对交通总量进行估计时,可以采用计量经济模型进行预测,但是在交通规划过程中,更多地采用"四阶段预测法",即把交通需求分为交通的发生集中、分布、方式分担和交通量分配 4 个阶段进行预测。本节仅介绍四阶段交通需求预测方法。

交通规划随着对象区域、对象期间、对象设施不同而不同,依据规划的目的,须采用不同的规划方法。作为一般的步骤,大致可以将其分为收集规划所需的信息资料、设定规划框架(课题与目标)、制作方案进行预测、效果评价、实施、运用与信息反馈等几个阶段。

交通规划中交通需求预测是必不可少的。预测一般按照下列步骤进行:①根据目的确定预测对象内容;②确立预测模型;③参数标定(Calibration);④模型检验(Validation);⑤模型应用。

未来交通需求的预测可以使用交通计量经济学的方法和"四阶段预测法"这两种预测方法。前者主要是在调查的基础上利用历史数据,使用回归分析等数理统计的方法推导未来的发展趋势。后者则是交通规划学所研究、使用的基本方法。

四阶段预测法是交通规划中最常用的把复杂的交通问题分阶段简化,利用数学模型进行分析预测的方法,已经有几十年的历史。几十年来交通规划学研究人员围绕这一方法做了大量工作,开发和改良了许多模型,使其更趋成熟。尽管存在着这样那样的问题(例如不同阶段时使用参数不一致等)但是这种方法一直受到人们的重视,在实践中得到广泛应用。

道路规划中的交通量预测通常是基于机动车 OD、路段交通量、车速等道路交通调查数据。交通量预测的方法也是采用传统的四阶段预测法。当采用机动车交通调查作基础时,不存在手段分担的问题。预测的步骤为:经济指标-发生、集中-分布-交通分配。如果以个人出行调查为基础进行预测时,应该注意个人出行次数与机动车车辆数之间需要一个转换系数,通常这个系数因城市而异,一般为 $1.3 \sim 1.5$。预测的步骤为:经济指标-发生、集中-分布-分担-交通分配。当针对多种方式的综合交通体系进行预测时,则需要采用后者,即以个人出行调查为基础进行预测。

## 一、社会经济发展状况预测

在进行交通需求预测之前,首先要了解对象地区的社会经济发展状况,包括 GDP 指标,第一、二、三产业占国民经济的比例及其变化情况,以及该地区在所在经济圈中所处的位置等等。

通常,对象地区的发展规划中会对将来的经济指标作预测,编制交通规划时应该遵循这一指标进行预测,但是如果该地区总体规划没有完成,可以自行对经济发展状况进行预测。这种情况下,交通规划的结果应该与后来制订的城市总体规划互相反馈,进行校核。

## 二、分配对象道路网与小区划分(Zoning)

### (一)交通分配对象道路网的设定

交通需求的预测是以道路网络为基础的。交通分配对象道路网,由调查对象路线和与其相关的道路构成,但是形成路网时应该留意下述一些问题。

(1)调查对象路线

调查对象路线作为调查目的的道路当然要被放入对象道路网之中。

（2）相关道路

相关道路，就是与调查对象路线有着关联性的道路。具体地应该把下述路线放入路网，即调查对象路线的交叉路线，末端连接路线，以及竞争关系的平行路线。有必要把握其交通流动的路线，以及可能对调查对象路线的交通流动带来影响的路线。特别是当调查对象路线是有进出限制的城市快速路那样的道路时，与出入口相连的所有连接道路都应放入网络。

（二）路网的形成

为了交通分配方便将实际的道路模式化所形成的就是路网（Network）。一般来说分配对象道路网包含的是作为分配的对象来处理的道路及其相关道路构成的路网，不是全部，与实际道路网络是有区别的。分配对象道路网中的交叉点作为结点（Node），道路区间作为路段（Link），把调查对象路线及其相关路线根据交通流研讨的必要性使其具有一对一的关系，对于其他路线可以对若干条进行合并以交通线路（Traffic Line）的形式表现。

（三）设定交通分配对象区域

通常交通分配对象区域要比进行道路规划的区域大一些，这是因为规划中要考虑对外交通以及过境交通的影响。通常分配对象区域周边的行政区域要作为分配对象区域加以考虑，一般来说分配对象区域越大，预测的精度越高。

（四）小区划分

采用"四阶段预测法"进行交通预测时，需要把交通分配对象区域划分为若干个小区（Zone），这一步骤称为小区划分。对分配对象区域进行小区划分时，划分的原则是应该能够适合对于调查对象路线的交通流动的把握。因此，这些路线附近的小区要细分，远处的小区划分可以适当粗分。另外，划分时应该注意划分的小区的分割指标应该容易获得。

交通量分配时原则上一个小区中设一个发生、集中点（Centroid）。小区内交通量通常不作为分配对象处理。因此，交通量分配的结果中应该关注小区间的路段交通量，而不是小区内的路段交通量。

小区的分割方法及类别如图6-1所示，它们各有特点：

（1）不着眼于交叉点的方法。其特点是有利于进行路段交通量分析。

（2）着眼于交叉点的方法。其特点是有利于交叉口交通量分析。

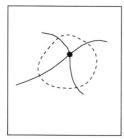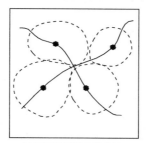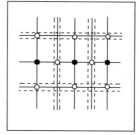

a)不着眼于交叉点的方法　　b)着眼于交叉点的方法　　c)着眼于交叉点与街区构成的方法

图6-1　小区的划分方法

（3）着眼于交叉点与街区构成的方法。其特点是适合于居住区等地区交通分析。

## 三、交通量预测的一般步骤

为了获得上述的交通量解析结果，必须在将来城市经济指标以及人口预测的基础上进行交通需求预测。采用的方法通常称为"四阶段预测法"，这种方法就是将复杂的交通需求问题通过分阶段使用数学模型加以简化，从而得到量化的将来需求指标的方法。具体包括把研究对象区域（Objective Area）划分为适当大小的小区（Zone），建立路网，把交通的产生过程分为若干个阶段进行模拟。

### （一）设定框架

所谓设定框架是指设定规划对象地区的将来人口等的规划目标。这一框架不仅是道路规划的目标，也应该是所有规划的目标。但是在机动车交通量预测中，可以认为是为了预测发生、吸引的将来值确定所需的指标。

### （二）发生、吸引交通量的预测

进行发生、吸引交通量预测时通常首先要预测生成交通量［规划对象区域全域的发生、吸引交通量的合计，作为总的控制量（Control Total）］，然后预测规划区域内各个小区的假定的发生、吸引交通量，再按照假定的各个小区的发生、吸引交通量比对生成交通量（也就是总发生、吸引交通量）进行分割，从而预测出各个小区的发生、吸引交通量。

代表性的生成、发生、集中交通量的预测方法包括家庭类别生成模型法、回归模型法、增长率法、发生率法和时间序列法。生成、发生、集中交通量的单位为个人出行端（Trip End）数或是机动车出行端数。

#### 1. 家庭类别生成模型法

家庭类别生成模型法是根据交通调查数据或参考相关城市资料，按土地利用性质、社会经济特性等，将出行主体分类，确定各类出行率。国外在该方法中通常采用的出行主体的基本单位是家庭。该模型方法的基本描述为：把家庭按家庭结构、家庭收入或者汽车拥有量的不同进行分类，再依据居民出行 OD 调查统计的各种类型的家庭平均的出行率和家庭的总户数来计算生成量。

$$G_i = \sum_{k=1}^{n} \overline{T}_k \cdot F_{ik} \qquad (6\text{-}29)$$

式中：$G_i$——交通小区 $i$ 的发生量（个人出行数）；

$\overline{T}_k$——第 $k$ 类家庭的平均出行率；

$n$——划分家庭类别总数；

$F_{ik}$——交通小区 $i$ 中第 $k$ 类家庭的总户数。

家庭类别生成模型的优点是可比性强，直观反映了用地与交通生成的关系。其缺点是计算分类较烦琐，分类的代表性影响其预测精度。

#### 2. 回归模型法

回归模型法主要是建立出行量和相关因素的函数关系，以此类推预测。在居民出行发生预测中一般以土地利用强度指标为自变量，如小区人口数、劳动力资源数、就业岗位数、各类土

地利用面积等,然后依据居民出行 OD 调查数据建立模型。其基本形式为:

$$Y = a + \sum_i b_i \cdot X_i \qquad (6\text{-}30)$$

式中:$Y$——交通小区的出行发生量;

$\quad X_i$——第 $i$ 种土地利用强度指标;

$\quad a, b_i$——回归系数。

回归模型的主要优点是函数关系明确,可以统计检验模型精度。其缺点表现在常用的 $Y = a + bX$ 线性方程具体应用时,有时会出现相关系数较高但其 $a$ 较大的情况,这样就会使出行发生量出现虚假的上升或下降现象。

### 3. 其他方法

交通小区的居民出行发生量的预测方法还有:增长率法、时间序列法、发生率法等。

(1)增长率法是将现状年的各交通小区居民出行发生量乘以从现状年到规划年的出行的增长率,从而得到规划年的各交通小区的居民出行发生量。该方法有利于确定规划区以外的区域出行发生、吸引交通量,因为,在对规划区域进行预测时,对规划区以外的区域的发生、吸引量交通也要进行预测。利用该增长率法,可以将发生、吸引交通量的增长率按照某些特征指标的增长率来加以计算。

(2)时间序列法是按照时间序列预测交通增长,即用现在和过去的交通生成资料,对交通生成与时间的关系进行回归,并利用此回归方程预测未来的交通生成。该方法的缺点在于需要多年的发生、吸引交通量的资料,而且对于远景预测其精度一般较差。

(3)发生率法应用时,一般只能用于较为粗略的估计。

## (三)分布交通量的预测

分布交通量的预测,就是预测某个小区的发生、吸引交通量与其他小区间的关系,简单地说,就是对于从哪里来,到哪里去的预测。分布交通量可以用 OD 矩阵的形式表示,因此又称为 OD 交通量。在这一阶段常用以下几种方法。

### 1. 增长率法

增长率法可分为平均增长率法、Detroit 法和 Frator 法等。其基本分析方法和分析步骤如下:

(1)用 $t_{ij}$ 表示现状 OD 表中交通小区 $i$、$j$ 间的交通量。$G_i^{(0)}$、$A_j^{(0)}$ 分别表示现在的发生交通量和吸引交通量。

(2)用 $G_i$、$A_j$ 表示各交通小区未来的发生交通量和吸引交通量。

(3)用下式计算各小区的发生、吸引交通量的增长系数 $F_{gi}$、$F_{aj}$。

$$F_{gi}^{(0)} = \frac{G_i}{G_i^{(0)}}, F_{aj}^{(0)} = \frac{A_j}{A_j^{(0)}} \qquad (6\text{-}31)$$

(4)作为要推算的交通量的第一次近似值 $t_{ij}^{(1)}$,可由 $F_{gi}^{(0)}$、$F_{aj}^{(0)}$ 的函数用下式计算而得。

$$t_{ij}^{(1)} = t_{ij} \times f(F_{gi}^{(0)}, F_{aj}^{(0)}) \qquad (6\text{-}32)$$

(5)一般来说,由对分布交通量求和得到的发生交通量和吸引交通量。

$$G_i^{(1)} = \sum_j t_{ij}^{(1)}, A_j^{(1)} = \sum_i t_{ij}^{(1)} \qquad (6\text{-}33)$$

与 $G_i$、$A_j$ 并不一致,这时用 $G_i^{(1)}$、$A_j^{(1)}$ 代替式(6-31)中的 $G_i^{(0)}$、$A_j^{(0)}$,可计算出增长系数,求

解第 2 次迭代的近似值：

$$t_{ij}^{(2)} = t_{ij}^{(1)} \cdot f(F_{gi}^{(1)}, F_{aj}^{(1)}) \tag{6-34}$$

（6）重复上述流程，直至：

$$F_{gi}^{(k)} = \frac{G_i}{G_i^{(k)}}, \quad F_{aj}^{(k)} = \frac{A_j}{A_j^{(k)}} \tag{6-35}$$

都接近于 1 时，相应的 $t_{ij}^{(k)}$ 即为所求的 OD 交通量。

上述增长率法中各方法的不同取决于式（6-32）中的函数形式 $f(F_{gi}, F_{aj})$ 的定义。各方法对该函数的定义如下。

（1）平均增长率法

$$f = \frac{1}{2}\left(\frac{G_i}{G_i^{(0)}} + \frac{A_j}{A_j^{(0)}}\right) \tag{6-36}$$

平均增长率法是极为单纯的分析方法，计算也很简单。因此，平均增长率法虽然要进行多次迭代，仍被广泛使用。但随着计算机的发展，该方法在逐渐被 Detroit 法和 Frator 法取代。

（2）Detroit 法

$$f = \frac{G_i}{G_i^{(0)}}\left(\frac{A_j}{A_j^{(0)}} \middle/ \frac{\sum\limits_j A_j}{\sum\limits_j A_j^{(0)}}\right) \tag{6-37}$$

Detroit 法是 J. D. Carol 于 1956 年提出的。Detroit 法认为，从 $i$ 到 $j$ 的交通量与小区 $i$ 的发生量的增长系数及小区 $j$ 的交通吸引占全域的相对增长率成比例地增加。这个模型是以经验为基础开发出来的。

（3）Frator 法

$$f = \frac{G_i}{G_i^{(0)}} \cdot \frac{A_j}{A_j^{(0)}} \cdot \frac{L_i + L_j}{2} \tag{6-38}$$

式中：$L_i$——小区 $i$ 的位置系数或 $L$ 系数（Location Faction）。

$$L_i = G_i^{(0)} \middle/ \sum_j \left(t_{ij}^{(0)} \cdot \frac{A_j}{A_j^{(0)}}\right) \tag{6-39}$$

$$L_j = A_j^{(0)} \middle/ \sum_i \left(t_{ij}^{(0)} \cdot \frac{G_i}{G_i^{(0)}}\right) \tag{6-40}$$

2. 重力模型法（Gravity Model）

重力模型是模拟物理学中万有引力定律而开发出来的交通分布模型。此模型假定 $i,j$ 间的分布交通量 $t_{ij}$ 与小区 $i$ 的发生交通量及小区 $j$ 的吸引交通量成正比，与两小区间的距离成反比。即：

$$q_{ij} = k\frac{G_i^{\alpha} \cdot A_j^{\beta}}{R_{ij}^{\gamma}} \tag{6-41}$$

式中：$G_i$——小区 $i$ 的发生交通量；

$A_j$——小区 $j$ 的吸引交通量；

$R_{ij}$——$i,j$ 之间的距离或一般化费用（包含了真实费用和通过时间价值转化的时间费用）；

$\alpha, \beta, \gamma, k$——模型系数，在已知 $q_{ij}$、$G_i$、$A_j$、$R_{ij}$ 的情况下，（如已知现状的 OD 表），可用最小二乘

法等求得。

具体地说,对式(6-41)两边求对数,则:

$$\log q_{ij} = \log k + \alpha \log G_i + \beta \log A_j - \gamma \log R_{ij} \tag{6-42}$$

式(6-42)为线性函数,可用线性重回归分析求各系数。如果假定求得的系数不随时间和地点变化的话,则通过回归分析求得的重力模型,在给定发生交通量、吸引交通量及小区间距离的条件下,可以在任何时候和任何地域应用,用来预测该地域的 OD 分布交通量。

3. 概率模型法

该模型是由 Schneider 提出的。基本思想是把从某一个小区发生的出行选择某一小区作为目的地的概率进行模型化,所以属于概率模型。除此之外,也有人把 Tomazinis 提出的机会模型和佐佐木及 Wilson 提出的熵最大化模型分类为概率模型。

概率模型通常以下列 3 个基本假定为前提:

(1)人们总是希望自己的出行时间较短。

(2)人们从某一小区出发,根据上述想法选择目的地小区时,按照合理的标准确定目的地小区的优先顺序。

(3)人们选择某一小区作为目的地的概率与该小区的活动规模(潜能)成正比。

现在,对某个起点小区 $i$,按照与其距离的远近(所需时间的长短)把可能成为目的地的小区 $j(j = 1 \sim n)$ 排成一列。把起点小区 $i$ 到第 $j - 1$ 个目的地小区为止的吸引交通量之和用 $V$ 表示,第 $j$ 个目的地小区的吸引交通量用 $dV$ 表示,在小区 $i$ 发生的出行到第 $j - 1$ 个目的地小区为止被吸引的概率用 $P(V)$ 表示。此外,各个小区吸收出行的概率为 $L$。那么,如果在小区 $i$ 发生的出行被第 $j$ 个小区吸引的概率为 $dP$ 的话,则下式成立:

$$dP = [1 - p(V)] L dV \tag{6-43}$$

将式(6-43)变形,可得:

$$\frac{dP}{1 - P(V)} = L dV \tag{6-44}$$

解式(6-44),得:

$$P(V) = 1 - e^{-LV} \tag{6-45}$$

因此,顺序为 $K$ 的小区(即小区 $j$)被选为目的地的概率可表示为:

$$P_{ij} = P(V_{k+1}) - P(V_k) = e^{-LV_k} - e^{-LV_{k+1}} \tag{6-46}$$

现在,如果将存在于小区 $j$ 和到小区 $j$ 为止以前的选择顺序中的小区的累积机会(累积的吸引交通量)用 $V_j$ 表示的话,从小区 $i$ 到小区 $j$ 的分布交通量 $q_{ij}$ 可得:

$$q_{ij} = G_i (e^{-LV_{i-1}} - e^{-LV_i}) \tag{6-47}$$

另外,为使 $\sum_{j=1}^{n} q_{ij} = G_i$ 成立,将式(6-47)两边对 $j$ 求和并令其等于 $G_i$,同时注意到 $T = V_n$($n$ 为全小区数),得:

$$q_{ij} = G_i \cdot \frac{e^{-LV_{j-1}} - e^{-LV_j}}{1 - e^{-LT}} \tag{6-48}$$

式中:$G_i$——小区 $i$ 的出行发生的总数。

(四)交通方式分担的预测

交通方式分担的预测,就是预测人(或物)在移动时所使用的交通方式,推定轨道、公交、汽车、自行车、步行等各种交通方式分担交通量的阶段。机动车交通量预测时,过去大都把这一阶段省略了,但是在考虑城市中包括轨道、公交等城市综合交通体系时,需要包含这个阶段,而且包含这一阶段的预测方法正在逐步走向成熟。

**1. 分担率曲线法**

这是一个从个人出行调查(Person Trip Survey)结果出发,并依据可以认为是影响交通方式的主要因素的地区间距离,地区间交通方式的所需行走时间比或是所需时间差等,做成使用者交通方式选择曲线,从而依据该曲线求出该地区间交通方式分担率的方法。

**2. 函数型模型**

所谓函数型模型就是把交通方式的分担率用函数式的形式表示,再以此来计算各个交通方式分担交通量的方法。这一方法可以分为线性模型、Logit 模型和 Probit 模型等。

**(1)线性模型**

这是函数模型中最早开发出来的模型。它把影响交通方式分担的各种要素用线性函数的形式表现,从而推求交通方式分担率。但用这种方法求出的分担率 $P_i$ 无法保证分担率必须满足的 $0 \leqslant P_i \leqslant 1$ 这一条件,为了解决这个问题开发了 Logit 模型和 Probit 模型。线性模型现已经不再使用。

**(2)Logit 模型**

为了克服线性模型的缺点,交通研究人员开发了此模型。某个 OD 组间某种交通方式的分担率可用下式表示:

$$P_i = \frac{\exp(U_i)}{\sum_{j=1}^{J} \exp(U_j)} \tag{6-49}$$

$$U_i = \sum_k a_k X_{ik} \tag{6-50}$$

式中:$X_{ik}$——交通方式 $i$ 的第 $k$ 个说明要素(所需时间、费用等);

$a_k$——待定参数;

$j$——交通方式的个数;

$U_i$——交通方式 $i$ 的效用函数;

$P_i$——分担率。

在这个模型中,存在 $0 \leqslant P_i \leqslant 1$ 和 $\sum_i P_i = 1$ 的关系,具有很容易算出分担率的优点。这个模型中的参数 $a_k$ 是通过个人出行调查的结果来标定的。

**(3)Probit 模型**

此模型是为了克服线性模型的缺点而开发的适用于只有两种交通方式的分担率预测模型。交通方式被选择的概率 $P_i$ 可用下式计算:

$$P_i = \frac{1}{\sqrt{2\pi}} \int_{-\infty}^{Y_i} \exp\left(\frac{-t^2}{2}\right) dt \tag{6-51}$$

式中:$Y_i$——表示两种方式特性的线性函数值的差。

这种方法对两种方式之间的选择是适用的,而应用于多方式的选择则非常难。其优点是两种方式特性即使不独立也可使用。

在地区间模型中,从预测精度、计算作业及模型构思的合理性来看,Logit 模型是较好的。

除了上述我们介绍的模型外,还有许多其他模型,如牺牲量模型、直接需求模型等。牺牲量模型和我们前面介绍的方法完全不同,它是把人们选择交通方式的特性作为基础,即假定人们是选择利用时间损失(牺牲量)最小的交通方式。但无论是从选择意义,还是在从分布形式来说都需要很强的假定条件。此外,该模型无论是在理论上还是在实证上的研究都还很不充分。其特点是无须使用地域特征及交通调查的结果等,预测作业完全是机械地进行的。

### (五)分配交通量的预测

分配交通量的预测就是把汽车或是各个方式的分布交通量分配到各个路线上的阶段,通常需要有复杂的计算过程。为了更接近交通流动的实际的路线选择状况,多种预测模型得到开发,并不断得到改善。

交通分配方法通常都是以 Wardrop 在 1952 年提出的两个分配原理为依据。Wardrop 分配原理具体描述如下:

(1)原理 I:车辆驾驶员总是试图选择使自己行车时间(或行车费用)最小的路径。网络上的交通通常会以这样一种形式分布,使所有被使用的路线比没有被使用的路线一般化费用小。

(2)原理 II:车辆在网络上的分布,使得网络上所有车辆的总出行时间最小。

分配模型满足 Wardrop 原理 I 的称为使用者(用户)平衡模型(User Equilibrium Model),满足原理 II 的称为系统最优化模型(System Optimized Model)。此外分配模型也有不使用 wardrop 原理的,而是采用了模拟方法。

用户平衡模型中又根据用户掌握交通信息情况的假设分为两种基本情况:

(1)用户掌握确定自己交通选择所需的路网交通情况,因而确切地知道自己应该走哪条道路,对应形成确定型模型。

(2)用户并不确定掌握路网确切的交通情况,而是根据有限的信息选择自认为是正确的路线,由此建立了概率型模型。

1952 年 Wardrop 提出用户平衡分配原则之后,1956 年 Beckmann 根据这一原理建立了数学模型。直至 1979 年 Smith 在对平衡原理进一步细致分析的基础上提出了变分不等式模型,才使得平衡模型理论形成完整的体系。随着计算机技术的飞速发展,平衡模型已在交通分配理论研究中占据了主导地位。下面将围绕一些实用性较强的交通分配方法进行简单介绍。

1. 全有全无分配法(All-or-nothing)

在全有全无分配模型中,OD 点之间的交通量全部分配到起讫点之间的最短路径上。这种方法也称为 0-1 分配法。这种方法的计算步骤可归纳如下:

(1)计算网络中每个出发地 O 到每个目的地 D 的最短路径。

(2)将 O、D 间的 OD 交通量全部分配到相应的最短路径上。

这个模型与实际是不符的。首先,每个 OD 对的数值只分配到一条路径上,即使存在另外一条在时间、成本上相同或相近的路线。其次,交通量分配的时候路段的运行时间为一个输入的固定值(通常为自由流所需的时间),它不会因为路线的拥堵而变化。

全有全无分配法十分简单但很近似。在道路稀少的偏远地区的交通量分配中可以采用这种方法,而在一般城市道路网的交通量分配中不宜采用这种分配法。但是,采用这种方法获得的分配结果,通常可以在地区边界处准确地表明地区间的交通需求,因此 0-1 分配法在探讨地区间交通需求时发挥着重要的作用。

### 2. 增量分配法

增量分配法中 OD 交通量是分次分步加载的。在每一步中，加载一定百分比的交通需求。单次分配是基于全有全无分配法的。每加载一次之后，路段时间要根据当前交通量重新计算，然后重新寻找最短路径。如果加载的次数很多，分配出的结果看起来就像一个平衡分配法；但事实上，这种方法并未产生一个平衡的结果。因此，交通量和运行时间之间的矛盾就会导致评价指标的误差。同时，每次分配的 OD 量的比例将影响增量分配法的结果，这也增加了分配结果的误差。

当把 OD 交通量等分时，其计算步骤如下：

（1）初始化。将每组 OD 交通量平分成 $N$ 等分，即使 $q_{rs}^n = q_{rs}/N$。同时，令 $n=1$，$x_a^0 = 0$，$\forall a$。

（2）更新，$t_a^n = t_a(x_a^{n-1})$，$\forall a$。

（3）增量分配，按（2）计算所得 $t_a^n$，用 0-1 分配法将 $1/N$ 的 OD 交通量 $q_{rs}^n$ 分配到网络中去。这样得到一组附加交通流量 $W_a^n$。

（4）交通流量累加，即令 $x_a^n = x_a^{n-1} + w_a^n$，$\forall a$。

（5）判定。如果 $n=N$，停止计算。当前的路段交通流量即是最终解；如果 $n<N$，令 $n = n+1$，返回（2）。

增量分配法的复杂程度和解的精确性都介于 0-1 分配法和平衡分配法之间。当 $N=1$ 时与 0-1 分配法的结果一致；当 $N \to \infty$ 时，其解与平衡分配法的解一致。

这种交通量分配方法由于操作简单，而且可以获得路径表，因而直到现在仍然在实际工作中被广泛应用。通常可以把 OD 交通量分为 3 份、4 份、5 份，10 份，分割数越少，计算时间越短。实际工作中不一定把交通量做成 $N$ 等分，比例可以根据需要定，比如 5 分割时可为 4:2:2:1:1，也可为 3:2:2:2:1，或是 2:2:2:2:2，分配计算结果表明分割比例的差别对于分配结果影响不是很大。但是，第一分割的比例过大可能会导致少数路段的交通量过高，超过观测值。

### 3. 用户平衡分配法

1952 年 Wardrop 提出用户平衡分配准则之后的几年里，没有一种严格的方法可求出满足这种分配准则的交通量分配法。直到 1956 年，Beckmann 提出了一种满足 Wardrop 准则的数学规划模型，奠定了研究交通分配问题的基础。后来的许多分配模型、如变需求交通分配模型、分布-分配组合模型等都是在 Beckmann 模型的基础上扩充得到的。

Beckmann 用取目标函数极小值的办法来求平衡分配的解。提出的平衡分配模型如下：

$$\min Z(x) = \sum_a \int_0^{x_a} t_a(w)\,\mathrm{d}w \tag{6-52a}$$

$$\sum_k f_k^{rs} = q_{rs} \qquad (\forall r, s) \tag{6-52b}$$

$$f_k^{rs} \geqslant 0 \qquad (\forall r, s) \tag{6-52c}$$

另外，定义约束：

$$x_a = \sum_r \sum_s \sum_k f_k^{rs} \delta_{a,k}^{rs} \qquad (\forall a \in L) \tag{6-52d}$$

Beckmann 的交通分配模型中使用了以下变量：

$x_a$——路段 $a$ 上的交通流量；

$t_a$——路段 $a$ 的走行时间；

$t_a(\cdot)$——路段 $a$ 的走行时间函数，因而 $t_a = t_a(x_a)$；

$f_k^{rs}$——出发地为 $r$，目的地为 $s$ 的 OD 间的第 $k$ 条路径上的交通流量；

$\delta_{a,k}^{rs}$——0-1 变量。如果路段 $a$ 在出发地为 $r$，目的地为 $s$ 的 OD 间的第 $k$ 条路径上，则 $\delta_{a,k}^{rs} = 1$，否则 $\delta_{a,k}^{rs} = 0$；

$q_{rs}$——出发地为 $r$，目的地为 $s$ 的 OD 间的交通流量；

$\boldsymbol{L}$——网络中路段的集合。

Bechmann 模型有一些必须满足的基本约束条件。式(6-52b)表示对于分配问题本身应满足的条件是交通流守恒条件。即各 OD 间的交通量应该全部分配到网络中去，或者说 OD 间各条路径上的交通总量应等于 OD 交通量。式(6-52d)表示的约束条件是变量之间的关系式，即路径交通量 $f_k^{rs}$ 与路段交通量 $x_a$ 之间的关系式。

此外，路径的总走行时间与路段走行时间的关系式为：

$$C_k^{rs} = \sum_a t_a \delta_{a,k}^{rs} \qquad (\forall k \in \boldsymbol{\psi}_{rs}, \forall r \in \boldsymbol{R}, \forall s \in \boldsymbol{S}) \qquad (6\text{-}53)$$

式中：$C_k^{rs}$——出发地为 $r$，目的地为 $s$ 的 OD 间的第 $k$ 条路径的总走行时间；

$\boldsymbol{R}$——网络中出发地的集合；

$\boldsymbol{S}$——网络中目的地的集合；

$\boldsymbol{\psi}_{rs}$——$r$ 与 $s$ 之间所有路径的集合。

以上模型的目标函数是对各路段的走行时间函数积分求和之后取最小值。很难对它作出直观的或经济学上的解释。

用 Frank-Wolfe 方法可以求解上述平衡分配模型，其步骤可归纳如下：

（1）初始化。按照 $t_a = t_a(0)(\forall a)$，实行一次 0-1 分配。得到各路段的交通流量 $\{x_a^1\}$，令 $n = 1$。

（2）更新更新路段费用函数。令 $t_a^n = t_a(x_a^n)(\forall a)$。

（3）寻找下一步的迭代方向。按照 $\{t_a^n\}$ 实行一次 0-1 分配，并得到一组附加交通流量 $\{y_a^n\}$。

（4）确定步长。求满足下式的 $\alpha_n$ 得：

$$\sum_a (y_a^n - x_a^n) t_a [x_a^n + \alpha_n(y_a^n - x_a^n)] = 0 \qquad (0 \leqslant \alpha_n \leqslant 1)$$

（5）确定新迭代点。令：

$$x_a^{n+1} = x_a^n + \alpha_n(y_a^n - x_a^n) \qquad (\forall a)$$

（6）进行收敛性检验。如果 $\{x_a^{n+1}\}$ 已满足规定的收敛准则，停止计算。$\{x_a^{n+1}\}$ 即是要求的平衡解；否则令 $n = n + 1$。

用户平衡分配模型是在明确的用户平衡分配理论基础上建立的，应该说可以较好地描述交通状态。但是在实用当中也仍然存在一些问题，比如，道路网中存在收费道路时，无论是采用时间价值转换方法，或是其他方法都会很大程度降低交通量预测的精度。

4. 系统最优化的交通分配

Wardrop 在提出交通分配的原理Ⅰ，即使用者平衡（UE）理论的同时，还提出了原理Ⅱ，即系统最优化原理。该原理为：在考虑拥挤对走行时间影响的网络中，网络中的交通量应该按某种方式分配以使网络中交通量的总走行时间最小。该原理一般称为 Wardrop 原理 Ⅱ。

原理 Ⅰ 反映了道路网利用者选择路线的一种准则。按照原理 Ⅰ 分配出来的结果应该是道路网的实际分配结果。而原理 Ⅱ 则反映了一种目标，即按什么样的方式分配是最好的。在实际网络中不可能出现原理 Ⅱ 所描述的状态。除非所有的驾驶员互相协作为系统最优化而努力。这在现实中是不可能的。但原理 Ⅱ 为规划管理人员提供了一种决策方法。

系统最优化比较容易用数学规划来表达。其目标函数是对系统的总走行时间取最小值。约束条件则与 UE 模型完全一样。因此，该问题可归纳为下述系统最优化模型 SO（System Optimization）。

$$\min \tilde{z}(x) = \sum_a x_a t_a(x_a) \tag{6-54a}$$

$$\sum_k f_k^{rs} = q_{rs} \qquad (\forall r,s) \tag{6-54b}$$

$$f_k^{rs} \geqslant 0 \qquad (\forall k,r,s) \tag{6-54c}$$

式中：$x_a$——路段 $a$ 上的交通流量；

$t_a$——路段 $a$ 的走行时间；

$t_a(x_a)$——路段 $a$ 的走行时间函数；

$f_k^{rs}$——出发地为 $r$，目的地为 $s$ 的 OD 间的第 $k$ 条路径上的交通流量；

$q_{rs}$——出发地为 $r$，目的地为 $s$ 的 OD 间的交通流量。

5. 二次加权平均法

二次加权平均法（Method of Successive Averages）是一种介于增量分配法和平衡分配法之间的循环分配方法。其基本思路是通过不断调整已分配到各路段上的交通量，使分配结果逐渐到达或接近平衡分配。其计算步骤如下：

（1）初始化。按照各路段的自由走行时间进行一次 0-1 分配，得到各路段的分配交通流量 $x_a^0$。令 $n=0$。

（2）按照当前各路段的分配交通量 $x_a^0$ 计算各路段的走行时间，令 $n=n+1$。

（3）按照（2）计算的路段走行时间和 OD 交通量进行一次 0-1 分配，得到各路段的附加交通流量 $F_a$。

（4）用加数平均的方法计算各路段的当前交通量 $x_a^n$：

$$x_a^n = (1-\phi)x_a^{n-1} + \phi F_a \qquad (0 \leqslant \phi \leqslant 1) \tag{6-55}$$

（5）如果 $x_a^n$ 与 $x_a^{n-1}$ 的差值不太大，停止计算，$x_a^n$ 即为分配交通流量。否则返回（2）。

在（5）中，判别 $x_a^n$ 与 $x_a^{n-1}$ 差值大小时，可控制它们的相对误差在百分之几以内。但为了提高计算效率，节省计算时间，用得更多的准则是循环若干次以后令其停止。

在（4）中，数重系数 $\phi$ 需由计算者自己定。$\phi$ 既可定为常数，也可定为变数。当 $\phi$ 定为常数时，最普遍的情况是令 $\phi=0.5$。定为变数时，通常可令 $\phi=1/n$（$n$ 为循环次数）。有研究表明 $\phi=1/n$ 时，会使分配尽快接近平衡解。

二次加数平均法是一种既简单实用又最接近于用户平衡分配法的一种分配方法。如果每步循环中权重系数 $\phi$ 严格按照数学规划模型取值时，即可得到平衡分配的解。

6. 其他分配方法

模拟随机分配（Simulation-based）和概率随机分配（Proportion-based）两类方法也得到了相

对广泛的应用。模拟随机分配方法应用 Monte Carlo 等随机模拟方法产生路段阻抗的估计值，然后进行全有全无分配；概率随机分配方法则应用 Logit 模型等计算不同的路径上承担的出行量比例，并由此进行分配。

然而上述方法存在着一些不可避免的缺陷，比如，估计路段阻抗分布相互独立的假设在某些情况下会导致不合理的结果，以及没有很好地考虑拥挤因素等。

此外，以用户平衡理论为依据发展起来的随机用户平衡模型 SUE(Stochastic User Equilibrium)也得到广泛应用。随机用户平衡分配中，出行者的路径选择行为仍遵循 Wardrop 分配原理Ⅰ，只不过用户选择的是自己估计阻抗最小的路径而已。SUE 表示了这样一种交通流分布形态，即任何一个出行者均不可能单方面改变出行路径来减少自己的估计行驶阻抗。

### 7. 其他方式的交通量分配问题

除了上述道路交通量的交通分配问题之外，公共交通，特别是轨道交通的路径交通量预测也是一个应该探讨的问题。另外，随着城市交通系统规划建设更加趋向于以人为本和注重生活质量，在道路的规划设计中也开始要求有人流和自行车流等预测数据作为支撑。这些都给交通需求预测提出了新的课题。

关于铁路路径分配可以使用基于非集计 Logit 模型的轨道路径选择模型。其基本原理是在划定小区的基础上，将路径选择问题转换为对于车站的选择问题，然后来确定最优路径。这种方法原理简单，但是构建预测系统需要大量的数据作为支撑，同时需要进行 SP、RP 数据的调查，以便标定 Logit 模型参数。

对于人流和非机动车流的预测可以说目前还没有成熟的方法，但是由于人与非机动车的出行距离较短，通常在中心商业区或是交通用枢纽附近更为密集，因此可以采用微观仿真的方法来进行预测。

鉴于本书不是交通规划的专门书籍，关于轨道交通，以及人流、非机动车流的路径预测不作详细介绍，有兴趣者可以参见相关专业书籍。

## (六)交通预测方法讨论

交通需求预测模型都有着局限性，有着各自的长短，实际工作中需根据实际情况选定需求预测方法。由于集计型的需求预测方法普遍具有移转性差的缺点，因此使用前都需要通过使用调查数据对模型进行标定。哪一种模型更好、预测精度更高是人们关心的一个问题，现阶段对于模型好坏的评定只有通过"现状再现"来检验。所谓"现状再现"，就是使用模型对于现状进行预测，把道路路段的预测交通量与观测交通量进行比较，其误差越小，说明模型的预测精确度越高。然而在现实中，这一步骤基本上都被省略了，对于使用没有经过"现状再现"检验过的模型，所作的将来需求预测结果的可信度是值得怀疑的。那么，如何提高"现状再现"的精度是一个课题。首先，可以考虑通过调整 OD 表来达到此目的。由于 OD 交通量通常是由放大调查样本获得的，本身存在着误差，对其调整是合理可行的。调整时可以运用 OD 反推的技术。提高"现状再现"的精度最重要的还是在交通量分配阶段下功夫。其次，可以对路网进行调整，如调整路段的自由流时间(自由流速度)、路段长度、路段通行能力等。还有就是根据具体情况对模型自身进行调整。此外，调整分配小区的大小、发生集中点的位置等也都可以达到提高"现状再现"精度的目的。在实际工作中"现状再现"阶段往往占用了整个预测工作时间的一半以上。

交通预测中存在着许多不确定因素，使用"现状再现"度很高的模型预测出的将来交通量，也很难说就是准确的。这一点交通规划人员十分清楚。因此对于需求结果要进行定量的解析和定性的分析，这一点也是需求预测中必不可少的。综上所述，对需求预测进行定量解析，通常需要路径表，因而往往有限选择可以获得路径表的分配方法。

将来需求预测结果是一个目标，在实施过程中需要采取多种保障措施才能达到这个规划目标。

## 本讲参考文献

[1] 樗木武. 土木計画学[M]. 東京:森北出版株式会社,2001.

[2] 鲁志强. 人口问题与发展战略决策[M]. 北京:新华出版社,1988.

[3] 杨卓,牛岩东,李晓静. 两种模型在中国人口增长预测中的应用[J]. 数理医药学杂志,2008,21(4):385-388.

[4] 古志超. 德尔斐法的特点及应用[J]. 中外企业文化,2005(8):60-61.

[5] 管怀鎏. 柯布-道格拉斯生产函数与劳动价值论[J]. 河北经贸大学学报,2008,29(1):12-14.

[6] 董晓花,王欣,陈利. 柯布-道格拉斯生产函数理论研究综述[J]. 生产力研究,2008(3):148-150.

[7] 刘永呈,胡永远. 中国省际资本存量的估计:1952—2003[J]. 统计与决策,2006(08):96-98.

[8] 黄谦. 交通公平性的层次划分与量化评价方法[D]. 北京:清华大学,2008.

[9] 五十嵐日出生,等. 計画論[M]. 東京:彰国社刊,1976.

[10] 河上省吾. 土木計画学[M]. 東京:鹿島出版社,1991.

[11] 石京. 城市道路交通规划设计与运用[M]. 北京:人民交通出版社,2006.

# 第七讲

# 规划方案的制订、评价与调整

## 第一节　规划方案制订

通过对于土木规划对象所处环境的把握和对将来的预测，我们就可以看到现状的问题以及由于这些问题的延续所导致的将来的问题。另一方面，从规划的目的和课题中，我们可以看到规划内容中应该具有的状态，即期望的水准以及目标。规划的问题实质上就是这两种状态之间的差距，制订规划方案就是要找到填补两者差距的解决方法。以某个地区的道路规划中对于交通问题的处理为例，对于现在或是将来的交通需求，道路设施无法对应时，这将与"解决道路拥堵"的目标产生矛盾，对此，提高现状道路的通行能力，改善交通状态的各种对策（包括建设新线、建设绕行道路、加宽路幅、加强交通管理等）就是规划的方案。

看起来十分简单的规划，在制订具体的方案时，也需要下很大的功夫。具体地说，规划中的问题，其本身不是固定不变的，即使问题是定型的，也不是能够获得数学问题一样的唯一解，肯定会有多个合理妥当的解答，需要从中提炼出最为妥当的一个。因此，在规划方案制订过程中，首先需要在大范围内找出解决对策，为此，需要有创造性的思维。需要综合考虑规划的目的以及课题、对现状的把握、对将来的预测、上级规划等，综合地加以灵活运用，规划者个人或是团队，包括社会、市民层面上需要不断地、大胆地反复提出并制订方案。

### 一、方案制订的过程

在规划的问题中，问题本身可能不是确定的，或者即使假设问题是确定的，也很难像求解数学问题一样获得唯一的解答。实际上存在着多种可以认为是妥当的解答，需要通过对比、筛选，最终获得一个最佳的可行方案。因此，在规划方案的制订过程中，需要广泛地提出多种规划比选方案，这一过程的确需要创新性的思考。

方案的制订过程中，首先需要明确规划应该提出的各种问题。通过对目的以及课题的整理，把握现状，明确将来预测等过程，规划问题才能变得清晰、明朗。通常方案制订的步骤如图 7-1 所示。

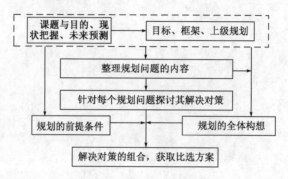

图 7-1　比选方案的制订步骤

对于规划问题进行整理，可以使各个问题的具体内容明确化。然后根据各个问题的具体事项就可以有针对性地考虑具体的解决方案。这时既可以自由地展开创新性的思考，当然也可以参考过去的经验或信息。

规划的比选方案就是在把各个问题的解决方法进行综合与组合的基础上，提出多种多样的方案内容。在这个过程中，需要注意与各种前提条件的适合性，并且注意需要符合规划的整体构想。从这个意义上，规划方案是在前提条件的基础上制订的，可采取的具体解决方案也是有限的，比选方案也是有限的。

在对规划的比选方案进行评价的基础上可以获得一个最终的最期望的方案。随着对于比选方案的选择方法不同，比选方案的制订过程也不同。其中一种方法是首先把所有可行的比选方案全部罗列，然后进行评价、挑选，最终得到一个最佳方案；还有一种方法是首先制订一个方案，然后对其进行评价，如果无法满足要求，再有针对性地制订下一个方案。在规划的内容比较单纯，规划比选方案可以罗列的情况下，前一种方法显然是很好的。但是，当规划内容十分复杂时，可以想到比选方案数量可能会很庞大。一个一个地制订多个比选方案将花费大量的人力、财力，基于这方面的考虑，后一种方法更为现实。

在比选方案制订过程中需要特别注意以下几点：

（1）准确把握具体的问题，时刻把全体放在脑海中。

（2）不要拘泥于方案的制订的方法。

（3）方案探讨中要有大胆的思维和细心的考虑。

### 二、利用 AIDA 方法（战略选择法）制订方案

绕行道路规划、公共交通设置规划或住宅开发区选址等规划的内容与目的比较明确，需要

研讨的问题不太复杂,这种情况下,我们可以采用 AIDA(Analysis of Interconnected Decision Area)方法将具有实现可能性的所有规划的比选方案制订出来进行探讨。AIDA 方法是 20 世纪 60 年代英国某城市在开发规划中采用的一种战略选择方法的一部分。这一方法的具体步骤如下。

(1)步骤 1:提取规划的内容项目进行上下分层的整理

规划的比选方案,应该由设施单体及其配置、与相关设施的关系、法律约束、建设成本、资金来源、建设时期、事业主体等涉及面广泛的多种多样的内容所构成。在此,按照规划的流程,将需要研讨的内容项目提取出来,将其作为比选方案制订过程中必须探讨的项目加以整理,画出研讨分组项目的分阶层的图。整理时可以灵活采用前面介绍过的 KJ 方法或 ISM 方法等。分层时上级水平的项目中列出构成规划框架等重要的项目,对应地在其下方列出细分后的项目。按照这样的步骤实施分层。

(2)步骤 2:整理各个项目的可能实现的选择肢

对于隶属于研究对象的同层小组的各项内容,可以把比选方案作为一个选择肢抽取出来。抽取过程中注意选取具有实现可能性和重要性的内容,避免选取仅有微小差异的过多的选择肢。从本质上来讲,同样内容的项目中的选择肢应该是具有相互排斥的内容。例如道路规划的路径选择中如果选择了其中一条路径,就不会再选择其他路径。

(3)步骤 3:探讨内容项目之间的选择肢组合的可行性

通过上下层次之间的选择肢配对筛选,可以去除很多不具有可能性的选择,把精力集中到可行的规划的比选方案制订上。在这个阶段进行具体的操作过程中,可以通过作图和作矩阵表格来进行。在这个阶段明确选择肢配对的判断基准十分重要。

(4)步骤 4:制订规划的比选方案

利用步骤 3 做成的图或矩阵,重新整理为更为清晰的流程图。在此基础上继续剔除不重要的或一些不想要的方案,制订最终的比选方案。此时,可以对于各个比选方案的特征以及需要注意的地方做些记录,或写成文章,或做成图。

## 三、利用 PERT 方法(网络分析法)进行规划流程管理

对于土木规划的制订过程进行管理也需要有方法。项目进度的管理方法,一直属于系统工程的研究领域。具体可以采用项目进度表,或者是 PERT(Program Evaluation and Review Technique),以及 CPM(Critical Path Method)等方法。这些方法对于土木规划制订过程的管理仍然适用,且十分有效。

PERT 是采用了网络规划法(Network Programming)的一种方法。这种方法将一个项目分解为若干个作业阶段,例如数据收集,现状分析,未来预测等,然后用箭头把这些作业阶段连接起来,从而制订最优的进度规划。除了利用箭头图之外,还可以利用工程进度图来制订规划的进度。这种方法应用更为普遍,首先在一个表格中,纵轴列出所有作业项目,横轴作为时期或时间轴,然后把每个作业项目预定起止日期以棒图的形式绘在图中。箭头图、工程进度图示例如图 7-2 所示。

利用流程图进行规划进度的管理也是一种重要的方法。这种方法在编制计算机程序等工作中必须用到,在此不做介绍。这种流程图的箭头表示时间上的顺序,以及逻辑上的关系。本书介绍规划的过程时采用的就是这种图。

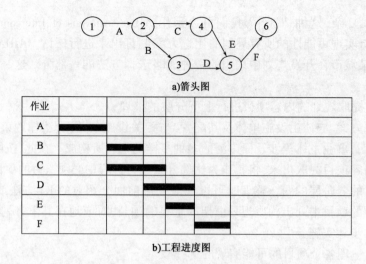

图 7-2　箭头图、工程进度图示例

# 第二节　规划评价的基础知识

制订比选方案之后,需要通过评价来判断各个方案的优劣,从中选取并确定最佳方案。方案评价也是规划过程中一个重要的步骤。遗憾的是这个步骤由于操作复杂,技术不成熟等多种原因往往被忽略。评价首先涉及谁来评价,或者说站在谁的立场上进行评价的问题,也就是评价主体的问题。评价还需要价值基准才能够进行。在评价方法上需要尽可能对评价内容进行量化,既易于比较,也容易理解,这就涉及评价项目的计量问题。这些都将在本节作介绍。传统上对于规划项目的评价,更多地采用的是成本效益分析的方法,将在下一节介绍。目前,兼顾公平性和效率性的综合评价方法越来越受到重视,在本章的后半部分,将介绍综合评价的方法,并以交通公平性为例,展开对于公平性评价的讨论。

## 一、评价主体

土木规划的评价,由于评价主体有着不同的立场,应该从运营机关、设施使用者、附近居民、地区社会、地方政府、国家等不同的立场进行评价,然后加以汇总作出综合判断。通过对不同的方案进行客观的评价,从而得到最佳的方案。

评价的时候,应把规划目标分解为若干独立的评价项目,对各个评价项目设立具体的可以客观评价的评价指标,得到它们的评价数值。土木规划评价的一般步骤如图 7-3 所示。

通常土木工程项目评价时,应该尽可能地使用客观的评价指标,所以应尽可能地把该项目产生的效果和代价(如对生态环境的不利影响),效益(Benefit)和成本(Cost)以货币形式表现出来。这就是通常所说的成本效益分析,当效益超过费用时可以认为这个项目值得进行。问题是效益和成本是针对谁来说的,如何才能合理地把它们用货币形式表现出来。

通常,土木规划的评价主体可分为使用者、经营者、交通设施周围居民、地方政府和国家等等。表 7-1 中列出了土木规划评价主体及各个评价主体的评价项目及其指标。

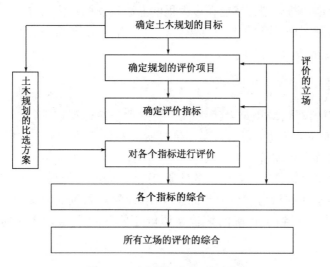

图 7-3 土木规划评价的一般步骤

**土木规划中开发规划的评价主体、评价视点**　　　　　　表 7-1

| 评 价 主 体 | 评 价 视 点 | |
|---|---|---|
| 事业主(政府、民间或政府＋民间的联合体) | ◎事业的需求<br>◎事业的经济性<br>○事业的技术的可能性、实现可能性<br>○事业推进的难易程度 | |
| 管理运营者(政府、民间或政府＋民间的联合体) | △事业的效率性、效果<br>◎管理运营上的经济性(收益性)<br>○运营管理的难易<br>○运营管理的技术难题<br>○对于社会经济环境的变化的弹性 | △安全性<br>△信赖性 |
| 利用者(受到直接影响的居民) | ◎效用、方便性、利益<br>△环境性、舒适性<br>○现实性 | |
| 周围居民(受到间接影响的居民) | △社会经济上的波及效果<br>△环境性、舒适性<br>○文化的形成 | |
| 全体(行政、社会等) | △社会的公平性<br>○与上级规划的一致性<br>△资源的开发、有效利用<br>◎税收<br>○国计民生的安定性 | |

注:①"○"主要是定性、记叙性评价;"△"表示定性、定量评价均可;"◎"表示可以定量评价。

　　②本表参照本讲参考文献[1]第 201 页绘制。

土木规划评价是判断规划方案能在多大程度上达到预期目标的过程。为对土木规划进行综合评价,必须将各种角度的评价意见加以综合。目前,将不同角度的评价进行综合的方法还不完善,最常用的是成本效益分析。

## 二、价值基准

对于规划方案的评价,应该结合经济、社会、技术等各种观点进行。这一观点,通常称为"价值基准"。"价值基准"就是规划方案评价时所取的价值观。基于这样的价值基准在具体评价时采取的基准,称为"评价基准"。

土木规划的对象设施具有公共财产的性质,作为基础的评价基准需要客观,需要与规划相关的主体以及社会全体的认可。仅有一部分利用者的认可而无法得到当地居民认可的规划,无法认为其公共性得到了正确的评价。评价还要反映人与人之间的公平性、社会的公平性。

### (一)经济的价值基准

所谓经济的价值是指把使用设施所带来的各种各样的效用转换成货币价格的形式进行表示。在经济学中,假定可以把人们对于物质或是时间的满意程度用效用(Utility)进行计量,通过找到这样的效用与货币价格之间的关系,从而使对于基于经济的价值的规划所产生的各种影响的评价成为可能。经济的价值并不意味着追求金钱的利益,而是指包括景观、环境在内的所有东西的价值用货币价格进行计量的统一的尺度。过去对于土木规划的评价,集中在收益以及成本的直接货币价值的计量上,现在利用者的便利性、舒适性,对于环境与景观的影响等也被考虑在内。

### (二)社会的价值基准

所谓社会的价值是指规划所带来的社会所要求的绝对水准的达成程度。土木事业中的最低标准原则(Civil Minimum)是一个重要的理念,它本是城市规划中的用语,是指公园以及上下水道等为了居民舒适、健康、安全地生活,城市中必备设施的最低的必要的水准。

社会价值的获取十分困难。作为获取这一价值可能的方法包括:使用已有的状态良好的社会基准作为基准;从对于人体的影响等科学依据来获得;作为居民的全员的意志进行确定。基准不是一成不变的,当然其中要反映技术水准与居民的价值观等。

### (三)技术的价值基准

所谓技术的价值是对支撑某项土木事业的各个部分的技术的安全性、可靠性等进行评价时的基准。它包括各项技术的价值和积累而得作为规划全体的价值。前者包括国家以及相关机构的标准、规范。后者为对规划相关的技术的实现可能性进行评价的内容。

## 三、评价项目的计量

基于上述评价基准对规划进行评价时,需要计量规划实施带来的各种影响。计量时通常采用货币价值,以利于比较。所要计量的项目中包括可以货币化直接计量的价值,以及舒适程度等无法直接进行计量的东西。当评价内容无法以货币价值计量时,评价结果无法直接进行叠加,这时需要进行变换,进行综合评价。

以交通投资项目为例,目前其评价(Project Evaluation)大致可以分为财务分析(Financial Analysis)、经济分析(Economic Analysis)和社会分析(Social Analysis)3 种。其他的土木规划项目也有类似性。

财务分析是从建设、运营这一项目的投资者(企业或是政府)的立场上,对该项目财务上的收益性进行评价。其目的是判断经营主体在财务上能否持续经营下去。判断的基准是预定期间内的交通收入是否足以偿还借款。这时有必要对投资主体的性质进行区分,也就是说要考虑投资主体是私人企业还是政府部门。对于由政府出资的交通项目,预想的收入中包括盈利、税金,对于受政府补助的工程项目,把政府的补助金包含在内能够收支合算的话就可以认为投资没有问题。

与上述着眼于收支合算的财务分析相比,经济分析则是从国家或地方政府的立场,或者说从社会的立场上从资源的最佳分配和有效分配这一观点出发,在考虑了机会成本(Opportunity Cost)的基础上,对该项目进行成本和效益分析(Cost-Benefit Analysis,简称 CBA),来判断是否应该实施这一项目。通常这里所说的社会,指的是国民经济。现代经济学中,所有的公共设施的建设目标应该是增加社会福利。而社会福利的增加又可以表现在社会的效率性与公平性两方面。对于交通设施给社会带来的变化,可以认为希望享受这些效果的人会付出与其享受的效果相符合金额,这也就是通常所说的 WTP(Willingness to Pay)原则。另一方面,受到该交通设施建设负面影响的人则想要得到最小限度的补偿金额,这可以理解为负的 WTP。于是,当社会全体的为正值的 WTP,超过了社会全体的为负值的 WTP 时,就认为该设施可以建设。在这种思考的基础上分别计量正的与负的 WTP 进行评价的方法,就是经济分析,也称为成本效益分析。因此可以说 CBA 是判定国民经济的效率性的方法。

这里所说的社会分析可以理解为项目实施对于社会公平性的影响的分析。其重点是对于效益归属的分析。也就是说,分析项目所带来的效益和成本是如何在各个主体之间分配的。有时候一个项目的效益非常大,但是获益者可能只是少数人,而大多数人承担了更多的费用,从社会公平的角度看,这样的项目是不合理的。这些不公平有时还体现在不同代际、不同地区之间。

在评价中,特别是经济分析中,经常需要定量地对投资效果加以分析,本节将在对土木设施的投资效果进行分类的基础上,介绍效用的计量方法、时间价值的计量方法等内容。

### (一)效果的分类

土木设施的投资建设会给人们的生活、社会经济、自然环境乃至地球环境带来各种各样的影响,同时会产生许多效果。影响是指由于基础设施投资给社会、经济带来的客观的变化,也就是说是表面现象。效果(Effect)则是按照一定的价值观念去判断某种影响是有利还是不利时所用的术语。如果影响是不利的,可以称其为负面效果。把效果通过货币换算进行计量后得到效益(Benefit)。负面效果通过货币换算进行计量后得到成本。

在对土木设施进行经济效益计量评价之前,必须搞清楚其投资效果,并加以区分。基础设施投资所带来的经济效果有很多种分类方式,经济学上一般多分为外部经济效果和外部非经济效果。为了便于分析和理解,进一步将外部经济效果分为直接效果和间接效果。而且在这些经济效果中,为正值的经济效果的货币换算值通常被称为效益。在进行经济效益分析时,通常采用这样的划分。

另外,外部非经济效果是指交通设施的新建或改良自身,或是由于这些设施的利用,给不利用这些设施的人及这些设施所在地所带来的负的经济效果。有代表性的外部非经济效果包括:

(1)噪声、振动、排放尾气等社会公害。

(2)交通设施的建设或是改良所造成文化遗产,以及旅游资源的破坏。

(3)生态平衡的破坏等。

这些外部非经济效果的货币计量值,也可以被称为社会成本,而社会成本的减少也被定义为效益。

公共投资,特别是交通投资所带来的效果有多种多样。它的分类则根据评价的目的和评价的立场的不同,具有多种形式。下面就以交通投资为例,介绍投资效果的各种划分方式。

**1. 从市场的角度划分**

交通可以看作是一种服务,称为交通服务(Transport Service),即"为人或物的地点之间的移动所提供的服务",它属于无形商品。对交通进行市场分析属于交通经济学的研究范畴。从市场的角度可以将交通投资所产生的效果分为市场内效果和市场外效果。市场内效果是指在交通服务市场内部发生的效果,而市场外效果是指在交通服务市场外部发生的效果。

**2. 按效果的波及过程分类**

交通投资给社会、经济带来各种各样的效果,这些效果会波及很多方面。按效果的波及过程来分,可以将效果分为直接效果和间接效果。

(1)直接效果

直接效果是指由于交通投资,即通过建设或对现有交通设施进行改良,这些交通设施的使用者可以直接享受到的经济效果。使用者可以直接享受到的效果在绝大多数情况下都为正面效果,货币计量后被定义为使用者效益(User Benefit)。

以道路为例,有代表性的直接效果主要包括:

①运输时间或行车时间的缩短;

②行车费用的节省;

③安全性、舒适度、可靠性等服务质量的提高等。

另外,直接效果除了上述内容外,还包括那些虽然未直接使用上述土木设施,但是利用了由这些设施而产生的新的服务而享受的经济效果。

(2)间接效果

间接效果是指由于基础设施投资、建设或对现有土木设施进行改良,这些设施的非使用者间接地享受到的经济效果,以及这些设施所在地所能享受的经济效果。根据这些效果所发生的时期,又分为短期效果和长期效果。

为了加强对直接效果和间接效果的理解,此处以交通工程项目中最有代表性的道路为例进行说明。道路投资不仅对道路的使用者,而且对社会的各个方面产生各种各样的影响。这些影响归纳整理见表7-2。

道路建设的直接效果与间接效果　　　　表 7-2

| 效果类型 | 影响对象 | 效果的大项目 | 效果的具体项目 |
|---|---|---|---|
| 直接效果 | 道路使用者 | 道路利用 | 行车时间缩短、行车费用减少（包括作为对象的道路和其他道路、其他交通手段） |
| | | | 交通事故减少（包括作为对象的道路和其他道路、其他交通手段） |
| | | | 行车的舒适度的提高 |
| | | | 行人的安全性、舒适度的提高 |
| | 沿途以及地区社会 | 环境 | 空气污染（包括作为对象的道路和其他道路、其他交通手段）控制 |
| | | | 噪声（包括作为对象的道路和其他道路、其他交通手段）控制 |
| | | | 景观美化 |
| | | | 生态系统保护 |
| | | | 地球环境和能源节约 |
| 间接效果 | | 居民的生活 | 道路空间的利用 |
| | | | 灾害发生时确保代替道路 |
| | | | 增大交流的机会 |
| | | | 公共服务水准的提高 |
| | | | 人口的安定化 |
| | | 地区经济 | 建设事业所带来的需求产生 |
| | | | 工农业等新的布局带来生产增加 |
| | | | 就业机会增加，收入增多 |
| | | | 物价降低（包括商品和服务） |
| | | | 资产价值的升高 |
| | 公共部门 | 商品性支出 | 公共设施建设成本的节约 |
| | | 税金收入 | 地方税、国家税 |

**3. 按效果的发生原因分类**

根据效果的发生原因可以分为事业效果、设施效果。事业效果也称为流动效果（Flow Effect），是指由于设施的建设事业产生的效果。设施效果又称储备效果（Stock Effect），是指设施投入使用后，利用这些设施所提供的服务所带来的效果。另外，交通设施的所占空间被应用到本来目的以外的其他目的时所产生的效果被称为空间创造效果。交通设施的效果和功能见表 7-3。

**4. 按效果的显现时间分类**

对于交通设施来说，按照投资效果表面化的期间划分，可以分为建设中效果、短期效果、中期效果、长期效果和超长期效果。

**交通设施的效果与功能** 表 7-3

| 效 果 分 类 | 分 类 | 具 体 项 目 |
|---|---|---|
| 设施效果 | 存在效果 | 国家、地区或是城市一体化的象征 |
| | | 形成国土的骨架 |
| | 使用者效果 | 缩短时间,降低成本,减少货物损失 |
| | | 安全、舒适性提高,减少疲劳,时间确定性加大 |
| | | 缓解其他路径、其他方式的拥挤 |
| | 供给者效果 | 交通运营者经费节约 |
| | 波及效果(经济) | 提高生产力 |
| | | 提高生产收入 |
| | | 收入增加 |
| | | 物价降低 |
| | 波及效果(社会、自然) | 土地价格上升 |
| | | 就业机会增多 |
| | | 文化生活水平提高 |
| | | 能源节约 |
| | | 环境影响 |
| | | 社会与政治的安定 |
| 事业效果 | 规划阶段 | 示范效果 |
| | | 经济、教育效果 |
| | 建设阶段 | 建设材料需求加大 |
| | | 就业机会增大 |
| | | 教育效果 |
| | | 资源开发效果 |
| | | 环境影响 |
| | | 其他 |

建设中效果为交通设施建设期间显现的效果。短期效果为交通设施在投入使用 5 年以内显现的效果。中期效果为交通设施在投入使用 5 ~ 10 年以内显现的效果。长期效果为交通设施在投入使用十年至数十年内显现的效果。超长期效果为交通设施在投入使用 50 ~ 100 年显现的效果。

总而言之,人们对公共投资效果的认识是有一个变迁过程的。现在,尽管从用词、对效果的定义、分类与政策课题的对应等正趋于成熟,但是仍然存在许多值得研究的问题,特别是一些与主观因素有关的效果,随着时间、地点、评价主体的变化而时时刻刻发生变化,如何定义、分类、计量是一个十分困难的课题。

## (二)效用的计量

个人或是企业对于财富或是时间所持有的满意与否的态度是有程度的。将满足度作为尺度进行衡量所得到的则为效用。人们拥有的财富可以是不同的,但是如果满足度相同,则认为其效用相同。利用效用的概念,可以对各种效果进行综合处理。

在交通投资的社会经济效果评价中,如何对效益作定义,如何加以计量,是值得研究的重要课题。在此介绍几种有代表性的定义方法和主要的计量方法。这里首先需要介绍的是效用的概念。效用可以通过使用效用函数来计量,效用的推定方法可以通过问卷调查的方法,但通常需要假定效用函数。所谓效用在经济学中用来表示能够满足人的欲望的物质的能力。无论具有多大的效用,如果这种物质对于消费者的欲望来说不具有稀少性的话,消费者主观上的对于它的评价价值仍为零。本节将利用效用的概念给效益作定义。

所谓效益计量是指在评价公共事业投资的效果时,对于投资给居民带来了多少效用(Utility),具体地说带来了多少便利、多少幸福、多少满足进行计量。对交通工程项目进行评价时,通常效用可以假定为价格、环境、收入的函数。

通常,在对交通项目进行评价时,需要有比较的对象。这就需要对交通项目有、无的两种情况进行需求预测。具体到交通设施上,需要对有投资时的效用和没有投资时的效用进行比较。

在此,我们假设无投资和有投资情况的效用可以用下式来表示。

无投资时的效用假定为:

$$V^a = V(p^a, Q^a, I^a) \tag{7-1}$$

有投资时的效用假定为:

$$V^b = V(p^b, Q^b, I^b) \tag{7-2}$$

式中:$V$——(间接)效用函数;

$p$——价格变量(矢量);

$Q$——环境变量(矢量);

$I$——收入。

通常价格上涨,人们的效用会降低,而收入增加,环境得到改善时,效用会增加。在上式中,效用与价格成反比$\left(\dfrac{\partial V}{\partial p} < 0\right)$,效用与收入增加$\left(\dfrac{\partial V}{\partial I} > 0\right)$,环境改善成正比$\left(\dfrac{\partial V}{\partial Q} > 0\right)$。效益可以根据上述的效用等式进行定义。

### (三)时间价值的计量

时间价值是一个在量化分析中经常用到的概念。例如,交通设施的建成通车会带给使用者时间上的节约,而项目建成前后的时间差值,也就是时间的节约,所带来的价值有多大? 为了把所节约的时间转换为价值(以货币形式计量的效益)则需要利用时间价值。时间价值(Time Value),可以通过收入来估算,也可以利用效用的概念来获得。具体的方法有收入接近法、成本函数法和利用行为模型的方法。

(1)收入接近法(Income Approach)

个人所节约的时间如果投入生产的话,以个人每个小时的收入作为时间价值的方法。如果缩短以工作为目的的交通时间,显然节约的时间投入到生产中是有效的,因此此法不适合于其他目的的出行。

(2)成本函数法(Cost Function Method)

移动总成本中包括了固定成本以及移动时间的转换价值。

$$C_T = C_F + V \times T \tag{7-3}$$

式中：$C_T$——移动所需要的一般化成本；

　　　$C_F$——固定成本；

　　　$V$——时间价值；

　　　$T$——移动时间。

移动所需一般化成本的表达函数，也称为牺牲量模型（Sacrificed Value Model）。

（3）利用行为模型（Behavior Model）的方法

以非集计模型为代表的说明个人出行方式选择或是路径选择行为的方法，是从交通方式的水平和个人的社会经济水平要素，来推定选择的概率的方法，是一种应用效用理论的方法。

### （四）规划效果的其他计量方法

（1）利用资产价值的变化来计量规划效果

土地的价格是由该地到市中心的通勤时间，到附近的超市距离远近等交通条件，由绿化的多少、日照条件的好坏等居住环境的优劣以及生活中的所有条件来决定。城市经济学认为，如果土地市场是开放的，可以证明，上述条件的变化可以引起土地价格，即资产价值的变化。

资产价值或是地价变化的计量方法有 Hedonic 方法（Hedonic Approach），其实用性较高。也可以使用回归的方法。使用两个以上的不同时点的土地条件和实际价格，利用重回归分析，推定通过土地的条件来说明地价的地价函数。此外分别对规划实施与否两种情况进行预测，利用差值来计量地价或资产价值的变化。

（2）利用收入的变化来计量规划效果

微观经济学中的部分平衡理论认为，各个家庭在一定的收入条件下，消费一定价格的商品，市场上所有的变化都可以认为是商品价格的变化带来的实际收入的变化。基于这样的考虑，可以认为规划的实施所带来的种种变化，会带来家庭收入的变化，因此可以通过推定收入的变化，来计量规划效果。

（3）利用机会成本来计量规划效果

所谓机会成本（Opportunity Cost）是指某片土地或是某种资源用于与规划方案不同的目的时，所需要的成本。规划实施时机会成本的增大或减小，可以通过实施规划与未实施规划时的成本或效益的差来计量。此方法适用于计量由于规划实施而带来的被破坏的环境或是景观所拥有的效益。

### （五）环境影响等的计量

规划对于环境的影响越来越受到重视，计量方法也很多。其采用的方法是通过计算需要创造与失去的环境相同的环境，或转移原有环境所必需的成本，包括替代成本（Replacement Cost）、转移成本（Relocation Cost），来计量环境的价值。需要特别注意的是，环境破坏仅用金钱补偿是没有意义的。

在计量舒适程度（Amenity）、环境改善所带来的效益时，只有采用间接计量的方法。Hedonic 方法（Hedonic Approach）就是在资本化假设（Capitalization Theorem）基础上所发展起来的具有代表性的一个方法。

舒适程度、环境质量（下面总称为环境质量）的价值，是在将其转换为用代理市场，例如，土地市场(土地的租金或是土地价格)及其劳动市场(工资)这样一个资本化假设的基础上,把环境质量价格作为被说明变量,把包含环境质量的所有属性的地价函数或工资函数(这些总称为 Hedonic 价格函数)作为说明函数,通过推定这些函数,把环境质量转换为货币价值进行评价。这就是通常所说的 Hedonic 方法。

Hedonic 方法有着比较长的历史。查阅字典可以看到 Hedonic 一词本来的意思是"享乐主义的""快乐的"等意思。这样命名的理由可能是"资产的特性决定了使用那种资产时的快乐"。后来的学者把 Hedonic 方法和微观经济学结合起来,使其在理论上得到发展。把这个方法最早应用到环境质量评价上的是 Ridker and Henning。他们对不动产价格和空气污染的关系进行了研究。在这之后,这一方法不仅在环境质量评价方面,而且在交通设施建设以及各种资产、服务的效益评价方面得到了广泛应用。

# 第三节　成本效益分析

通过经济评价方法对规划进行评价时,代表性的方法是成本效益基准(Cost Benefit Criteria)。这种方法分别计量规划实施时的效益 $B$ 与成本 $C$,通过比较 $B$ 与 $C$,决定规划实施与否。当效益值 $B$ 大于成本 $C$ 时,认为该项目可以实施,否则不可以实施。效益的计量在前一节已经作了介绍,目前可以计量的项目还很有限。例如道路建设项目的可计量效益包括行车时间缩短、行车成本降低、交通事故减少、环境污染改善。而相对应的成本则应该为该项目的全寿命成本(Life Cycle Cost,简称 LCC)。

## 一、成本效益的产生与社会的折现率

### (一)现值(Present Value)

现金流折现法折现货币流动法是考虑了将来收益价值的投资基准的计量方法,现在一般使用这种方法。这种方法具体可分为净现值法(Net Present Value Method)、效益-成本比率法(Benefit-Cost Ratios Method)、内部收益率法(Internal Rate of Return Method)3 种方法。

在此首先对现值和折现的概念定义。由于将来的收益总是比现在产生的同数值的收益低,所以不得不以 0 年为基准把将来的成本和效益转换为现在价值即现值。这时候折现的概念被利用,折现率 $d$ 可根据利息公式来推导可得。

### (二)社会的折现率(Social Discount Rate)

在下面的利息公式中,如果把本金作为 $P$,利息率作为 $r$,年数为 $t$ 的话,将来金额 $F$(本金 + 利息)则可表示为:

$$F = P(1 + r)^t \tag{7-4}$$

这时给将来金额赋值的话,等式两边用非零的 $(1+r)^t$ 去除,则可获得将来金额 $F$ 的现值 $P$。

$$P = \frac{F}{(1 + r)^t} = F(1 + r)^{-t} \tag{7-5}$$

式(7-5)即为折减后现值的公式,$r$ 则为折现率。但是习惯上折现率通常用 $d$ 来表示。

## 二、成本效益基准

成本效益基准有效益-成本比率法、净现值法、内部收益率法 3 种。目前常用的是效益-成本比率法。

### （一）效益-成本比率法（Benefit-Cost Ratio，简称 B/C）

效益-成本比率法是以转化为现值的纯效益（收益）与成本的比率作为投资基准进行投资间比较的方法。

$$B/C = \frac{\sum_t \frac{B_t}{(1+d)^t}}{\sum_t \frac{C_t}{(1+d)^t}} = \frac{\sum_t \frac{B_t}{(1+d)^t}}{\sum_t \frac{K_t + O_t - S_t}{(1+d)^t}} \quad (\%) \tag{7-6}$$

式中：$B_t$——效益；

$C_t$——成本；

$d$——折现率；

$t$——年数；

$K$——固定设施投资；

$O$——运营成本；

$S$——残存价值。

### （二）净现值法（Net Present Value，简称 NPV）

净现值法是以折现后的收益作为投资基准进行投资间比较的方法。按照收益从大到小的顺序来决定投资的顺序。

$$NPV = \sum_t \frac{B_t - C_t}{(1+d)^t} = \sum_t \frac{B_t}{(1+d)^t} - \sum_t \frac{K_t + O_t - S_t}{(1+d)^t} \tag{7-7}$$

由于净现值表示为转换为现值的效益与成本的差值，所以这一方法也被称为效益-成本差法。这个方法的不足之处就是当投资额有限时，净现值大的大规模规划项目容易被采纳。

### （三）内部收益率法（Internal Rate of Return，简称 IRR）

$$K = \sum_t \frac{B_t - C_t}{(1+d)^t} = 0 \tag{7-8}$$

满足上式的折现率 $d$ 就是内部收益率 IRR。当内部收益率大于社会平均折现率时，规划可被采纳，反之，则不能采纳。

# 第四节　兼顾公平性与效率性的综合评价方法

## 一、社会的公平性评价

对于推进土木规划的事业主体而言，经常会受到来自考虑公众立场的政府的行政干预，这种情况下对社会公平性的要求显得尤为强烈。所谓的社会公平性,是指构成社会的个人如果他们具有相当的条件,那么他们的幸福度、满足感以及负担等也应该是相当的这样一种伦理性的评价观点。最近由于政府资金短缺等原因,许多国家出现了民间团体成为事业主体,以及民间团体和政府联合协作的情况,为了促进地区开发和振兴,民众对民间团体的期待也越来越大。对于民间团体或特定的事业主体而言,他们所期望和考虑的是事业的推进能够给他们带来什么样的经济上的利益或效用。在这种情况下,必须避免土木规划的推进给特定的团体或个人带来过度的利益的问题。土木规划的对象空间分布很广,规划的实施会给多数的居民和社会带来直接的或间接的影响,因此未必能够全面地考虑个人或团体利益,因此必须要从社会公平性的观点出发进行研究探讨。总之,谋求个人或民间团体的效用最大化、效益归属的公平性,以及从整个地区的角度来考虑的公平性之间的整合是十分重要的。

成本效益分析把重点放在项目效率性的评价上,忽视了项目投资公平性的分析,其评价结果可能会造成投资过度集中于发达地区,应该说评价结果不够全面、合理。对于土木规划项目的评价应该做到效率性评价与公平性评价相结合,但是关于社会的公平性的分析现在还没有成熟的方法。

土木工程项目,特别是交通项目投资的公平性问题可归纳为以下3个方面:

(1)项目的透明度和公众参与度。

(2)考虑地区经济水平差距的区域公平性。

(3)不同受益群体之间的效益分配公平性。

## (一)基于效用值的社会公平性评价

一般而言,构成社会的个人在评价各个比选方案的时候,考虑的是各个方案能给自己带来的效用(Utility),这个效用值的大小因人而异。如果用 $u_{ik}$ 来表示方案 $k(k=1\sim m)$ 能给个人 $i$ 带来的效用值,那么个人 $i$ 在进行方案选择的时候将遵循效用最大化原则,即选取 $\max\{u_{ik} \mid k=1,2,\cdots,m\}$ 所代表的方案。通过这种方式得出的个人方案选择的评价和基于社会公平性的评价未必是一致的。

假设社会构成共有 $n$ 人,各自对于备选方案的效用评价为 $u_1,u_2,\cdots,u_n$。此时,社会公平性的概念可以通过以下3种方式进行考虑,至于具体采取何种表达方式,根据社会经济环境条件、历史背景、规划内容情况来决定。

(1)个人效用值和全体平均效用值之差的绝对值最小化( $\sum_i |u_i-u_j|$ )。

(2)个人效用值的乘积最大化( $\prod_i u_i$ )。

(3)辅助效用值最小的个人[ $\min(u_1,u_2,\cdots,u_n)$ ]。

另外,最近社会资本筹集利用越来越追求质量上的提高。这种情况下,个人与个人之间所获得的效用差异很大,甚至有时候只有特定的团体获得了效用,这与社会公平性的原则未必相符。与其如此,不如基于构成社会的个人的效用值总和乃至平均值最大化来对方案进行评价,这也可以说是基于效用基准的区域效用最大化(Regional Maximum)评价。

实际问题中,方案从社会公平性 $V$ 和效用基准 $U$ 两个方面进行评价,并对二者采用加权平均的方式 $\omega V+(1-\omega)U$ ,据此进行综合评价。可以看出,当 $\omega$ 趋近于1的时候综合评价强调的是社会公平性,相反则重视的是效用基准, $\omega$ 只能根据决策者的意向、民意调查的结果及规划者的判断来决定。

**【例题 7-1】** 有备选方案甲、乙，就两个方案效用程度如何进行问卷调查，随机抽取 10 人，以 10 分为满分进行评价，调查结果见表 7-4。基于调查结果进行社会公平性、效用基准的评价，并对应该采用哪个方案进行探讨[1]。

对于甲、乙两个方案的问卷调查结果 表 7-4

| 编号 | 1 | 2 | 3 | 4 | 5 | 6 | 7 | 8 | 9 | 10 | 平均 |
|---|---|---|---|---|---|---|---|---|---|---|---|
| 方案 A | 8.4 | 6.0 | 7.7 | 4.8 | 5.6 | 9.0 | 7.1 | 4.3 | 3.9 | 6.2 | 6.3 |
| 方案 B | 5.5 | 6.3 | 8.2 | 7.1 | 4.7 | 6.8 | 8.6 | 9.4 | 6.5 | 5.9 | 6.9 |

**【解答】**

用 $a$、$b$、$c$ 来表示社会公平性指标，并且效用基准 $U$ 采用平均效用，$\omega = 0.6$。此时，方案甲、乙的评价见表 7-5，采用 $a$ 指标评价的时候得出方案 A 的结果较好，采用 $b$、$c$ 指标的时候结果显示方案 B 的综合评价要高。而且，根据 Regional Maximum 总效用最大化来考虑，也应当选择方案 B。

评 价 结 果 表 7-5

| 公平性指标 | 方案 A | | | 方案 B | | | 判定 |
|---|---|---|---|---|---|---|---|
| | $V$ | $U$ | $0.6V + 0.4U$ | $V$ | $U$ | $0.6V + 0.4U$ | |
| $a$ | 14 | | 10.92 | 11.4 | | 9.6 | 采用 A |
| $b$ | 6.08 | 6.3 | 6.17 | 6.76 | 6.9 | 6.82 | 采用 B |
| $c$ | 3.9 | | 4.86 | 4.7 | | 5.58 | 采用 B |

## （二）洛伦兹曲线与基尼系数[2]

### 1. 洛伦兹曲线

洛伦兹曲线研究的是国民收入在国民之间的分配问题。它是美国统计学家洛伦兹提出的。它先将一国人口按收入由低到高排队，然后考虑收入最低的任意百分比人口所得到的收入百分比。例如，收入最低的 20% 人口、40% 人口等所得到的收入比例分别为 3%、7.5% 等，最后，将这样得到的人口累计百分比和收入累计百分比的对应关系描绘在图形上，即得到洛伦兹曲线。收入分配资料关系表见表 7-6。洛伦兹曲线如图 7-4 所示。

收 入 分 配 资 料 表 7-6

| 人 口 累 积 | 收 入 累 积 | 人 口 累 积 | 收 入 累 积 |
|---|---|---|---|
| 0% | 0% | 60% | 30% |
| 20% | 3% | 80% | 50% |
| 40% | 7.5% | 100% | 100% |

显而易见，洛伦兹曲线的弯曲程度具有重要意义。一般来说，它反映了收入分配的不平等程度。弯曲程度越大，收入分配程度越不平等；反之亦然。特别是，如果所有收入都集中在某一个人手中，而其余人口均一无所有，收入分配达到完全不平等，洛伦兹曲线成为折线 *OHL*；另一方面，如果任一人口百分比等于其收入百分比，从而人口累计百分比等于收入累计百分

比,则收入分配就是完全平等的,洛伦兹曲线成为通过原点的45°线 *OL*。

#### 2. 基尼系数

一般来说,一个国家的收入分配,既不是完全不平等,也不是完全平等,而是介于两者之间;相应的洛伦兹曲线,既不是折线 *OHL*,也不是45°线 *OL*,而是像 *ODL* 那样向横轴凸出,尽管凸出的程度有所不同。收入分配越不平等,洛伦兹曲线就越是向横轴凸出,从而它与完全平等线 *OL* 之间的面积越大。

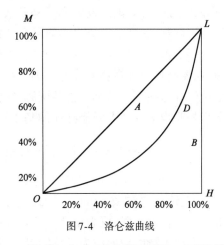

图 7-4 洛伦兹曲线

因此,可以将洛伦兹曲线与45°线之间的部分 *A* 叫作"不平等面积";当收入分配达到完全不平等时,洛伦兹曲线成为折线 *OHL*,*OHL* 与45°线之间的面积 *A* + *B* 就是"完全不平等面积"。不平等面积与完全不平等面积之比,称为基尼系数,它是衡量一个国家贫富差距的标准。设 *G* 为基尼系数,则:

$$G = \frac{A}{A + B}(0 \leqslant G \leqslant 1)$$

当 *A* = 0,*G* = 0 时,收入分配绝对平等;当 *B* = 0,*G* = 1 时,收入分配绝对不平等。

基尼系数被西方经济学家普遍公认为一种反映收入分配平等程度的方法,它也被现代国际组织(如联合国)作为衡量各国收入分配的一个尺度。

按国际通用的标准,基尼系数小于0.2表示绝对平均,0.2 ~ 0.3表示比较平均,0.3 ~ 0.4表示基本合理,0.4 ~ 0.5表示差距较大,0.5以上表示收入差距悬殊。

### 二、交通公平性的基础理论

随着可持续发展战略的提出,人们逐渐重视经济、社会、环境的全面发展,关注经济发展中的各种社会因素。交通基础设施作为社会经济快速发展的物质支撑,其投资和建设不能单纯地追求财务及经济目标,局限于项目的效率性的评价,针对交通公平性问题的研究变得十分必要而且日益迫切了。

关于交通项目投资的公平性研究在我国刚刚起步,现阶段的研究重点是进行适合我国国情的公平性理论研究,并建立相关数学模型,量化评价结果[3,4]。交通项目投资的公平性研究是建立完整评价体系的必要基础,尤其对我国而言,它对探讨道路基本设施在西部以及东北地区的建设意义,促进我国西部经济发展、东北经济振兴,促进国民经济的可持续平衡发展有着重要的意义。综合考虑效率性和公平性的完整的道路投资项目评价体系,将为确定社会基础设施的建设水平和优先顺序提供强有力的判断依据,积极促进社会政策、经济政策充分发挥作用,使项目决策过程更具科学性。

#### (一)统筹协调发展受到广泛重视

我国政府于2003年底明确提出以人为本,全面、协调、可持续发展的新发展观,以促进经济社会和人的全面发展,并提出统筹城乡发展、统筹区域发展、统筹经济社会发展、统筹人与自然和谐发展、统筹国内发展和对外开放要求的"五大统筹发展"的理念,以此来完善我国的市场经济体制,达到全面建设小康社会的奋斗目标。

要实现这一目标,不仅要使经济更加迅速发展,民主更加健全、科教更加进步、文化更加繁荣,还要使各种社会资源分配更加均衡,社会发展更加和谐。比如,医疗卫生服务设施、交通基础设施等这些基本的社会公共资源,在投资建设时,必须全面考虑不同阶层社会成员的需求,尤其是要维护社会中弱势群体的基本权益。

### （二）作为可持续交通发展的重要因素

20 世纪 80 年代初,可持续发展作为一个完整的理论体系提出之后,受到国际社会的极大关注,在短短的 10 余年间,可持续发展的"发展""公平""合作""协调"的目标和原则已经被世界各国普遍认同,成为全球和国家发展战略的必然选择[1]。

交通可持续发展作为可持续发展战略的必要组成部分,有着极其重要的意义。世界银行的报告[5]指出:"运输是发展的关键,如果没有为工作、健康、教育和其他令人舒适的环境提供便利的交通设施,生活质量就会变差,如果没有通向资源和市场的运输设施,经济增长就会停滞,消除贫困的目标也难以实现。"就可持续交通发展的内涵而言,可以精辟地概括为 3 个因素之间的平衡,即:①经济发展;②环境保护;③社会公平,如图 7-5 所示。但实践中可持续发展概念主要集中在经济发展和环境保护之间的平衡,交通项目评价中目前日本、欧美、中国等普遍采用的成本-效益分析法和多目标决策法[6-11],只考虑可以定量分析的建设运营成本、行车时间、行车成本、环境污染物排放等因素,毫无例外把社会公平这一因素排除在外。为了真正地实现社会、经济、环境的协调均衡发展,必须填补理论研究的空缺,针对交通项目带来的社会公平问题进行深入分析和评价。

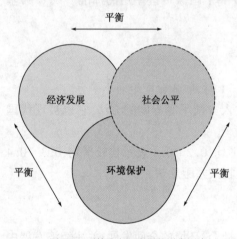

图 7-5　可持续交通发展的平衡因素

### （三）交通公平性的多种诠释

公平也被称为正义和公正,是指各种效果(效益和成本)的分配,以及这种分配被认为是公正、合理的程度。公平的本质是社会成员之间利益进行合理调整的一种分配理念和由此建立的分配机制,同时也包括利益分配不合理时的相应补偿机制。从现实性来看,它必须以经济的发展为基础,以人类社会的文明与进步为价值导向,是社会各种关系就利益问题成功合作、达成妥协的产物[12]。由于公平的概念通常是一个社会和历史的范畴,而人们对其收入状况、交往状况、政治地位和权力等状况进行比较、分析、衡量与评价时,总是带有各自的立场、观点、方法和标准,因此,与公平相关的问题一直以来都是极易引起争议的话题。

最经典的公平理论是 Rawls 在 1971 年提出的两条公平原则[13,14]。第一原则又称为平等原则,是指每个人都具有这样一种平等权利,即与其他人同等自由相容的最广泛的基本自由;

第二原则又称为不平等原则或差别原则,针对的是社会合作中利益和责任的分配问题。它承认人们在分配的某些方面是不平等的,但要求这种不平等对每个人都有利;人们在使用权力方面也是不平等的,但同样必须遵从机会对一切人开放的原则,即具有同样才能的人具有参与的同等机会。Rawls 从各个角度反复论述了这两条公平原则,他表述了一个更一般的正义观,即所有社会价值——自由和机会,收入与财富、自尊的各种基础,都应平等地分配,除非其中的一种或若干种价值的分配对每个人都有利。

交通公平性思想的提出可以追溯到 1776 年,市场经济学的创始人亚当·斯密潜在性地提出了通行收费的公平理念,其观点是:当对奢侈的消费品征收比生活必需品要高得多的通行费时,富人虚荣心的满足能通过减少沉重货物的运输成本而减轻穷人的生活压力。

1994 年,国家联合高速公路研究(National Cooperative Highway Research)的项目报告中指出[15]:"交通公平性是指某项政策产生的成本和效益的分配问题,通常这种分配考虑了不同收入的人群。"

欧联盟第 4 次交通运输框架研究(2000 年)提出公平性包括横向公平性和纵向公平性两个层面,横向公平性主要从每个人具有均等出行机会的角度考虑,而纵向公平性比较关注现在和过去的交通出行条件的差异,以及个人之间或不同群体之间的效益和成本的平衡[16]。

Litman(2005 年)针对交通公平性作出了较为全面的诠释[17],他认为交通运输系统必须向所有人提供一种公平的出行机会,交通公平是社会公平的一种基本要求,具体包括 3 个方面。

(1)横向公平性(Horizontal Equity)

横向公平性又称公正或均等主义(Egalitarianism),考虑的是具有相当财富和能力的个人或群体间成本和效益的分配问题,它认为消费者应该获得和他们付出相一致的效益(Get What They Pay for and Pay for What They Get)。

(2)考虑不同社会阶层和收入差异的纵向公平性(Vertical Equity)

这种纵向公平性又称社会包容(Social Inclusion),是与社会排除(Social Exclusion)相对立的一个概念,主要分析不同收入群体和社会阶层的成本、效益分配,最有效的分配形式是给予低收入群体或弱势群体最大的效益或最少的成本,从而补偿整个社会的不公平性。

(3)考虑交通能力和需求差异的纵向公平性(Vertical Equity)

这种纵向公平性是比较不同个体交通需求的满足程度,它假设每个人至少应该具有享受基本可达性的权利,即使那些具有特殊交通需求的人要求额外的资源。考虑交通能力和需求差异的纵向公平性主要集中于两个方面,即适合身体残疾人群使用的各种交通设施,以及对公共交通和特殊移动性工具发展的大力支持。

我国也越来越重视社会经济的公平发展,认为发展不平衡不充分是当前最为突出的问题。习近平同志在党的十九大报告中指出:"中国特色社会主义进入新时代,我国社会主要矛盾已经转化为人民日益增长的美好生活需要和不平衡不充分的发展之间的矛盾。我国稳定解决了十几亿人的温饱问题,总体上实现小康,不久将全面建成小康社会,人民美好生活需要日益广泛,不仅对物质文化生活提出了更高要求,而且在民主、法治、公平、正义、安全、环境等方面的要求日益增长。同时,我国社会生产力水平总体上显著提高,社会生产能力在很多方面进入世界前列,更加突出的问题是发展不平衡不充分,这已经成为满足人民日益增长的美好生活需要的主要制约因素"。

### 三、评价模型和算法

#### （一）区域投入产出模型

REAL 实验室（Regional Economics Application Laboratory）是由伊利诺亚州立大学和芝加哥联邦银行联合投资建成。它的主要研究领域是区域经济发展的公平性（Regional Equity）以及空间公平性（Spatial Equity）问题[18]。

为了分析交通设施改善对增加区域公平性的效果，REAL 实验室以巴西的米纳斯（Minas Gerais）州作为案例，并在区域投入产出模型和空间 CGE 模型的基础上，假设简化数据需求，作了进一步改进，建立了新模型，新模型中的投入产出关系如图7-6所示。

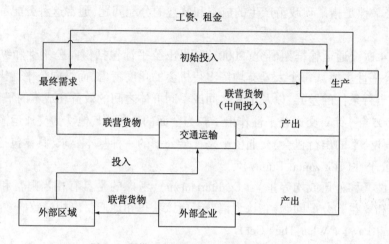

图 7-6  新模型中经济活动之间的投入产出关系

研究结果表明，在米纳斯州，如果只改善经济不发达地区的交通基础设施，区域公平性的提高并不明显；如果只改善经济发达地区的交通基础设施，区域收入的不公平性增加；但如果改善连接不发达地区和发达地区之间的交通通道，区域公平性将会有较为明显的提高。因为这些通道的改善能够减少运输成本，缩短运输时间，从而减少了交通不便给区域之间经济贸易带来的阻碍，这样可以为不发达地区创造更多的发展机遇。

#### （二）多目标决策模型

Silva 和 Tatam（1996 年）在问卷意向调查的基础上对评价指标进行筛选，并针对多目标决策模型（Multi-criteria Assessment，简称 MCA）进行改进[19]，具体步骤如图 7-7 所示。

改进后的新模型能解决传统的交通项目评价中，经常会忽略的两个问题：

（1）从效率的角度考虑，能获悉公众认为交通项目投资带来的"最有价值"的效益，比如交通安全、减少环境污染等，在评价过程中可以相应地增加该项目的加权比重。

（2）从公平的角度考虑，增加了一些评价项目，以保障不同地区之间或者不同群体之间社会效益的合理分配。

改进的多目标决策模型综合考虑了交通项目对社会效益、环境影响、经济效益、交通服务4 个方面的影响，具体的评价指标如图7-8 所示。

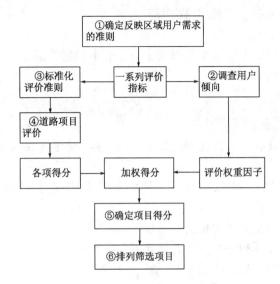

图 7-7 改进的多目标决策模型的评价过程

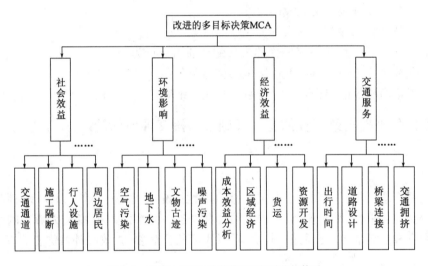

图 7-8 改进的多目标决策模型的评价指标体系

## (三)等级评分法

Litman(2005 年)基于横向公平性和纵向公平性的理论研究,列出了 5 个评价项目及详细的评价指标,评价过程采用的是等级评分法[17],即对每个指标的评价细分为从 3 ~ -3 共 7 个等级,"3"表示项目对该指标非常有利,"-3"表示非常有害,"0"为中立状态,将所有指标的评价乘以权重并进行加和,从而获得项目的最终得分;得分越高,项目建设的优先权越大。

1. 横向公平性

(1)平等对待

①每个人承担相同的成本获得相同的效益;

②不同群体和地区享有的服务质量具有可比性;

③不同交通方式按各自的需求得到成比例的公共资助;

④所有群体都有机会参与交通项目决策。

（2）个人承担相应的后果

①使用者成本和税收完全反映个人每次出行的成本包括外部成本；

②补贴的提供必须满足公平性。

2.纵向公平性

（1）改善低收入人群的交通条件

①低收入人群相比高收入人群能够获得更多的效益，或花费收入中更小的部分用于交通支出；

②容易负担的交通方式如公交、自行车、多人共乘等，应获得足够的支持并形成一个综合的系统；

③根据收入和经济情况提供优惠的交通服务；

④交通投资和服务应有利于低收入人群和不发达地区。

（2）有利于交通弱势群体（如残疾人、儿童、老人等）

①土地利用政策应鼓励非汽车引导型发展模式；

②交通服务和设施应满足无障碍设计；

③向具有特殊移动性要求的人群提供专门服务。

（3）改善基本可达性，支持必需而非奢侈的交通出行行为

①提供通往医疗服务、学校、就业岗位的交通服务；

②优先考虑高价值的出行，如紧急救护、多人共乘等。

## 四、兼顾公平性与效率性的交通基础设施投资评价讨论

### （一）衡量角度

公平是一个意义广泛的尺度。事实上，交通规划、设计、管理、决策，以及政策制订的诸多方面均涉及交通公平性问题，比如，优先发展公共交通、小汽车使用政策、无障碍的交通设计、减少环境污染和能源消耗、交通拥挤收费、项目决策的公众参与、政府补贴优惠政策、不发达地区的交通投资问题等，如图 7-9 所示。

为了全面地、系统地诠释交通公平性的内涵，本书将从不同交通方式之间、不同群体之间、不同地区之间、不同代际这 4 种不同的衡量角度出发，抓住以上问题的理论本质，进行逐层次的详细分析。其中，不同交通方式之间的公平性问题是基于横向公平性的原则，而不同群体之间、不同地区之间以及不同代际的公平性问题是基于纵向公平性的原则，各个衡量角度之间并不属于完全独立的关系。比如，优先发展公共交通能够减少交通系统损失的外部成本，缓解不同交通方式之间社会成本分担的不合理现象；能够为低收入人群提供一种高效、节约的交通方式，改善交通弱势群体的出行条件；能够减少能源消耗和环境污染，提高代际公平性，促进交通的可持续发展。

### （二）不同交通方式之间

不同交通方式之间公平性问题的根源是社会成本的不合理分担，也就是各种交通方式直接承担的私人成本与社会成本之间存在着一定的差异。这种差异性通常表现为道路系统中某

些使用者强加给其他使用者身上的外部成本,具体以交通拥挤、噪声污染,空气污染,以及交通事故等形式体现。

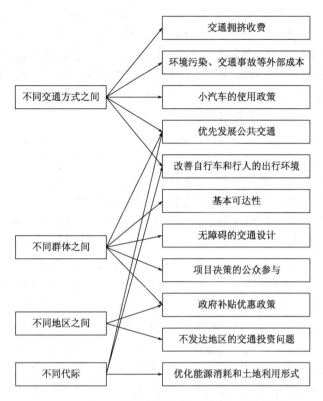

图 7-9 从四个不同的衡量角度分析交通公平性问题

图 7-10 显示了小汽车使用的供需曲线,$MC$ 表示边际成本曲线,$AC$ 表示平均成本曲线,"需求"表示交通需求曲线。有效定价原理要求每一位道路的使用者支付由其引起的所有边际成本,这包括自己驾车的时间成本、燃油费、维修费、车辆折旧损失的成本,以及对其他道路使用者带来的时间损失、环境污染、交通安全等方面的影响,最优交通量应为边际成本曲线 $MC$ 与需求曲线的交点值 $Q_G$。但从行为科学角度分析,驾车者在选择出行路径和出发时间时,只考虑其个人直接负担的成本,在大多数情况下,他或者不知道,或者不愿意知道其施加给其他道路使用者的外部成本。导致的结果是,各

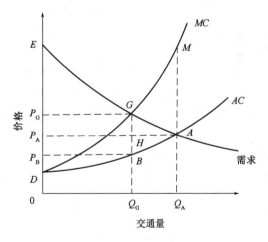

图 7-10 小汽车使用的供需曲线

个驾车者只考虑道路使用的平均成本也就是边际私人成本 $AC$,而不考虑其出行对其他道路使用者造成的各种后果,实际交通量趋向于平均成本曲线 $AC$ 与需求曲线的交点值 $Q_A$($Q_A > Q_G$)。从社会观点来看,实际交通量 $Q_A$ 造成道路资源的过度使用,因为超出最优水平 $Q_G$ 的外加交通量产生 $Q_A M G Q_G$ 大小的成本,而仅仅享有 $Q_A A G Q_G$ 大小的效益,其代价是强加的多余

社会成本 $AMG$。

从交通经济学的角度出发，当一种行为的某些效益或成本不在决策者的考虑范围之内，即某些效益被给予或某些成本被强加给没有参加这一决策的人时，会导致资源的低效率使用，产生正的或负的外部性。当存在外部性时，资源配置是扭曲的，市场机制无法发挥其最大化社会总效益的作用，因为负的外部性使得市场生产的数量大于社会最适量，而正的外部性使得市场生产的数量小于社会最适量。由以上分析可知，小汽车使用者只考虑边际私人成本而忽视了强加给其他道路使用者的社会成本，具有负的外部性，从而可以推断，小汽车这种交通方式的实际分担率超出了社会效益最大化对应的最优分担率[20]。

在交通系统的规划和建设中，各种交通方式之间往往存在此消彼长的关系。小汽车的大量运行限制和阻碍了公共交通的发展，同时侵害了非机动车使用者如自行车和行人的利益，这种不公平的侵害主要表现在交通权力、交通安全以及生存环境 3 方面。

事实上，小汽车使用带来的巨额外部成本无一例外地由政府补助，政府的资金来自于全部纳税人，换句话说，非小汽车使用者必须和小汽车使用者一样，为其不曾使用的交通方式付费，这种不公平性是非常明显的。

随着我国汽车工业的进一步发展和进口关税的逐步降低，机动车年增长率将进一步提高，机动车保有量也将大幅度地增长[21]。面对这种形式，应该采取的政策是继续允许小汽车的普及，同时根据城市不同区域的功能和要求制订不同的交通政策，引导小汽车有理智地使用，限制其过度使用和滥用，以保证对有限资源的高效利用和城市交通的可持续发展。也就是说，小汽车的拥有政策和使用政策完全可以分开而区别对待，小汽车保有量的增长与道路负荷的增长不一定成等比关系，只要交通方式正确，就能够满足未来对交通的新需求。

为了突出体现公平性和以人为本的交通思想，城市交通系统应该将有限的道路空间优先分配给公共交通、自行车交通和步行交通，建设安全舒适的、无障碍化的步行交通网络和自行车交通网络，路权上实行人车分离、机非分离、步行者优先，大力倡导使用公共交通和自行车交通。行人过街也尽量采用平面信号过街（人行横道）方式，或者采用带有电梯的立体过街设施。

此外，基于有效定价原理，为了使各种交通方式的外部成本内部化，一些学者比如 Pigou（1920 年）、Knight（1924 年）、Smeed（1960 年）、Richard（1964 年）、Vickrey（1967 年）以及 Yang Hai（1998 年）[23]，提出了道路拥挤收费（Road Congestion Pricing）的概念[22]，因为交通拥挤是源于交通流在时间和空间上的高度集中，道路拥挤收费作为城市交通管理的一项有效措施，能够改变交通需求的时空分布，合理地引导和调节人们的交通出行行为，减少道路资源的过度使用，同时也减轻了环境污染，减少了交通事故，并增加了城市的财政收入。

从市场经济学角度推断，实施道路拥挤收费会导致交通服务价格的上涨，这样必然引起市场需求量（交通量）的减少。在所有小汽车使用者中，那些对自己时间价值估计最低的人，对交通拥挤带来的损失估计也最低，所以最不愿意支付拥挤成本；而在不征收拥挤成本的情况下，这些人实际上又是那些最不担心被堵在道路上的人。一旦开始实施道路拥挤收费，这些人可能就会选择不交费而放弃在拥挤道路上占据空间，并改变自己的出行路径、出发时间，或者转移到其他公共交通方式上，从而减少了小汽车出行的分担率，提高了道路网络的服务水平。

目前有不少城市已经实行道路拥挤收费政策，包括新加坡（1975 年），挪威的卑尔根（1986年）、奥斯陆（1990 年）和特隆赫姆（1991 年），澳大利亚的墨尔本（1999 年），加拿大的多伦多

(2001 年),英国的伦敦(2003 年),瑞典斯德哥尔摩(2006 年)和意大利米兰(2008 年)等[24-28]。至于拥挤收费的收入可以按照三分法的原则部分返还给城市道路的使用者,即 1/3 的收入作为城市政府的财政收入,1/3 用于修建、改良城市道路,剩下的 1/3 用于改善公共交通系统、实施其他优惠政策[29-31]。国际交通业界和学术界公认的期刊 Transport Policy 杂志,仅仅在 2005—2008 年之间,就发表了 37 篇标题或关键词含"Congestion Pricing""Congestion Charging"或"Road Pricing"的学术文章。同期,其他国际领先的交通专业期刊,例如 Transportation Research Record,Transportation Research(A-E).Transportation,Transport Review,Transport Economics and Policy 等,也发表了数量可观的专门针对交通拥挤收费方面的文章。

### (三)不同群体之间

交通可持续发展指出,部分群体在获得交通便利的同时,不能牺牲社会其他群体的交通权利,特别是不能牺牲交通弱势群体(如低收入人群、残疾人、老年人、小孩、妇女等)的利益。

Litman(2003 年)的研究结果表明,大约有 1/3 的加拿大家庭中有至少一个人是属于交通弱势群体,而不合理的交通资源配置会导致这种群体的社会排除现象。所谓社会排除(Social Exclusion)是与社会包容(Social Inclusion)相对立的一个概念,指人们参与基本社会活动,包括教育、工作、公共服务、娱乐等的适当机会受到限制[32]。造成社会排除的因素很多,如缺乏经济能力、处于地理隔绝状态、身体缺陷、交流障碍等。由于社会排除的概念并未被广泛接受,所以一些学者也常用交通弱势群体(Transportation Disadvantaged)或者缺乏基本可达性(Lack Basic Mobility/Access)来表达相似的意思。

美国联邦运输管理局(Federal Transit Administration)统计了 1999—2000 年不同收入水平的家庭用于交通出行的支出占总收入的比重,如图 7-11 所示。最贫困的 1/5 家庭不得不将总收入的 42% 用于交通出行,而最富有的家庭仅需支出 12% 的比重,很明显日常工作和生活所必需的基本交通出行给低收入家庭带来较为沉重的经济负担,减少了他们的净收入,也减少了他们对其他社会经济活动的投入,从而丧失了一些平等的参与机会。

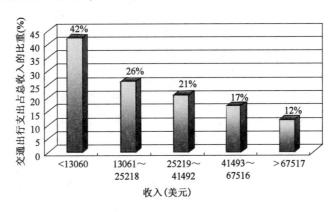

图 7-11 1999—2000 年美国不同收入水平的家庭交通出行支出占总收入的比重

为了弥补这种不公平性,应当采取一定的措施和政策来改善低收入人群的交通出行条件。由于低收入人群主要选择公共交通、自行车、步行等成本相对较低的交通方式,这就从另一个侧面说明支持公共交通发展的重要性。此外,应提供通往医疗服务、学校、就业岗位等的优惠交通服务以改善低收入人群的基本可达性,并优先考虑具有较高价值的出行行为,如紧急救护、多人共乘等。

随着社会进步和人口的高龄化，交通弱势群体的交通出行情况越来越受到关注，基于公平性的原则，他们应当享有与正常人同等的交通权利[33]。比如，美国的 TEA-21 法案专门拨出一部分基金用于满足美国残疾人法案（Americans with Disabilities Act）的各种交通设施的建设；日本 2000 年的可达、有效交通运输法案（Accessible and Usable Transport Law）规定在大型交通枢纽、站前广场等处必须设置无障碍的交通设施。

针对具有特殊移动性要求的人群如残疾人、老年人、小孩和妇女的专项交通服务设施一般被称为普适性的交通设计（Universal Design）或者无障碍的交通设计（Barrier-free Design），有：

（1）低底板的公共汽车。

（2）电梯和自动扶梯。

（3）入口盲道。

（4）残疾人专用的洗手间设施。

（5）车辆到站出站的广播。

（6）无障碍的上下车平台。

（7）车内轮椅空间。

（8）宽阔的步行道，方便轮椅活动。

（9）交通信号声音导航。

要真实反映和体现社会不同群体的切身利益，交通项目决策和政策制订过程中必须加入公众的参与，以保证各种利益主体拥有均等的机会和发言权，而不仅仅局限于政府计划的延伸和规划专家的精英谋略[34]。

美国的联合运输效率法案（ISTEA）指出基础设施项目的建设必须是一个广泛包括公众参与的过程。为了缓解社会不同利益主体的对抗和冲突，提高社会公正性，在交通发展战略到具体设计方案的各个阶段，都应该采取公开听取、吸收、综合和调解不同利益主体意见分歧的方法，以网上公布、新闻发布会、展览、专家咨询和论证、问卷调查、研讨会等形式，让公众了解交通设施建设的各个方面，并征询公众的意见和建议，再经主管部门汇总，公众听证会、专门委员会审定，直至政府批准拨款并公布，整个过程必须保持高度的透明性，最后通过的交通项目方案是具有广泛群众基础的，项目实施过程因此也容易获得公众的肯定和支持。

参与式方法是目前国内外大型社会项目普遍采用的公众决策的方法[35]。它是基于分享知识、共同决策、共同行动、共同发展的原则，通过一系列的方法或措施，促使事物（事件、项目等）的相关群体积极地、全面地介入事物过程如决策、实施、管理和利益分享等。这种方法的应用能使专家、政府工作人员和各种利益主体，包括弱势群体，一起对社会、经济、文化、自然资源进行评价，对所面临的问题和机遇进行分析，对各种矛盾冲突进行协调，最终达到优化配置资源，增加社会总效益的目标。

在界定不同利益主体时，必须区分主要利益相关者和次要利益相关者，对他们的重要性和影响力进行分析；在选择参与机制时，也需要了解利益相关者的态度，权衡短期和长期目标，考虑资源和时间的限制。一般来说，参与机制主要包括利益相关者研讨会、访谈和小组讨论两种形式。组织利益相关者参加研讨会是听取不同群体意见的一种行之有效的方法，研讨会有助于消除各个机构之间、不同利益主体之间的隔阂，同时还能使利益相关者对项目的拥有感得到增强。此外,这类研讨会还有助于了解利益相关群体所关心的问题,对利益相关者的共同想法和需求进行识别和界定,促进他们共同参与。参与式方法的另一个重要工具是访谈和小组讨论,进行参与式评价的访谈者一般需要事先准备进行讨论的问题清单(或访谈提纲)。在实际工作中一般采用所谓的半正式访谈,而不是完全采用问卷调查方式进行,以便为受访者创造有效参与的机制,访谈的重点和形式应根据所要调查的问题而有所不同。

根据以上原理,参与式方法用于社会公共项目评价的具体工作流程如图 7-12 所示。

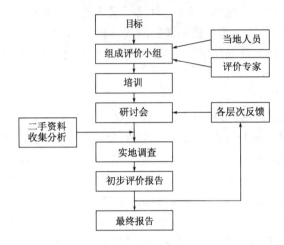

图 7-12 参与式社会项目评价的工作流程

具体步骤如下:

(1)识别和确定社会项目评价的目标及任务要求。

(2)根据目标和任务要求,组织由项目评价专家、政府官员、各种利益主体组成的社会项目评价工作小组。

(3)对工作小组成员开展参与式社会项目评价工作方法等方面的培训,以便更好地开展工作。

(4)通过召开研讨会等形式,交流有关意见,收集相关资料。

(5)通过收集统计资料等二手资料,以及通过实地调查获取第一手资料,详细了解有关背景情况。

(6)撰写初步评价报告。

(7)将初步报告提交有关各方,听取反馈意见。

(8)根据反馈意见进行修改,形成最终社会项目评价报告。

参与式方法强调邀请不同方面的利益主体参与到社会项目评价的具体过程中,倾听弱势群体的需求和意见;在社会调查中,要求广泛调查收集有关利益主体的意见,在调查过程中充分体现参与的过程;在初步报告完成之后,强调广泛征求有关利益主体的修改意见,重视信息的反馈。

## (四)不同地区之间

由于交通基础设施项目具有明显的地域性,即项目带来的社会经济效益主要集中作用在该项目的建设地点附近的区域,所以在项目投资和规划阶段必须基于纵向公平性的原则考虑地区公平性的问题。根据边界效用递减原理，同样数额的资金，与高收入人群相比，对于低收入人群而言，应该具有更高的价值；与改善高收入阶层经济状态的政策相比，大多数人应该更倾向于改善低收入阶层经济状态的政策。那么，与改善经济发达地区经济状态的交通投资项目相比，改善经济不发达地区经济状态的交通投资项目应该更有意义，更容易获得社会公众的肯定。

为了减少地区间的差距，达到统筹协调发展的目标，将来国家综合交通规划和政策的制定应该综合考虑项目投资的效率性和公平性，对较不发达的西部地区采取某种程度的优先或倾斜性政策，建设一批西部开发性的公路和铁路新线，进一步完善路网和扩大路网规模，全面提高交通基础网络对地区经济发展的适应能力，发挥交通的先行引导作用。

### （五）不同代际

以时间为纵轴，分析交通投资项目和政策对不同年代社会的影响，从而引发了对代际公平性的思考。1987年世界环境与发展委员会在《我们共同的未来》报告书中指出，可持续发展应当满足当代人的需要而又不削弱子孙后代满足其需要的能力[36]。代际公平性的概念最早是由塔尔博特·佩奇（T. R. Page）在社会选择和分配公平的基础上提出的，它主要涉及当代人与后代之间福利和资源的分配问题。而Brundtland清楚地证实可持续发展也具有代际公平的含义[37]。

交通基础设施项目具有投资大、使用寿命长的特点，而且对社会、经济、区域的发展都有较大的影响。针对交通项目的代际公平性问题，经分析主要体现在以下3个方面：

（1）交通基础设施建设需要耗费大量的土地资源。在我国，由于土地资源的稀缺性，土地的有限供给和城市发展空间需求之间的矛盾将长期存在。节约土地资源、集约化土地使用始终是城市设施建设关注的热点，而浪费土地无疑是对下一代发展权的剥夺。

（2）交通运输在能源消耗和环境污染方面也带来了沉重的负面效果，诸如大气质量下降、大城市连绵区出现大面积的酸雨区，产生大量噪声及光化学辐射等。这些污染降低了人们的生活质量，同时也危及了后代的生存环境。

（3）在空间结构上对城市文化脉理的破坏和割裂。城市空间是城市结构形态的表现，它往往呈现出城市的历史和文化底蕴。大型交通设施规划时，应该表现和协调这种城市的特征和文化的延续性，然而现实中，旧城区却常因交通设施的新建而拆毁。

针对交通运输的能源消耗问题，据统计数据显示，在加拿大，交通运输系统燃油消耗量占城市能源总消耗的66%，其中绝大部分为汽车运输所消耗；在美国，交通运输系统燃油消耗量占城市能源总消耗的60%，其中73%为汽车运输所消耗。我国目前的交通能耗所占的比重还不是很高，燃油消耗中交通运输所占的比例一般在30%左右。尽管如此，随着交通机动化的进一步加剧，交通系统所占的能源消耗比重将会逐年增加。

若干年前，当中国的汽车化刚刚起步的时候，曾经有学者做过这样的估算：目前中国四轮机动车保有总量约为3000万辆，以耗油量1500L/（年·辆）计算，中国现有探明的石油储量可维持100年。从动态消耗角度分析，中国目前每年机动车保有量的增长幅度在10% ~ 15%，综合考虑汽车工业的发展、交通行驶条件的改善、平均每辆车出行频度的增加等因素，可以认为每年每辆车的油耗量下降约3%。如果保持这一机动化进程，则中国的石油储量仅能维持28 ~ 35年的时间。如果以极端情况考虑，若按发达国家平均4人拥有一辆汽车计算，中国将达到4亿辆车,这样不到10年就会把中国的石油储量消耗完毕[38]。在这样的背景下,对于代际公平性的考虑越发显得重要。

可以看出,目前的形势十分严峻,对于交通运输系统而言,对能源消耗问题影响最大的是城市交通结构和土地利用形态,也就是说,要高效率利用能源,改善代际公平性必须从城市交通结构和土地利用形态两个角度进行优化。

表7-7是根据英国能源部1990年的报告计算出的各种城市客运交通方式在不同载客率情况下的能源消耗状况[39]。很明显,公共交通如快速电车、地铁、公共汽车的人均能耗量要比小汽车要低得多。公共交通的优先发展无疑能促进资源的有效利用和城市的可持续发展。此外,自行车交通具有低能耗、零污染、形式灵活、存放方便省地的特点,在短距离(2~5km)出行中可作为一种较为理想的选择,而且能作为公共交通的端末交通工具,弥补公共交通线网密度不足的缺陷,并向公共交通提供客源。所以在城市多元客运体系中自行车交通应该看作是一个有利条件,而不应看成包袱或累赘。

**各种交通方式在不同承载率下的能耗量** 表7-7

| 交通方式 | 座位容量 | 车公里能耗(MJ) | 不同承载率(%)下的能耗[MJ/(人·km)] | | | |
|---|---|---|---|---|---|---|
| | | | 25 | 50 | 75 | 100 |
| 小汽车 | 4 | 3.64 | 3.64 | 1.82 | 1.21 | 0.91 |
| 摩托车 | 2 | 1.25 | | 1.25 | | 0.63 |
| 快速电车 | 330 | 88 | 1.06 | 0.53 | 0.31 | 0.27 |
| 地铁 | 580 | 122 | 0.84 | 0.42 | 0.28 | 0.21 |
| 公共汽车 | 75 | 14.05 | 0.74 | 0.37 | 0.25 | 0.19 |
| 步行 | | | | | | 0.16 |
| 自行车 | | | | | | 0.06 |

分析世界各大城市的交通能源消耗与土地利用形态之间的关系,可以看到城市的人口密度越高,相应的人均交通能源消耗量反而越低,即以小汽车为主导的分散型城市(如美国大多数城市),其人均交通能耗比公共交通为主导的紧凑型城市(如东京、伦敦、巴黎等)的人均交通能耗要高出2.5~4倍。从节约资源和代际公平性的角度出发,选择紧凑型城市形态,并且选择以公共交通为主导的城市交通发展模式是最理想的可持续发展模式。

关于代际公平性的研究已经引起更多学者的兴趣。近年,有学者主要以代际公平、代内公平为主线,研究当代人与后代人之间享用城市交通资源的公平性、同一代人城市交通资源消耗的公平性以及城市交通服务利益在社会成员间分享的公平性等问题。并以重庆市2003—2012年的10年间城市交通系统的实际发展现状为实例,来系统分析并检验重庆城市交通系统发展的公平性。该研究还建立了城市交通资源代际转移模型,提出对城市交通资源正向转移和逆向转移。正向转移有两种基本形式,一是由后代继承前一代遗留的城市交通资源,二是前一代对其后代的城市交通资源的投资;逆向转移是指下一代对上一代遗留的城市交通系统进行的治理。这里的城市交通资源包括城市交通系统中所有有形资源与无形资源的总和,包括:城市道路通车里程、机动车数、停车位数、城市交通建设投资、城市交通环保投入、城市交通管理投入等。

### （六）兼顾效率性与公平性的评价模型

#### 1. 模型的基本内容

判断社会收入分配差别的基尼系数法及其他分配模型,包括最小方差的数学模型,都是以"平均分配"为最优状态。对交通设施项目效益归属公平性的表现形式的分析,可知交通设施受益的平等性包含一种对弱势群体的"补偿",且公平具有"历史补偿性"的特点。

所以,交通项目的群体决策的公平性模型必须考虑人们对社会公平的价值取向,可以在效益层次结构分析的基础上,采用服从 Wilson 熵分布的模型假设[40,41],并引入效益补偿因子和区域修正系数,建立用于评价的数学模型。

（1）Wilson 熵分布假设

自从 1976 年 Wilson A. G. 应用数学方法对量子力学中熵的微观理论进行了适当的简化和诠释,发表了著名的《空间分布模型的统计理论》以后,威尔逊熵理论在各个领域得到了广泛的应用。

针对交通项目的公平性问题实质上也是一种分配问题,即交通设施项目给社会不同利益群体带来的效益是否平等分配的问题,我们尝试从分配效益额符合"Wilson 熵分布"的假设出发建立模型。

实际上,熵是来自于热力学的一个概念。在哲学和统计物理中,熵被解释为物质系统的混乱和无序程度。而信息论则认为它是信息源的状态的不确定程度。所谓的"熵增加原理"意味着孤立系统向着微观状态最混乱的方向变化,直到熵达到最大[42]。

假如把熵作为一个随机事件,从概率分布的角度可以对其加以分析。

如果随机变量 $X$ 取值为 $X_i(i=1,2,\cdots,n)$,且 $X=\{X_i\}$ 全体是两两不相容的,$X_i$ 出现的概率为 $P_i(i=1,2,\cdots,n)$,$\sum_{i=1}^{n}P_i=1$ 称为 $X$ 的概率场。可以证明:

$$H(X) = -c\sum_{i=1}^{n}N_i = -c\sum_{i=1}^{n}P_i\ln P_i \qquad (c>0) \tag{7-9}$$

是满足下列条件的唯一函数:

①$H$ 是 $P_1,P_2,\cdots,P_n$ 的连续函数;

②当,且仅当 $P_1=P_2=\cdots=P_n$ 时,$H$ 取最大值;

③$H(X)=H(Y)+H(X/Y)$,其中 $Y=f(X)$,$H(X/Y)$ 为已知 $Y$ 的条件下 $X$ 的条件熵,此时称 $H(X)$ 为概率场 $X$ 的熵。

如果随机变量 $X$ 是连续分布的,其分布密度函数为 $f(X)$,$X$ 的熵定义为:

$$H(X) = -\int_R f(X)\ln f(X)\,\mathrm{d}X \tag{7-10}$$

式中:$R$——$f(X)$ 的定义域。

最大熵分布原理所描述的最小偏见的概率分布是这样一种分布:使其熵在根据已知样本数据信息的一些约束条件下达到最大值,即:

$$\max H = -\int_R f(X)\ln f(X)\,\mathrm{d}X \tag{7-11}$$

$$\int_R f(X) \, dX = 1 \qquad\qquad (7-12)$$

$$\int_R X^m f(X) \, dX = \mu_m \qquad (m = 1, 2, \cdots, m) \qquad (7-13)$$

式中：$\mu_m$——第 $m$ 阶原点矩，由样本数据可算出。

（2）模型系统设计

①效益补偿因子。建立数学模型时，引入效益补偿因子 $\alpha_i$，对弱势群体而言，$\alpha_i > 1$，对其他群体而言，取 $\alpha_i = 1$，以反映对弱势群体的"补偿"以及公平的历史补偿性的特点。

②区域修正系数。同样金额对低收入水平的人群和区域而言，效用价值更大。在考虑区域间福利水平差距的基础上，导入考虑区域公平性的修正系数，其影响因素有区域的物价水平、地价水平、收入水平以及社会对公平性的认识程度。

计算时，必须预先设定一个基准区域 $i$，所要计算的区域 $j$ 的区域修正系数为 $\beta_j$，这时：

$$\beta_j = \left(\frac{P_j}{P_i}\right)^{-(1-B)(1-\varepsilon)} \left(\frac{R_j}{R_i}\right)^{-B(1-\varepsilon)} \left(\frac{Y_j}{Y_i}\right)^{-\varepsilon} \qquad (7-14)$$

式中：$P_i, P_j$——区域 $i, j$ 的物价水平；

$\quad\quad R_i, R_j$——区域 $i, j$ 房租（或是地价）的水平；

$\quad\quad Y_i, Y_j$——区域 $i, j$ 的收入水平；

$\quad\quad B$——家庭支出中房租（或是地价）所占的比例；

$\quad\quad \varepsilon$——社会对于公平性的认识程度的参数，$\varepsilon \geq 0$。

社会对公平性的认识越高，$\varepsilon$ 值越大，收入水平越高的区域修正系数 $\beta_j$ 就越小，即从公平性的角度有意识地减小经济发达区域的效益值。

③模型的构成。当系统可能处于几个不同的状态，每种状态的出现的概率为 $P_i(i = 1, 2, \cdots, n)$ 时，则系统的熵形式为：

$$E = -\sum_{i=1}^{n} P_i \log P_i \qquad\qquad (7-15)$$

熵值实际上是系统不确定性的一种度量。熵具有下列性质：

a. 可加性：熵具有概率性，系统的熵等于其各个状态熵之和。

b. 非负性：系统处于某种状态的概率必为 $0 \leq P_i \leq 1 (i = 1, 2, \cdots, n)$，从而系统的熵是非负的。

c. 极值性：当系统状态概率为等概率 $P_i = 1/n (i = 1, 2, \cdots, n)$ 时，其熵值最大。

$$E(P_1, P_2, \cdots, P_n) \leq E(1/n, 1/n, \cdots, 1/n) = \log(n) \qquad (7-16)$$

d. 对称性：系统的熵与其出现概率 $P_i$ 的排列次序无关。

e. 加法性：系统 $A$、$B$ 相互独立，系统 $A$ 的熵为 $E(A)$，系统 $B$ 的熵为 $E(B)$，则复合系统 $AB$ 的联合熵 $E(AB)$ 为：

$$E(AB) = E(A) + E(B) \qquad\qquad (7-17)$$

这就说明由相互独立的体系构成的复合系统的熵（联合熵）等于各单独系统熵（边际熵）之和。

f. 强加法：系统 $A$、$B$ 统计相关，$E(A/B)$ 是系统 $B$ 已知时，系统 $A$ 的熵（条件熵），从而有：

$$E(AB) = E(B) + E\left(\frac{A}{B}\right) \qquad\qquad (7-18)$$

同理有
$$E(AB) = E(A) + E\left(\frac{B}{A}\right) \tag{7-19}$$

基于这种熵的形式，我们引入效益补偿因子 $\alpha_i$ 和区域修正系数 $\beta_j$ 建立模型。

群体决策型的公平性模型的判断基准有：

$$\min R = 1 - \frac{S}{S_{\max}} \tag{7-20}$$

$$S = -\beta_j \sum_{i=1}^{n} \frac{G_i(\ln G_i - \ln \alpha_i)}{\alpha_i} \tag{7-21}$$

$$\beta_j = \left(\frac{P_j}{P_i}\right)^{-(1-B)(1-\varepsilon)} \left(\frac{R_j}{R_i}\right)^{-B(1-\varepsilon)} \left(\frac{Y_j}{Y_i}\right)^{-\varepsilon} \tag{7-22}$$

$$\begin{cases} \beta_j \cdot \sum_{i=1}^{n} \frac{1}{\alpha_i} G_i = 1 \\ 0 \le G_i \le \alpha_i \end{cases} \tag{7-23}$$

式中：$R$——交通项目的公平性参数，$0 \le R \le 1$，且 $R$ 值越小越公平，$R = 0$ 为最优状态，$R = 1$ 为极不公平状态；

$G_i$——受益群体的效益成本比值，成本—效益分析法和层次分析法综合评价后，经归一化处理；

$\alpha_i$——效益补偿因子，反映对弱势群体的"补偿"以及公平的历史补偿性的特点，$\alpha_i \ge 1$ 且 $\alpha_i$ 越大补偿越多；

$\beta_j$——区域修正系数，以区域 $i$ 为基准，与物价水平、地价水平、收入水平以及社会对公平性的认识程度有关，经济水平越低 $\beta_j$ 值越大，$\beta_j$ 有可能小于 1 也有可能大于 1，这与选择的标准区域有关；

$P_i, P_j$——区域 $i,j$ 的物价水平；

$R_i, R_j$——区域 $i,j$ 房租（或是地价）的水平；

$Y_i, Y_j$——区域 $i,j$ 的收入水平；

$B$——家庭支出中房租（或是地价）所占的比例；

$\varepsilon$——社会对于公平性认识程度的参数，$\varepsilon \ge 0$；

$S_{\max}$——在约束条件式(7-23)和最大区域修正系数 $\beta_{\max}$ 下的最大熵值。

2. 最优分配及敏感度分析

考虑模型的最优分配值，有约束条件优化可用拉格朗日乘子法，求 $S$ 的极值 $S_{\max}$。

$$L = S + \lambda\left(\beta_j \sum_{i=1}^{n} \frac{1}{\alpha_i} G_i - 1\right) \tag{7-24}$$

$$\begin{aligned} \frac{\partial L}{\partial G_i} &= \frac{\partial S}{\partial G_i} + \lambda \frac{\beta_j}{\alpha_i} \\ &= -\beta_j\left[\frac{1}{\alpha_i}(\ln G_i - \ln \alpha_i) + \frac{G_i}{\alpha_i} \cdot \frac{1}{G_i}\right] + \lambda \frac{\beta_j}{\alpha_i} \\ &= -\frac{\beta_j}{\alpha_i}(\ln G_i - \ln \alpha_i) + \frac{\beta_j}{\alpha_i}(\lambda - 1) \end{aligned} \tag{7-25}$$

令 $\dfrac{\partial L}{\partial G_i} = 0$，则：

$$- \frac{\beta_j}{\alpha_i}(\ln G_i - \ln \alpha_i) + \frac{\beta_j}{\alpha_i}(\lambda - 1) = 0$$

$$\Rightarrow \ln G_i - \ln \alpha_i = \lambda - 1$$

$$\Rightarrow \ln G_i = \lambda + \ln \alpha_i - 1$$

$$\Rightarrow G_i = \alpha_i \cdot e^{(\lambda - 1)} \tag{7-26}$$

加上约束条件 $\beta_j \sum\limits_{i=1}^{n} \dfrac{1}{\alpha_i} G_i = 1$，解得：

$$e^{(\lambda - 1)} = \frac{1}{n\beta_j}$$

那么，最优：

$$G_i = \frac{1}{n} \cdot \frac{\alpha_i}{\beta_j} \tag{7-27}$$

此时：

$$S_{max} = - \beta_j \sum_{i=1}^{n} \frac{\dfrac{\alpha_i}{\beta_j} \cdot \dfrac{1}{n} \cdot \ln \dfrac{1}{n\beta_j}}{\alpha_i} = \ln(n\beta_j) \tag{7-28}$$

取 $\beta_{max}$，则：

$$S_{max} = \ln(n\beta_{max}) \tag{7-29}$$

分析熵最大时，各受益群体的效益最佳值为式（7-27）。

其中，$\dfrac{1}{n}$ 项是不考虑任何补偿和差异的最优分配量，也就是前面提到的"平均分配"的概念；而交通设施的群体决策的公平性模型的最佳解，还包括 $\dfrac{\alpha_i}{\beta_j}$ 的影响项，$\alpha_i$ 是效益补偿因子，表示不同受益群体间的效益"补偿"，$\alpha_i \geq 1$，且 $\alpha_i$ 越大补偿越多；$\beta_j$ 是区域修正系数，考虑不同区域福利水准的差异，与物价水平、地价水平、收入水平以及社会对公平性的认识程度有关，经济水平越低的区域，$\beta_j$ 值越大。

由式（7-29）可以看出最佳分配值 $G_i$ 与 $\alpha_i$ 成正比，$\alpha_i$ 越大福利 $G_i$ 也越大，即"补偿"效应越多效益分配越多，这是符合常理判断的，因为弱势群体应分配给更多的效益才能称之为公平，满足建模时的"补偿"效应设想。

$G_i$ 与 $\beta_j$ 区域修正系数成反比，可通过反映交通项目的公平性参数 $R$ 来解释：

$$R = 1 - \frac{S}{S_{max}}$$

将 $S = - \beta_j \sum\limits_{i=1}^{n} \dfrac{G_i(\ln G_i - \ln \alpha_i)}{\alpha_i}$，以及 $S_{max} = \ln(n\beta_j)$ 代入上式，则：

$$R = 1 - \frac{\beta_j}{\ln(n\beta_j)} \sum_{i=1}^{n} \frac{-G_i(\ln G_i - \ln \alpha_i)}{\alpha_i} \tag{7-30}$$

将不受 $\beta_j$ 影响的 $\sum\limits_{i=1}^{n} \dfrac{-G_i(\ln G_i - \ln \alpha_i)}{\alpha_i}$ 部分用参数 $K(>0)$ 替代，则：

$$R = 1 - K \frac{\beta_j}{\ln(n\beta_j)} \tag{7-31}$$

那么：

$$\frac{\partial R}{\partial \beta_j} = -K \frac{\ln(n\beta_j) - \beta_j \frac{1}{n\beta_j}}{[\ln(n\beta_j)]^2}$$

$$= K \frac{\frac{1}{n} - \ln(n\beta_j)}{[\ln(n\beta_j)]^2} < 0 \tag{7-32}$$

由于 $\ln n > \frac{1}{n}$，知道 $\frac{\partial R}{\partial \beta_j} < 0$，即 $\beta_j$ 增大将导致 $R$ 值的减小，经济不发达区域的 $\beta_j$ 值大而 $R$ 值小，公平性越高，交通项目越容易被采纳，这样模型就能体现这种区域补偿的要求。

所以说，建立的数学模型能很好地体现弱势群体和不发达区域的效益"补偿"作用，接下来我们考虑模型对受益群体效益值的敏感度：

$$S = -\beta_j \sum_{i=1}^{n} \frac{G_i(\ln G_i - \ln \alpha_i)}{\alpha_i}$$

$$\Rightarrow \frac{\partial S}{\partial G_i} = -\frac{\beta_j}{\alpha_i} \left( \ln G_i - \ln \alpha_i + G_i \frac{1}{G_i} \right)$$

$$= -\frac{\beta_j}{\alpha_i} (\ln G_i - \ln \alpha_i + 1) \tag{7-33}$$

$$\Rightarrow \frac{\partial^2 S}{\partial G_i^2} = -\frac{\beta_j}{\alpha_i} \cdot \frac{1}{G_i} \tag{7-34}$$

式（7-33）和式（7-34）分别表示熵 $S$ 对效益成本比值 $G_i$ 的一阶偏导和二阶偏导，可以看出 $S$ 对 $G_i$ 的敏感度不高，介于 $G_i$ 和 $G_i^2$ 之间，但超过了 $G_i$ 的增长速度，这是因为在 $\beta_j \sum_{i=1}^{n} \frac{1}{\alpha_i} G_i = 1$ 的限制下，$G_i$ 不光自身值增加，还必然带动其他值的减少，导致受益群体间的不平衡性加速增大，而超过 $G_i$ 本身的变化。

# 第五节　环境影响评价

进行大规模社会基础设施建设等公共事业可能会对环境造成破坏，甚至带来公害。环境影响评价就是为了保护环境，避免给人民生活造成危害，在公共事业开始前，也就是规划阶段就要对其影响进行预测，并进行评价。

## 一、环境影响评价的含义

环境影响评价是对包括建设项目、资源利用、区域开发、规划和立法等人类活动可能造成的对环境产生的物理性、化学性或生物性的作用，造成环境变化和对人类健康、社会发展或生活福利的可能影响，进行系统的分析和评估，并提出减少不利影响的对策措施。

环境影响评价可分为环境质量评价、环境影响预测评价和环境影响后评价。

## 二、国外环境影响评价制度的发展历程

环境影响评价是从源头防治环境破坏的重要手段。"环境影响评价"的概念最早产生于1964年。其目的是通过预测和评估拟议中的开发建设活动可能造成的环境影响和危害,有针对性地提出相应的防治措施。1969年,美国颁布《国家环境政策法》,标志了环境影响评价制度的创立。20世纪70年代,日本、西德、加拿大、印度等许多国家都建立了环境影响评价制度。目前,全世界已有100多个国家推行建设项目环境影响评价制度,政策规划的环境影响评价也有了飞速发展。

## 三、我国环境影响评价制度的发展历程

我国于1972年引入环境影响评价方法,并开展相关研究。1979年,《中华人民共和国环境保护法(试行)》颁布,首次明确了环境影响评价制度的法律地位。1981年,《基本建设项目环境保护管理办法》对建设项目环境影响评价制度作了具体规定。1986年,《建设项目环境保护管理办法》进一步明确了环境影响评价的有关内容、编制和审批程序。1996年,《关于环境保护若干问题的决定》提出环境影响评价应当从微观评价向中观、宏观评价发展。

1998年,国务院颁布《建设项目环境保护管理条例》,第二章为环境影响评价,第一次用国务院行政规章规范了环境影响评价,提出对建设项目实行分类管理,完善了申报、审批程序及法律责任。

2002年10月全国人大常委会通过《中华人民共和国环境影响评价法》(以下简称《环评法》),2003年9月1日执行。环境影响评价制度扩展为规划环境影响评价和建设项目环境影响评价两部分。其法律解释:本法所称环境影响评价,是指对规划和建设项目实施后可能造成的环境影响进行分析、预测和评估,提出预防或者减轻不良环境影响的对策和措施,进行跟踪监测的方法和制度。

2016年7月2日,第十二届全国人民代表大会常务委员会第二十一次会议重新修订,对《中华人民共和国环境影响评价法》所作的修改,自2016年9月1日起施行。

在道路领域,1996年依据《中华人民共和国环境保护法》《建设项目环境保护管理办法》和《交通建设项目环境保护管理办法》,制定了中华人民共和国行业标准《公路建设项目环境影响评价规范(试行)》(JTJ 005—96),该规范适用于汽车专用公路及其他有特殊意义公路的新建、改建项目的环境影响评价。

## 四、《中华人民共和国环境影响评价法》简介

与具体的建设项目相比,政府的一些政策和规划,对环境影响的范围更广,历时更久,而且影响发生后更难改变。2002年10月,第九届全国人大常委会第三十次会议通过的《中华人民共和国环境影响评价法》,在对建设项目进行环境影响评价的基础上,又推进一步,扩展到对政府规划也进行环境影响评价,即把可能产生环境影响的政府规划,包括土地利用、区域、流域、海域的建设和开发利用规划以及工业、农业、畜牧业、林业、能源、水利、交通、城市建设、旅游、自然资源等专项规划,也纳入了环境影响评价的范围,并确立了公众参与环境影响评价、专家参与审查监督的制度和程序。它把政府的规划行为也纳入到了法律规定的范围中,力求从

决策的源头防止环境污染和生态破坏，从项目评价进入到战略评价，是我国环境立法最为重大的进展，标志着我国环境与资源立法进入了一个新阶段。

2003年9月1日《中华人民共和国环境影响评价法》开始施行，标志着环境影响评价在我国得到了法律保护。立法宗旨是：①环境问题从源头抓起；②综合决策，共同把关；③实施可持续发展战略，促进经济、社会和环境的协调发展。

适用范围包括：①规划。政府拟定的、经济发展方面的、实施后对环境有影响的规划。②建设项目。在中华人民共和国领域或管辖的其他海域内建设对环境有影响的项目。

继2003年环境影响评价法实施后，原国家环保局又出台了若干配套的规章，包括2003年颁布的《规划环境影响评价技术导则（试行）》《专项规划环境影响报告书审查办法》，及2004年颁布的《编制环境影响报告书的规划的具体范围（试行）》和《编制环境影响篇章或说明的规划的具体范围（试行）》，这些后续出台的规章补充和规范了环境影响评价的程序，在国家立法层面初步形成了一套层次清晰的包含环境保护基本法、环境影响评价单行法、部门规章的规划环境影响评价体系。各地方也出台了有关规划环境影响评价的地方性法规和地方政府规章[47]。

## （一）环境影响评价的发展阶段

环评法出台后，对规划环境的可持续发展作出了贡献，而相应的也依然存在着一些问题。我国环境影响评价按其发展的阶段，分为壮大期、问题高发期，由此导致了环评法的不断修订。

1. 壮大期（2004—2011）[48]

《中华人民共和国环境影响评价法（2003）》实施后，环评事业的发展进入快车道。环评逐渐为社会熟知，并最终成为知名度最高的环境管理制度之一。

2005年3月圆明园湖底防渗工程，被质疑该防渗工程破坏生态。随后环保部门表示该项目未进行环境影响评价，应立即停止建设，依法补办环评审批手续。同年4月，国家环保总局举行听证会听取专家、社会团体、公众和有关部门的意见。这个事件客观上进行了一次全民环保普法教育，使人们认识到基础设施工程项目需要有环评这一不可或缺的环节。2006年，环保部门首次公布了一批大型企业的环评违法问题，在社会各界引起强烈反响，被媒体称为"环评风暴"。2007年年初，环保部门对环评违法违规现象突出的流域、区域和行业首次实行"区域限批""行业限批"。2008年修订的《水污染防治法》使"区域限批"法制化。

此后，环评逐渐成为环保部门的重要工作抓手，很多执行不力的管理制度开始借机落实。总量控制、环境风险评价等章程逐渐被增加到环评报告中来，成为重要的审查内容。在此期间，环评作为项目建设前的一道重要门槛，在控制污染物排放提高清洁生产水平、减小生态破坏节约自然资源、调整产业结构和布局优化经济增长、推动决策的科学化和民主化等方面发挥了重要作用。以2010年为例，环境保护部就对44个总投资近2500亿元的涉及"两高一资"、低水平重复建设和产能过剩项目作出退回报告书、不予批复或暂缓审批处理。由此可见，环评已经成为社会基础设施规划中一个具有约束作用的重要环节。

在环评管理效果日益显著的同时，环评制度自身建设也在这一时期得到了发展。2004—2005年，"环境影响评价工程师职业资格制度暂行规定""环境影响评价工程师职业资格考试实施办法""建设项目环境影响评价资质管理办法"等系列文件发布，日后对环评行业影响深远的环评工程师制度开始实施。环保部门还相继出台了《地下水评价导则》《环评公众参与暂行办法》,修订了《大气环境影响评价导则》《生态环境影响评价导则》。环评工程师制度的实施和技术导则的完善,为提高环评队伍的工作能力、保证环评报告书质量起到了积极的作用,环评工作更加严谨专业。

2. 问题高发期(2011—2015)

环评行业经历了快速发展之后,自身存在的问题也不断暴露出来。

(1)理论难题[48]

理论是行动的先导,在我国推进环评的过程中,仍然缺乏对不同类型的规划进行评价对象研究,开展战略环评的方法体系尚不完善甚至缺乏。与建设项目环评相比,战略环评难以进行量化的预测分析,或者认为没有必要进行量化的分析。用定量的方法去研究具有较大不确定性的规划环评,会造成拖延战略决策过程的现象,影响战略环评工作的实施与整体推进。

(2)实践难题[48]

环评作为一项管理制度,执行率和措施落实率不高是影响其权威性的重要因素。以济南市历下区为例,2012 年需要办理环评的企业 1846 家,已经办理环评审批手续的 689 家,环评办理率 37.3%。企业"未批先建"现象突出,环保部门对未执行环评程序的企业处罚力度小甚至不处罚,环评的严肃性经受考验。2015 年,在中央巡视组对环境保护部的巡视意见中,第一条就是环评"未批先建"问题,反映出这一问题的严重性和普遍性。

与"未批先建"同样饱受诟病的,是评价机构管理混乱,人员挂证、机构借证问题突出。随着环评知名度不断增加,一大批无证无资质的企业单位加入到评价机构中,以承揽项目为优势,为专职环评单位介绍项目,或干脆自己组织人马编写报告,再寻找有证单位借证,成为真正的中介机构。这些机构工作质量差,但市场生存能力强,极大地败坏了环评行业的声誉。环评制度的主要参与方——建设单位,也对环评工作存在诸多不满,主要是集中在环评的工作周期长、费用高等方面。由于环评导则更趋复杂,而且报告必须一次性通过技术审查,评价单位通常宁滥勿缺、宁深勿浅,环评报告书越写越厚,工作周期和工作费用也就大幅上升,成为项目各项前置审批中最为费时费钱的工作。许多环境敏感项目的建设单位为保证尽快取得批复,更愿意将环评工作委托给予审批部门关系密切的其下属的环评机构,即"红顶中介"。环保系统所属评价机构承接了大量环境敏感的重大项目,在协调环境保护和经济建设方面发挥了重要作用,客观上也形成了一定程度的技术垄断,甚至造成社会上的诸多误解。

比上述问题更加严重的是,由于环境质量日益下降且公众的环保意识日渐提高,公众对环境管理的不满集中发泄到环评制度上。2012 年,在短短 4 个月内,发生了 3 起环境群体性事件,分别是什邡市反对钼铜项目事件、启东市反对王子造纸厂排海工程事件和宁波市反对 PX项目事件。在这些事件中,社会公众和媒体不约而同地将批评指向环保部门,矛头更是直指知名度最高的环评制度。环评制度面临是否有效甚至是否必要的挑战。环评制度实行 30 余年后,无论是社会公众还是建设单位,甚至环评从业人员,都对这项制度提出了批评,环评改革势在必行。自 2010 年起,环境保护部开始启动环保系统事业单位环评机构体制改革,促使环评技术服务机构与行政主管部门脱钩,向专业化、规模化方向发展。2015 年,环保系统所属的环评单位首当其冲,作为"红顶中介"被清理出环评队伍。

(3)解决方案[49]

建立明确的筛选程序;根据规划环境的影响程度进行分类管理;适当提高审查机构级别的权威性和协调能力;提高公众参与机制,扩大公众参与的范围;加强环评方面的学术研究,提高环评报告文件编制质量，做到环评结论的准确可靠与环保措施的有效可行。同时，在环评报告文件审批程序中，审批部门应完善各种审批制度，认真执行相关的国家法律法规。

### （二）《环评法》的修订

《中华人民共和国环境影响评价法》由中华人民共和国第九届全国人民代表大会常务委员会第三十次会议于 2002 年 10 月 28 日通过，自 2003 年 9 月 1 日起施行。2016 年 7 月 2 日，第十二届全国人民代表大会常务委员会第二十一次会议重新修订，对《中华人民共和国环境影响评价法》所作的修改，自 2016 年 9 月 1 日起施行。

1. 修订的内容

（1）第十四条增加一款，作为第一款："审查小组提出修改意见的，专项规划的编制机关应当根据环境影响报告书结论和审查意见对规划草案进行修改完善，并对环境影响报告书结论和审查意见的采纳情况作出说明；不采纳的，应当说明理由。"

（2）删去第十七条第二款。

（3）将第十八条第三款修订为："已经进行了环境影响评价的规划包含具体建设项目的，规划的环境影响评价结论应当作为建设项目环境影响评价的重要依据，建设项目环境影响评价的内容应当根据规划的环境影响评价审查意见予以简化。"

（4）将第二十二条修订为："建设项目的环境影响报告书、报告表，由建设单位按照国务院的规定报有审批权的环境保护行政主管部门审批。""海洋工程建设项目的海洋环境影响报告书的审批，依照《中华人民共和国海洋环境保护法》的规定办理。""审批部门应当自收到环境影响报告书之日起六十日内，收到环境影响报告表之日起三十日内，分别作出审批决定并书面通知建设单位。""国家对环境影响登记表实行备案管理。""审核、审批建设项目环境影响报告书、报告表以及备案环境影响登记表，不得收取任何费用。"

（5）将第二十五条修订为："建设项目的环境影响评价文件未依法经审批部门审查或者审查后未予批准的，建设单位不得开工建设。"

（6）将第二十九条修订为："规划编制机关违反本法规定，未组织环境影响评价，或者组织环境影响评价时弄虚作假或者有失职行为，造成环境影响评价严重失实的，对直接负责的主管人员和其他直接责任人员，由上级机关或者监察机关依法给予行政处分。"

（7）将第三十一条修订为："建设单位未依法报批建设项目环境影响报告书、报告表，或者未依照本法第二十四条的规定重新报批或者报请重新审核环境影响报告书、报告表，擅自开工建设的，由县级以上环境保护行政主管部门责令停止建设，根据违法情节和危害后果，处建设项目总投资额百分之一以上百分之五以下的罚款，并可以责令恢复原状；对建设单位直接负责的主管人员和其他直接责任人员，依法给予行政处分。""建设项目环境影响报告书、报告表未经批准或者未经原审批部门重新审核同意，建设单位擅自开工建设的，依照前款的规定处罚、处分。""建设单位未依法备案建设项目环境影响登记表的，由县级以上环境保护行政主管部门责令备案，处五万元以下的罚款。""海洋工程建设项目的建设单位有本条所列违法行为的，依照《中华人民共和国海洋环境保护法》的规定处罚。"

（8）删去第三十二条。

（9）第三十四条改为第三十三条，修订为："负责审核、审批、备案建设项目环境影响评价文件的部门在审批、备案中收取费用的，由其上级机关或者监察机关责令退还；情节严重的，对直接负责的主管人员和其他直接责任人员依法给予行政处分。"

2. 对修订内容的解读

(1)建设环评放权，提高效率

在简政放权与行政审批改革的大背景下，本次修订弱化了建设环评审批的工作要求，使得环保部门减少了不适当、不必要的审批，再次强调环评的目的是改善项目环境而非"通过审批"。

第一，删除了第十七条第二款："涉及水土保持的建设项目，还必须经水行政主管部门审查同意的水土保持方案。"不再将水土保持方案的审批作为环评的前置条件，缩减建设项目评估环节，减小企业压力。

第二，取消了建设项目环评预审制度。原来规定"建设项目有行业主管部门的，其环境影响报告书或者环境影响报告表应当经行业主管部门预审后，报有审批权的环境保护行政主管部门审批"，预审取消后有利于缩减整个流程的时间、减轻企业的制度费用。

第三，环保部负责把建设项目分为3类，需按类别编制环境影响评价文件。第三类项目填报的环境影响登记表现在改行备案制，这一条有利于环保部门缩减权力，能免除不少企业的负担。

第四，对于第二十五条，环评法将该条修订为："建设项目的环境影响评价文件未依法经审批部门审查或者审查后未予批准的，建设单位不得开工建设。"最大的改动是删除了"该项目审批部门不得批准其建设"。这意味着"环评审批不再作为建设项目审批核准的前置条件"，环保部门的环评审批与项目审批部门的项目可行性研究报告审批与项目核准成了并联关系，可同时进行。

环评审批弱化事前、强化事中和事后监管，有助于促使政府职能正确定位，提升行政管理效能，发挥宏观控制作用。

(2)强化规划环评

规划环评在我国难以开展的原因之一在于，规划编制机关主动开展规划环评或主动采纳规划环评结论和建议的积极性不高。此外，环境评价与相关规划学科之间存在天然隔阂，受规划编制机关委托具体承担规划编制的咨询机构(如规划设计院等)对规划环评研究不甚深入，与规划环评的具体承担机构(如高校或地方环境科学院所等)之间往往存在意见分歧，造成环评的结论和建议难以实质性地被采纳。有些被采纳的意见不接地气，在实践中很难落实。

修订后的《环评法》规定，专项规划的编制机关需对环境影响报告书结论和审查意见的采纳情况作出说明，不采纳的，应当说明理由。这一修改将增强规划环评的有效性，规划编制机关必须对环评结论和审查意见进行响应。修订后的《环评法》规定，规划环评意见需作为项目环评的重要依据，且后续的项目环评内容的审查意见应予以简化，这也进一步体现出规划和项目之间的有效互动。

(3)加大处罚力度，金额与总投资额挂钩

修订《环评法》第三十一条第一款，是对《环境保护法》的响应和细化。未批先建的建设单位不再有"由有权审批该项目环境影响评价文件的环境保护行政主管部门责令停止建设，限期补办手续"的机会；处罚建设项目未批先建，金额与总投资额挂钩，不再大小建设项目都依照一个处罚，以此加强对重大建设项目未批先建的处罚力度；未批先建由县级以上环保部门处罚，化解环保部门(并非环评审批部门)发现未批先建情况而无权处罚的尴尬。修改后加入

"并可以责令恢复原状"，强调对已造成的环境影响进行修复，而不是简单的"一罚了之"，增加了违法的处罚力度。环保部门在处理此类案件时，应当在保护环境的前提下权衡，谨慎作出责令恢复原状的决定。

# 第六节　规划的调整

规划的调整，确切的说法应该是规划内容面临的各种利害关系的调整。很多相关书籍中把这个步骤当作一个数学或是经济学的方法来介绍，但实际上是一个与规划的相关主体的对话的过程。

人类社会的价值观与时俱进，随着文明的进步不断地发生着变化，现在迎来了价值观多样化的时代。伴随着价值观的变化，以发展公共福利为目的的土木规划领域，客观地顺应时代的要求，在对公众履行说明责任方面做了很多工作。在对规划评价的过程中，前面讲过，要从不同的立场，也就是从不同的规划主体的角度，进行全面的综合评价。而有时这些规划主体的利益是互相冲突的。这样就需要规划的制订或是主管人员从中进行调整。

当利益发生冲突时，采用有效的方法在相关主体之间进行利益的协调，取得一致的意见十分重要。这个过程叫作形成一致意见。在这个过程中，最为重要的步骤应该是与规划相关的信息公开。这样可以让居民以及使用者事先对规划有所了解，在保证公平性的同时使得在主体之间进行调整成为可能，最终形成一致意见。

在介绍公平性的部分，我们讲到保证公平性的一个重要部分就是公众参与（Public Involvement）。如果公众参与能够得到认真贯彻执行，调整的过程就很容易。也就是说调整的工作，在前面的阶段已经做了。

规划的信息对居民公开，把握居民对于规划的评价，并将其反映到规划中十分重要。这些需要与居民进行对话来实现。现在，公听会或是说明会已经变得越来越普及，有些已经受到了法律的保护。但是在我国的土木规划领域这样的做法还不够普遍。而且市民的参与会使规划程序变得更加复杂，甚至烦琐。规划的制订方一般不愿意公开。其原因是还有一些信息公开可能造成的问题，即：规划主体内部还没有形成一致意见的规划内容的公开会给评价主体带来混乱；中间阶段的公开可能会带来外部压力，影响规划主体内部自由的意见交换；公开可能会给特定的群体带来利益。

在考虑了形成一致意见的基础上进行综合评价时也有一些方法，博弈论就是其中的一种。

博弈论又被称为对策论（Games Theory），是研究具有斗争或竞争性质现象的理论和方法，它既是现代数学的一个新分支，也是运筹学的一个重要学科。

博弈论是指某个个人或是组织，面对一定的环境条件，在一定的规则约束下，依靠所掌握的信息，从各自选择的行为或是策略进行选择并加以实施，并从各自取得相应结果或收益的过程，在经济学上博弈论是个非常重要的理论概念。

博弈论的英文名为 Game Theory，直译就是"游戏理论"。游戏有输有赢，一方获胜则另一方必输，游戏的总成绩永远是零。因此也称"零和游戏"。它之所以广受关注，主要是因为人们发现，在社会的方方面面都有与"零和游戏"类似的局面，土木规划的各个主体之间的关系也十分类似。

但 20 世纪人类在经历了两次世界大战、经济高速增长、科技进步、全球一体化以及日益严重的环境污染之后,"零和游戏"观念正逐渐被"双赢"观念所取代。人们开始认识到"利己"不一定要建立在"损人"的基础上。通过有效合作,皆大欢喜的结局是可能出现的,也就是所谓的"正和"。而双赢的概念也正是土木规划所一贯追求的目标,我们希望土木设施的建设能给人类带来福利的改善和生活品质的提高,同时希望土木设施的建设不会造成环境与生态的破坏,希望所有相关群体都能从中获益。

从"零和游戏"走向"正和",要求各方要有真诚合作的精神和勇气,遵守游戏规则,否则,"双赢"的局面就不会出现。

博弈包含了以下要素[43]:

(1)局中人:在一场竞赛或博弈中,每一个有决策权的参与者成为一个局中人。只有两个局中人的博弈现象称为"两人博弈",而多于两个局中人的博弈称为"多人博弈"。

(2)策略:一局博弈中,每个局中人都有选择实际可行的完整的行动方案,即方案不是某阶段的行动方案,而是指导整个行动的一个方案,一个局中人的一个可行的自始至终全局筹划的一个行动方案,称为这个局中人的一个策略。如果在一个博弈中局中人总共有有限个策略,则称为"有限博弈",否则称为"无限博弈"。

(3)得失:一局博弈结局时的结果称为得失。每个局中人在一局博弈结束时的得失,不仅与该局中人自身所选择的策略有关,而且与全局中人所取定的一组策略有关。所以,一局博弈结束时每个局中人的"得失"是全体局中人所取定的一组策略的函数,通常称为支付(Payoff)函数。

(4)博弈结果:对于博弈参与者来说,存在着博弈结果。

(5)博弈涉及均衡:均衡是平衡的意思,在经济学中,均衡意即相关量处于稳定值。在供求关系中,某一商品市场如果在某一价格下,想以此价格买此商品的人均能买到,而想卖的人均能卖出,此时我们就说,该商品的供求达到了均衡。所谓纳什均衡,它是一稳定的博弈结果。

博弈的类型如下:

(1)合作博弈:研究人们达成合作时如何分配合作得到的收益,即收益分配问题。

(2)非合作博弈:研究人们在利益相互影响的局势中如何选决策使自己的收益最大,即策略选择问题。

(3)完全信息博弈和不完全信息博弈:参与者对所有参与者的策略空间及策略组合下的支付函数有充分了解称为完全信息;反之,则称为不完全信息。

(4)静态博弈和动态博弈:

静态博弈指参与者同时采取行动,或者尽管有先后顺序,但后行动者不知道先行动者的策略。

动态博弈指双方的行动有先后顺序并且后行动者可以知道先行动者的策略。

博弈论的研究方法和其他许多利用数学工具研究社会经济现象的学科一样,都是从复杂的现象中抽象出基本的元素,对这些元素构成的数学模型进行分析,而后逐步引入对其形势产影响的其他因素,从而分析其结果。

基于不同抽象水平,形成 3 种博弈表述方式,即:标准型、扩展型和特征函数型。利用这 3 种表述形式,可以研究形形色色的问题。因此,博弈论被称为"社会科学的数学"。从理论上讲,博弈论是研究理性的行动者相互作用的形式理论,而实际上它正深入到经济学、政治学、社会学等,被各门社会科学所应用。

诺贝尔经济学奖获得者包罗·萨缪尔逊曾说:要想在现代社会做个有价值的人,你就必须对博弈论有个大致的了解。在土木规划中期待着博弈论能够发挥出更大的作用。

## 本讲参考文献

[1] 樗木武. 土木計画学[M]. 東京:森北出版株式会社,2005.

[2] 卢锋. 经济学原理[M]. 中国版. 北京:北京大学出版社,2002.

[3] Sanchez T,Stolz R,Ma J. Moving to equity:addressing inequitable effects of transportation policies on minorities. A Joint Report of The Civil Rights Project at Harvard University and the Center for Community Change[R]. 2003.

[4] Center for Community Change. Transportation equity projects[Z/OL]. http://www. transportationequity. org/.

[5] Feitelson E. Introducing environmental equity dimensions into the sustainable transport discourse:issues and pitfalls[J]. TransportationResearch Part D,2002,7(2):99-118.

[6] Lee D B. Methods for evaluation of transportation projects in the USA[J]. Transport Policy, 2000,7(1):41-50.

[7] Vickerman R. Evaluation methodologies for transport projects in the United Kingdom[J]. Transport Policy,2000,7(1):7-16.

[8] Quinet E. Evaluation methodologies of transportation projects in France[J]. Transport Policy, 2008,7(1):27-34.

[9] Rothengatter W. Evaluation of infrastructure investments in Germany[J]. Transport Policy, 2000,7(1):17-25.

[10] Morisugi H. Evaluationmethodologies of transportation projects in Japan[J]. Transport Policy, 2000,7(1):35-40.

[11] Talvitie A. Evaluation of road projects and programs in developing countries[J]. Transport Policy,2000,7(1):61-72.

[12] 厉以宁. 经济学的伦理问题[M]. 北京:生活·读书·新知三联书店,1995.

[13] 任志林. 罗尔斯和诺齐克正义论比较研究[D]. 重庆:西南师范大学,2002.

[14] Rawls J. A theory of justice[M]. Cambridge:Harvard University Press,1971.

[15] Burris M,Hannay R. Equity analysis of the Houston,TEXAS,quickride project[C]. TRB 2003 Annual Meeting CD-ROM,2002.

[16] PATS (Pricing Acceptability in the Transport Systems). European Union transport research fourth framework program[J]. Urban Transport,2000.

[17] Litman T. Evaluating transportation equity:guidance for incorporation distributional impacts [R]. Canada:Victoria Transport Policy Institute,2005.

[18] Almeida E,Haddad E,Hewings G. The transport-regional equityissue revisited[J/OL]. ht-

tp://www.tandfonline.com/doi/full/10.1080/00343400601056847.

[19] Silva H, Tatam C. An empirical procedure for enhancing the impact of road investments[J]. Transport Policy,1996,3(4):201-211.

[20] Surface transportation policy project:Transportation and social equity[Z/OL]. http://www.transact.org.

[21] 王蒲生.轿车交通的伦理问题——作为技术论理学的一个典型案例[J].道德与文明,2000(3):41-43.

[22] Richard N F. The economics of congestion[J]. Transportation Journal,1964,4(1):28-34.

[23] Yang H,Huang H J. Principle of marginal-cost pricing:how does it work in a general road network? [J]. Transportation Research Part A,1998,32(1):45-54.

[24] Phang S Y,Rex S T. From manual to electronic road congestion pricing:the Singapore experience and experiment[J]. Transportation Research Part E,1997,33(2):97-106.

[25] Phang S Y,Rex S T. Road congestion pricing in Singapore:1975 to 2003[J]. Transportation Journal,2004,43(2):16-25.

[26] Odeck J,Brathen S. Toll financing in Norway:the success,the failures and perpectives for the future[J]. Transport Policy,2002,9:253-260.

[27] Prianka N S,Malik R. Transportation infrastructure financing:evaluation of alternatives[J]. Journal of Infrastructure Systems,1997,3(3):111-118.

[28] Ison S. Local authority and academic attitudes to urban road pricing:a UK perspective[J]. Transport Policy,2000,7(4):269-277.

[29] José M Viegas. Making urban road pricing acceptable and effective:searching for quality and equity in urban mobility[J]. Transport Policy,2001,8(4):289-294.

[30] Winston H,Alan J K,Anna A. Overcoming public aversion to congestion pricing[J]. Transportation Research Part A,2001,35(2):87-105.

[31] Carol D,Stephen I. Survey probes attitudes to urban road pricing at local authority level[J]. Traffic Engineering&Control,2000,41.

[32] Litman T. Social inclusion as a transport planning issue in Canada[R]. Transport and Social Exclusion G7 Comparison Seminar,2003.

[33] 郭伟和.福利经济学[M].北京:经济管理出版社,2001.

[34] 陈清明,陈启宁,徐建刚.城市规划中的社会公平性问题浅析[J].人文地理,2000(1):39-42.

[35] 中国国际工程咨询公司.世界银行、亚洲开发银行资助项目——中国投资项目社会评价指南[M].北京:中国计划出版社,2004.

[36] 曾珍香,顾培亮,张闽.可持续发展公平性问题研究[J].中国人口·资源与环境,1999(4):5-10.

[37] 李春晖,李爱贞.环境代际公平及其判别模型研究[J].山东师大学报(自然科学版),2000,15(1):62-64.

[38] 陆化普,王建伟,张鹏.基于能源消耗的城市交通结构优化[J].清华大学学报(自然科学版),2004,44(3):383-386.

［39］ Frost M，Linneker B，Spence N. The energy consumption implications of changing worktravel in London，Brimingham and Manchester［J］. Transportation Research Part A，1997，31（1）：1-19.

［40］ 杨朗，石京，陆化普.道路设施项目投资公平性的评价方法［J］.清华大学学报（自然科学版），2005（9）：1162-1165.

［41］ 石京，杨朗，应习文，等.基于 Wilson 熵分布假设的交通公平性量化评价模型［J］.武汉理工大学学报（交通科学与工程版），2008，32（1）：1-4.

［42］ 张文泉，张世英，江立勤.基于熵的决策评价模型及应用［J］.系统工程学报，1995（3）：69-74.

［43］ 肖条军.博弈论及其应用［M］.上海：三联书店上海分店，2004.

［44］ 周江评.交通拥挤收费——最新国际研究进展和案例［J］.城市规划，2010（11）：47-54.

［45］ 张军，王桐远.城市交通系统发展的公平性研究及其实证分析［J］.世界科技研究与发展，2015，37（3）：258-263.

［46］ 张军.城市交通系统可持续发展综合评价［M］.成都：西南交通大学出版社，2014.

［47］ 王玉振，金辰欣.战略环评——从国际经验到中国的实践 第八章 中国战略环评制度的建立、发展与实践［J］.中国环境管理，2011（Z1）：70-84.

［48］ 王亚男.中国环评制度的发展历程及展望［J］.中国环境管理，2015，7（2）：12-16.

［49］ 童健，李科林，王平.我国环境影响评价制度若干问题的探讨［J］.中南林业科技大学学报，2011，31（7）：195-200.

## 第八讲

# 规划政策与规划环境<sup></sup>[1,2]

## 第一节　我国土木规划的规划环境

### 一、土木规划环境的界定

规划环境的研究主要关注在什么条件下,某人或某单位能够作出怎样的决策。规划环境包括了规划主体、规划对象以及约束条件。具体说来,规划主体指各国的政府部门(包括中央政府和地方政府)。规划对象主要有两方面:一方面包括各种社会公共基础设施,另一方面包括这些基础设施的使用者(例如各种交通方式的使用者)。约束条件包括:规划体制与市场条件(政府与市场的相互作用是影响基础设施规划政策的最重要的因素)、资源条件(能够支配的社会资源、土地资源、资金、融资方式等)、空间条件(可规划、可利用的物理空间范畴)、环境条件(规划要满足生态环境保护的要求)和技术条件(规划方面的规范、法规,从事规划工作的人员、专家等)。

规划环境的问题实际上是分析有哪些条件制约或有利于规划活动,有哪些资源可以利用的问题。

### 二、规划环境的必要性

规划是政策的具体体现。特定的规划环境是特定的政策出台的前提和保障,决策是具有时间意义的行为,离开规划环境谈规划政策是没有意义的。同时,深入研究规划环境也为政策分析提供了一个方法,可以考量并评估某些政策是否合理或可行。

### 三、我国的规划环境分析

基础设施具有基础性、自然垄断性、公共产品性、外溢性等特征,历来被认为是政府最有理由干预的经济领域。事实上,基础设施规划只能是政府的职能,即使使用民间资本,也要由政府加以组织和引导。各国政府,特别是发展中国家的政府在基础设施规划中起着非常重要的作用,甚至是主导作用。根据世界银行的研究报告,发展中国家的政府投资占基础设施全部投资的90%以上。在我国,政府几乎承担着所有基础设施的提供任务。从基础设施的规划设计、筹资,到建设、运营和维护,政府几乎垄断了全部基础设施的发展。研究规划环境与规划政策,离不开对政府职能的考量。

#### (一)政府与市场

##### 1. 政府与市场的调控特点

市场机制是最有效的经济运行机制,它以价值规律为轴心,以利益最大化为动力诱导生产者和消费者进行竞争,优胜劣汰的竞争规律最有效率地保障了各种资源的合理利用。但市场机制并不能解决全部的经济问题,它对公共产品、外部性、公平分配、失业、通货膨胀和经济稳定等经济中的重大问题无能为力,由此产生了政府干预经济活动的必要性。

政府作为超越任何微观经济组织和个人的权力机构,在协调微观经济主体行为和解决多个微观主体面临的问题方面具有权威性优势。在没有受到个别微观组织控制、影响的情况下,政府通过自身的权利能够强制地获取信息制订宏观规划,强制性地获取收入进行投资和转移支付,从而达到协调各微观组织行为、公平收入分配、提供公共产品等弥补市场缺陷的目的。但信息不足与信息陈旧以及政府利益与公共利益的矛盾也常常导致政府职能失效。

##### 2. 利用公共产品理论分析土木规划中政府所扮演的角色

(1)公共产品的定义及其分类

保罗·萨缪尔森(P. A. Samuelson)给出了公共产品的经典定义,他把公共产品定义为每个人对这种产品的消费都不会导致其他人对该产品消费减少的产品。

公共产品与私人产品的区别在于消费上具有非竞争性与非排他性,严格地讲,只有同时具有非竞争性与非排他性两种特征的产品才是公共产品,但是在实际中,学者们根据公共产品非竞争性与非排他性的程度不同将公共产品分为两大类。

①纯公共产品是指在消费上具有完全的非竞争性和完全的非排他性的产品,较典型的有国防、法律法规、灯塔、港口等。

②准公共产品是指在消费上具有有限的非竞争性和非排他性的产品。准公共产品又可分为两类:一类是与规模经济有联系的产品,称为自然垄断型公共产品;还有一类是优效型公共产品(Merit Goods),即那些不论人们的收入水平如何都应该消费或得到的公共产品。准公共产品的这两类产品有一个共同的特点,即它们具有“拥挤性”,也就是当这类产品的消费达到一定程度的时候,就会显得十分拥挤,如公路、铁路等交通基础设施。鉴于这

一点,有学者称之为"有限的公共产品"或"俱乐部经济理论",该理论认为,消费同一社区的公共产品的消费者为同一俱乐部的"成员",其中每个成员对与该俱乐部范围内的既定数量与质量的公共产品消费的效用都是其他成员消费该公共产品的减函数,即消费该公共产品的其他成员越多,该成员的消费效用越小。

(2)公共产品的供给理论

公共产品消费上的非竞争性与非排他性给公共产品带来了一个重要特点:外部性。外部性导致市场无法提供足够的公共产品,因此2001年诺贝尔经济学奖获得者斯蒂格利兹说"政府是否应该提供公共产品,这似乎已没有什么疑问"。但是不是所有的公共产品都应当由政府来提供呢?公共经济学理论认为这是不可能的,也是不合理的。原因是:①政府的能力终究是有限的。政府能力的有限性反映在其财政收入规模的有限性,如果某一种公共产品提供多了,必然导致另外的公共产品提供数量减少。②由政府提供所有公共产品既会损害公平,也会损害效率。公共产品的公共性程度存在着很大的差别,如果政府将所有这些公共产品都纳入其供应范围,会造成不公平和低效率。③政府提供公共产品的范围界定不清,某些准公共产品的实际消费过程具有强烈的私人产品性质,所以,如果政府免费提供这些产品,人们就可能过度消费该产品。政府提供私人产品一般是有两个目的:一目的是为了限制产品的使用量;另一个目的是为了实现社会公平。一般说来,政府提供的私人产品总是那些额外使用会导致很大的边际成本的私人消费品,这样政府可以达到限制消费量,增加社会福利的目的[3]。政府为多供一些人消费所花费的边际成本很大。这是一种不合理的资源配置方式,通常的做法是引入市场机制,让私人部门参与投资或以私人部门投资为主。

目前较为统一的观点是:公共产品供给的核心问题是共同消费要求联合资助,即大部分公共产品的生产由消费者联合承担。因为从供给主体看,政府只是市场的替代之一,除此之外还有多种选择。市场制度无法提供质量和数量都令人满意的公共产品的根源在于私人利益与公共产品的矛盾。作为私人对立面的是集体,而政府只是代表集体的一种形式。因此,要提供众多的公共产品,必须求助一定形式的集体行动,而集体行动的方式是丰富多彩的。具体来说,在融资方式多元化的情况下,供给主体的选择空间扩大,除了政府,还有私人、社区、各种合作部门等,也指那些主要按照市场经济原则建立起来的"俱乐部"性质的机构,通过赋予他们相关权利来承担这种公共产品的供给。

(3)建立多层次基础设施体系(仅考察交通基础设施)

从支撑经济的意义上,交通基础设施是先行地、直接地支撑整个国民经济的物质基础,是国家所拥有的或能控制的且需要先行由政府有效供给的、对社会经济效益起着基础作用的重要的公共资源。交通基础设施本来应该是为社会经济发展先行提供的基础性的公共产品,由于引入市场运行机制,它又会成为准公共产品、混合产品,但仍旧没有失去公共产品的基本特性。

所谓多层次基础设施体系是指基于现代社会经济条件下,根据产品不同程度的公共特性,将基础设施体系划分为若干个层次,以明确政府与市场机制的功能发挥,并促进基础设施体系投、融资体制的转变。基于世界银行的研究成果,可以对我国多层次基础设施体系的层次、内容以及相应的投、融资特征,其归纳见表8-1。

**我国多层次基础设施体系的层次、内容以及相应的投融资特征**　　　　　　　表 8-1

| 部门和子部门 | | 竞争潜力 | 商品或服务的特点 | 向用户收费补偿的可能性 | 公共服务的责任（公平角度考虑） | 环境外部性 | 市场化指数 |
|---|---|---|---|---|---|---|---|
| 铁路 | 铁路路基与火车站 | 低 | 俱乐部产品性质（准公共产品） | 高 | 中等 | 中等 | 2.0 |
| | 铁路货运与客运服务 | 高 | 私人产品性质 | 高 | 中等 | 中等 | 2.6 |
| 城市交通 | 城市公交 | 高 | 私人产品性质 | 高 | 中等 | 低 | 2.4 |
| | 城市地铁 | 高 | 私人产品性质 | 中等 | 中等 | 中等 | 2.4 |
| | 城市道路（非收费道路） | 低 | 公共产品性质 | 中等 | 很少 | 高 | 1.8 |
| 公路 | 一级公路、高速公路等收费道路 | 中等 | 俱乐部产品性质（准公共产品） | 中等 | 很少 | 低 | 2.4 |
| | 二级以下公路、农村公路 | 低 | 公共产品性质 | 低 | 很多 | 高 | 1.0 |
| 航空水运 | 港口与机场设施 | 低 | 俱乐部产品性质（准公共产品） | 高 | 很少 | 高 | 2.0 |
| | 港口与机场服务 | 高 | 私人产品性质 | 高 | 很少 | 高 | 2.6 |

注：市场化指数是指各种设施的商品化程度：1.0 表示不适宜在市场出售，2.0 表示基本适宜在市场出售，3.0 表示最适宜在市场出售。

（4）基于多层次基础设施体系建设的政府职能

根据上述分析，对于纯公共产品和部分准公共产品性质的基础设施的提供可作为中央和地方政府财政支出的重要组成部分，而对于部分准公共产品性质的，特别是俱乐部型的基础设施，充分发挥市场机制，积极引入私人资本很重要，政府在这其中的作用依然巨大，但其功能的定位已经不同于纯公共产品中的情形，相应的公共财政制度与政策安排也将转换。

3. 我国基础设施领域市场与政府共同参与的现状

从表 8-2 可以看到，公路领域的市场引入力度是相当大的，对于国内贷款以及地方自筹资金的使用相当充分；相比之下，铁路较多地依靠铁道部的专项资金，是市场准入条件最高，垄断性最强的领域；民航领域超过三分之一利用地方自筹资金，这是因为很多地方政府认为建设机场对于拉动当地经济意义重大；水运领域的主要资金来源为企事业单位资金，一定程度上反映了我国水运领域经营权下放的现状。这些数据也反映出我国交通基础设施领域不同分支之间的运行、管理都存在很大差异，各部门之间缺乏统一管制的局面。

**1998—2003 年交通投资来源结构**（单位：%）　　　　　　　表 8-2

| 项　　目 | 公　路 | 铁　路 | 水　运 | 航　空 |
|---|---|---|---|---|
| 国家预算内投资 | 5.6 | 8 | 2 | 1 |
| 专项资金 | 9 | 36 | 9 | 26 |
| 国内贷款 | 39 | 25 | 20 | 21 |
| 利用外资 | 3 | 3 | 5 | 7 |
| 地方自筹资金 | 33 | 8 | 13 | 35 |

续上表

| 项 目 | 公 路 | 铁 路 | 水 运 | 航 空 |
|---|---|---|---|---|
| 企事业单位资金 | — | — | 41 | — |
| 国债 | — | 3 | — | 3 |

注:①数据来源于本讲参考文献[4];

②公路及水运数值根据固定资产投资额计算,航空及铁路根据基本建设投资额计算。数据来源于历年《从统计看民航》《交通统计资料汇编》及《铁路统计资料汇编》中的统计数据;

③由于部分数据难以查到而缺失,对某一种类型的各项投资所占百分比不一定是100%,而是小于100%。

我国重大基础设施项目的建设资金来源经历了以下变化过程:财政资金-政府性投资公司资金-外国企业资金-国有企业资金-民营企业资金-社会个人投资者资金。前面的成分逐渐减少,后面的成分逐渐增加。

我国重大交通设施项目的运作方式经历了一个市场化程度不断提高的过程:政府建设、政府经营-政府建设、非政府经营-非政府建设、非政府经营。这里前面的模式并未被后面的模式所取代,而是逐渐多元的过程。

我国重大交通设施项目的融资方式经历了如下变化过程:财政出资-银行贷款间接融资-资本市场直接融资。这里不表示前者完全转变为后者,而是表示融资手段逐步多元化,融资成本逐步降低的趋势。尤其要指出的是,尽管有了多种资本市场直接融资的手段,银行贷款仍然是目前重大基础设施项目的最主要融资方式。

近年来为了减少各级政府的投资压力,国家在大力推进 PPP 模式(Public-Private-PartnerShip,是政府与私营企业长期合作提供公共产品或者服务的一种投、融资模式)。国家发改委于 2016 年发布了 13 个 PPP 项目的成功案例,涉及水利设施、市政设施、交通设施、公共服务、资源环境等多个领域,涵盖 BOT、TOT、BOO 等多种操作模式。这些项目是各地引入市场机制、推进 PPP 模式的有益探索,在社会资本选择、交易结构设计、回报机制确定等方面具有一定参考价值,有关各方在参与和开展 PPP 项目时可积极学习借鉴。

下面利用 5 个案例考察我国交通基础设施领域的政府与市场的参与情况[5,6]。

**【案例1】** 上海南浦大桥工程

南浦大桥于 1988 年 12 月 15 日动工,1991 年 12 月 1 日建成通车,是 1991 年上海市政府"头号工程"。

大桥累计投资 8.18 亿元人民币,由久事公司和上海城市建设基金会共同投资。工程利用亚洲开发银行贷款 7000 万美元,并有数家国际商业银行为该项目提供了联合贷款,其余部分来源于政府城建资金。

南浦大桥工程是中国第一个亚行贷款项目。大桥计划通过收取车辆过桥费还款并取得利润。

主要特点:利用外国银行贷款,间接融资,存在还本付息压力。

**【案例2】** 南浦大桥、杨浦大桥、打浦路隧道、徐浦大桥经营权转让

南浦大桥和杨浦大桥建设总投资分别为 8.2 亿元和 13.3 亿元,这两座桥分别于 1991 年 12 月和 1993 年 10 月建成通车。1995 年前,两桥由建设投资方久事公司和城投公司共同经营、收益。1994 年底,两家国有投资公司将两座大桥连同政府投资建设的打浦路隧道 20 年经营权 45% 的股份一起转让给香港中信泰富集团,成立合资项目公司"浦江隧桥",合同期限自 1995 年 1 月至 2014 年 12 月。转让两座大桥、一条隧道共回收城建资金 24 亿元,用于随后开

始的徐浦大桥项目。总投资 20.5 亿元的徐浦大桥建成后也归入"浦江隧桥"名下，中信泰富集团占 45% 股份，20 年收益权。

主要特点：政府建设，然后移交外资公司，是典型的 TOT 模式，效率不高。

**【案例 3】** 泉州刺桐大桥项目

刺桐大桥位于福州厦门的 324 国道上，其建设规模为福建省特大型公路桥梁之一，被列为福建省的重点建设项目。总投资 2.5 亿元人民币，是我国第一例利用民营资本、采用 BOT 投资方式建设的基础设施项目。1995 年 5 月 18 日正式开工，1996 年 11 月 18 日竣工试通车，工期仅 18 个月，比原计划 3 年的工期提前一半。

泉州刺桐大桥的建设采用的是公司型合资结构，4 家公司（其中 1 家民营公司和 3 家国有企业）于 1994 年 5 月 28 日以 60:15:15:10 的比例出资注册成立泉州刺桐大桥投资开发有限公司，注册资金 6000 万元一次性到位。项目投资者在合资协议的基础上组成了四方代表参加的最高管理决策机构董事会，董事会拥有成员 7 名，名额按出资比例分配，名流实业股份有限公司占了 4 席。董事会负责项目的建设、资本注入、生产预算的审批和经营管理等一系列重大决策。

刺桐大桥的资金结构包括股本资金和债务资金两种形式。项目的 4 位直接投资者在 BOT 模式中所选择的融资模式是由项目投资者直接安排项目的融资，并且项目投资者直接承担起融资安排中相应的责任和义务。这是一种比较简单的项目融资模式。大桥运营后的收入所得，根据与贷款银行之间的现金流量管理协议进入贷款银行监控账户，并按照资金使用优先顺序的原则进行分配，即先支付工程照常运行所发生的资本开支、管理成本，然后按计划偿还债务，盈余资金按投资比例进行分配。

主要特点：BOT 作为基础设施项目融资较为普遍采用的一种方式。

其优点如下：

（1）使急需建设而政府一时无力投资的基础设施项目得以提前建成，提前发挥经济和社会效益。

（2）建设资金来源于外商或民间企业，减少了政府的财政负担和财务风险。

（3）有关贷款机构对外商或民间企业的贷款要求比对政府来得严格，有利于更好地控制项目风险。

（4）外商或民间企业为获得更多收益，必然强化项目管理，有利于控制成本和提高效率。

**【案例 4】** 磁悬浮列车计划

2003 年 1 月建成通车的上海磁悬浮列车工程是世界上第一条投入商业运营的磁悬浮列车交通线，由上海申通集团有限公司、上海汽车工业总公司等 8 家企业共同组成的注册资本为 30 亿元的磁悬浮交通发展有限公司承担，项目总投资 89 亿元，有 1.88 亿元以信托方式筹得。

2002 年 9 月 8 日，上海国际信托投资有限公司推出"上海磁悬浮交通项目股权受益权投资计划"，这是国内第一个股权信托计划。信托资金总规模 1.88 亿元人民币，个人认购起点 5 万元，以万元增加，期限 18 个月，预期年收益率为 3.80%，项目收益将主要来源于以下 3 个方面：

（1）线路的营运收入。

（2）沿线的土地开发。

（3）当项目正式投入商业运营后，如果股权收益率低于 6% 时，市政府将给予一定的财政补贴。

该项目受到市民的热烈欢迎，1.88 亿元总发售量在 1 小时内售完。

主要特点:在有效调动了社会零散资本的同时,分散了筹资人自身的风险。向社会公开发行信托凭证的筹资方式,一方面作为直接向市场融资的方式,融资成本较低;另一方面将项目公司的财务风险分散至大量的信托认购者。而多方委托贷款一方面分散了风险,另一方面借款人所需支付利率低于银行贷款利率,也有利于节约成本。同时,两者均无须政府财政担保,政府没有风险。

基础设施项目公司上市筹资和发行企业债券筹资也已在上海等一些大城市建设中得到运用。由于城市基础设施项目具有一定自然垄断性,收益稳定,风险较低,因而随着我国金融市场的完善和市民投资理财意识的增强,类似的融资方式有望更多地用于基础设施建设领域。

【案例5】 北京地铁4号线项目(国家发改委发布的PPP模式成功案例)

(1)项目概况

北京地铁4号线是北京市轨道交通路网中的主干线之一,南起丰台区南四环公益西桥,途经西城区,北至海淀区安河桥北,线路全长28.2km,车站总数24座。4号线工程概算总投资153亿元,于2004年8月正式开工,2009年9月28日通车试运营,目前日均客流量已超过100万人次。

北京地铁4号线是我国城市轨道交通领域的首个PPP项目,该项目由北京市基础设施投资有限公司(简称"京投公司")具体实施。2011年,北京金准咨询有限责任公司和天津理工大学按国家发改委和北京市发改委要求,组成课题组对项目实施效果进行了专题评价研究。

评价认为,北京地铁4号线项目顺应国家投资体制改革方向,在我国城市轨道交通领域首次探索和实施市场化PPP融资模式,有效缓解了当时北京市政府投资压力,实现了北京市轨道交通行业投资和运营主体多元化突破,形成同业激励的格局,促进了技术进步和管理水平、服务水平的提升。从实际情况分析,4号线应用PPP模式进行投资建设已取得阶段性成功,项目实施效果良好。

(2)运作模式

①具体模式

4号线工程投资建设分为A、B两个相对独立的部分。其中,A部分为洞体、车站等土建工程,投资额约为107亿元,约占项目总投资的70%,由北京市政府国有独资企业京投公司成立的全资子公司4号线公司负责;B部分为车辆、信号等设备部分,投资额约为46亿元,约占项目总投资的30%,由PPP项目公司北京京港地铁有限公司(简称"京港地铁")负责。京港地铁是由京投公司、香港地铁公司和首创集团按2:49:49的出资比例组建。

4号线项目竣工验收后,京港地铁通过租赁取得4号线公司的A部分资产的使用权。京港地铁负责4号线的运营管理、全部设施(包括A和B两部分)的维护和除洞体外的资产更新,以及站内的商业经营,通过地铁票款收入及内商业经营收入回收投资并获得合理投资收益。

30年的特许经营期结束后,京港地铁将B部分项目设施完好、无偿地移交给市政府指定部门,将A部分项目设施归还给4号线公司。

②实施流程

4号线PPP项目实施过程大致分为两个阶段:第一阶段为由北京市发改委主导的实施方案编制和审批阶段;第二阶段为由北京市交通委主导的投资人竞争性谈判比选阶段。

经市政府批准,北京市交通委与京港地铁于2006年4月12日,正式签署了《特许经营协议》。

③协议体系

特许经营协议是 PPP 项目的核心，为 PPP 项目投资建设和运营管理提供了明确的依据和坚实的法律保障。4 号线项目特许经营协议由主协议、16 个附件协议以及后续的补充协议共同构成，涵盖了投资、建设、试运营、运营、移交各个阶段，形成了一个完整的合同体系。

④主要权利义务的约定

a. 北京市政府

北京市政府及其职能部门的权利义务主要包括：

建设阶段：负责项目 A 部分的建设和 B 部分质量的监管，主要包括制定项目建设标准（包括设计、施工和验收标准），对工程的建设进度、质量进行监督和检查，以及项目的试运行和竣工验收，审批竣工验收报告等。

运营阶段：负责对项目进行监管，包括制定运营和票价标准并监督京港地铁执行，在发生紧急事件时，统一调度或临时接管项目设施；协调京港地铁和其他线路的运营商建立相应的收入分配分账机制及相关配套办法。

此外，因政府要求或法律变更导致京港地铁建设或运营成本增加时，政府方负责给予其合理补偿。

b. 京港地铁

京港地铁公司作为项目 B 部分的投资建设责任主体，负责项目资金筹措、建设管理和运营。为方便 A、B 两部分的施工衔接，协议要求京港地铁将 B 部分的建设管理任务委托给 A 部分的建设管理单位。

运营阶段：京港地铁在特许经营期内利用 4 号线项目设施自主经营，提供客运服务并获得票款收入。协议要求，京港地铁公司须保持充分的客运服务能力和高效的客运服务质量，同时须遵照《北京市城市轨道交通安全运营管理办法》的规定，建立安全管理系统，制定和实施安全演习计划以及应急处理预案等措施，保证项目安全运营。

在遵守相关法律法规，特别是运营安全规定的前提下，京港地铁公司可以利用项目设施从事广告、通信等商业经营并取得相关收益。

（3）借鉴价值

①建立有力的政策保障体系

北京地铁 4 号线 PPP 项目的成功实施，得益于政府方的积极协调，为项目推进提供了全方位保障。

在整个项目实施过程中，政府由以往的领导者转变成了全程参与者和全力保障者，并为项目配套出台了《关于本市深化城市基础设施投融资体制改革的实施意见》等相关政策。为推动项目有效实施，政府成立了由市政府副秘书长牵头的招商领导小组；发改委主导完成了 4 号线 PPP 项目实施方案；交通委主导谈判；京投公司在这一过程中负责具体操作和研究。

②构建合理的收益分配及风险分担机制

北京地铁 4 号线 PPP 项目中政府方和社会投资人的顺畅合作，得益于项目具有合理的收益分配机制以及有效的风险分担机制。该项目通过票价机制和客流机制的巧妙设计，在社会投资人的经济利益和政府方的公共利益之间找到了有效平衡点，在为社会投资人带来合理预期收益的同时，提高了北京市轨道交通领域的管理和服务效率。

a. 票价机制

4 号线运营票价实行政府定价管理,实际平均人次票价不能完全反映地铁线路本身的运行成本和合理收益等财务特征。因此,项目采用"测算票价"作为确定投资方运营收入的依据,同时建立了测算票价的调整机制。

以测算票价为基础,特许经营协议中约定了相应的票价差额补偿和收益分享机制,构建了票价风险的分担机制。如果实际票价收入水平低于测算票价收入水平,市政府需要根据其差额给予特许经营公司补偿。如果实际票价收入水平高于测算票价收入水平,特许经营公司应将其差额的 70% 返还给市政府。

b. 客流机制

票款是 4 号线实现盈利的主要收入来源,由于采用政府定价,客流量成为影响项目收益的主要因素。客流量既受特许公司服务质量的影响,也受市政府城市规划等因素的影响,因此,需要建立一种风险共担、收益共享的客流机制。

4 号线项目的客流机制为:当客流量连续 3 年低于预测客流的 80%,特许经营公司可申请补偿或者放弃项目;当客流量超过预测客流时,政府分享超出预测客流量 10% 以内票款收入的 50%、超出客流量 10% 以上的票款收入的 60%。

4 号线项目的客流机制充分考虑了市场因素和政策因素,其共担客流风险、共享客流收益的机制符合轨道交通行业特点和 PPP 模式要求。

③建立完备的 PPP 项目监管体系

北京地铁 4 号线 PPP 项目的持续运转,得益于项目具有相对完备的监管体系。清晰确定政府与市场的边界、详细设计相应监管机制是 PPP 模式下做好政府监管工作的关键。

4 号线项目中,政府的监督主要体现在文件、计划、申请的审批,建设、试运营的验收、备案,运营过程和服务质量的监督检查 3 个方面,既体现了不同阶段的控制,同时也体现了事前、事中、事后的全过程控制。

4 号线的监管体系在监管范围上,包括投资、建设、运营的全过程;在监督时序上,包括事前监管、事中监管和事后监管;在监管标准上,结合具体内容,遵守了能量化的尽量量化,不能量化的尽量细化的原则。

### 4. 政府的角色

《1997 年世界发展报告:变革世界中的政府》提出要重新思考关于政府的基本问题:"它的角色是什么?它能或不能做什么?以及它如何能做得最好?"政府角色问题之所以重要,是因为"没有一个有效的政府,无论是经济还是社会的可持续发展都是不可能的"。在我国推动土木规划的进程中,政府应该扮演好以下几方面的角色。

(1)全局意义上的规划者与领导者

土木规划最基本的思想就是系统工程的思想,能够把全社会的基础设施当作一个系统来考虑和规划,只有政府才能做到。只有通过行政手段,才能打破我国目前各类基础设施相对独立的局面,才能站在社会进步与经济发展的立场上来统一进行社会公共基础设施的规划。一般来说,政府要做好全局意义上的规划者与领导者,应该做好以下几个方面的工作:

①基础设施的发展必须与经济发展水平相适应并适当超前。从总量上看,基础设施的发展不能落后于经济发展的需要,但同时也应注意基础设施的永久属性,基础设施一旦建成,将为社会服务相当长的一段时间,而且基础设施的重建相当困难,基础设施的不足将成为经济发

展的瓶颈。政府应根据经济发展的水平与发展的走势科学地制定基础设施的中长期规划,消除市场的盲目性,提高基础设施的投资效率。

②基础设施必须统筹规划,协调发展,注意贯穿土木规划的思想。以交通基础设施为例,应该认识到各类交通方式要交织成为一个网络,才能更好地为经济发展服务,单一的对某一类基础设施进行规划,不能达到网络的最优效果,也有可能造成各类基础设施功能重叠,造成资源浪费。另外,由于基础设施具有较强的外溢性,投资额巨大,沉淀资本又多,对生态环境的影响力强,特别是随着我国基础设施市场化进程的向前推进,随着企业、个人、外资等进入基础设施投资领域,基础设施的投资主体开始呈现多元化,政府必须统筹规划基础设施,才能避免重复建设造成的资源浪费和环境破坏。

③按一定的顺序发展基础设施。基础设施能否对经济发展发挥现行资本的基础性作用,不仅在于基础设施的总投资水平高低,而且在于认识并遵循不同基础设施的发展顺序也是保证为经济发展成功地提供基础设施的决定因素。基础设施是一个外延较大的概念,包括的种类较多,不同种类的基础设施在经济发展的不同阶段所起的作用是不同的。政府应根据经济水平不同的发展阶段和不同地区的经济水平差异,优先发展最需要的基础设施,同时考虑到在未来时期内的优先顺序。

④创造优越的土木规划的规划环境。政府应注意根据经济发展的需要,改革规划机制与机构,科学有效地推动土木规划进程;同时应注意营造良好的投融资环境,制造激励机制,鼓励基础设施投资多元化,大力发展社会公共基础设施。

（2）游戏规则的制定者与监管者

政府作为土木规划的有效监管者,实质上是对于市场机制的运行进行监督和管制。政府监督的目的是通过完善法律法规实现的,必须承认市场机制的运行存在一定的规律,但大规模的基础设施的提供不能依赖市场机制本身。政府需要根据国家经济发展对于社会公共基础设施的需求,制定相应的政策、法规、法律来限制、引导市场活动。法律的稳定性、普遍性是土木规划得以顺利推行的重要保障,用于统筹规划,规范秩序,保障各规划主体、建设单位和使用者的权益。我国的基础设施法律领域的现状令人担忧,还没有出台一部系统描述整个社会公共基础设施领域的法律,加强法制建设,完善规划环境是我国走土木规划道路的必备条件。但同时应注意完善立法绝不能一味抄袭发达国家的经验,可行、高效的立法应建立在对国情的充分了解与实事求是的基础上。

政府管制是指由政府机构制定并执行的直接干预市场配置机制或间接改革企业和消费者的供需决策的一般规则或特殊行为,它是政府干预经济的方式之一。政府管制对于基础设施领域是非常必要的,尤其是对于基础设施生产和供给的市场化运作方式。"在任何情况下,民营化的基础设施特许权都需要有效的政府规制"。这是因为一方面基础设施是自然垄断产业,自然垄断产业存在规模经济,一家企业垄断经营,就容易形成垄断价格,给消费者带来损失;同时相同的企业会因为这家垄断企业高额利润的吸引,进入产业与之竞争,这样就与规模经济相矛盾,造成生产成本的提高。这就要求政府管制,以保证适度竞争,防止过度竞争造成的损失。另一方面,对于具有外部性的基础设施,政府管制的必要性在于外部性不能通过市场机制形成收益获取和成本补偿机制。科斯❶（R. H. Coase）认为这是由以下两个原因造成的:缺乏明确界定的产权;存

---

❶ 罗纳德·哈里·科斯（Ronald H. Coase）——新制度经济学的鼻祖,为1991年诺贝尔经济学奖的获得者。

在交易成本。政府管制的作用在于明确产权和削减交易成本。

（3）具体规划中的合作者和支持者

在宏观上，政府应注意把握全局，作为领导者与监管者有力控制国家社会公共基础设施的投放与供应。在微观意义的规划领域，如某地区高速公路网规划中，政府应与民间建立公私伙伴关系，形成亲善市场的、协调增效的公共事务的良好治理状态。在这一微观层面上，政府与企业或社会组织的关系不再是控制与被控制关系、领导与被领导关系，而是合同关系和平等伙伴关系，它们共同分担风险、责任和回报。政府应扮演好合作者和支持者的角色，做好以下工作。

①政策支持

首先，遵循土木规划的思想，规划直到具体的基础设施被建设完成以后才能视为"结束"。政府不仅要负责制订规划方案，更要努力帮助实现规划。政府应积极推动在基础设施领域中引入市场机制，对原来的基础设施管理体制作重大改革，建立新的游戏规则，培植新的市场主体，实现以上这些目标都需要政府的政策支持和引导。

其次，我国基础设施市场化的实质是民间资本的"基础设施化"，如何更有效地激励民营企业、吸引民间资本，就需要政府制定公平、合理、开放的市场准入政策和投资政策，通过建立一套明智的政策框架，来阐明国家的发展战略、近期的发展目标、重点进行的建设项目，为投资者形成一个稳定的预期，提供一个适宜的政策环境。

②制度支持

根据基础设施发展的需要，消除政府对基础设施产业不必要的干预，扩大市场机制作用的范围，是营造良好土木规划环境进程中需要着力解决的问题，但这并不意味着政府的简单退出。政府作为基础设施管理体制创新的主体，应该为基础设施市场化的健康发展提供制度支持。因为"制度"是通过一种机制而建立的社会秩序，相对于政策来讲它是更加稳定和持久的游戏规则。主要内容包括以下几个方面：

首先，稳定的经济环境和自由市场经济体制。基础设施市场化之所以在最早发生和成熟于发达国家，是因为发达国家的市场经济体制较完善，有良好的投资环境，竞争的过程和程序有市场游戏规则的保证。

其次，一个稳定的政治环境。基础设施建设关系到国计民生，投资和建设的周期长。例如特许权是一国政府与民间的协定，为了降低投资的风险，必须保证政治环境的稳定。

最后，完善的资本市场运行规则和准则。包括市场准入制度、信息披露的动态监控和事后检查制度、招投标制度等。以市场准入制度为例，它是关于市场主体和交易对象进入市场的有关准则和法规，是政府对市场管理和经济发展的一种制度安排。具体通过政府有关部门对市场主体的登记、发放许可证、执照等方式来实现。市场准入制度制定得合理与否直接关系到市场主体的进入门槛和成本，从而影响着基础设施市场化的发展。因此，政府提供合理的制度支持是非常必要的。

（二）规划体制的现状（以交通基础设施领域为例）

1. 规划部门

为优化交通运输布局，发挥整体优势和组合效率，加快形成便捷、通畅、高效、安全的综合运输体系，组建中华人民共和国交通运输部，简称交通运输部。交通运输部是根据 2008 年国务院机构改革方案,在原交通部的基础上组建的,国家民用航空局、国家邮政局等部门均在此次"大部制"改革中划归交通运输部管理。2013 年 3 月为实行铁路政企分开,将铁道部拟定铁路发展规划和政策的行政职责划入交通运输部;组建国家铁路局,由交通运输部管理,承担铁道部的其他行政职责。"负责组织拟定综合交通运输发展战略和政策,组织编制综合交通运输规划,拟订铁路、公路、水路发展战略、政策和规划,指导综合交通运输枢纽规划和管理;国家铁路局参与研究铁路规划,中国民用航空局、国家邮政局拟定民航、邮政行业规划,交通运输部负责衔接平衡。参与拟订物流业发展战略和规划,拟订有关政策和标准并监督实施",是交通运输部的重要职责之一。

在此之前,中国实行的交通管理体制是在计划经济条件下形成的分散管理模式,即按运输方式从中央到地方政府分别设立若干交通主管部门,分别对各种运输方式实行条条管理。

对我国 2008 年 3 月之前交通基础设施规划的管理部门情况整理见表 8-3[7]。

**2008 年 3 月前我国交通基础设施规划的管理部门现状❶**　　　　　　　　表 8-3

| 基础设施类型 | 管 理 部 门 | 规 划 职 责 |
|---|---|---|
| 铁路 | 铁道部 | 拟定铁路发展方针政策、对各类铁路协调监督,组织铁路网规划。国家的铁路网规划由铁道部起草,国务院讨论审批 |
| 公路 | 中央政府设交通部;省、自治区、直辖市人民政府内设交通厅(局) | 公路网规划分别按国家、省(自治区、直辖市)、地(市)、县行政区划,由各级交通主管部门负责组织编制。交通部负责拟定公路建设和道路运输的行业政策、规章和技术标准;编制国道主干线、国道网规划。地方政府公路运输管理机构负责拟订公路客货运输场(站)建设计划;编制相应等级的公路规划 |
| 水路 | 交通部,交通部设三个航务管理局;各省交通厅设航港管理局 | 交通部负责拟定水运基础设施建设的规划、水路运输的行业政策、规章和技术标准;负责水运基础设施建设相关项目的管理 |
| 民用航空 | 中国民航总局与地区管理局 | 制定民航空管系统的需求和发展战略;编制民航空管系统中长期发展规划与年度建设计划。全国民用机场的布局和建设规划,由国务院民用航空主管部门会同国务院其他有关部门制定,并按照国家规定的程序,经批准后组织实施 |
| 管道运输 | 国家发展与改革委员会 | 负责对管道运输有关行业规划、行业政策进行归口管理 |
| 城市道路/地铁 | 建设部与各地方政府 | 建设部拟定方针政策;各地方政府针对地区情况规划城市道路与地铁建设,并筹集建设资金 |

对于规划体制的研究帮助我们发现我国的基础设施规划存在着一个根本性的问题,即"系统"的思想并未被贯彻,各个规划部门各司其职,仅仅是在交通运输领域,也有多家政府部门负责规划,在规划时缺乏统筹的考虑。

---

❶ 2008 年 3 月 23 日,新组建的交通运输部正式挂牌。新组建的交通运输部整合了原交通部、原中国民用航空总局的职责以及原建设部的指导城市客运职责,并负责管理国家邮政局和新组建的国家民用航空局。交通运输部的主要职责是拟订并组织实施公路、水路、民航行业规划、政策和标准,承担涉及综合运输体系的规划协调工作,促进各种运输方式相互衔接等。2013 年 3 月 10 日,中国国务院机构改革和职能转变方案表明,为实行铁路政企分开,将铁道部拟定铁路发展规划和政策的行政职责划入交通运输部;组建国家铁路局,由交通运输部管理,承担铁道部的其他行政职责;组建中国铁路总公司,承担铁道部的企业职责;不再保留铁道部。2013 年 3 月 14 日,原铁道部撤销,中国铁路总公司正式成立。

曾经,国家发展与改革委员会下设交通运输司,统筹负责综合交通运输体系的规划,但最后针对具体某一种类型的交通基础设施规划依然要落实到交通部、铁道部等各部委,因此对于综合规划的影响较小。这是因为政府并未明确国家发展与改革委员会的权利,而仅仅是有利用该机构来进行综合规划的趋向。

2008年3月,交通运输部成立,整合了原交通部、原中国民用航空总局的职责以及原建设部的指导城市客运职责,并负责管理国家邮政局和新组建的国家民用航空局。2013年,国家铁路局并入交通运输部,基本形成了有利于交通基础设施一体化统一规划的大交通格局。

2. 政企分开

改革开放以来,为了建立社会主义市场经济体制,政府逐渐开始按照市场经济的要求,转变政府职能,推行政企分开,这样既使原有基础设施运营企业成为独立的市场主体成为可能,也使政府提供公平的市场、竞争环境成为可能。1984年,根据《中共中央关于经济体制改革的决定》,交通部率先对交通体制进行了改革,提出了"转变职能、政企分开、下放权力"的改革原则和要求。

民航方面,国家民航总局早在1985年就开始了政企分开的试点工作,到1992年完全实现了从民航总局到下面企业的政企分开。民航总局和各地区管理局作为国家管理民航事业的政府机构,均不再直接进行企业经营活动,只行使行业管理职能,主要是制定标准、制度、规章,搞好协调服务。目前已有十多家骨干企业与地方合资成立了有限责任公司。南方航空公司的股票已被批准在美国和国内上市,海南省已率先成立了海南机场股份有限责任公司。深圳、厦门和上海虹桥机场则先后在深交所、上交所上市。

铁路方面,当前中国铁路管理体制正酝酿重大改革,即预计用10年左右的时间,对全路进行"网运分离"的改造,把具有自然垄断性的国家铁路网基础设施管理与具有竞争性的铁路客货运输经营分开;全国铁路将组建成若干客运公司、货运公司和一家路网公司;客、货运公司将成为使用路网进行运输经营的完全独立的市场个体。政府铁路主管部门的职能转向宏观管理和行业管理,不再干预铁路企业的日常经营活动。2013年3月10日,为实行铁路政企分开,国务院将铁道部拟定铁路发展规划和政策的行政职责划入交通运输部;组建国家铁路局,由交通运输部管理,承担铁道部的其他行政职责;组建中国铁路总公司,承担铁道部的企业职责;不再保留铁道部。2013年3月14日,原铁道部撤销,中国铁路总公司正式成立。

在其他交通基础设施领域,"政企分开"改革都在以不同的方式进行,以便更好地服务于市场机制。"政企分开"的体制改革是符合土木规划思想的,未来的"网运分离"中的"网"将是综合交通网,成为土木规划的对象,国家设立相关部门对这个综合运输网进行规划和控制;而现有各相关部门如铁路总公司、交通部、建设部保留对于"运"的管理,而对于"网"的权利将会转移到相应的专门的规划部门。这样,与社会公共基础设施(至少是交通基础设施)相关的主体至少有3方,即网络的规划者与建设者,网络的管理者与网络的使用者。各方权利明确,相互制约,社会公共基础设施的投放效率也就提高了。

## (三)规划法律法规的现状(以交通运输领域为例)

"十五"期间,我国交通法制建设实现历史性突破,《港口法》《道路运输条例》《收费公路管理条例》《国际海运条例》等法律法规先后颁布实施,制定和修订了54件部颁规章,精简了48%的行政审批项目,清理废止了247件部颁规章。

公路领域的法制法规建设开始得比较早,相对于其他交通运输领域也发展得比较完善。从可查到的最早的法规开始,我国颁布了以下的重要法律法规。这些法律法规在一定程度上确定了公路建设的资金来源与筹资部门,并在一定程度上反映了我国公路基础设施建设的政策变化。一些重要的法律法规如下:

1939年《公路征收汽车养路费规则》;

1950年《公路养路费征收暂行办法(修正草案)》;

1953年《公路养路费征收暂行办法》;

1960年《公路养路费征收和使用的暂行规定》;

1979年《公路养路费征收和使用的规定》;

1987年《中华人民共和国公路管理条例》;

1990年《公路网规划编制方法》。

1997年7月3日,《中华人民共和国公路法》(根据1999年10月31日第九届全国人民代表大会常务委员会第十二次会议《关于修改〈中华人民共和国公路法〉的决定》修正;2004年8月28日,中华人民共和国主席令第十九号发布的《关于修改〈中华人民共和国公路法〉的决定》将本文修正)

公路领域:法律法规有很大一部分是围绕着"养路费"展开讨论的。养路费一直是我国公路建设资金的重要来源。关于公路养路费的沿革和交通税费改革的情况是,1996年以前,公路养路费作为预算外资金管理,实行"统收统支、收支两条线"[8]。早在1950年,原政务院就制定了"用路者养路"的政策,对汽车、拖拉机征收公路养路费,同年交通部颁发了《公路养路费征收暂行办法》。1987年,国务院发布的《中华人民共和国公路管理条例》第18条规定:"拥有车辆的单位和个人,必须按照国家规定,向公路养护部门缴纳养路费。"1991年,交通部、财政部、原国家计委、原国家物价局联合发布了《公路养路费征收管理规定》。从1996年起,根据《国务院关于加强预算外资金管理的决定》,公路养路费纳入地方财政预算管理,即收入应当由地方交通主管部门全部上缴地方国库,支出通过地方财政预算安排,实行专款专用。1997年,全国人大常委会审议通过的《中华人民共和国公路法》第36条规定:"公路养路成本采取征收燃油附加费的办法""燃油附加费征收办法施行前,仍实行现行的公路养路费征收办法"。1999年,全国人大常委会对《中华人民共和国公路法》作了修改,将第36条修改为:"国家采用依法征税的办法筹集公路养护资金,具体实施办法和步骤由国务院规定。"这些修改实际上体现了我国进行税费改革的政策走向,但引起了社会上的一些讨论。于是根据《中华人民共和国公路法》的规定,国务院有关部门共同制定了《交通和车辆税费改革实施方案》,2000年10月经国务院批准后发布。《交通和车辆税费改革实施方案》规定:"在车辆购置税、燃油税出台前,各地区和有关部门要继续加强车辆购置附加费、养路费等国家规定的有关政府性基金和行政事业性收费的征管工作,确保各项收入的足额征缴。"交通税费改革是依《中华人民共和国公路法》的授权,由国务院决定分步骤进行的,在燃油税没有出台前,各地仍按照现行规定征收公路养路费等交通规费,是符合法律规定的。

同时,为加强农村公路的管理和养护,确保公路完好畅通,2005年《国务院办公厅关于印发农村公路管理养护体制改革方案的通知》明确规定,公路养路费(包括汽车养路费、拖拉机养路费和摩托车养路费)应主要用于公路养护,首先保证公路达到规定的养护质量标准,并确保一定比例用于农村公路养护,如有节余,再安排公路建设。

从实际使用的情况来看,自 2003 年以来,全国每年征收的公路养路费中,用于公路日常养护、小修保养、大中修和改建工程的成本比例约占 45%;用于公路新建项目补助的公路建设成本约占 15.5%;用于农村公路养护和建设补助的成本约占 15%;用于生产设施费、科研教育费、路政管理费、路况及交通量调查费等的公路养护事业费约占 15%;用于职工劳动保险、退休离休人员费等其他支出约占 4%;地方财政安排用于交警经费约占 2.5%;按照国务院规定划入地方水利建设基金约占 3%。

在规划方法方面,1990 年出台的《公路网规划编制方法》详细地规定了公路网规划的流程与格式、规划中需要考虑的各方面问题,但是这种规划方法依然停留在传统的规划意义上,以方案的最终出台为目标,但是其意义在于使规划过程标准化,有利于提高规划的科学性。目前,交通运输部有关部门正在修编该规划办法,新的版本将会出台。

铁路领域:仅有一部法律,就是 1990 年 9 月 7 日第七届全国人民代表大会常务委员会第十五次会议通过的《中华人民共和国铁路法》。2009 年 8 月 27 日,第十一届全国人民代表大会常务委员会第十次会议《关于修改部分法律的决定》对其进行了第一次修正,根据 2015 年 4 月 24 日第十二届全国人民代表大会常务委员会第十四次会议《关于修改〈中华人民共和国义务教育法〉等五部法律的决定》对其进行了第二次修正。在现行铁路法的第三章铁路建设中涉及规划的规定如下:

"第三十三条 铁路发展规划应当依据国民经济和社会发展以及国防建设的需要制定,并与其他方式的交通运输发展规划相协调。"

"第三十四条 地方铁路、专用铁路、铁路专用线的建设计划必须符合全国铁路发展规划,并征得国务院铁路主管部门或者国务院铁路主管部门授权的机构的同意。"

"第三十五条 在城市规划区范围内,铁路的线路、车站、枢纽以及其他有关设施的规划,应当纳入所在城市的总体规划。"

"铁路建设用地规划,应当纳入土地利用总体规划。为远期扩建、新建铁路需要的土地,由县级以上人民政府在土地利用总体规划中安排。"

民航领域:1995 年 10 月 30 日第八届全国人民代表大会常务委员会第十六次会议通过《中华人民共和国民用航空法》,之后进行了多次修正,现行的是根据 2017 年 11 月 4 日第十二届全国人民代表大会常务委员会第三十次会议《关于修改〈中华人民共和国会计法〉等十一部法律的决定》的第四次修正。其中,与规划相关的条例有:"第五十四条 民用机场的建设和使用应当统筹安排、合理布局,提高机场的使用效率。全国民用机场的布局和建设规划,由国务院民用航空主管部门会同国务院其他有关部门制定,并按照国家规定的程序,经批准后组织实施。省、自治区、直辖市人民政府应当根据全国民用机场的布局和建设规划,制定本行政区域内的民用机场建设规划,并按照国家规定的程序报经批准后,将其纳入本级国民经济和社会发展规划。"

"第五十五条 民用机场建设规划应当与城市建设规划相协调。"

"第五十六条 新建、改建和扩建民用机场,应当符合依法制定的民用机场布局和建设规划,符合民用机场标准,并按照国家规定报经有关主管机关批准并实施。不符合依法制定的民用机场布局和建设规划的民用机场建设项目,不得批准。"

"第五十七条　新建、扩建民用机场,应当由民用机场所在地县级以上地方人民政府发布公告。前款规定的公告应当在当地主要报纸上刊登,并在拟新建、扩建机场周围地区张贴。"

综上所述,不难看出我国社会公共基础设施法律法规仍然存在的一些问题。首先,公路领域的法律法规发展历史比较长,因为公路领域的市场准入条件比较低,相关法律法规着重解决资金来源的问题,围绕"养路费"问题反复修改,目的就是为了拓宽公路建设的资金来源。其次,各领域法律中对于规划问题涉及规划方面都较少,仅仅指明了规划部门,对于规划的具体细节没有起到约束、监管的作用。最后,各领域各自立法,缺乏一部统筹的法律把整个社会公共基础设施(至少是交通基础设施)整合在一起。

# 第二节　土木规划的规划政策研究

## 一、公共政策的内涵

一般而言,政策是指国家政权机关、政党、团体在一定历史时期为实现特定社会政治的、经济的、文化的目标等所制订的规划、计划和行为准则、规范。在政府的公共管理过程中,公共政策是政府行政的行为规范、行为准则或策略,是公共管理的一切法规、措施、办法等的总称。行政管理与公共政策是密不可分的,公共政策是行政管理的起点,并且贯穿行政管理的全过程。而公共政策是要依靠行政管理去推行的。从这个意义上讲,行政管理活动也可以归纳为是一种制定公共政策、选择公共政策、执行公共政策和评价公共政策的管理活动[9]。

首先,公共政策具有强烈的阶级性。一个政党、一个国家是把政策作为阶级统治的基本工具来运用的,这是不可否认的。不同的阶级、不同的政党,可以有不同的公共政策,但其本质都是相同的,那就是作为一个阶级、一个政党的控制手段、管理手段所运用。

其次,公共政策是各种利益关系的调节器。全体社会成员获得的整体利益是需要公平分配的,公共政策就是政府在特定时期、特定目标上进行公平分配社会利益的行为准则。

最后,公共政策的本质决定了它具有导向、控制和协调等基本功能。公共政策的导向功能,就是公共政策能够引导全社会公众政治的、经济的或文化的行为向政府所期望的方向发展。公共政策的控制功能,就是公共政策能够促进或制约全社会公众政治的、经济的或文化的行为按照政府规划的蓝图去发展。公共政策的协调功能,就是公共政策能够协调全社会公众政治的、经济的各种利益关系之间的矛盾。

## 二、国外的规划相关政策综述

纵观国外(尤其是发达国家)的社会公共基础设施规划领域(尤其是交通基础设施领域),不难得出一些共有的特点:

(1)法制化程度非常高,规划紧紧依靠法律,使规划的执行效率与科学性都得到了有力保障。

(2)重视发展综合交通运输系统,贯彻土木规划的思想,把基础设施规划与建设和社会公平、人民幸福、社会和谐、环境保护综合起来考虑。

(3)政府与市场角色分明,确保基础设施建设有足够、稳定的资金来源。

## （一）日本的土木规划特点

### 1. 规划建设法规完善，政府职责明确，依法管理[10]

日本与城市规划有关的国土规划法有《国土综合开发法》和《国土利用规划法》，根据这两个法制定的日本《全国土地利用规划》和《都道府县土地利用规划》具有指导城市规划的作用。日本的《城市规划法》通篇都贯穿着"法"，它的每一条文都有相关"法"的根据与保证。比如，城市基础设施规划就有《道路法》《停车场法》《下水道法》，街区开发规划里就有《工厂选址法》等。日本的市政府，市长下面设部，相当于我国的局，每个市有十来个部，一般不超过15个，而与城市规划建设有关的则有五六个部，有都市规划部、建设部、下水道部、环境部和规划推进部。政府各部门依法办事，效率高，没有出现我们经常碰到的违章建设之事。

### 2. 基础设施要超前建设

日本的经济高速发展起步于20世纪50年代，大量产业、人口向东京、大阪、名古屋这3大都市集聚，厂房住宅道路等建设全面铺开，日本政府于60年代初着手基础设施大规模更新。著名的铁路新干线高速列车就是在20世纪50年代末开工，1964年开通的。现在所看到服务中的大型设施，如地下铁、大型车站、地下街，多是20世纪60年代修建的，他们认为基础设施不但要超前，而且标准要高，他们一开始就这么认识，几十年后的今天，实践证明起先的超前与高标是正确的，只有这样才能适应社会经济的高速发展。

### 3. 重视城市交通设施的规划建设

日本国土小、人口多，并且大部分集中在东京、大阪、名古屋这3大都市圈内。这3大都市圈的面积仅占全国的24.7%，而人口却占全国的59.4%，人口密度大，交通是一个大问题。日本政府对于交通设施的建设极为重视，各大城市均采用多元化的交通工具，铁路、地铁、公共汽车以及市区与高架形式的城市快速路（都市高速道路）。城市客运以铁路和地铁为主，铁路与地铁在大都市纵横交错。在交通节点上都是多种多条线路重叠在一起设立车站，乘客换乘极为方便、省时。在土地私有制的国度里，开辟一条高速公路或铁路需花很高的土地成本，但是各城市政府还是大刀阔斧地进行交通设施建设。

### 4. 城市基础设施的资金来源多元化

实施基础设施规划需要大量的资金，日本的来源主要是靠邮政储蓄和退休基金，这两部分资金通过贷款转向基础设施建设。这些都是长期贷款，如1964年开通新干线，直到1992年才还清贷款。名古屋福祉大学一位对中国有研究的教授，在《中国城市规划与建设研讨会》上说，中国经济年增长10%以上，而城市的基础设施也应该有相应的速度进行建设，这样才能保有后劲。日本在高速增长期的基础设施投资，在总投资中高达20%。他建议中国予以借鉴，第一，他建议资金来源应多元化。第二，进行收费服务，如电力、燃气、水等，其价格应提到相应的水平。第三，土地的增值是必然的，应该把增值部分用于基础设施建设。在基础设施十分发达的东京，至今仍然在进行基础设施建设。首都高速公路公团负责建设的大桥JCT，在土地十分稀缺的情况下，采用了换地的模式，同时进行城市再开发，利用房地产开发筹措到必要的资金，达到了与周边社区的和谐共存，最终实现了共赢的目标，是一个十分值得借鉴的基础设施建设案例。

5.重视城市规划设计与城市规划管理

日本的城市规划设计全部由民间机构承担,每年的市情调查也全部委托民间咨询机构承担,政府只负责规划设计的审查与裁定。但这并不是说对规划不进行研究,相反,很多重大问题或重要地段开发,政府内部也进行一定的研究,这样他们才能正确评价咨询机构提出的设计,所以政府内部的规划管理人员的配备是相当多的,如大阪市人口265万人,城市规划部有374人,其中直接从事规划的都市规划课54人,建筑指导课36人。这样的人数比我国目前的配量多得多。日本民间咨询机构对于各种城市资料的收集与保存都非常重视。他们认为,政府官员经常更换,资料积累不起来,而咨询公司就有意识整理与保存资料。

## （二）美国交通发展政策综述

美国是市场经济发达的法制化国家,国家交通发展政策主要通过各类与交通相关的法案体现。具体的实施与落实则主要通过两条途径:一是由各级交通部门主管交通规划编制与交通建设资金的分配;二是由各级环境保护部门监督实施的各类交通环境保护政策。

长期以来,美国交通发展政策的制定主要围绕两个基本出发点:一是以人为本,体现公平,即在各类交通发展政策的制定中充分强调不论种族、肤色、受教育程度均应享受相对平等的交通出行权,政府交通投资效益应当最大限度地为大多数人平等享受。同时,在交通发展的过程中,越来越重视交通安全,重视人性化交通服务,充分考虑残疾人、老年人、儿童的安全和方便出行;二是支持社会的可持续发展,执行严格的环境保护政策。在进行公路等交通基础设施建设时,执行严格的交通环境影响评价,绝不允许通过环境的代价来提供交通出行的便利,对水环境、空气环境、重要的湿地、濒临灭绝物种实行严格保护。与环境相冲突的项目不能获得立法机构的资金批准,将国家交通发展与社会经济发展需要、国家能源政策与环境保护统筹协调规划[11]。

美国交通运输政策在资金分配方面的历史大致可以描述为:从20世纪30年代的以支持就业为主要目的的交通建设,至20世纪50~80年代的以支持国防与经济发展为主要目标、以国家州际高速公路为核心的交通基础设施建设进而转向20世纪90年代以支持人的全面发展、社会的可持续发展为目标的综合交通系统建设。美国现行主要交通发展政策主要由3部主要法律,5部相关法律组成。

3部主要法律为:

（1）1990年通过的多模式地面交通运输效率法案（1990 Intermodal Surface Transportation Efficient Act,简称ISTEA,又称"冰茶法案"）。

（2）1998年在冰茶法案的基础上制定了美国21世纪交通运输平等法案（Transportation Equity Act for the 21st Century,简称TEA-21,又称"续茶法案"）。

（3）空气清洁法1990修正案（Clean Air Act Amendment,简称CAAA）。

5部相关法律为:

（1）1969国家环境政策法（1969 National Environmental Policy Act of 1969）,该法案要求获得联邦资金资助的交通建设项目必须进行环境影响评估。

（2）美国残疾人法案（Americans with Disabilities Act）,该法案规定运输设施和服务必须为残疾人提供服务。

（3）清洁水法案（Clean Water Act）,该法案严格禁止运输设施和服务影响水质量的保护和湿地保护。

(4)濒危物种法案(Endangered Species Act)该法案从法律上确立运输设施和服务不能影响保护濒临灭绝的物种。

(5)1964年公民权利法案(the Civil Rights Act of 1964),该法案着力强调公民应平等享受交通投资产生的利益。

其中,1990年制定的"冰茶法案"是美国交通发展政策发生革命性转变的里程碑,它标志着美国交通运输发展转入以可持续发展为目标的综合运输发展阶段,彻底改变了过去以联邦投资州际高速公路为核心的发展思路,强调交通运输发展资金分配的柔性化(FLexibility Funding),强调在合适的时间、合适的地方(国家层面转至地方层面)提供合适的设施类型(从主要是公路扩大到公交铁路、航空等其他设施),在美国联邦交通运输发展资金的分配上实现了由国家级运输系统向地方运输设施的转变。在这个法案的推动下,交通基础设施由公路建设为主转向公交、铁路等多种运输设施及联运,交通运输系统由基础设施建设为主转向建设、安全与管理并重,交通运输发展的目标由支持国防与社会经济发展转向支持人的发展、高质量的社区生活最终走向社会的全面可持续发展:立法提出建立都市区规划组织(Metropolitan Planning Organization,简称MPO)进行都市化区域交通运输系统(以客运为主)统筹协调发展,并赋以MPO很大的规划制定与实施权利。规定人口大于50000的城市化区域要以MPO作为运输系统规划与设计的机构,在区域交通运输发展中扮演重要角色和担当重要责任;强调开展利用高新技术对传统运输系统进行改造,以提高传统交通运输系统的效率,重点支持智能交通系统研究。

1998年的"TEA-21"是1990年冰茶法案交通发展政策的延续和深化。"TEA-21"将改善交通安全摆在美国交通运输发展的首要位置,制定了提高安全带与安全气囊的使用率和效果、加强酒后驾车执法、加强货运交通安全管理、应用高新技术改善交通安全等全面改善交通运输安全的综合措施。"TEA-21"为重塑美国交通运输系统从法律上安排了大笔的资金预算,计划6年提供2173亿美元进行地面交通运输设施投资,其中,286亿完善国家公路系统,238亿用于州际公路养护,333亿用于铁路、公共交通等其他地面运输设施项目,204亿用于桥梁维护,81.2亿降低交通污染和空气质量改善,420亿用于改善公共交通,13亿用于开发与实施智能交通系统ITS。环境保护在"TEA-21"中也得到高度重视,安排81.2亿美元来降低交通拥堵进而改善空气质量并且规定其他地面运输设施建设项目资金中的10%,约30亿美元必须用在交通建设与文化设施、历史遗迹以及与社区景观的协调上。"TEA-21"的另一特点就是随着冷战的结束,美国霸主地位的确立以及经济全球化、一体化进程的发展,在"TEA-21"中明确提出需要建立确保美国全球竞争力的交通运输支持保障体系,主要包括提供一个平衡发展、可达性高、一体化以及高效率的运输系统确保美国的经济增长以及美国企业在全球的竞争力,进一步加强维系国防安全的公路,进一步加强建设国家重要贸易通道。"TEA-21"同时也强调交通运输行业作为国民经济中的基础产业其经济规模和就业人口在国民经济中占有重要地位,交通运输发展应尽可能多地为社会创造、提供就业机会。同时续茶法案也强调交通规划的重要性。都市区交通规划组织(MPOs)和州政府必须提供20年运输发展规划和3年运输改善规划(TIPS)。长期规划和运输改善计划必须受资金约束。"TEA-21"要求列出项目的资金来源,进行交通系统整体投资与经济发展水平的比较。"TEA-21"强调公众参与的重要性,要求一种主动式的公众参与过程,包括参与完成技术工作、政策信息的及时告示、对关键决策信息的完全可获取对长期规划与TIPS项目中的前期参与和连续参与的支持。

这两个法案标志着美国的国家交通运输发展认识的革命性转变。持续增长的交通拥挤、交通污染、交通事故,以及能源与土地资源的大量消耗,警示美国在制定交通发展政策时从浓重的"汽车情结"中走出来,深深地认识到只有充分发挥公路铁路、水运、航空与管道等多种运输方式的各自优势,并紧密衔接与配合大力发展公共交通系统,应用高科技提高现有交通运输系统效率,才能解开不断增长的交通运输需求与环境、能源、资源之间的矛盾,使交通运输发展走上可持续发展之路。

始终贯穿在美国交通发展政策中的另外一条主线就是交通运输发展中的环境保护政策。1955 年,美国制定空气污染控制法案(Air Pollution Control Act),将空气污染列入国家重点需要解决的问题并且指出其中交通尾气排放污染是最主要的空气污染源之一。首次在国家级法律中明确指出防治交通污染的重要性。1963 年制定清洁空气法案(Clean Air Act),该法案对交通建设过程中静态污染点的排污标准进行了规定,然后分别在 1965 年、1966 年、1967 年和 1969 年进行了多次修正与完善,并在 1970 年修正案中提出需要对汽车等移动污染源进行排污控制。而美国清洁空气法案的 1990 年修正案是美国交通环保政策上里程碑式的法律文件,法案制定了对汽车等交通工具移动污染源的严格控制措施,要求各州制定降低空气污染的规划,设定空气质量改善标准和期限,实行大型排污的许可制度,允许美国环境保护总署对污染罚款,给州、地方政府以及企业设定标准和达到标准的期限,鼓励公众参与环境保护,制定保护空气的奖励措施,要求获得联邦资助的交通项目必须符合空气清洁标准。

## (三)美国、英国、德国、日本等国的基础设施投资模式综述 [12]

### 1.美国交通基础设施投资模式

美国州际和国防高速公路的建设资金的来源,主要是由汽车燃料特别税加重要汽车配件消费税等组成的州际公路信托基金。该基金及其税收是根据美国国会 1956 年同时通过和生效的联邦资助公路法案和公路税收法案建立的州际高速公路建设的资金供应,采用分期拨付的方式。联邦政府承担州际高速公路建设费的 90%,其他 10% 由各州政府承担。州际和国防公路网自批准建设以来,由于建设成本的不断上升,到 1975 年已累计支付 1000 多亿美元。此外,美国州际和国防高速公路的建设资金,还有一部分来自通行费。

美国是联邦制国家,历史上公路建设的责任在地方政府。各州的公路管理部门及民间车辆制造及使用者组成的"好路运动"协会等方面的不懈努力,促使联邦政府逐步认识到有责任资助公路建设。从 1916 年联邦政府开始对所有州实施资助公路建设的政策到 1956 年通过专项公路立法建设州际高速公路,期间经历了 40 年的发展。美国公路建设的各种管理机制和模式要体现在联邦资助公路法之中。

美国除极少数的港口外,原则上联邦政府对港口建设不给补助。联邦政府仅负责港界线以外进港航道的建设和维护。以前这笔成本都纳入联邦政府预算,然后按项目拨给陆军工程兵使用。1985 年后,美国国会通过了"新资源开发法",对港口装卸的大部分货物按商品价值的 0.04% 征港口维护费税,纳入"港口维护委托基金",由财政部专用于港口航道的维护。港口建设资金由港口自己筹集。由于美国是典型的联邦制国家,各州独立性很强,建港资金的筹集方法多种多样,但主要来自以下几个方面:①课税收入;②发行一般债券;③发行收入债券;④发行统一债券;⑤州、市补助;⑥港口收入。

美国在 1978 年以前把内河航道作为国家交通基础设施建设的一部分,其建设和维护费用一直由联邦政府承担,且投资不偿还,通过陆军工程兵团进行财政拨款和建设管理。工程项目通过立法实现,每年河流的治理都有法律为依据。在美国航道大规模整治期间(20世纪30～70年代),每年投资都超过2.5亿美元。20世纪70年代末到80年代初,由美国政府投资逾百亿美元,基本建成世界上最发达的内河航道网络以后,才开始使用其他筹资方式,如征收商业运输船舶燃油税、建立内河航道信托投资基金、贷款以及发行债券等,但国家投资仍然是最主要的资金来源。

2. 英国交通基础设施投资模式

英国的交通基础设施投资体制的基本特点包括:

(1)以私人资本为私有制基础、以企业为决策主体、以自有资金和直接融资为主要资金来源。

(2)资本市场发达,中介组织健全。英国拥有比较健全的商业银行系统和范围广泛的金融机构。伦敦是世界公认的国际金融中心之一。

(3)政府在投、融资体制中的作用包括:①通过经济手段进行调控。对国有企业的投资主要通过资助方式进行,集中在基础工业、基础设施领域。英国政府设立专门管理投资机构,行使管理职能;②吸引外资;③支持中小企业的发展;④资助高新技术项目和特殊产业。

英国公路建设投资管理包括以下方面:

(1)早期的收费路在18世纪和19世纪选择利用市场机制的收费道路托管制度。在收费道路衰落之后,道路资金筹集的责任又落到了地方政府头上。1909年,成立了道路局并建立了由车辆和燃油税收收入构成的专用基金用于道路建设和养护。这种制度到了1920年由于专用基金收入大大超过道路实际开支而废止,改由运输部负责,通过一般财政开支支出。

(2)吸引私人投资建设收费设施。1989年5月,英国政府出版发表了两个文件“通往繁荣之路”和“新手段建设新道路”宣布了政府将更为直接地允许私人集资建设和管理道路的政策。因此,英国收费路的特点是以私人集资或利用私人资助和经营的模式出现的。

(3)利用私人投资的BOT模式。利用私人投资的BOT模式,实质上往往是私人投资者与政府合作建设收费设施的模式。建设资金的来源,通常包私人资金(或称股份资金)以及政府贷款。BOT模式通常要采用招投标方式,英国在1995—1996年已利用私人投资50亿英镑。

(4)特许公司、立法和合同。特许经营协议在运输部与DRC公司之间签订,该协议规定:一旦用通行费偿还了新桥的建设费用、购买现有隧道的租用费、贷款和利息,那么过河设施就要交还给政府。

英国将港口视同一般经营性企业。港口建设完全由企业或个人投资,也可由国外企业投资经营。如泰晤士港即由李嘉诚长江实业公司合资经营,利物浦港为股份制港口。港口在经营上应能自负盈亏,国家对港口无任何补贴和照顾,地方政府也不给予补助。各项资金主要由港口收入中筹集,同时还可以借款。

英国铁路在1988年实行事业部制改革之前,投资主要来源于财政拨款和贷款并且逐年减少。1991—2000年,政府对铁路的投资除1992年略有增加外,基本呈下降趋势。1996年,路网公司Rail Track上市,英国铁路开始了正规的市场化运营,政府不再向铁路直接投资。英国铁路1994年实施网运分离及私有化改革后,Rail Track的财务状况明显恶化和基础设施严重失修,最终政府不得不重新对基础设施直接投资,并增大了投资力度。2001—2010年投资规划中,英国政府用于铁路建设和现代化改造的投资为160亿英镑,占政府对铁路总投资的55.2%。

### 3. 德国当前交通基础设施政府投资模式

德国投资体制运行的特点是自担风险、有效监督、完善服务。德国政府是城市基础设施建设项目的投资主体。德国把基础设施分为两类：一类是非经营性的或社会效益非常大的项目，如城市道路和地铁等，完全由政府财政预算投入，如果政府财政资金不足，则由政府向银行贷款；另一类是经营性或可收费的项目，政府允许企业介入，政府提供一定的注册资本金。德国州际高速公路全部由联邦政府投资。此外，一般性基础设施项目，联邦政府投资占有很大比重，如慕尼黑市的地铁，联邦政府投资 50%，州政府 30%，其余的 20% 为集资，而地铁车辆购置由地铁公司出资，但有联邦政府和州政府 50% 的补贴。

德国是世界上修建高速公路最早的国家。德国高速公路的所有权归联邦政府，由联邦政府统一投资建设，建成后委托各州管理和养护。高速公路建设成本主要来自汽车燃料税，约占该项税收的 38%。1992 年，德国包括汽车网络税在内的道路用户税总收入已达 616 亿马克。

德国港口的投资主体是地方政府，国家对港口建设不给补助，但进港航道和河流航道的建设和维护成本由国家全部负担。港区范围内的一切基础设施建设统一由地方政府拨款。港区内陆上多式联运系统的基本框架，如高速公路和铁路接港口码头的支线，码头前沿港池等均由地方政府统一规划、投资、建设。另外，港区内供电、供水、供气和通信设施等基础设施也由地方州政府统一规划、投资。

### 4. 日本交通基础设施投融资模式[13]

20 世纪 80 年代以前，日本政府在交通基础设施建设中起主导作用，建设资金也主要靠政府的财政资金。其投融资模式可概括如下：

（1）通过中央财政预算中的公共事业经费对基础设施进行投资建设。

（2）成立政府出资的特殊公司，专门进行各个领域基础设施的建设和经营。在日本这类公司被称作"公团"，当时有"公团"13 个，如日本铁道建设公团、日本道路公团、新东京国际空港公团、首都高速道路公团等。这些"公团"有些由中央政府全额出资，有些由中央和地方政府共同出资组建。政府每种经济行为都有法可依，"公团"也是如此，每一个公团都有一部规定它的法律。

（3）日本的复式财政预算制度也为政府介入基础设施的建设提供了制度上的保障。上述"公团"的收支被编制在国家财政总账之外的几十个特别账户——特别会计中，资金来源则主要来自"资金运用部特别会计"中的资金。

20 世纪 80 年代以后，日本政府开始重视利用民间资金进行基础设施建设。其制定的在基础设施建设中利用资金的几项制度可概述如下：

（1）1986 年，日本制定了《关于活用民间事业者的能力来促进特定设施建设的临时措施法》（简称"民活法"），该法规定凡被列入该法律特定设施范围的民间工程，可分别享受国税和地方税收上的优惠并在资金来源上得到保证。该法律是日本首部在基础设施建设中在税收和提供资金方面优惠民间企业的法律。

（2）1987 年，为促进地方城市的基础设施建设，日本制定了《关于推进民间的都市开发的特别措施法》（简称"民都法"）。根据该法，成立了"民间都市开发机构"，该机构的最大特点在于参与对竣工后的道路、公园、广场、上下水道、垃圾处理处理设施、停车场等的管理。具体做法是：对那些缺乏经验、规模小而且难以单独完成工程项目的企业，提供工程费 30%～40%

的金额;购买竣工后建筑物的相应建筑面积,以此作为"共同事业者"参与工程竣工后的管理。这一方式不仅减轻了民间企业投资基础设施时的风险,还形成了在推进基础设施建设上"官民一体"的制度。

(3)1988年,为促进民间资金对地方的基础设施投资,日本还制定了《地域综合整备资金贷款法》(俗称"故乡财团法"),设立了专门负责这一制度的机构——故乡财团。财团的工作是对地方上有创造性的工程项目提供有关无息贷款的调查,联系无息贷款和银团贷款。这里的无息贷款制度是:先由地方政府定出无息贷款的贷款对象,然后委托该团作进一步分析与调查。如果贷款对象符合贷款条件,则由地方政府提供无息贷款。贷款财源通过发行地方债筹集,地方政府用地方交付税的收入来负担地方债券的利息。这一制度实际是地方政府发行债券借债,再无息转贷给民间企业,利息部分用中央政府交付地方使用的交付税收入冲抵。

上述的3个日本法律侧重点各不相同,其中"民活法"由通产省主持制定,"民都法"由建设省主持制定,"故乡财团法"由自治省主持制定。

基础设施由于工程长、投资大、工期内利息负担重,因此在基础设施工程中,利用长期低息资金乃至无须归还的非债务性资金来分散工程参加各方的风险是非常重要的。

(1)非债务性资金的筹集

①通过官民合资的方式组建股份公司,以此来吸引民间资金。组建公司时,除入股资本外,还根据不同需要设计一些无须归还的资金项目,如保证金,会员权证金等。资本及这部分资金的增加,一可减少借款,即减轻利息负担;二可使经营实体稳定。在日本,以这一方式成立的公司称作"第三阵营公司",以区别纯国有公司和纯私有公司。这些公司一般从事有收益来源的公共性事业。这些公司的组建方法是政府和民间企业共同出人、出资、出技术。

②国有企业的民营化。由于在亚洲国家股票市场上市的原国有企业的利润较高,因此投资者反应较好,民营化计划实施得比较顺利。日本政府还将民营化与筹集基础设施建设资金结合起来。

③加快安排基础设施建设和经营领域里部分绩优的公司股票上市,这样可使部分社会闲散资金迅速转化为建设资金。由于这类公司的收益状况一般不会很好,因此股票上市时一般先在柜台交易市场上市,柜台交易市场上市标准低于交易所上市标准。日本柜台交易市场的上市标准注重公司的销售额、利润、红利,美国的柜台交易报价系统(NASDAQ)上市标准注重的是总资产、股东数、公司在同行中的地位、公司是否在证券及交易所委员会(SEC)里注册等。从易于上市的角度来看,美国的标准较松,因此,日本近年来也在向美国靠拢,降低上市标准。

④组建会员制的公司。这一形式适合于观光、娱乐性设施的资集。日本的会员制分为预托金会员制和共有会员制,前者会员仅享有免费或以优惠价利用设施的权利,后者会员还享有共同拥有土地的权利。

(2)债务性资金的筹集

①扩大发行公司债券的规模。日本在发行公司债券时控制较严,但对因重要工程而发行的债券,则制定特别法扩大发行规模。

②发行地方债券。日本对地方债券的发行和发行目的一直控制得较严,但近年出现松动,特别是对公共性较强的地方工程,对由地方政府与民间企业合资组建的公司,政府均允许通过发行地方债券筹集资金。

### 三、我国的规划政策发展历史与现状（以交通基础设施为例）

近年来,我国非常重视政府公共政策理论研究,我国政府也非常重视交通基础设施政策的制定与实施。中国社会科学院每年要发布"中国公共政策分析"的专著,都有很深入的探讨和论述。国务院与各级政府在每年的政府工作报告中,对交通基础设施的公共政策实施情况也有很全面的总结和部署。

公共政策选择是要解决政府干预与市场机制之间的协调问题的。在职能上,交通基础设施是要求政府有效供给的,当政府有效供给不足之时,如何运用市场机制来补充,这是公共政策要解决的问题。

#### （一）推动交通基础设施建设的财政政策

20多年来,国家始终把交通基础设施建设置于一个重要地位[14]。为此,政府制定实施了一系列有效政策。在税收、财政政策上,以交通部门为主体,先是征收车购费后改为征收现行的车购税,征收港口建设费,集中资金投至全国公路建设、内河航道建设,主要投入到国道主干线、高速公路、大江大河主航道的建设上。资本金政策、收费政策和货币政策上,国务院要求按照一定的资本金和负债的比例,筹集公路建设资金,"可以依法向国内外金融机构或外国政府贷款"并允许收费还贷。对此,国际国内各类金融机构给予了较优惠的贷款条件,如对公路建设提供70%左右的银行借贷资金。在财政政策和利用外资政策上,可以安排各级人民政府的财政拨款投入,作为政府主导的资本金,引导、鼓励国内外经济组织对公路建设进行投资。开发、经营公路的公司可以依照法律、行政法规的规定发行股票、公司债券筹集资金。

各省级政府是推进交通建设规划的中坚力量,也实施了一系列有效政策。比较典型的政策有以下几个方面:

（1）加强政府性基金的收费管理,其中,包括强化养路费、客货附加费的征收,通过增收获得政府资本金的增量。

（2）加大政府资本金投入力度,随着税收、收费增加,增大政府资本金的投入。

（3）积极招商引资,广泛吸引国内外投资者投资建设或者合作经营交通基础设施。

（4）积极创造条件申请发行公司债券、申请上市发行股票。

（5）积极组建大型投资融资企业集团,集中信用优势,与国内银行签订融资协议,大规模地从金融机构获取长期建设贷款和流动资金贷款。

（6）积极向社会投资者广泛进行项目业主招标,允许其他法人、民营企业资本金进入交通基础设施的投资领域。

此外,还从国土资源管理等其他部门给予了支持政策。具体可分为以下几个部分:

（1）政府的资本金政策

由于交通基础设施的社会公益性,政府主导配置与引入市场机制相结合,就成为政府有效供给的途径。为此,在国务院的关于固定资产投资项目试行资本金制度的规定中,交通运输行业也可以实施资本金制度,并且规定"资本金比例为35%及以上",金融机构可以据此承诺贷款,"根据投资项目建设进度和资本金到位情况分年发放贷款"。这是政府关于有效供给交通基础设施的一项重要政策。

（2）政府的财政扶持政策

财政政策既是政府的宏观经济调控重要工具，又是政府的最为核心的公共经济政策。财政政策主要有微观、中观和宏观3个层次的内容，即对企业、个体经济的政策，对产业结构调节的政策和对国民经济整体运行的政策。对交通基础设施的财政政策，既有宏观、中观财政政策，又有微观财政政策。2004年，从宏观上，国家"要坚持扩大内需的方针，继续实施积极的财政政策和稳健的货币政策""为了建立正常的政府投资机制和稳定的资金来源，在逐年减少国债发行规模的同时，要逐年适当增加中央预算内经常性建设投资"。从中观上，"今年国债投资要向农村、社会事业、西部开发、东北地区等老工业基地、生态建设和环境保护倾斜，保证续建国债项目建设""加快重大交通运输干线与枢纽工程建设"（温家宝总理2004年政府工作报告）。从微观上，主要体现在各省级政府对交通基础设施建设经营的各项财政扶持政策上，如前所述。

从功能上，财政政策具有自动稳定和相机抉择的相互作用的机制。自动稳定机制即财政制度内部自身具有一种促使经济稳定发展的功能，主要是通过税收、转移支付等进行调节。相机抉择机制即人的主观努力促使经济稳定发展的功能，主要是通过人为地对总供给与总需求的平衡进行调节，并具有扩张性和紧缩性两种类型。这两种机制互相配合、互相协调、共同作用，以保障经济能够平稳、持续增长。对于交通基础设施这样的经济发展的"瓶颈"产业，既应当有税收、转移支付等财政政策扶持，又应当有扩张性财政政策扶持，这对整个经济发展是有百利而无一害的。在当前经济形势下，我国确实出现了某些行业投资过大、经济过热的趋向，但交通基础设施建设是属于投资不足的行业。这就要求实施宏观调控政策时区别对待、分类指导，不搞"急刹车"，也不搞"一刀切"。按照财政部长金人庆的说法："中国将采取中性的财政政策，有保有控，确保中国经济的持续稳步健康发展。"

（3）政府的收费政策

这里的交通基础设施是指以收费还贷为特征的公路交通基础设施。对20世纪80～90年代兴起的我国公路新建、改建热潮，《公路法》及其相应的法规所起作用是功不可没的。对于这一段历史，我们简单回顾一下。

在《公路法》制定之前，1987年，国务院出台《公路管理条例》，规定公路建设资金可以用国家投资、中外合资、社会集资、贷款等方式来筹集，"对利用集资、贷款修建的高速公路、一级公路、二级公路和大型的公路桥梁、隧道、轮渡码头，可以向过往车辆收取通行费，用于偿还集资和贷款"。此后，交通部、财政部、国家物价局先后制定了贷款修建高等级公路和大型公路桥梁、隧道收取车辆通行费的规定，允许收费还贷。

1997年，第八届全国人大常委会通过了《公路法》。

1999年，第九届全国人大常委会通过了《关于修改〈中华人民共和国公路法〉的决定》。按照《公路法》，"国家允许依法设立收费公路""符合国务院交通主管部门规定的技术等级和规模的"的公路，可以依法收取车辆通行费。对此，交通部制定了《公路经营权有偿转让管理办法》，此后，国务院及其相关部门在费改税、治理"三乱"文件中，也作出了一些收费的规定。

2003年11月，国务院法制办公室、交通部公布了新的《收费公路管理条例（草案）》，向社会公众广泛征求意见。《收费公路管理条例》又在2003年8月18日国务院第61次常务会议上通过，并予公布后自2004年11月1日起施行。在此条例中，依照《公路法》对收费公路管理作出了新的、更为规范、具体的管理要求：①将收费公路划分为"政府还贷公路"和"经营性公路"。"建设和管理政府还贷公路，应当按照政事分开的原则，依法设立专门的不以营利为目的的法人组织。省、自治区、直辖市人民政府交通主管部门对本行政区域内的政府还贷公路，可以实行统一管理、统一贷款、统一还款"。②收费公路的收费期限，由省级政府审查批准。③收费公路应当符合的技术等级和规模作了新规定；还有车辆通行费收费标准或者收费标准的调整方案，审批机关应当自审查批准之日起10日内向交通部、发改委备案；其中属于政府还贷公路的，还应当向财政部备案。

（4）社会资本的参与

2015年4月，国务院会议通过了《基础设施和公用事业特许经营管理办法》，标志着我国在鼓励和引导社会资本参与基础设施和公用事业道路上又前进了一步，涉及范围包括能源、交通运输、水利、环境保护、市政工程等基础设施和公用事业领域建设运营。这里所谓的基础设施和公用事业特许经营，是指政府采用竞争方式依法授权中华人民共和国境内外的法人或其他组织，通过协议明确权利义务和风险分担，约定其在一定期限和范围内投资建设运营基础设施和公用事业并获得收益，提供公共产品或者公共服务。

《基础设施和公用事业特许经营管理办法》指出，基础设施和公用事业特许经营应当坚持公开、公平、公正，保护各方信赖利益，并遵循以下原则：

①发挥社会资本融资、专业、技术和管理优势，提高公共服务质量效率；

②转变政府职能，强化政府与社会资本协商合作；

③保护社会资本合法权益，保证特许经营持续性和稳定性；

④兼顾经营性和公益性平衡，维护公共利益。

基础设施和公用事业特许经营可以采取以下方式：

①在一定期限内，政府授予特许经营者投资新建或改扩建、运营基础设施和公用事业，期限届满移交政府；

②在一定期限内，政府授予特许经营者投资新建或改扩建、拥有并运营基础设施和公用事业，期限届满移交政府；

③特许经营者投资新建或改扩建基础设施和公用事业并移交政府后，由政府授予其在一定期限内运营；

④国家规定的其他方式。基础设施和公用事业特许经营期限应当根据行业特点、所提供公共产品或服务需求、项目生命周期、投资回收期等综合因素确定，最长不超过30年。

## （二）针对西部大开发的区域交通基础设施政策

2004年3月，国务院颁布了《国务院关于进一步推进西部大开发的若干意见》，实际上是出台了一系列促进西部交通基础设施进一步实施开发的公共政策。主要归纳为以下方面：

（1）除了在基础设施规划投资上要求继续加快基础设施重点工程建设外，主要在筹资融资上，提出了本着"建立长期稳定的西部开发资金渠道，是持续推进西部大开发的重要保障"的指导思想，提出了"拓宽资金渠道，为西部大开发提供资金保障"的总方针。①要继续保持用长期建设国债等中央建设性资金支持西部开发的投资力度；②要采取多种方式鼓励和引导社会资金和境外资金参与基础设施建设，进一步放宽非公有制经济投资准入领域，鼓励社会资本参与基础设施和生态环境建设、优势产业发展；③要建立以企业为主体的对外招商引资新机制，提高招商引资实效，依托优势产业、重点工程、重点地带，吸引外来投资；④要积极支持西部地区符合条件的企业优先发行企业债券,支持西部地区符合条件的企业发行股票。修改、完善并适时出台产业投资基金管理暂行办法,优先在西部地区组织试点,支持西部地区以股权投资方式吸引内外资。⑤要依托交通网络发展中心城市,形成发达的经济带,即"对西部地区经济技术开发区、国家级高新技术产业开发区的园区内基础设施建设贷款,继续提供财政贴息支持"。

(2)对《国务院关于进一步推进西部大开发的若干意见》的促进西部交通基础设施进一步实施开发的各项政策,交通部予以了高度重视,前交通部部长张春贤公开明确表态,西部交通发展是促进西部地区全面、协调、可持续发展的重要基础和保障,加快交通建设是西部开发的基础性和先导性工程,是当前乃至今后一段时期的"第一要务",交通部将在资金和政策上予以全力支持,确保西部地区交通建设取得突破性进展。

(3)对于我国交通基础设施政策解读可以分为3个层次:

①建设综合交通运输系统,这实质上是土木规划的思想,"十一五"规划已经针对交通运输领域提出了这一宏伟目标,是大力发展我国交通基础设施,推动土木规划进程的政策指标;

②围绕资金来源的公共政策,这些政策有力地保障了交通基础设施的建设,保证了我国能够实现真正意义上的"土木规划",即规划直到项目建成才能结束,没有资金来源的规划仅仅是方案,而不是规划;

③规划的区域政策,保证了我国交通基础设施整体水平的提高,兼顾区域平衡。交通运输与人们的生产生活息息相关,既有对社会经济发展的支撑和服务作用,又有对边远和落后地区的人们脱贫致富的基础作用,既是经济发展的基础产业,又是人们日常生活的基本要求。在这个意义上,区域政策有利于促进社会公平,有利于促进安定团结。

## (三)"十三五"时期交通运输服务发展要点

2016年12月,交通运输部党组书记杨传堂在国务院新闻办公室举行《中国交通运输发展》白皮书发布会发言中谈到,"十三五"时期是我国交通运输发展的重要战略机遇期,必须牢固树立和贯彻落实创新、协调、绿色、开放、共享的发展理念,加快推进综合交通、智慧交通、绿色交通、平安交通建设,到2020年基本建成安全便捷、畅通高效、绿色智能的现代综合交通运输体系,并努力由世界交通大国向世界交通强国迈进。

"十三五"时期,交通运输发展正处在提质增效升级的转型期,支撑全面建成小康社会的攻坚期和迈向现代化的重要机遇期。现代综合交通运输发展的主要任务包括以下几个方面:

(1)完善综合运输通道布局,规划建设横贯东西、纵贯南北、内畅外通的国内综合运输的大通道。

(2)建设"三张网",包括服务品质高、运行速度快的快速交通网络,运行效率高、服务能力强的综合交通运输普通干线网络,覆盖空间大、通达程度深、惠及面广的综合交通基础服务网络。

(3)完善综合交通枢纽空间布局,着力打造北京、上海、广州等国际性综合交通枢纽,加快全国性综合交通枢纽建设,积极建设区域性综合交通枢纽,着力发展口岸等重要枢纽。

(4)强化综合交通运输发展,发挥对"一带一路"建设、京津冀协同发展、长江经济带发展、脱贫攻坚、新型城镇化等国家战略的支撑作用。

(5)推进联程联运的发展,推进旅客联程运输,推进铁水、公铁、公水、陆空、江海等一些货运多式联运。

（6）综合交通运输产业的智能化变革,推动现代信息技术与综合交通运输深度融合,全面提升运输服务品质。

上述6个方面是交通运输领域在"十三五"时期着力推进和建设的重点。

"十三五"期间,交通运输部将进一步完善体制机制,加快法规标准建设,优化网络布局,调整运输结构。交通运输部将从更大范围、更高层次、更大程度上做到综合发展,重点做好3个融合,即：

（1）交通基础设施网络的融合。

（2）运输服务的融合。

（3）新旧业态的融合。

# 第三节　关于我国规划环境与规划政策的建议

我国经济正处于持续快速增长阶段,促使我国支持人和物移动的交通需求持续高速增长,带来了我国交通运输事业的良好发展机遇。经济发达国家花几百年时间、通过逐级升级换代完成的交通综合运输体系构筑过程,在我国则在短时间内超常规建设,多种运输方式同步高速发展。然而,超常规的发展也带来超常规的挑战,供给难以跟上需求发展速度导致的交通拥堵,机动车大量使用带来的交通安全、环境污染与能源消耗问题,不同运输方式没有协调同步高速发展引发交通系统整体运行效率低下等种种交通问题,成为影响我国社会经济发展进程和可持续发展的重大战略问题。在这种现实情况下,贯彻土木规划"系统工程"的思想,走科学、高效的土木规划道路,成为当务之急,对于我国土木规划的规划环境与规划政策,分别做如下建议。

## 一、关于规划环境的建议

### （一）基础设施的规划体制改革是我国土木规划的必由之路

体制改革的重点是使交通基础设施置于统一管理之下,结束部门之间的内耗,建立从政策研究、制定到政策实施,从规划、建设到交通管理,从技术规范和标准的制定到专业技术人员的培训的统一管理体制,使交通基础设施的综合协调成为现实,为建设综合交通运输系统提供条件。

国家应对交通基础设施建立交通委员会,主管交通基础设施的技术政策和规划政策的研究与制定、技术规范和标准的制定和修订,负责相关技术的研究和应用推广,主管城市交通规划、建设的审定和交通管理政策、法规的制定,协调各相关部门主管交通基础设施置重大项目的审批,主管国税用于城市交通部分资金的分配,以及与市际公路交通、铁路、航运及其他相关行业的协调。使国家和城市在交通基础设施建设方面的决策一体化。目前国家发展与改革委员会在做类似的工作,可以考虑通过立法加强这一政府机构在土木规划进程中的地位与权利,推动我国土木规划发展。

这样的体制建立起来以后,我国的交通基础设施将与下述4个方面紧密联系：

（1）上述协调机构,负责制定规划。

（2）各建设公司,负责实现包括国家资本与社会资本规划。

（3）各类型基础设施的相关部门,负责管理相应的基础设施。

（4）基础设施的使用者,可以是各大运输公司、集团,也包括人民群众。

## （二）完善土木规划相关法律法规

要实现体制改革,必须走法制化道路,而不能靠公共政策、政府文件。建议酝酿"土木规划法",保障上述体制改革的顺利进行。科学的法律法规既是政府行政的重要依据,也是吸引私人投资者参与公共事业的基本保证。法律法规的作用主要在于控制垄断,保证服务的质量、安全,环境保护以及建立服务责任。其制定需要注意两个方面:一方面是法律法规的制定应针对社会公共基础设施的基本情况,规定政府机构中相关部门的设置与责任划分,包括确认问题、发现事实、制定规则并强制实施。另一方面是在法律法规的制定过程中,要注意规章的灵活性与稳定性之间的平衡,我国交通基础设施领域的体制改革,需要相当长的一段时间,法律出台仅仅是必要条件。应注意与我国实际情况相适应,与先前出台的法律法规相衔接。

在出台国家级法律之前,各地方应遵循中央政策制定符合地区情况的地区性法规,主要体现在两个方面:一方面保障该地区土木规划有法可依,一方面为将来国家法律出台以后做好过渡准备。土木规划工程量大,投资多,动用到的社会资源也较一般工程多,绝不能放任其自由发展,必须通过法规给予强有力的干预和引导。

在生态文明建设的大趋势下,在规划阶段对于生态的保护,以及与其相关联的对于土地的节约等也都需要有相应的政策法规对其加以保护。

我国有着 960 万平方公里的国土面积,可以说地大物博。但是,我国是多山之国,据统计,山地、丘陵和高原的面积占全国土地总面积的69%。同时,我国人口众多,有 14 亿人口,按照人均计算,可耕种土地的面积就很少了。因此,国土资源部在这样的背景下,提出了节地模式的概念,也就是说在土地利用中,首先需要考虑节约土地。于是,节地模式成为基础设施规划建设中又一个极其重要的约束条件。

节地模式无处不在,在交通基础设施规划建设中尤其重要。特别是在公路、铁路这样的大量需要土地的设施规划中,更应该彻底贯彻节地模式。

道路尤其是公路的节地模式,需要考虑几个层次的问题。首先,需要考虑建设的必要性问题,也就是要在可行性研究阶段充分论证建设的必要性。建与不建直接关系到土地的大面积使用。其次,需要在可研阶段充分论证建设的规模。确定建设规模,比如建设 4 车道,还是 6 车道道路,其主要依据是预测的规划交通量,因此需要对交通需求预测精度提出了很高的要求。而建设规模则是可以进行节地模式建设的关键步骤之一。最后,则是设计施工阶段。设计上可以节约的土地有限,不提倡为了节约土地而采取降低曲线半径等不利于交通安全与交通效率的设计手法。但是,可以在上下行共用高速公路服务区、停车区,采用潮汐车道等设计方法。设计阶段也必须考虑到施工阶段的节地问题。尽可能做到填挖方平衡,在施工中减少对良田的占用和破坏。进一步,进行生态道路的建设还可以减少车辆尾气对于土地的污染,这也是一种节地模式的采用。

在城市中的节地模式,则显得更为复杂。在交通基础设施方面,建议结合公交城市的建设,进行城市再开发,加强轨道交通沿线,特别是枢纽、站点周边的土地利用强度,吸引更多的人利用公共交通方式,同时,在交通问题严重的枢纽周边,进行立体化开发,这样既可以缓解交通拥堵,又可以使土地得到充分利用,从而达到节约土地的目的。

### (三)建立政府主导的多样化投、融资体制

改革基础设施领域中单一的投、融资体制,建立政府主导的多样化投、融资体制,变单纯地依赖政府的基础设施投资为依靠市场配置基础设施发展资源,是中国基础设施管理体制改革的第一步。政府主导的多样化投、融资体制,体现了政府与市场在基础设施领域中的新型关系。政府主导指的是以规划、政策、公共投资作为基本手段,通过市场机制的中介作用,引导和整合社会资源投入基础设施。多样化指的是以市场为基础,开辟多种多样的投、融资渠道。在投资方面,大幅度放宽市场准入限制,吸纳国营、民营、外资等各种投资主体进入基础领域。普遍实行特许经营权投标制度和经营许可证制度。通过制度创新,将放宽准入限制与规范化管理结合起来,促进公平竞争。在融资方面,充分发挥资本市场的作用,尽可能地运用各种证券融资形式,在国内外广泛吸收企业、基金会和普通居民的证券投资,开辟多种多样的基础设施融资渠道。

### (四)建立独立的监管机构

国际经验表明,监管机构不但应该远离要监管的企业,还要对政治权力保持独立,防止监管机构被政治力量和工业部门或其他利益集团收买。建立独立的监管机构,能够保持监管机构的相对独立性,有利于保障规则实施的公正性。在英国、美国等发达国家民营化改革中,都建立了相对独立的监管机构,如美国建立了相对独立的行政委员会,英国也建立了相对独立的规制委员会等。这些委员会的成立都由政府任命,一旦任命,原则上在一定期限内不得更换,并拥有很大程度的独立性。这种相对独立的监管机构的建立在英、美等发达国家民营化改革中起到了非常重要的作用。而在我国,基础设施产业现行政府监管体制的本质特征是高度政企合一。因此,改革政府监管体制的关键就是实现政企分离,转变政府职能,将政策和规制的功能与经营分离开来,建立独立的监管机构,并授权其依法对基础设施部门的经济活动进行干预。由于政府监管机构的管理活动效率在很大程度上取决于它所掌握的规制信息的数量和质量,所以对监管机构的设计要保证信息传到监管者手中。并且政策制定者既不能存在偏见,也不能受到外部不均衡压力的影响。具体而言,相对独立的监管机构的建立应注意以下4个方面:

(1)监管机构应该是专业的、有自主权的公共机构,而不是一般的官僚机构。

(2)监管部门的人事安排应保持稳定,不受政治安排或某些利益集团左右。

(3)监管部门有权独立获得信息,包括无法参与决策的人们的意见。

(4)监管部门要进行信息公开披露。

### (五)加强土木规划专业技术人员和相关人员的培训

土木规划学科刚刚在我国起步,很多基础理论还没有完善和发展,应以大专院校为阵地,积极开展土木规划的研究,为政府制定政策、出台法律提供理论依据。同时注意学习发达国家相应发展时期的经验,吸取他们在大规模发展社会公共基础设施时的教训,科学地指导我国的

土木规划进程。

## （六）建立有效竞争的经营体制

经营体制改革是中国基础设施管理体制改革的决定性环节,它必须从根本上解决政企分开和有效竞争两个层次的问题。政企分开让企业真正成为独立的市场主体,有效竞争也就是打破垄断、有效地发挥市场机制的作用,二者都要求减少政府对基础设施产业的直接干预,均有赖于政府作出合理的制度安排。政企分开的基本途径是对基础设施领域中的国有企业进行公司化改造,建立现代企业制度。有效竞争主要是通过原有的垄断企业的分拆与重组,打破垄断、引入竞争机制实现的。

## 二、关于规划政策的建议

### （一）更新"规划"观念,科学规划

应注意到规划只有转化为实实在在的基础设施为社会、为人民群众服务以后才能视为"规划目标"的实现,因此要重新认识"什么是规划",把观念从原有的"规划就是方案优选"转向系统、全周期的"土木规划"概念。在政策制定过程中应强调遵循科学的程序和反映全面综合的内容。在交通发展政策制定程序上,应遵循问题鉴定(拥堵、污染、事故),目标确定,标准设定,可选政策比较,可选政策分析评价,制定政策,实施监督与评估等一套完整的科学程序。规划政策应对客运交通政策(可达性、可移动性)、货运交通政策(企业竞争力)、多式联运政策、交通安全政策(Safety & Security)、交通环保政策(环境与生态)、交通能源与土地资源政策、交通新技术应用政策(智能交通运输系统、新能源、新交通工具、节地模式新技术)等各个方面进行综合考虑。

### （二）建设综合交通运输体系

建设综合交通运输体系,是发挥交通运输组合效率和整体优势的必然要求。长期以来,我国存在各种交通方式各自为政,自成体系,方式之间缺乏协调配合、有机衔接的机制等问题,这既增加了综合交通规划的难度,又浪费了资源,降低了运输效率。另外,各种运输方式内部也存在干线和支线、场站和枢纽以及重点和一般的协调发展问题。为此,我们必须由注重单一的交通运输方式的发展转到注重综合交通的发展,努力建设综合交通运输体系。同时,要注重对各种交通方式进行衔接、优化和协调,切实发挥交通运输的组合效率和整体优势。

在强调发展综合交通运输体系的同时,也要注意到各种运输方式的发展问题。我国交通基础设施的完善还需要相当长的一段时间,包括铁路、公路、水运和民航等交通基础设施,都需要继续建设和完善。就全国而言,无论是货运还是客运,铁路的制约尤为突出,大城市的交通堵塞也较为严重。因此,加快发展铁路和城市轨道交通,是一段时期内的重点任务。但在加快铁路和城市轨道交通的同时,也要进一步完善公路网络,发展航空、水运和管道运输,这是发挥综合交通运输系统组合效率和整体优势的客观要求。要进一步完善公路网络,尽快发挥公路网络效应,尽快地形成完善的航空、内河水运和管道运输网络,发挥其独特的运输优势。交通运输基础设施是典型的网络型基础设施,存在明显的网络效应和规模经济。综合交通网络是

建立在各种运输方式网络比较完善的基础上，完善各种交通方式的网络，实质上是建设综合交通运输体系的重要内容，是构建综合交通运输体系的前提条件和基础，要努力形成二者的良性互动格局。

### （三）规划政策的制定在指导思想上应坚决贯彻以人为本和可持续发展的观念

基础设施人性化的同时，更重要的是考虑交通出行权以及交通投资效益享受权的平等（从设施的可达性到包括所有居民的整体可移动性）；强调集中城市化区域交通基础设施与乡村地区交通可达的光滑衔接，注重交通安全的同时，更需将规划政策与城市环境保护政策统一，将国家国防安全、国家经济安全与地方经济发展地方居民社区生活协调统一。在目标上应支持社会经济发展与改善居民生活质量并重。支持经济快速增长的同时，更需要注重支持经济的健康持续发展，关注对地方企业竞争力的支持。缩短居民上班时间等提高居民生活质量的目标必须纳入交通基础设施规划政策制定中，同时政策制定必须对社会居民中弱势群体（如残疾人、贫困群体、外来民工等）的生活给予特别的照顾。

### （四）将交通基础设施建设与国土开发捆绑起来进行综合开发

将交通基础设施建设与国土开发捆绑起来，即将道路和铁路的建设及住宅开发、商业设施、体育设施、娱乐设施开发相结合，将开发升值的资金用于道路和铁路的建设，以综合开发的收益弥补交通基础设施建设资金的不足，吸引社会资金特别是民营资本投入到交通基础设施项目中来，以有效扩大项目投资来源。具体操作中，建议政府对一批投资规模大、回收期长的高等级公路，轨道交通基础设施等基建项目，允许将交通线沿线和交通设施周边地区的土地按交通设施建设用地一次性征用，使交通设施建设的投资主体优先获得沿线一部分土地的开发经营权，进行开发与经营。

### （五）导入竞争机制，进一步发挥市场功能

首先，加快政府职能的转变，政府从全能型转向"掌舵"的角色，通过制定规则、维护规则而增进市场，而不是置身于市场之外或直接干预市场。并通过建立与市场经济要求相适应的国有资产管理和运营体制，真正实现政企分开。同时还要加快行政审批制度改革，消除已有法律、法规、规章中人为设置的准入障碍，防止"制度性腐败"和权力"寻租"。

其次，进一步完善价格机制，充分发挥价格机制在调节经济运行中的作用，真正地让价格反映资源的供求状态，指导投资者的投资方向。应根据竞争性业务和非竞争性业务的不同性质，实行不同的定价方式。对自然垄断性很强的产品和服务价格，在定价成本公开验证，作价原则公开确定，定价程序公开参与的基础上，实行政府定价。对竞争性业务的产品和服务价格，则应尽量由市场供求决定价格。

### （六）加快社会资本进入，扩大投资来源

交通基础设施投资额度大，投资来源单一很容易造成投资不足，所以交通基础设施发展需要扩大投资来源。利用资本市场是一种较快的融资途径，但除了股权融资外，融资成本较高，而股权融资需要交通行业能够创造良好的市场环境；地方投资具有公共投资性质，应该积极争取；利用私人投资一定意义上是扩大投资主体，吸引私人部门参与经营，共同促进交通基础设

施发展;设立综合运输投资资金,可以在有效平衡各种运输方式发展的同时,增加交通投资以租赁等方式进行技术装备融资,可以灵活利用外部资源,缓解资金短期需求。

### (七)对交通基础设施投资进行分类管理

在市场经济体制下,国家与市场应各自承担相应的职能,国家对公共产品具有投入并承担经营责任的职能,商业性经济活动由市场主体来承担。体现在交通基础设施建设上,就是区分各类交通基础设施的公益性和经营性,分别由国家和企业承担相应投资责任,由国家负责长期性、基础性投资,因为基本不存在能为这种投资导向的未来市场,即使存在这样的市场,由于交通基础设施投资所具有的外部效应,市场决定的投资量也远低于最佳点。而经营性的交通基础设施建设,可以让市场充分进入,以扩展投资资金来源。

## 第四节　关于新兴基础设施规划的讨论

所谓新兴基础设施,在这里指的是伴随信息技术的快速发展而产生的与其对应的基础设施,包括智能交通系统、智慧城市等。基础设施的智慧化、智能化是一个不可改变的方向,从理论上讲这些新兴基础设施在规划制订上都要遵循土木规划的基本流程。当然,这些基础设施也具有传统基础设施不具备的一些特点,例如投入高、更新换代快等问题,投入产出分析、成本效益分析等显得更为重要。本节将对规划中可能产生的一些问题进行初步的讨论。

### 一、智能交通系统规划[15]

#### (一)智能交通系统的概念和问题

智能交通系统(Intelligent Transport System,简称 ITS)是解决现今各类交通问题的重要途径之一。对于提升交通安全性,缓解交通拥堵,节能减排、改善环境等方面均有促进作用;同时,智能交通系统是信息技术在交通领域的重要应用,对交通行业、信息行业等产生着重要的影响。

交通系统的智能化研究始于 20 世纪 60 年代末期的美国,当时称为电子路径导航系统(Electronic Route Guidance System,简称 ERGS)。1993 年,美国 DOT(运输部)正式启动了 ITS 体系结构开发计划,目的是要开发一个经过详细规划的国家 ITS 体系结构,这一体系结构将指导 ITS 产品和服务的配置,它将在保持地区特色和灵活性的同时为全国范围内的兼容与协调提供保证,并允许在产品和服务上展开自由、公平的竞争。

日本早在 1973 年就以通产省为主开发的"汽车综合(交通)控制系统"[Comprehensive Automobile(Traffic) Control System,简称 CACS]被认为是日本最早的 ITS 项目,当时在世界上处于领先地位。从 20 世纪 80 年代中期至 90 年代中期的 10 年时间,相继完成了路车间通信系统、交通信息通信系统、跨区域旅行信息系统、超智能车辆系统、安全车辆系统及新交通管理系统等方面的研究,并且在实际中得到了很好的应用。目前在世界范围内,很多国家都在积极地推进 ITS 系统的研究和应用,以期提高交通安全、缓解交通拥堵、改善大气环境,同时也希望能带动经济发展。

ITS为信息、传感、通信与控制技术综合运用的产物，其当前主要目标是解决不断增加的交通需求与有限道路资源间的矛盾，使道路资源能够被充分利用。我国在治理交通问题的过程中经历了几个阶段：控制交通需求、增加道路基础设施建设、加强交通管理和实施智能交通系统其中，实施智能交通系统是前3个阶段方法和理念的综合提升。从供给方讲，通过智能公交系统、交通管理系统、智能车辆运行管理系统、智能交通监控系统等技术的实施，可以提高现有交通基础设施的运行效率和交通供给能力；从需求方面讲，通过交通信息服务、交通拥堵收费等系统，可以改善交通需求的时空分布特性，使交通需求与交通供给的矛盾得到缓解[3]：时间上，利用区域信号协调控制减少车辆在交叉口的通行时间，提高通行效率；空间上利用驾驶诱导技术进行动态交通流分配，平衡交通流，减少不必要的拥堵。

发展智能交通的主要目的，即：保障交通安全、提高通行效率、解决环境问题。通过智能交通的手段，进行科学的规划、有效的实施、智能的管理，规范交通行为，最终达到"人-车-路-环境"交通系统的和谐和有效运作，为市民提供方便。

我国ITS研发起步较晚，1994年是我国智能交通系统的开局之年，当年国内部分学者参加了在法国巴黎召开的第一届ITS世界大会。进入21世纪，开始进行智能交通系统的技术研发。2000年2月29日，科技部会同国家计委、经贸委、公安部、交通部、铁道部、建设部、信息产业部等部委相关性部门，建立了发展中国ITS的政府协调领导机构——全国智能交通系统（ITS）协调指导小组及办公室，并成立ITS专家咨询委员会。

《国家中长期科学和技术发展规划纲要（2006—2020年）》表明，在2015—2020年期间，智能交通给相关行业带来的商机将超过1000亿元人民币。其中，电子警察、视频传输和视频监控系统约占40%，车载GPS约占35%，其他约占25%。

但是，总体上我国智能交通的发展一直不够顺畅，存在了很多亟待解决的问题。在智能交通系统规划过程中，需要搞清楚问题，才能有针对性地反映在规划中，加以解决。

总体而言，智能交通系统是一个高投入低产出的系统，初期投资巨大，后期维护维修投入仍然巨大，同时，电子信息技术设备更新换代非常快，升级改造必不可少。而从我们追求的效益，即缓解拥堵、提升安全，以及改善环境的效益，似乎也没有那么大，成本效益分析的结果很可能无法达到投资标准。智能交通的产业化势在必行，因此需要对智能交通系统的问题做深入的分析，解决瓶颈问题，发掘应用领域十分重要。

访谈交通运输部相关人士，就中国智能交通系统发展状况进行交流与探讨，从中可以总结出以下与政策相关的问题。

（1）我国ITS的产业格局较复杂

我国ITS研发部门主要有国家部委（包括科技部、交通运输部、公安部）、智能交通企业（包括IT企业与路桥企业等）、高校（包括自动化工程、交通工程、软件工程专业等）。其中，科技部、IT企业与自动化工程专业主要参与高新技术研发与应用方面，交通运输部、路桥企业、交通工程专业主要参与基础设施建设、交通规划等方面。可以看出，我国智能交通系统产业格局比较复杂，没有高层面的统一管理、组织，信息共享难度较大。

（2）我国ITS主要用于满足交通管理需求

我国最初生产的ITS产品是执法摄像头和感应线圈，是为提升管理者执法效率而引入的。随着 交通拥堵增加，信号灯、信息板、GPS等才被渐渐重视起来。但目前市场占有率最大的仍然是电子警察，足见ITS倾向于管理者的使用。

（3）我国 ITS 中机动车份额较少

无论是从交通工程中"人、车、路"三者结合的理念，还是从智能交通所面向的主要交通工具来看，机动车都十分关键。作为交通领域的重要组成部分，机动车应当在智能交通系统中占有重要份额，但是与国外机动车厂商相比，国内机动车厂商仍停留在传统机动车设计与制造之中，即使是国外厂商，在我国环境下，车辆与智能交通系统的结合仍然不足。

（4）我国 ITS 应用领域比较狭窄

从现阶段 ITS 来看，其核心是对机动车的引导，包括辅助交通管理者对交通监管，辅助信号灯对交通流进行控制、对机动车的辅助控制等。可知，目前 ITS 绝大部分是针对汽车的；除去汽车，ITS 对其他交通方式的贡献和帮助均较小；对于城市中主要通勤方式，公交车、地铁及自行车，智能交通系统的投入明显不足。

（5）我国 ITS 主要是提供高端信息

除去对管理者的倾向外，ITS 主要面对的是机动车驾驶员。对于非机动车或行人无针对性的产品，而高端用户所应用的产品与获得信息的能力显然多于低端用户。

（6）ITS 缺少在经济手段方面的应用空间

城市化和汽车化快速发展，我国大中城市均出现了不同程度的交通问题。经济手段是缓解交通问题的有效方法之一。ITS 从技术上可以支撑经济手段的实施。由于经济手段实现的障碍较大，似乎也一定程度上影响了 ITS 发展。

## （二）中国智能交通系统发展瓶颈分析

在文献调研、访谈、问卷调查的基础上，通过分析可以把制约我国 ITS 发展的瓶颈归纳为 3 类，即理念瓶颈、制度瓶颈和技术瓶颈。综合来看，理念瓶颈对于 ITS 发展的制约尤为严重。

1. 理念瓶颈

（1）应用重点集中在管理层面，忽视了使用者层面。现有的 ITS 发展和建设主要是为了满足管理者要求，缺乏对用户需求考虑。例如在解决交通拥堵的问题上，缺乏量化指标。电子警察、视频监控仍然占据大部分的投资份额。

（2）对于 ITS 关键发展方向没有明确。从广义上来说，ITS 是将信息、控制、检测技术在运输系统中进行集合的统称。从狭义上来说，将人作为主体，将人、车、路三者结合作为根本，是 ITS 发展的基础。只有立足于车路一体化，将人作为对象，才能确保 ITS 的长远良性发展。

（3）基础设施建设不仅包含设施实体建设，还应包含信息资源基础建设。尽管我国企业具有进行交通信息服务方面的动力，但基础信息资源建设超出了企业自身能力，政府部门对于信息资源基础建设缺乏动力与具体规划，造成目前有基础设施而无基础信息的局面。

2. 制度瓶颈

（1）缺乏完善的国家标准。我国在 ITS 标准确立上进展十分缓慢。ITS 标准来源于对理念、技术、产业等方面的深入了解，也将指明我国 ITS 的发展方向，但现今我国 ITS 标准完成度仍然较低，我国 ITS 发展也因此失去了目标与方向。标准的欠缺与不明确化，严重阻碍了民间企业的市场参与。

（2）缺少一个高层次引导我国 ITS 发展的中心。我们没有一个全面引导我国 ITS 发展的中心，参与智能交通系统的政府部门、高校、企业缺乏统一的领导和组织，处于"跑马圈地"的状态,让 ITS 的信息与技术无法共享,同一地区不同部门或是不同地区的 ITS 也无法共享一个平台。ETC 因无法全国联网,造成利用率不高,使 ETC 收益相对减少,不利于交通外部性的内部化。

### 3. 技术瓶颈

由调研和分析可见,"车路一体化"是 ITS 的趋势,其对于技术要求较高,较之前的 ITS 效果更好, ITS 发展较快的几个国家和地区也在 2005 年开始发展车路一体化计划。车路一体化技术要求的技术主要有:短程无线通信技术、车辆运行态势精确检测技术、基础设施及环境性能检测技术、辅助驾驶技术和新一代交通控制系统等。

### (三) 中国智能交通系统发展策略建议

#### 1. 用户策略建议

智能交通系统服务目标应从面向交通管理者转变为面向交通参与者。我国处于 ITS 发展的第一阶段,技术、产业都比较落后。而 ITS 作为朝阳产业,其发展程度代表着我国在高新技术领域的发展程度。目前我国处于高速发展期,面临的交通问题已不是提高管理水平所能解决的。唯有以用户为本,使用户能够较为便捷地使用 ITS,并且对 ITS 进行反馈,我国的 ITS 发展才能有持久的动力。

中国人口数量大,对于用户单一的政策并不能解决交通问题。目前智能交通系统主要面向机动车驾驶者,对于公交车、非机动车、行人等并没有足够的关注,而这类人群对于智能交通系统的需求也是非常大的。应当大力发展公共交通的智能交通系统,进一步提高公共交通的运力,缓解交通拥堵。现阶段 ITS 需要针对减少城市内部的交通拥堵,增大城市之间道路的安全性而发展。对于非机动车和行人,应当利用智能交通系统进行引导,提高非机动车和行人遵守法规和交通道德的意识,同时提高交叉口的便捷性和安全性。

#### 2. 产业策略建议

(1)确立产业中心。确立智能交通系统产业中心,使得各企业之间可以信息共享、相互竞争,也有利于规模较大的企业形成。进一步扶植规模较大的企业,以抗衡国际上在智能交通系统行业比较先进的企业,打破技术的垄断,同时也有利于智能交通系统出口。

(2)形成权威主导机构。政府应当组织形成单一的、更高层次的权威主导机构。这种机构一旦建立,其职责不仅是管理和协调智能交通系统的各个环节,也是为了建立基础信息资源平台,不仅有利于产业层面的共享与竞争,更实现了技术层面的信息共享与交流。在此基础上,官产学研共同推进的机制才能够形成并稳步发展。标准化推进也应该是主导机构的关键任务之一。

(3)提出可量化的评价机制。目前对于智能交通系统的评价手段较少,而且往往只停留在理论层面。应当加强对智能交通系统的评价工作。因智能交通系统有着复杂巨系统的性质,评价指标往往很复杂,可以在不同区域,面对不同用户采用不同的侧重方案,使之有比较明确的导向性,减少评价的难度。同时,应当提升量化指标数量。现今规划往往定性的比较多,难于操作,量化的指标不仅可以让智能交通系统的发展更有针对性,而且可以促进智能交通系统的技术发展。

(4)重大计划带动智能交通系统的发展。根据国际先进经验可以了解到,重大计划对于智能交通系统发展的影响是巨大的,发达国家的诸多计划,例如 Smartway、IntelliDriveSM 等,都取得了技术与产业上的成功。我国缺乏技术与产业共同发展的阶段,应当提出车路协同的重大计划,来带动中国智能交通系统的发展。

(5)以标准化带动产业良性发展。需要加快国家层面对 ITS 标准化建设,完善标准可以使产业在没有后顾之忧的条件下,将人力、资 金投入 ITS 产业,促进 ITS 产业的良性快速发展。

### (四)ITS 规划中应注意的问题

在城市交通问题日益严重的背景下,ITS 越来越受到重视,同时作为产业对经济发展的期待也越来越高,随着信息技术的快速发展,不断成熟,交通的智能化、智慧化的方向不会改变,而且会得到大力发展,因此,ITS 的规划建设任务会越来越多。

智能交通系统规划从方法论上讲,没有什么特殊的地方。都需要对现状需求进行全面调查,对未来需求作出准确预测,在此基础上制定出切实有效的规划方案。需要注意以下几方面。

(1)ITS 系统的效果分析

从过去的实践看,ITS 项目到底能带来多大的好处,具有什么样的可以量化的效果,类似这样的分析很少。如果无法量化出能缓解多少拥堵、减少多少事故损失、能多大程度上减少尾气排放等,就无法进行项目的成本效益分析,投资则是盲目的。因此 ITS 规划应该像其他基础设施规划一样,对其所带来的效果(Effect)、效益(Benefit)进行量化分析。ITS 的效益计算方法可以参照道路投资的效益评估方法,在现阶段可以量化估算出时间节约效益、油品节约效益、交通安全改善效益,和环境改善效益。ITS 对于交通需求的影响分析方法,可以参照相关研究论文,例如,刘旸以旅游城市承德为例,研究了 ITS 信息对于旅游者出行的目的地选择以及出行方式的选择的影响。

(2)加强成本效益分析

在对效益进行量化分析的基础上,对项目投资进行成本消息分析。更应该注意的是,ITS是一个不仅需要初期的高投入,还需要后续不断的追加投入的基础设施,因此,必须按照生涯成本(LCC)进行成本分析。最终通过投入产出分析,确定项目投资的必要性、合理性,可以避免过去发生的盲目投资的事情发生。

(3)对于 ITS 技术产业化的分析

如前所述,ITS 由于具有高投入、低产出的特点,为了使 ITS 能够可持续发展,需要走产业化的道路。也就是说,需要探讨 ITS 服务如何为用户提供更多的有效的用户愿意购买的服务。

(4)探讨 ITS 与经济手段的结合的可行性

ITS 也有一些功能,例如,交通管理功能,可能无法让用户购买,但是,如果和交通拥堵收费等经济手段结合,也能够使其得到顺畅的可持续发展。

(5)特别需要注意子系统相互之间的协调关系

ITS 由于投资巨大,整个系统的一次性投资比较困难,因此,在规划设计中特别需要注意子系统之间的协作关系及子系统与主系统之间的协调关系。同时,还需要注意客服制度上的障碍,使 ITS 系统发挥更大的效益。

(6)投、融资体制

由于投资巨大,完全靠政府投资变得越来越不现实,因此,需要对投、融资体制进行必要的探讨。PPP 模式也是一个值得探讨的可行模式。

（7）标准化

ITS 的标准化是一个十分重要的问题，在国家层面的标准化还没有完善之前，ITS 规划必然会涉及标准化的问题。规划建设中必须慎之又慎，避免造成不必要的投资浪费。

## 二、智慧城市基础知识与规划的基本思路

智慧城市的规划建设与智能交通系统一样，有着同样的困难、瓶颈，同样面临着投入产出的匹配问题，同样面临着标准化的问题，同样需要形成可持续发展产业化，需要有良好的应用领域。与智能交通系统相比，智慧城市的概念更新、历史更短、更不成熟，目前的智慧城市规划基本都处于概念化的"顶层设计"阶段，需要不断地研究、摸索和实践。

### （一）智慧城市的理论

随着互联网的发展，城市的智慧化，即智慧城市（Smart City）得到了人们的更多关注。智慧城市的实质：它并不是一个抽象的概念化城市，而是基于实体城市之上，运用现有的资源和科学技术，利用创新的方法进行合理的城市资源配置，最终达到城市实现经济、社会、生态的可持续发展，全面提升人们的生活质量。

智慧地球的概念最早由美国 IBM 公司提出，并在奥巴马上台不久，被上升为美国的国家战略，其《经济复苏与再投资法案》特别强调物联网技术在医疗、网络宽带和能源等领域的应用。欧盟、日本、韩国、新加坡、巴西、澳大利亚、墨西哥、阿根廷、智利、新西兰、文莱等经济体或国家均基于物联网技术制订了智慧城市的建设战略或计划[16]。

在我国，继温家宝总理视察无锡提出建设"感知中国"的宏伟目标后，北京、上海、武汉、杭州、厦门等城市已经着手编制了智慧城市发展的专项规划，例如杭州出台《"智慧杭州"建设总体规划（2012—2015）》，打造"绿色智慧城市"，广州出台《广州南沙智慧岛建设战略规划》，打造"智慧广州""智慧南沙""智慧佛山"等[17]。

智慧城市建设扎根于数字城市、信息城市和智能城市，但又与这三者不同。数字城市侧重于静态式和标准化的数字化获取及映射，信息城市依赖于初级信息通信技术推动动态化和集成式的城市信息获取与反馈，智能城市突出了机械化和技术主义，而智慧城市则在汲取三者精华的基础上，更强调"人本"与"技术"的有机复合[18]。

智慧城市是继数字城市和智能城市后的城市信息化高级形态，是信息化、工业化和城镇化的深度融合。与数字城市或智能城市相比，智慧城市注重从城市综合发展战略和整体效益视角看待信息化，不仅仅局限于信息技术的应用，更主要在于人力资源、社会关系资本和环境相关问题，这些因素都是城市化发展的重要驱动力。综合文献发现，学术界对智慧城市建设的理论思考主要是从以下 4 个维度展开[19]：

（1）智慧城市是城市经济转型发展的转换器。

（2）智慧城市是信息化、工业化与城镇化的深度融合。

（3）智慧城市是城市治理的新模式。

（4）智慧城市建设必须依托技术创新和高技术产业的发展。

总而言之，智慧城市涉及城市经济社会发展、生活方式、城市治理、科技创新等诸多领域。不同学科、不同学者对智慧城市的认识和理解存在较大的差异，但值得注意的是，学界和产业界也达成了一定共识：智慧城市是城市信息化的高级形态，智慧城市建设有利于实现经济、社

会、生态的可持续发展;以信息技术为基础,依托信息产业发展和技术创新应用推动城市经济社会发展模式转型和城市治理的现代化;通过整合各种信息资源,全面提升城市居民的生活质量和幸福指数[19]。

结合现有研究成果可知,智慧城市就是通过智能的感知、建模、分析、集成和处理,以更加精细和动态的方式优化城市管理、城市运行和城市生活,从而使城市达到前所未有的高度"智慧"状态,即"智慧城市 = 数字城市 + 物联网 + 云计算"。智慧城市已经成为以互联网、物联网等信息网络组合为基础,以智慧技术高度集成、智慧产业高端发展、智慧服务高效便民为主要特征的城市发展新模式,成为工业化、信息化和城镇化"三化融合"发展的新范式[20]。

住房城乡建设部副部长倪虹在 2017 年第四届中国智慧城市创新大会上表示:智慧城市需要有自我纠错能力,能够及时发现问题、解决问题,避免今后发生类似问题。当今世界,智慧城市建设,是大势所趋。新思维、新科技、新经济日新月异,碰撞融合,既带来机遇,也带来挑战。城市是一个复杂的巨系统,智慧城市既是城市运行管理的"技术创新",更是思维方式和治理理念的全新创造[21]。

### (二)智慧城市可解决的问题

智慧城市涉及城市和居民生活的方方面面。在城市服务、市民生活、交通、通讯、水资源、商业、能源等多个领域都可以通过智慧化来解决相关的问题。例如,IBM:城市如何通过智慧城市解决的城市问题见表8-4。

智慧化城市解决城乡规划中遇到的十大关键问题的具体思路[22]见表8-5。可以看到,智慧城市化可以为今后的城乡规划提供更多更有效的解决思路和解决办法。而在此之前,做好智慧城市规划,是我们需要面对的首要问题。

**IBM:城市如何通过智慧城市解决的城市问题** 表 8-4

| 类别 | 问　题 | 目　标 | 案　例 |
|---|---|---|---|
| 城市服务 | 服务交付系统单一 | 为大众提供个性定制服务 | 利用技术统计各个服务交付机构,确保大众获得更为满意的服务 |
| 市民 | 无法顺利使用所需信息在医疗保障、教育、住房需求等方面获取的信息十分有限 | 通过分析数据,有效降低犯罪率,保障城市公共安全完善的联网,先进的分析技术,集合大量数据,改善市民健康状况 | 芝加哥设立了一个公共安全系统,保证实时监控,提高对紧急事件的反应速度;哥本哈根已建立医生快捷查档系统,跟进患者健康记录,在世界范围内获得了最高的满意度和最低的错误率 |
| 交通 | 交通十分拥堵,浪费时间、能源 | 无拥堵,制定新的税收政策,各种交通方式结合,节约经济成本 | 汽车进入斯德哥尔摩时,使用动态收费策略,将中心城区交通量从25%降至14%,中心城区零售业收入增加6%,带来了税收新浪潮 |
| 通信 | 很多城市的通信连通性不佳;上网速度慢,设备移动性差 | 使用高速互联网,建立商业-市民-付费系统网络 | 韩国松岛建立"城市无处不在"应用程序,合并医疗、商业、居住和政府管理等在线服务系统 |

续上表

| 类别 | 问 题 | 目 标 | 案 例 |
|---|---|---|---|
| 水资源 | 过半水资源被浪费,水质较差 | 分析整个水源生态系统,包括河流、贮水池、水泵和管道;个人及企业需要随时观察其用水情况,提高节水意识,定位水源低效利用地区,减少不必要的开销 | 爱尔兰戈尔韦利用先进的传感系统和实时数据分析,监控、管理、预报水源方面的问题,给所有与之相关的行业,从科学研究到渔业,提供实时更新的水源信息 |
| 商业 | 有些地区必须解决不必要的行政负担,同时存在监管滞后的问题 | 制定商业活动的最高标准,提高商业运作效率 | 为提高国有经济生产力,迪拜使用一种软件简化商业过程,可以整合约100种公共服务设备的交付及生产过程 |
| 能源 | 存在危险性和不稳定性 | 让用户提出价格信号-能源给予-市场回归,顺畅消费,降低用量 | 西雅图正在进行一个实验:让住房者知晓实时能源价格,按需索取,平均降低了15%的节点压力和10%的能源消费 |

**智慧化解决城乡规划中遇到的十大关键问题的具体思路**　　　　表 8-5

| 序号 | 关 键 问 题 | 智 慧 化 解 决 思 路 |
|---|---|---|
| 1 | 城镇空间发展动态监控 | 利用遥感等技术手段获取有关城镇空间发展的动态信息并对其发展轨迹进行动态评价、模拟和监控,进而作出科学决策和判断,实现对城镇空间增长的理性管理 |
| 2 | 资源管理和高效利用 | 通过对现状资源数量和质量进行评估,并根据各类资源使用情况及城市发展对资源的需求建立模拟系统和预测模型,实现对资源的使用情况进行动态监控和优化调整,从而提高资源利用效益 |
| 3 | 城市安全、防灾减灾及应急规划 | 利用新一代信息技术收集和处理海量数据,针对气象、旱涝、空气污染等方面建立感知预警监测系统,就环境灾害发展范围、强度和破坏能力等进行预测、响应和决策,从而增强防灾减灾能力 |
| 4 | 城市基础设施规划与建设 | 利用新一代信息技术建立市政设施在线监测系统获取相关信息数据,建立起模拟系统和决策系统,进而提高基础设施规划与建设效率,同时在突发事件或设施故障发生时实现应急响应 |
| 5 | 城市交通规划与管理 | 通过监控摄像头、传感器、通信系统、导航系统等对城市交通系统等进行实时监控,掌握交通流量和道路使用状况,并通过建模系统和应急仿真,对交通流量进行预测和智能判断,提供综合的实时信息服务,促进交通管理体制的一体化 |
| 6 | 智慧经济发展 | 智慧城市海量的数据系统可以帮助判断城市经济运行状况,判断存在的问题,并通过模拟分析,协助决策者制定改进经济发展政策。同时,智慧产业本身将带动新一轮经济发展,成为产业转型和升级的重要内容 |
| 7 | 智慧社区建设 | 通过物联网等技术综合应用,建立起涵盖交通物流、商务管理、市政安全、智能电网以及卫生医疗等智能社区服务体系,提升社区智能化、便捷化和智慧化水平 |
| 8 | 历史文化保护 | 运用 GIS 等技术对历史建筑和街区现状数据进行处理和评估,并动态监控受保护建筑和街区的发展动态,提出相应的保护措施,从而提升城市历史文化的保护水平 |

续上表

| 序号 | 关键问题 | 智慧化解决思路 |
|---|---|---|
| 9 | 绿色建筑 | 通过信息技术手段的应用,就建筑材料、建造方式、能源以及环保等问题进行全生命周期的监督、评价、控制和管理,提升绿色建筑建设水准 |
| 10 | 园林绿化 | 通过遥感等先进技术手段的应用,对园林绿化进行监测、评价和管理,提升城市园林绿化水平 |

### (三)智慧城市发展的不足

(1)"重项目,轻规划",城市之间盲目攀比而"一哄而起"

智慧城市建设存在"一哄而起"的过热现象。很多城市缺乏科学的统筹规划就竞相上马、立项施工。城市政府在建设中决策随意,使智慧城市发展缺乏长远的制度保障,有可能陷入"人走政息"的怪圈[23]。

在 2016 年,住建部等部委联合下发要建设 1000 个国家级特色小镇的文件后,特色小镇发展速度极快,很多原先投资智慧城市的社会资本又扎堆挤进建设特色小镇的圈子里。作为新型城镇化的产物,建设特色小镇的核心问题是如何具备当地的特色。但在实际建设过程中,有一些小镇变成了房地产的开发项目,特色小镇演变成了"房产小镇",违背了建设特色小镇的初衷,也就预示着这些"房产小镇"的建设最终还会泡沫化,成为一座座空城,而从社会经济的角度来看,这些都属于严重的资源浪费。另外,有一些地区的基础设施和生态环境根本达不到建设特色小镇的要求,但是为了"戴帽子",这些地区仍然一股脑地申请成为特色小镇[24]。

(2)沿袭传统建设思路,"千城一面"格局显现[23]

我国以往的城市基础设施建设都由政府主导,相关职能部门以建筑工程设计替代艺术设计,造成当前城市建设"千城一面"的现象。智慧城市的建设是一项空前的创造,全球仍缺乏可供参考的成熟模式。因此,作为主导者的政府容易沿袭以往的城市建设经验和思路,进而演变成路径依赖性,制约了城市的创新发展,导致各智慧城市的建设大同小异、功能重复,城市之间无法形成有效的互补关系。再者,城市同质化还将导致区域文化、民族文化的沉沦,从而限制城市特色文化"软实力"的提升。

(3)"重建设、轻应用",缺乏市场导向[23]

一些地方政府视智慧城市为"政绩工程""形象工程",注重投巨资购买容易量化的信息基础设备,以产品技术的领先性彰显建设成效,但是却忽视了市场需求,忽视了方便市民的应用开发和普及推广,导致系统功能与市场实际所需相去甚远,市民对相关的操作使用也一无所知,改善民生成为一句空谈。配套设施和制度的缺位不仅使得富有市场前景的智慧项目"名存实亡",而且导致设备功用不能物尽其用,造成资源浪费。

另外,物联网产品、传感器标签等智慧产品的成本过高,限制了智慧应用的进一步推广。研究表明,我国制作一个标签的成本大约是 1.5 元,高额成本决定了这项技术目前只能应用在附加值相对较高的商品上,在低价值商品上则无法推广[20]。在新一代信息技术日新月异的情况下,越是先进的设备更新速度越快,使用的周期越短,忽视市场需求将导致智慧城市最终陷入低水平重复建设的恶性循环。

（4）"重模仿、轻研发"，技术自主研发能力不足[23]

智慧城市建设离不开物联网、云计算等新一代信息技术的强力支撑。然而，在新一代信息技术领域，我国自主研发能力薄弱，对外技术依存度高，多项关键的核心技术依然掌握在跨国公司手中。

（5）"信息孤岛"现象普遍存在，资源整合难度大

智慧城市建设的核心是整合资源。"智慧城市"理念的重要推动者IBM公司认为，智慧城市是有意识地、主动地驾驭城市化这一趋势，运用先进的信息和通信技术，将人、商业、运输、通信、水和能源等城市运行的各个核心系统整合起来，从而使整个城市作为一个宏大的"系统之系统"。然而"信息孤岛"依然是当前智慧城市建设过程中资源整合的最大障碍。在技术层面上，智慧城市建设覆盖诸多领域，目前还缺乏统一的行业标准、建设标准和评估标准等来约束和指导，不同系统之间衔接复杂，不易实现系统互联互通和信息共享协同，有形成"智能孤岛"的可能。在建设层面上，城市各部门在长期的信息化应用中，虽然积累了海量的数据和信息，但因为各系统独立建设、条块分割，缺乏科学有效的信息共享机制，导致形成大量信息化孤岛，不利于智慧城市基础数据库的建设。在管理层面上，城市部门横向协同困难，行政分割、管理分治的现象普遍存在，很多信息化往往是技术上容易解决，但管理机制体制上难以实现[23]。

针对以上问题，在党的十九大召开之际，国标委发布4项智慧城市标准，将于2018年实施。其中，由国家智慧城市标准化总体组规划推动的《智慧城市 技术参考模型》(GB/T 34678—2017)《智慧城市评价模型及基础评价指标体系 第1部分：总体框架及分项评价指标制定的要求》(GB/T 34680.1—2017)、《智慧城市评价模型及基础评价指标体系 第3部分：信息资源》(GB/T 34680.3—2017)《智慧矿山信息系统通用技术规范》(GB/T 34679—2017)4项国家标准获批发布。这4项标准由全国信息技术标准化技术委员会(TC 28)提出并归口，由中国电子技术标准化研究院主导制定。这也是继《新型智慧城市评价指标》(GB/T 33356—2016)之后发布的第二批智慧城市国家标准。智慧城市国家标准的陆续出台将进一步推进我国各省市智慧城市健康可持续发展[25]。

（6）部分地区行业人才缺乏[20]

国外凭借几十年的发展，在物联网领域积聚了大量人才，而在我国的部分城市中，由于物联网发展时间较短，技术创新型人才较为缺乏，需要政府和企业加大人才的培养力度。例如，青岛市的企业技术研发水平相对薄弱，2011年青岛进入互联网领域的企业基本上都是中小企业，用于技术研发的资金很受限制，影响企业的技术创新。

（7）智慧城市遭勘误，发展脚步放慢[24]

国务院参事、住建部原副部长仇保兴表示：其实很多人从一开始就没有搞清楚智慧城市到底是什么。智慧城市实际上是一种新的城市公共品，它不能单独成为一种城市形态，必须要与传统公共品相结合。例如，修桥铺路、建设博物馆、修建城市文化设施等都属于传统公共品。如今随着科技的发展又出现了大数据服务、移动互联网、无线通信和移动支付等新生公共品。

智慧城市在我国的发展已经走入了一个误区，如果把智慧城市看成是一个实体城市，看成是一种地区的附属物或看成是一种新的产业模式，这就大错特错。由此可见，它仅仅是一种公共品，是虚拟的、不受地理限制的，只要掌握这两个基本点，我们就能规避犯错。

## （四）智慧城市在城市规划中的应用

### 1. "智慧规划"作为一个概念[22]

"智慧规划"作为一个概念被提出,应具有系统性、智能性、共享性和动态性等特征。系统性是指相对于传统的规划而言,"智慧规划"能更系统、整体的对城市发展的问题进行分析、预测、规划和评估,并采取系统性的响应。智能性是指运用新一代的信息系统对城乡信息数据进行获取和统计,在此基础上进行分析、预测、评估和行动。共享性是实现"智慧规划"的前提,"智慧规划"所需的信息数据支撑系统是建立在对来自不同行业、部门、属性以及统计口径的数据整合共享基础上的,如果缺乏公共信息平台,智慧城市和"智慧规划"都将无从谈起。动态性是指相对于传统模式"智慧规划"由于能够掌握及时、动态的信息数据,并借用先进的处理技术,能够对城乡发展各种问题作出动态诊断和及时响应。

"智慧规划"的关键领域包括两个相互补充的方面,即智慧化提升城乡规划自身能力和智慧化解决城乡规划中遇到的问题。前者将提升城乡规划指导和服务智慧城市建设的能力,后者则是将积累的可靠经验和存在的问题反馈给智慧城乡规划与管理系统,使其不断完善。

### 2. 智慧规划提高城乡规划自身能力[22]

城乡规划自身智慧化体现在城乡规划制订、实施和管理等方面。在规划制订方面,利用GIS 等软件和行业数据系统对现状的土地适用性进行评定、现状城乡空间结构和对经济社会发展水平进行分析和评价,以及通过模拟系统建构对城乡未来的发展方向和各种选择方案进行可视化模拟、分析、优化、调整和综合判断,大大提高了城乡规划编制的合理性和工作效率,并且由于采取可视化的规划编制过程,使得规划制订过程更加透明,有利于公众参与。

规划实施主要指运用新一代信息技术等对规划实施方案、过程和结果进行动态描述、分析、评估和反馈,进而实现对城乡规划实施的动态监控和及时修正。例如,通过建立统一的数据支撑体系,对城市总体规划实施过程中的各种数据进行收集、整理、分析和评价,有利于动态了解和诊断城市总体规划实施中存在的问题,并做优化调整和有效干预,使得城市发展与规划愿景更加接近。在详细规划实施阶段,通过对具体项目实施方案、过程和结果进行动态监控、模拟和评价,可以及时掌握项目实施中的问题,判断项目实施是否符合既定规划要求,防止违法规划的行为和犯罪,并能够对已经出现的问题进行及时纠正,将损失尽可能的降到最低。

城乡规划管理智慧化主要是通过利用新一代信息技术等对城乡规划管理工作中的各个环节进行动态监控和管理,并及时发现和纠正存在的问题,从而提高规划管理效益。例如,在整合用地现状、土规、总规、控规等各层次规划成果数据基础上,利用数据挖掘技术和地理信息技术等,对规划成果数据进行挖掘、叠加、筛选、整合,建成可视化的"用地一张图"和"剩余用地一张图",为快速掌握剩余用地情况和项目选址提供有力的数据支撑。同时,通过资料的有效管理和分析,使规划用地管理工作的脉络更清晰、管理更高效,为规划编制人员、管理者、开发商和公众提供更加可视化、便捷、友好、智能的城乡规划用地管理分析和决策支撑信息平台。

### 3. 智慧化解决城乡规划中遇到的问题[22]

如何运用智慧城市理念解决城乡规划中遇到的实际问题是"智慧规划"的核心。当前,城乡发展和转型面临的挑战越来越复杂,依靠传统的城乡规划解决方案难以有效应对,智慧城市理念则为解决这些问题提供了全新的思路。

以智慧城市水管理系统为例，通过对水资源的整体分布、流量、水质、污染情况和使用情况等实时感知监控和可视化管理，获取及时、准确、海量的数据，并对这些数据进行综合分析和优化评估，有助于各部门快速作出水资源调配和优化决策，实现水资源智能和高效利用，同时对管网故障和污染事件等作出快速描述、分析和评估，并制订相应的应急方案，启动应急系统，将灾害损失降到最低。

在智慧城市交通管理中，利用摄像头、传感器、通信系统、导航系统等设施对整体交通状况进行实时监控，掌握交通状况，并对未来的交通流量进行预测和智能判断；利用拥堵收费政策引导车流，以缓解交通压力和污染问题；遇到突发状况，可以利用车联网技术进行应急预案，可以优化应急方案，调动救援资源，为城市大动脉的良性运转提供科学的决策依据和管理服务工具。

4. 国际案例

全球著名的智慧城市应用体系一览见表8-6。

**全球著名的智慧城市应用体系一览**　　　　　　　　　　　表8-6

| 领域 | 城市（国家） | 主要措施 | 突出成效 |
|---|---|---|---|
| 智慧交通 | 斯德哥尔摩（瑞典） | 2006年初宣布征收"道路堵塞税"，与IBM合作构建智能收费系统 | 交通拥堵降低了25%，排队时间下降50%，温室气体排放量下降40%；获欧盟首个"欧洲绿色首都"称号 |
| 智慧电网 | 波尔德（美国） | 改造和升级传统电网，使用远程监控电站、自动化智能电表 | 每个家庭节省25%的电费，减少油耗和碳排放，促进智慧城市与低碳城市同步发展 |
| 智慧政府 | 首尔（韩国） | 提供工PTV电子政府服务，集成的视频资料以VOD方式提供给民众 | 综合处理各类行政业务；市民可以在家中轻松地解决各类政务；智慧服务高效便民 |
| 智慧医疗 | 东京（日本） | 整合各种临床信息系统和知识库，全面提供病人检查、诊疗等信息，自动提醒护士；采用笔记本电脑和PDA实现医生移动查房和护士床旁操作 | 医疗信息化建设基本实现了诊疗过程的数字化、无纸化、无胶片化，以及医生移动查房无线网络化和移动化 |
| 智慧建筑 | 台北（中国） | 智慧化设计事先考虑在细节上节能减排，采用无线感知网路、建材元件等建设，运用感测器控制主机等 | 实现智慧调节采光、智慧送风等，在保留通风舒适度的同时，减少20%的年电费与碳排放量 |
| 智慧产业 | 无锡（中国） | 以规划为引领，以创新为核心，建设国家级传感网络产业创新示范基地，以物联网和传感网产业支撑智慧城市建设 | 中国首个物联网城市，2012年中国智慧城市发展水平位列第一 |

（1）伦敦的 Smart London Plan[26]

2013年12月底，伦敦市议会发布了《智慧伦敦计划》（Smart London Plan，以下简称《计划》）。《计划》是其对智慧城市发展的方向和模式进行的最新的系统性描述。《计划》阐述了伦敦智慧城市发展的7大方向，即：①以伦敦市民为核心——如何让民众更好地参与到伦敦的政策制定过程；②获取公开数据——如何让伦敦公开数据更好，更透明，增强政府的问责制；③充分利用伦敦的研究、技术和创新人才；④整合伦敦的创新生态系统；⑤用先进技术革新伦敦基础设施以满足未来城市发展需求；⑥市政府更好服务伦敦市民——提高政府内部运作效率，包括部门间数据共享等；⑦为所有人提供一个更智慧的伦敦。

《计划》最突出的特点是其对于城市规划与治理机制的革新。《计划》不断强调的是伦敦市政府将促进民众参与伦敦的治理,为民众提供更公开透明的数据,借助私人部门的力量帮助解决城市问题,以及吸引更多的科技人才来伦敦工作生活等"以人为本"的目标。这种专注于"人"而不是专注于"物"的战略性智慧城市规划体现了欧美诸多大城市在智慧城市发展上共有的特点,并将指导其智慧城市发展的主流方向。

(2)日本的 J-Japan 战略[26]

2009 年 7 月,为了更进一步提高日本公共领域对网络的应用,日本政府 IT 战略部推出"J-Japan 战略 2015"。"J-Japan 战略 2015"的要点在于实现数字技术的易用性,突破阻碍数字技术适用的各种壁垒,确保信息安全,最终通过数字化和信息技术向经济社会的渗透,打造一个网络化的无处不在的活力日本。"J-Japan 战略 2015"由 3 个关键部分组成:①建立电子政务,医疗保健和人才教育核心领域信息系统;②培育新产业;③整顿数字化基础设施。日本政府决定先在大城市周边地区建立智慧城市的样板,待其初步成熟和得到市民基本认可后再向市区推广。松下公司和东芝公司分别计划在神奈川县和大阪建设样板智能园区。

要保证智慧城市发展的可持续性、科学性与先进性,首先需要高瞻远瞩、全局把握智慧城市顶层设计,即从智慧城市发展之初就要在战略高度上确立一些原则及发展方向。例如,让部门间的协作与信息共享成为制度上的要求,为各部门数据制定统一的标准,这样才能打破当前城市发展与治理中的痼疾,为信息的互联共享创造条件,使智慧城市真正成为更先进的城市形态。

(3)新加坡智慧城市建设效果显著[16]

2016 年,新加坡启动了传感器设备的覆盖建设、无人驾驶舱和出租车的建设、虚拟新加坡的建设等。例如,在浴室里面装上传感器,可有效地监测老人是否会在浴室发生意外。今后新加坡计划在全岛安装传感器,全面地对整个国家进行监控。新加坡也是全球第一个建造电子道路收费系统的国家,通过数据的收集检测,汽车在交通拥堵路段行驶时就会被收费。同时,通过道路信息网络,对某一时段内的交通流量进行监测,使市民通过使用手机便可知道哪条道路拥堵,以便根据实际拥堵情况,选择有利于自己出行的路线,这都得益于新加坡"智慧交通"的建设。

此外,新加坡的电子政府公共服务架构已经可以提供超过 800 项政府服务,真正建成了高度整合的全天候电子政府服务窗口,智慧政府也已经打造形成。新加坡最吸引人的还有"智慧旅游"项目。游客可以通过互联网、手机等渠道获得一站式旅游信息和服务支持,为游客整合旅游前、旅游中、旅游后的信息服务。游客还可利用智能手机等移动终端,在任何时间、地点接收到旅游信息,并根据自身位置、需求,选择可以提供具有个性化的针对信息服务。

(五)北京智慧城市发展规划[27]

2017 年 9 月 14 日上午,北京市发展和改革委员会组织举行了"北京城市副中心智慧城市研究"中期评审。

基于北京城市副中心独特的定位及现实的自身问题,其规划建设工作面临着巨大的挑战,如何实现新型城镇化成为北京城市副中心以及其所在的通州区亟待解决的问题。《北京市城市总体规划(2016—2030 年)》草案将北京城市副中心定位为"国际一流的和谐宜居之都示范区、新型城镇化示范区、京津冀协同发展示范区"，明确要求建设"四个城市"，即："绿色城市""生态城市""海绵城市"以及"智慧城市"。解读《北京市城市总体规划（2016—2030年)》中对北京城市副中心提出的要求，建设副中心"智慧城市"以解决北京市城市功能疏解和空间优化问题，将成为副中心新型城镇化路径探索的一个突破点；解决城市问题、改善市民生活，提高人民群众的生活品质和幸福指数，提升城市整体可持续发展能力，建设新型城镇化的示范区将是北京城市副中心建设智慧城市的重要使命。主要体现为以下两方面：

（1）以"智慧城市"作为手段覆盖北京城市副中心建设、发展的全生命周期，将对"绿色城市""森林城市""海绵城市"等具体建设目标的实现起全面的支撑、保障、引领作用。

（2）以北京城市副中心"智慧城市"建设为契机，形成建设研究的典型案例，在北京城市副中心及整个通州区全域，并延伸至北三县，进一步开展针对解决"新型城镇化"问题的"智慧城市"发展模式研究及建设，提升基础设施建设水平、发展特色经济、改善公共服务与城镇管理，是对北京城市副中心智慧战略的空间延续，对内可提升城市创新能力和生活品质，对外可打造城市发展的先进样本，对于首都地区的长远发展和我国智慧城市建设实践体系的完善，具有长远的重要战略价值。

# 本讲参考文献

[1] 石京,于润泽.土木规划的规划环境与规划政策研究[J].铁道工程学报,2007,24(11)：102-110.

[2] 于润泽.土木规划的规划环境与规划政策研究[D].北京：清华大学,2007.

[3] 姜杰.《公共经济学》上网教案[Z/OL].http://www.doc88.com/p-8941799844961.html.

[4] 李茜.我国交通基础设施的投资格局及政策建议[J].综合运输,2005(11):33-36.

[5] 黄菲.1990年后上海重大道路交通基础设施项目投融资研究[J].城市发展研究,2004,11(6):64-72.

[6] 刘辉.我国基础设施市场化中的政府角色定位[D].西安：西北大学,2005.

[7] 国家信息中心中国经济信息网.CEI中国行业发展报告：交通运输业[M].中国经济出版社,2004.

[8] 盛原.费改税带来的思考[J].上海公路,2000(1):43-43.

[9] 吴庆.基础设施的公共性及其政策启示[J].城市,2001(3):23-26.

[10] 徐诗训.日本的城市规划与基础设施建设[J].福建建设科技,1995(2):35-36.

[11] 李晔,张红军.美国交通发展政策评析与借鉴[J].国际城市规划,2005,20(03):50-53.

[12] 张长海,朱俊峰.世界主要国家交通基础设施投资模式的启示[J].技术经济与管理研究,2005(06):118-119.

[13] 傅钧文.日本等国利用民间资金投资基础设施的方式[J].世界经济研究,1994(4):22-25.

[14] 禹培文.交通基础设施资源配置的公共政策选择和执行[J].交通财会,2005(02):6-11.

[15] 石京,李文竢.中国智能交通系统发展瓶颈分析及发展策略研究[C]//国际节能与新能源汽车创新发展论坛.2011:17-18.

[16] 刘刚,张再生,梁谋.智慧城市建设面临的问题及其解决途径——以海口市为例[J].城市问题,2013(6):42-45.

[17] 陈相霖.浅析智慧城市在城市规划中的发展[J].城市建筑,2016(32):37-37.

[18] 赵四东,欧阳东,钟源.智慧城市发展对城市规划的影响评述[J].规划师,2013,29(2):5-10.

[19] 辜胜阻,王敏.智慧城市建设的理论思考与战略选择[J].中国人口·资源与环境,2012,22(5):74-80.

[20] 王丽.青岛市建设"智慧城市"的思考[J].中国信息界,2011(6):27-28.

[21] 倪虹.智慧城市应具有自我纠错的能力[EB/OL].(2017-09-22).http://www.sohu.com/a/194099107_115239.

[22] 丁国胜,宋彦.智慧城市与"智慧规划"——智慧城市视野下城乡规划展开研究的概念框架与关键领域探讨[J].城市发展研究,2013,20(8):34-39.

[23] 辜胜阻,杨建武,刘江日.当前我国智慧城市建设中的问题与对策[J].中国软科学,2013(1):6-12.

[24] 仇保兴.对小镇产业进行设计是不可能的[J/OL].(2017-08-18).http://www.jingji.com.cn/html/ztbd/tsxz/tsxzbd/77565.html.

[25] CSUS智慧城市领航.国标委发布四项智慧城市标准,将于2018年实施(附标准正文)[Z/OL].(2017-10-14).http://mp.weixin.qq.com/s/NwL8VteuopqSp_KeSTBltw.

[26] 王鹏,杜竞强.智慧城市与城市规划——基于各种空间尺度的实践分析[J].城市规划,2014,38(11):37-44.

[27] 张作慧."北京城市副中心智慧城市研究"课题顺利通过中期评审[Z/OL].(2017-09-26).http://mp.weixin.qq.com/s/a_lV5tRs3tkLQPoSm6n0uw.